普通高等教育“十二五”规划教材

大学物理学

DAXUE WULIXUE

（医药类专业使用）

主　编　樊亚萍

副主编　田蓬勃　董　维

编　委（按姓氏拼音排序）

卜　涛　冯　宇

冯雪红　郭永利

俞晓红　喻有理

张　沛

主审　李甲科

西安交通大学出版社

XI'AN JIAOTONG UNIVERSITY PRESS

内容提要

本书是在参考国内外相关教材，并结合西安交通大学教学教改经验的基础上，根据当代医学对物理学的基本要求，结合医学生培养目标与教学大纲编写的，旨在物理思维培养，拓宽知识面，加强自学能力培养。全书分为15章，主要内容包括生物力学的物理基础、流体动力学、振动与波、气体动理论、液体的表面现象、静电场、直流电路、电流的磁场、波动光学、几何光学、量子力学基础、激光、X射线、原子核与放射性、狭义相对论基础等；每章末附有习题。

本书适合普通高等学校医药类各专业作为教材使用，也可供生命科学相关专业师生及自学者参考。

图书在版编目(CIP)数据

大学物理学：医药类专业使用/樊亚萍主编. —西安：西安交通大学出版社，2015.2
ISBN 978-7-5605-6969-7

Ⅰ.①大… Ⅱ.①樊… Ⅲ.①物理学-高等学校-教材
Ⅳ.①O4

中国版本图书馆 CIP 数据核字(2014)第 307205 号

书　　名　大学物理学（医药类专业使用）
主　　编　樊亚萍
责任编辑　任振国　季苏平

出版发行　西安交通大学出版社
（西安市兴庆南路 10 号　邮政编码 710049）
网　　址　http://www.xjtupress.com
电　　话　(029)82668357　82667874(发行中心)
(029)82668315(总编办)
传　　真　(029)82668280
印　　刷　陕西元盛印务有限公司

开　　本　727mm×960mm　1/16　**印张**　23.25　**字数**　432 千字
版次印次　2015 年 5 月第 1 版　2015 年 5 月第 1 次印刷
书　　号　ISBN 978-7-5605-6969-7/O·490
定　　价　39.80 元

读者购书、书店添货、如发现印装质量问题，请与本社发行中心联系、调换。
订购热线：(029)82665248　(029)82665249
投稿热线：(029)82669097　QQ8377981
电子信箱：lg_book@163.com

前言

物理学是人类在探索自然奥秘过程中形成的，是富于创新精神、生机勃勃的学科。大学物理学的理论、方法、技术为医学的基础研究和临床应用提供了强有力的手段，促进了医学药学等的发展。医学研究表明，生命的过程如人体的生理、呼吸、消化过程、血液循环过程等等都发生各种生物化学反应，而其反应本身都与物理学中的各种运动过程密切相关；也为临床诊断和治疗提供了先进的仪器设备。可以说，没有物理学的支持，就没有现代医学的今天，物理学的发展也将影响医药学的未来。因此，大学物理学是医学生一门非常重要的基础课。

本书是在参考国内外有关教材，并结合西安交通大学的教学教改经验基础上，根据现代医学对物理学的基本要求编写的。本教材的主要特色是：

1. 精选教材内容

结合培养目标与教学大纲的规定，对医学本科生所需的物理知识体系进行了适当调整，删除了部分与医学发展关系不密切的内容，增加了部分内容的深度和广度。精讲与医学应用密切相关的内容，简化数学推导。把教材的实用性和科学性、先进性紧密结合。

2. 注重物理思维培养，拓宽知识面

在传递物理学知识的同时，为了培养学生的科学思维，激发创新意识，我们适当增加了科学家的创新精神和人文知识；还把物理基础与医学实践紧密结合，深入浅出介绍了部分现代物理的新方法和新技术，拓宽知识面。

3. 加强自学能力培养

在突出基本概念、基本规律和基本理论的基础上，精选例题和习题，叙述简明。

本书由西安交通大学樊亚萍任主编，西安交通大学田蓬勃、董维任副主编。绪论、第1,14章和附录由樊亚萍编写；第2,3章由卜涛编写；第4,9章由俞晓红编写；第 5 章由冯宇编写；第 6,8 章由喻有理编写；第 7,13 章由董维编写；第 10 章由郭永利编写；第 11 章由张沛编写；第 12 章由冯雪红编写；第 15 章由田蓬勃编写。李甲科教授主审。

本书得到西安交通大学各级领导以及亲朋好友的大力支持，得到西安交通大学“985”三期人才培养项目的经费支持，在此一并表示衷心的感谢。

由于编者的能力和知识有限，疏漏和不妥之处敬请读者批评指正。

编者于西安交通大学

2014 年 5 月

目录

绪　论

物理学是自然科学中最重要的基础学科之一。现代物理学已经广泛深入应用到人类生产、生活、医疗等各个领域。下面就什么是物理学，物理学与医药学的关系，以及物理学的研究方法简要介绍一下。

一、什么是物理学

存在于自然界，独立于人们意志之外的客观实在都是物质，所有物质都处于运动之中。物理学就是探讨物质结构，研究物质的相互作用和基本运动规律的科学。

物质有两种不同的形态，一类是实物，另一类是场。从基本粒子、电子、中子、原子、分子到宇宙天体，蛋白质、细胞到人体都是实物物质；引力场、电场和磁场则不同于实物，是以场的形态存在的物质。物质都在不停地运动和变化之中，物质与物质之间有相互作用，实物之间的相互作用是靠场来传递的。自然界的一切现象都是物质运动的表现，也是物质间相互作用的结果。运动既是物质存在的形式，也是物质固有的基本属性。

物理学研究对象十分广泛，时空领域极为宽泛，所涉及的最大空间尺度是宇宙。

物理学研究的物质运动包括机械运动、分子热运动、电磁运动、原子内部运动、场与物质的相互作用等，是具有最基本和最普遍的性质。这些运动形式普遍存在于一切高级而复杂的物质运动之中。各种不同的物质运动形式既服从普遍规律，也有自己的独特规律。由于物理学所研究的物质形态的广泛性和物质运动规律的普遍性，从而物理学成为整个自然科学的基础。

无论生命的或无生命的自然现象，在其内部都要受到能量守恒定律、热力学定律、万有引力定律以及其他物理学定律的约束。20 世纪以来，随着科技的发展，从物理学中已不断地分化出诸如原子分子物理、原子核物理、粒子物理、凝聚态物理、激光物理以及天体物理等众多的新分支，并且现代物理学与各门其他学科之间相互渗透，形成了与物理学直接相关的新的边缘学科和交叉学科，如生物物理学、物理化学、量子化学、医学影像物理学、激光医学、生物医学工程等等。同时，物理学还为其他各学科提供了诸如激光、电子显微镜、超导、X 射线、核磁共振、扫描隧道显微镜等各种精密的测量仪器和现代化的实验手段，从而极大地推动了自然科学各领域的迅速发展，促使科学技术发生根本性的变革。

二、物理学与医药学的关系

在计算机、原子能、自动化、激光等新技术广泛使用的当代,物理学对医药学的发展起着巨大的推动作用。医药学是以人体为研究对象的科学,生命现象是物质的高级而复杂的运动形式,有其自身的运动规律,但在生命各个过程中都包含着大量的最基本的物理现象和物理过程。例如:人的呼吸牵扯到气体交换知识;视觉的形式以及对近视、老化等的矫正需要光学知识;血液循环遵循着流体力学的基本规律;体温的调节涉及热学知识;心脏的波动需要应用电学和力学知识;骨骼各关节的运动受力,需要用静力学和弹性力学的知识分析等。大脑的活动,声音的产生、传递等所有的生命现象和过程都与物理过程密切联系,进而揭示生命现象的本质。随着物理学的发展和现代科技的日新月异,人类对生命过程的认识逐渐深入,医药学科的研究已从宏观领域进入到微观领域,由细胞、亚细胞水平上升到分子水平的研究。目前,利用以基因工程为主体的生物技术,进行蛋白质和药物的分子设计,产生新的蛋白质、基因疫苗、生物制剂,开发用于基因治疗的新型药物等已成为医药学研究的课题。

物理学的新方法、新规律应用于医药学的研究和临床实践。光学显微镜、心电图仪、X 射线透视、放射性同位素、光纤胃镜等广泛用于临床;X - CT(计算机 X 射线断层摄像)、MRI(磁共振成像)不但可以显示解剖学图像,还能显示代谢过程和生化的图像;超声技术快捷、无损地获得动态彩色图像;激光扫描显微镜可拍摄细胞内部瞬间的彩色图像等。物理学的发展为医药学的发展提供新技术、新方法;现代医药学的发展又为物理学提出了许多新的课题。两者相互影响、相互促进。总之,物理学是医药学的基础,为后续课程奠定坚实的基础,医学院校开设基础物理课程很必要。

三、物理学的研究方法

物理学的研究方法,也是研究自然科学物质运动的规律的方法,就是实践上升到理论再回到实践中去的过程。主要有归纳法、演绎法、定性和半定量方法。具体来说,就是对自然现象仔细观察;再创造条件排除次要问题,在突出主要因素的条件下使研究的自然现象在人工控制下重现,这就是实验;对实验结果数据进行归纳分析,概括推理,进而提出假设,就是提出自然现象中某些物理量之间的数量关系,一些规律或定律;然后在实践中对假设进行反复验证,进行修改完善,最后建立正确的物理理论和规律。

通过学习物理学,同时可以掌握探索自然的科学思维,并有助于学习能力的培养,开拓学生的积极思维,激励学生的创新意识,培养学生的科学态度。

第 1 章　生物力学的物理基础

用力学原理和方法研究生物体的力学性质及其运动规律的科学称为**生物力学**。本章学习与生物力学有关的刚体转动的基本概念、基本定律及物体的弹性等知识，了解人体在转动过程中以及处在静力平衡状态下的力学规律。

1.1　刚体定轴转动的运动学规律

在外力作用下，物体内任意两点间距离都保持不变，大小和形状都不改变的物体称为**刚体**（rigid body）。实际物体受外力作用时，除了运动状态发生变化外，大小和形状也会发生变化。刚体是为了研究物体的运动规律而建立的一种理想模型。一般固体材料的物体在较小外力作用且转速不太大时，都可以近似看做刚体，例如机器上的金属部件、人的肢体等。研究刚体的运动规律具有广泛的实际意义。

刚体的运动可分为平动和转动两种。如果组成刚体的任意两质点间连线在运动过程中始终保持和自身平行，刚体的这种运动称为**平动**（translation）。若组成刚体的各个质点都绕同一直线做圆周运动，则刚体的运动称为**转动**（rotation）。该直线称为**转轴**。实际刚体的运动一般比较复杂。然而，刚体的任何复杂运动总可以分解为平动和转动，例如前进的车轮就是车轮轴的平动和绕轮轴转动的叠加。刚体转动时，转轴不随时间变化的转动称为刚体的定轴转动。本节研究刚体定轴转动的运动学规律。

1.1.1　刚体定轴转动的运动学描述

1. 角坐标与角位移

刚体做定轴转动时，虽然其上的不同点在相同时间内所走的路程可能不同，但它们转过的角度却都相同，因此，在研究整个刚体的转动时，取角量作为变量最简便。如图1－1所示，设刚体绕定轴 z 转动，在刚体上任取一垂直 z 轴的平面，该平面称为**转动平面**。转动平面与转轴相交于 O 点。考虑转动平面上任意质点 P，r 为 P 点距

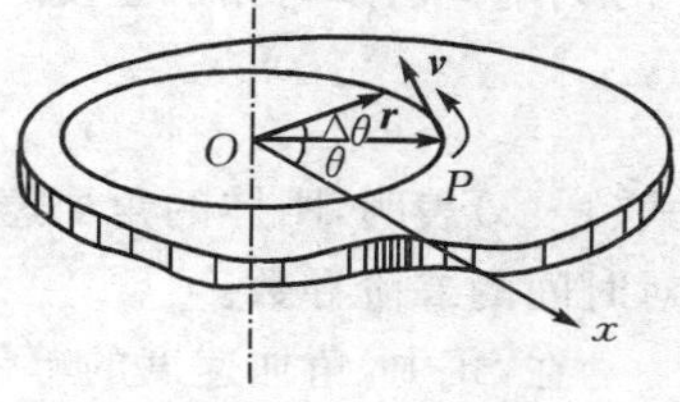

图 1－1

O 点的距离,相应的矢径为 $\boldsymbol{r}$。设 $t=0$ 时刻,r 与 x 轴正向之间的夹角为 0°,任意时刻 t,$\boldsymbol{r}$ 与 x 轴正向之间的夹角为 θ,θ 称为刚体 t 时刻的**角坐标**(angular coordinate)。在 Δt 时间内,P 点转过的角度 $\Delta\theta$ 称为**角位移**(angular displacement)。

在 SI 中,角坐标和角位移的单位都为**弧度**(rad)。

刚体定轴转动时有逆时针方向转动和顺时针方向转动两种情况。通常规定,刚体沿逆时针方向转动时,角位移为正;刚体沿顺时针方向转动时,角位移为负。

刚体的角位移是随时间变化的。

2. 角速度

若刚体在 t 到 $t+\Delta t$ 时间内角位移由 θ 变为 $\theta+\Delta\theta$,则 $\frac{\Delta\theta}{\Delta t}$ 表征刚体转动的快慢,称为刚体在 Δt 时间内的**平均角速度**,用 $\overline{\omega}$ 表示,即

$$\overline{\omega}=\frac{\Delta\theta}{\Delta t}$$

t 时刻刚体的瞬时角速度,简称**角速度**(angular velocity),记为 ω,即

$$\omega=\lim_{\Delta t\to 0}\frac{\Delta\theta}{\Delta t}=\frac{\mathrm{d}\theta}{\mathrm{d}t} \tag{1-1}$$

式(1-1)表明,刚体的角速度等于刚体角位移对时间的导数。

在 SI 中,角速度的单位为**弧度每秒**(rad/s)。

角速度是矢量,通常用右手定则确定角速度的方向:伸开右手,四指沿刚体转动方向握住,伸直的大拇指的指向就是角速度的方向。

通常规定刚体沿逆时针方向转动时,角速度为正;刚体沿顺时针方向转动时,角速度为负。

3. 角加速度

若刚体在 $t+\Delta t$ 时间内角速度由 ω 变为 $\omega+\Delta\omega$,则 $\frac{\Delta\omega}{\Delta t}$ 反映刚体角速度的变化快慢,称为刚体在 Δt 时间内的**平均角加速度**,用 $\overline{\beta}$ 表示,即

$$\overline{\beta}=\frac{\Delta\omega}{\Delta t}$$

t 时刻刚体的瞬时角加速度,简称**角加速度**(angular acceleration),记为 β,即

$$\beta=\lim_{\Delta t\to 0}\frac{\Delta\omega}{\Delta t}=\frac{\mathrm{d}\omega}{\mathrm{d}t}=\frac{\mathrm{d}^2\theta}{\mathrm{d}t^2} \tag{1-2}$$

式(1-2)表明,刚体的角加速度数值等于刚体角速度对时间的导数,或刚体角位移对时间的二阶导数。

在 SI 中,角加速度的单位为弧度每二次方秒(rad/s^2)。

角加速度的方向一般用右手定则确定:伸开右手,四指沿刚体转动方向握住,

如果刚体加速转动，则伸直的大拇指的指向就是角加速度的正方向；若刚体减速转动，则伸直的大拇指的指向就是角加速度的负方向。

1.1.2　角量与线量的关系

角位移、角速度和角加速度是以角坐标随时间变化来描述刚体转动的物理量，故称为**角量**。刚体转动时，刚体上任意质点运动的线位移 $\Delta\boldsymbol{s}$、线速度 $\boldsymbol{v}$，和线加速度 $\boldsymbol{a}$ 也是描述刚体转动的物理量，称为**线量**。角量与线量之间有什么关系呢？

线位移与角位移增量之间的关系为

$$\Delta s = r\Delta\theta \tag{1-3}$$

Δs 是作圆周运动质点在时间 Δt 内沿轨迹的增量，因而质点的线速度沿切线方向的投影 v 可以表示为

$$v = \lim_{\Delta t\to 0}\frac{\Delta s}{\Delta t} = \lim_{\Delta t\to 0} r\frac{\Delta\theta}{\Delta t} = r\omega \tag{1-4}$$

线速度与角速度之间满足如下的矢积关系：

$$\boldsymbol{v} = \boldsymbol{\omega}\times\boldsymbol{r} \tag{1-5}$$

式中，$\boldsymbol{r}$ 为 O 点到所研究点的位矢。$\boldsymbol{v}$，$\boldsymbol{\omega}$，$\boldsymbol{r}$ 相应的大小之间的关系为

$$v = \omega r\sin\varphi$$

式中，φ 为 $\boldsymbol{\omega}$ 与 $\boldsymbol{r}$ 之间的夹角。如果 $\varphi=\frac{\pi}{2}$，有 $v=\omega r$。$\boldsymbol{v}$，$\boldsymbol{\omega}$，$\boldsymbol{r}$ 方向之间的关系由右手螺旋定则确定：伸开右手，四指由角速度 $\boldsymbol{\omega}$ 的方向经小于 π 的夹角握向 $\boldsymbol{r}$，伸直的大拇指的指向就是 $\boldsymbol{v}$ 的方向，即线速度 $\boldsymbol{v}$ 的方向与 $\boldsymbol{\omega}$ 和 $\boldsymbol{r}$ 构成的平面垂直，如图 1－2 所示。

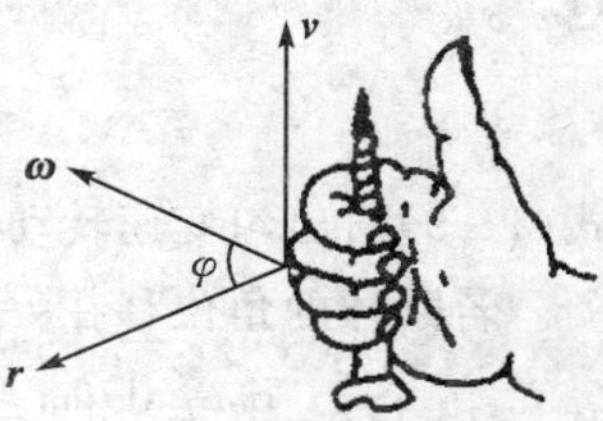

图 1－2　右手螺旋定则

线加速度 $\boldsymbol{a}$ 与角加速度 $\boldsymbol{\beta}$ 之间的关系为

$$a_t = \frac{dv}{dt} = r\frac{d\omega}{dt} = r\beta \tag{1-6}$$

$$a_n = \frac{v^2}{r} = r\omega^2 \tag{1-7}$$

式(1－4)、式(1－5)、式(1－6)和式(1－7)就是描述圆周运动的线量 $\boldsymbol{v}$，$\boldsymbol{a}_t$，$\boldsymbol{a}_n$ 与角量 $\boldsymbol{\omega}$，$\boldsymbol{\beta}$ 之间的关系，在分析有关力学问题时常常用到。

1.1.3　刚体定轴转动的运动学方程

对于匀变速转动的刚体，角加速度为常量。现在我们来推导描述刚体匀变速转动时的运动学方程。

若刚体的角速度在 $t=0$ 时刻为 ω_0，t 时刻为 ω。由于 $\beta=\frac{\mathrm{d}\omega}{\mathrm{d}t}$，有

$$\mathrm{d}\omega = \beta \mathrm{d}t$$

对上式两端积分

$$\int_{\omega_0}^{\omega} \mathrm{d}\omega = \int_0^t \beta \mathrm{d}t$$

得

$$\omega = \omega_0 + \beta t \tag{1-8}$$

式(1－8)给出匀变速转动刚体的角速度随时间的变化规律。

设刚体 $t=0$ 时的角位移为 θ_0，t 时刻的角位移为 θ。由于 $\omega=\frac{\mathrm{d}\theta}{\mathrm{d}t}$，则

$$\mathrm{d}\theta = \omega \mathrm{d}t$$

将式(1－6)代入上式，有

$$\mathrm{d}\theta = (\omega_0 + \beta t)\mathrm{d}t$$

对上式两端积分

$$\int_{\theta_0}^{\theta} \mathrm{d}\theta = \int_0^t (\omega_0 + \beta t)\mathrm{d}t$$

得

$$\theta = \theta_0 + \omega_0 t + \frac{1}{2}\beta t^2 \tag{1-9}$$

式(1－9)给出匀变速转动刚体的角位移随时间的变化规律。

若刚体的角位移在 $t=0$ 时刻和 t 时刻分别为 θ_0 和 θ，相应的角速度分别为 ω_0 和 ω，由于 $\beta=\frac{\mathrm{d}\omega}{\mathrm{d}t}=\frac{\mathrm{d}\theta}{\mathrm{d}t}\frac{\mathrm{d}\omega}{\mathrm{d}\theta}=\omega\frac{\mathrm{d}\omega}{\mathrm{d}\theta}$，则有

$$\omega \mathrm{d}\omega = \beta \mathrm{d}\theta$$

对上式两端积分

$$\int_{\omega_0}^{\omega} \omega \mathrm{d}\omega = \int_{\theta_0}^{\theta} \beta \mathrm{d}\theta$$

得

$$\omega^2 = \omega_0^2 + 2\beta(\theta - \theta_0) \tag{1-10}$$

式(1－10)给出匀变速转动刚体的角速度、角加速度和角位移之间的关系。

例 1－1　飞轮由静止开始做匀加速转动，前 2 分钟转了 3 600 r。求：

(1)飞轮的角加速度；

(2)飞轮第 4 分钟末的角速度。

解　(1)已知 $\theta_0=0$，$\omega_0=0$。根据式(1－9)，飞轮的角加速度为

$$\beta = \frac{2\theta}{t^2} = \frac{2 \times 3\,600 \times 2\pi}{(2 \times 60)^2} = 3.14\ \text{rad/s}^2$$

(2)已知 $\omega_0 = 0$，根据式(1-8)，飞轮第 4 分钟末的角速度

$$\omega = \beta t = 3.14 \times 4 \times 60 = 754\ \text{rad/s}$$

1.1.4　国际单位制与量纲

1. 基本量和导出量

物理中的物理量，除了有数值表示它们的大小以外，还须有单位，才能进行比较。如果每个物理量都独自选定单位，计算就很不方便。为了简便，常常选定少数几个相互独立的物理量作为**基本量**，把基本量的单位作为**基本单位**，其他物理量根据物理定义和物理定律从基本量推导出来，称为**导出量**，导出量的单位称为**导出单位**。

2. 国际单位制

选取不同的基本单位，就产生不同的单位制。各国都有自己的单位制，换算复杂，给交流带来阻碍和困难。因此，1960 年第 11 届国际计量大会通过了国际单位制，简称 SI，建议在世界各国推广使用。1971 年，第 14 届国际计量大会规定长度、质量、时间、电流、热力学温度、物质的量和发光强度等 7 个物理量为基本量，基本量的单位就是国际单位制的基本单位。辅助量是平面角和立体角。1984 年，我国国务院颁布实行以国际单位制(SI)为基础的法定计量单位。

国际单位制对 7 个基本量的基本单位规定：

(1)长度：基本单位是米，符号 m，是光在真空中传播时在 1/299 792 458 s 时间间隔内所经过的路径的长度。

(2)质量：基本单位是千克，符号 kg，保存在巴黎的国际计量局中一个铂铱合金制成的金属圆柱体“千克标准原器”的质量为 1 千克。

(3)时间：基本单位是秒，符号 s，是 ^{133}Cs 原子基态的两个超精细能级之间跃迁所对应辐射的 9 192 631 770 个周期的持续时间。

(4)电流：基本单位是安，符号 A。

(5)热力学温度：基本单位是开，符号 K。

(6)物质的量：基本单位是摩尔，符号 mol。

(7)发光强度：基本单位是坎德拉，符号 cd。

辅助量：

平面角：基本单位是弧度，符号 rad；

立体角：基本单位是球面度，符号 sr。

3. 量纲

由基本量的组合可以表示其他物理量,把这种表达式称为物理量的量纲式,简称**量纲**(dimension,dim)。用 L,M,T 分别表示长度、质量和时间的量纲,力学中的其他物理量的量纲一般可由它们的组合表示出来。例如力 F 的量纲为

$$\dim F = \mathrm{LMT^{-2}}$$

量纲是表示物理量的抽象符号,给物理量的单位换算带来极大方便。在分析运算中,只有量纲相同的量才能相互比较、运算。量纲还可以检验等式是否合理,在等式的两边量纲必须相同。

1.2　刚体定轴转动的动力学规律

1.2.1　力矩

要使刚体转动,须施予刚体一个特殊的力。如果施予刚体的外力的作用线通过转轴或与转轴平行,就不能使刚体发生转动。可见,在转动问题中,力的作用效果不仅与力的大小和方向有关,而且还与力的作用点有关。为此我们定义一个反映力的大小、方向以及作用点的物理量,称为**力矩**(moment of force),用 $\boldsymbol{M}$ 表示。如图 1-3 所示,刚体在转动平面内所受的力为 $\boldsymbol{F}$,其作用点 P 相对于转轴的距离为 r,相应的矢径为 $\boldsymbol{r}$,则力 $\boldsymbol{F}$ 相对于转轴 z 的力矩为

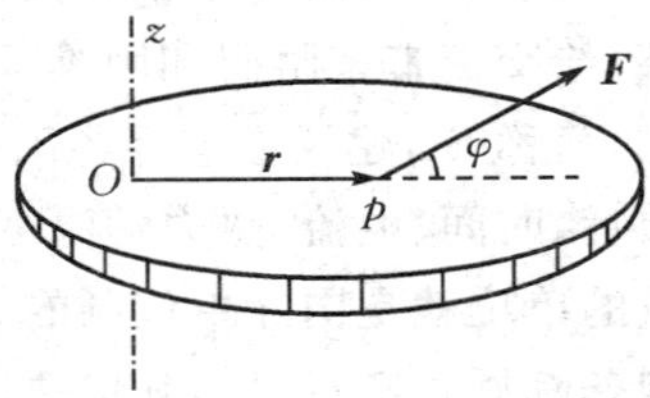

图 1-3　力矩

$$\boldsymbol{M} = \boldsymbol{r} \times \boldsymbol{F} \tag{1-11}$$

力矩的大小

$$M = rF\sin\varphi$$

式中,φ 为 $\boldsymbol{r}$ 与 $\boldsymbol{F}$ 间的夹角。

力矩的方向由右手螺旋法则确定。

在 SI 中,力矩的单位为牛顿米(N·m)。

如果刚体所受的外力不在转动平面内,应将外力分解为与转轴平行的分力和在转动平面内的分力。由于只在转动平面内的分力才使刚体对转轴产生转动效果,因此。在式(1-11)中的力应为外力在其作用点的转动平面内的分力。

1.2.2　转动定律

在合外力矩的作用下,刚体以一定的角加速度绕定轴转动。刚体的角加速度

与刚体所受的合外力矩之间有什么关系呢？

将定轴转动的刚体看成是由许多质点组成的，设各个质点的质量分别为 m_1，m_2，…，m_n，各个质点相对于转轴的距离分别为 r_1，r_2，…，r_n。若刚体在转动过程中，组成刚体的各个质点在转动平面内所受的合外力分别为 $\boldsymbol{f}_1$，$\boldsymbol{f}_2$，…，$\boldsymbol{f}_n$，相应的线加速度分别为 $\boldsymbol{a}_1$，$\boldsymbol{a}_2$，…，$\boldsymbol{a}_n$，则对于各个质点，运用牛顿第二定律，有

$$\boldsymbol{f}_1 = m_1\boldsymbol{a}_1, \boldsymbol{f}_2 = m_2\boldsymbol{a}_2, \cdots, \boldsymbol{f}_n = m_n\boldsymbol{a}_n$$

组成刚体的各个质点所受的合外力之和，就是刚体所受的合外力，因此刚体所受的合外力为

$$\sum_{i=1}^{n}\boldsymbol{f}_i = \sum_{i=1}^{n}m_i\boldsymbol{a}_i$$

因为质点的切向加速度与角加速度有关，而法向加速度与角加速度无关，所以上式可简化为

$$\sum_{i=1}^{n}\boldsymbol{f}_{it} = \sum_{i=1}^{n}m_i\boldsymbol{a}_{it}$$

各个质点的角加速度都相同，因此 $\boldsymbol{a}_{it}=r_i\beta$。将 $\boldsymbol{a}_{it}=r_i\boldsymbol{\beta}$ 代入上式，再以 r_i 乘以上式，得

$$\sum_{i=1}^{n}\boldsymbol{f}_{it}r_i = \left(\sum_{i=1}^{n}m_ir_i^2\right)\boldsymbol{\beta}$$

上式等号左端的 $\sum_{i=1}^{n}\boldsymbol{f}_{it}r_i$ 是刚体所受的合外力矩，用 $\boldsymbol{M}$ 表示；等号右端括号内的 $\sum_{i=1}^{n}m_ir_i^2$ 称为刚体定轴转动的**转动惯量**(monent of inertia)，用 I 表示，即

$$I = \sum_{i=1}^{n}m_ir_i^2$$

考虑到 $\boldsymbol{M}$ 与 $\boldsymbol{\beta}$ 方向一致，上式可写成如下的矢量形式

$$\boldsymbol{M} = I\boldsymbol{\beta} \tag{1-12}$$

式(1-12)称为刚体定轴转动的**转动定律**(law of rotation)。该定律表明，刚体相对于某一定轴所受的合外力矩的大小等于刚体对该定轴的转动惯量与刚体在此合外力矩作用下获得的角加速度值的乘积。

例1-2　质量为 m_1、半径为 R 的均质圆盘定滑轮上绕一轻绳，绳的一端固定在滑轮边上，另一端挂一质量为 m_2 的物体，如图1-4所示。不考虑转轴处的摩擦，求物体由静止下落 h 高度时的速度和此时滑轮的角速度。

解　将转动定律应用于定滑轮，对于转轴上的 O 点，有

$$RT_1 = I\beta = \frac{1}{2}m_1R^2\beta \qquad ①$$

对于物体,应用牛顿第二定律,有

$$m_2 g - T_2 = m_2 a \quad ②$$

考虑到

$$T_1 = T_2 \quad ③$$

而

$$a = R\beta \quad ④$$

将方程①～④联立求解,得物体下落的加速度

$$a = \frac{m_2}{\frac{1}{2}m_1 + m_2} g$$

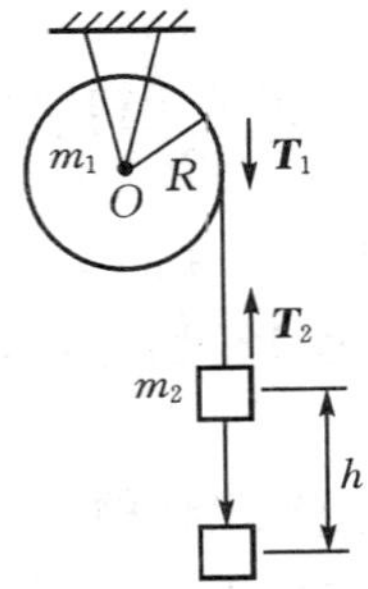

图 1－4　加速度值的乘积

物体下落高度 h 时的速度

$$v = \sqrt{2ah} = \sqrt{\frac{4m_2 gh}{m_1 + 2m_2}}$$

此时滑轮的角速度

$$\omega = \frac{v}{R} = \frac{1}{R}\sqrt{\frac{4m_2 gh}{m_1 + 2m_2}}$$

1.2.3　转动惯量

在讨论刚体的转动定律时,引入了刚体的转动惯量

$$I = \sum_{i=1}^{n} m_i r_i^2 \tag{1－13}$$

式(1－13)表明,**刚体的转动惯量等于组成刚体的所有质点的质量与该质点到给定转轴距离平方的乘积的总和**。

在 SI 中,转动惯量的单位为千克平方米($kg \cdot m^2$)。

转动定律 $\boldsymbol{M} = I\boldsymbol{\beta}$ 与牛顿第二定律 $\boldsymbol{f} = m\boldsymbol{a}$ 相对应,因此,与物体的质量 m 类似,刚体的转动惯量 I 是刚体转动过程中惯性大小的量度。

刚体转动惯量的实际计算按刚体的组成分为以下两种情况:

(1)若刚体由离散质点组成,将各个离散质点的质量 m_i 与各质点到转轴的距离 r_i^2 相乘后,再求 $m_i r_i^2$ 的总和便得刚体的转动惯量。

(2)对于质量连续分布的刚体,考虑离转轴 r 处的质量元 $\mathrm{d}m$,$\mathrm{d}m$ 对转轴的元转动惯量

$$\mathrm{d}I = r^2 \mathrm{d}m$$

整个刚体的转动惯量

$$I = \int \mathrm{d}I = \int r^2 \mathrm{d}m$$

表 1-1 给出了几种物体绕给定轴转动时的转动惯量。

表 1-1　常见物体的转动惯量

简图	转动惯量	简图	转动惯量
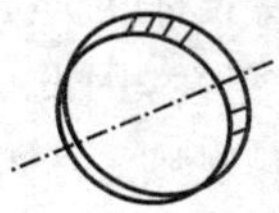	圆环：质量 m、半径 R 转轴：过中心与环面垂直 $I=mR^2$	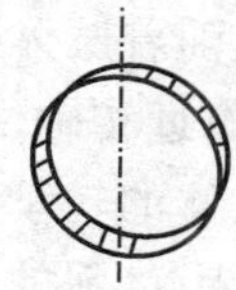	圆环：质量 m、半径 R 转轴：沿直径与环面平行 $I=\frac{1}{2}mR^2$
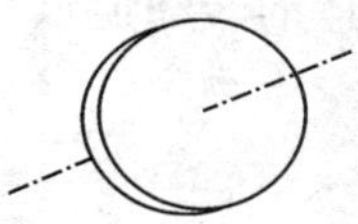	薄圆盘：质量 m、半径 R 转轴：过中心与盘面垂直 $I=\frac{1}{2}mR^2$	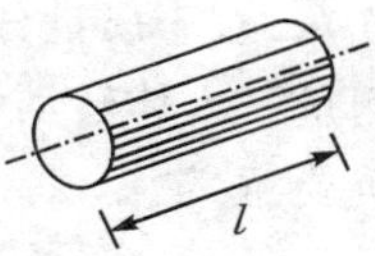	圆柱体：质量 m、半径 R 转轴：沿几何轴 $I=\frac{1}{2}mR^2$
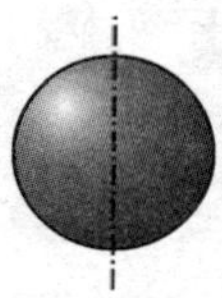	球壳：质量 m、半径 R 转轴：沿直径 $I=\frac{2}{3}mR^2$	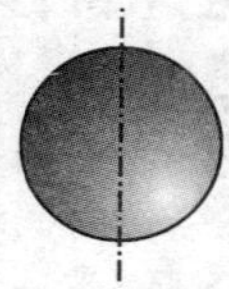	球体：质量 m、半径 R 转轴：沿直径 $I=\frac{2}{5}mR^2$

例 1-3　求长为 l、质量为 m 的均质细棒在下列两种情况下的转动惯量。

(1)转轴通过细棒中心与棒垂直；

(2)转轴通过细棒端点与棒垂直。

解　在棒上距转轴为 r 处取线元 $\mathrm{d}r$，相应的质量元 $\mathrm{d}m$，$\mathrm{d}m=\frac{m}{l}$。$\mathrm{d}m$ 对转轴的元转动惯量为

$$\mathrm{d}I=r^2\,\mathrm{d}m=\frac{m}{l}r^2\,\mathrm{d}r$$

整个棒对转轴的转动惯量

$$I=\int \mathrm{d}I=\frac{m}{l}\int r^2\,\mathrm{d}r$$

(1)转轴通过细棒中心与棒垂直时的转动惯量

$$I=\frac{m}{l}\int_{-\frac{l}{2}}^{\frac{l}{2}} r^2\,\mathrm{d}r=\frac{1}{12}ml^2$$

(2)转轴通过细棒端点与棒垂直时的转动惯量

$$I=\frac{m}{l}\int_0^l r^2\,\mathrm{d}r=\frac{1}{3}ml^2$$

可见转轴不同时,同一棒的转动惯量不同。

人体组织密度不均匀,而且呼吸或血液循环会导致体液分布发生变化,并具有复杂不规则的外型。虽然组成人体或肢体的质量在按质点数确定时不会改变,但在转动过程中,肢体在中枢神经的控制下,经常根据各种动作目的发生变化(例如臂或腿对关节的摆动),而且随着肢体的屈伸等姿势的不同,人体或肢体的质量对转轴分布情况改变,远离或靠近转轴。可见,人体转动惯量具有可变性,因此无法简单地用公式表征人体或肢体的转动惯量。此外,人体的形状也不规则,例如腿,具有上粗下细、上重下轻的特点(腿的这种质量分布及形状的特点是人类长期自然进化的结果,其好处是减小了转动惯量,使得人们付出较小的肌力力矩,便可获得行走或跑动时的较高速度)。对于质量分布特殊且形状复杂的人体的转动惯量,一般只能通过实验的方法测量。人体转动惯量在运动生物力学、航空生物力学、骨生物力学等的研究中具有重要意义。

1.3 刚体定轴转动的转动动能、动能定理

1.3.1 转动动能

刚体由于转动而具有的动能称为**刚体的转动动能**。刚体的转动动能由哪些因素决定呢?考虑以角速度 ω 定轴转动的刚体,将刚体看成是由许多绕轴转动的质点组成,设这些质点的质量分别为 $m_1, m_2, \cdots, m_n$,各个质点相对于转轴的距离分别为 $r_1, r_2, \cdots, r_n$。组成刚体的所有质点的动能之和就是刚体的转动动能,用 E_k 表示,则

$$\begin{aligned} E_{\mathrm{k}} &= \frac{1}{2}m_1 r_1^2\omega^2 + \frac{1}{2}m_2 r_2^2\omega^2 + \cdots + \frac{1}{2}m_n r_n^2\omega^2 \\ &= \frac{1}{2}(m_1 r_1^2 + m_2 r_2^2 + \cdots + m_n r_n^2)\omega^2 \\ &= \frac{1}{2}\left(\sum_{i=1}^{n} m_i r_i^2\right)\omega^2 \end{aligned}$$

由于 $I = \sum_{i=1}^{n} m_i r_i^2$,因此刚体的转动动能为

$$E_{\mathrm{k}} = \frac{1}{2}I\omega^2 \tag{1-14}$$

式(1-14)表明,刚体的转动动能与刚体的转动惯量成正比,与刚体角速度的平方成正比。

1.3.2　力矩的功

在适当外力的作用下，刚体的转动状态发生改变，可见外力对刚体做了功。如何计算外力对刚体做的功呢？如图1-5所示，在外力 $\boldsymbol{F}$ 作用下，经过 $\mathrm{d}t$ 时间，刚体角位移的改变量为 $\mathrm{d}\theta$，相应的线位移为 $\mathrm{d}\boldsymbol{r}$，则在 $\mathrm{d}t$ 时间内，外力 $\boldsymbol{F}$ 对刚体做的元功

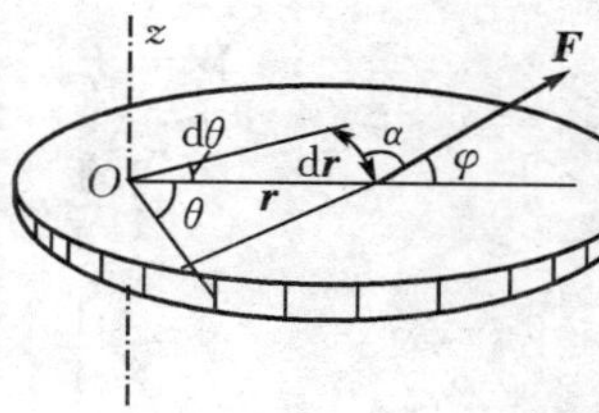

图1-5　力矩的功

$$\mathrm{d}W = \boldsymbol{F}\cdot\mathrm{d}\boldsymbol{r} = F\cos\alpha\mathrm{d}r = F\cos\alpha r\,\mathrm{d}\theta$$
$$= F\sin\varphi r\,\mathrm{d}\theta = M\mathrm{d}\theta$$

刚体的角位移由 θ_1 变化到 θ_2 的过程中，外力对刚体做的功为

$$W = \int\mathrm{d}W = \int_{\theta_1}^{\theta_2}M\mathrm{d}\theta \tag{1-15}$$

外力对刚体做的功称为**力矩的功**。式(1-15)表明，力矩的功可以通过力矩对刚体角位移的积分求得。

1.3.3　动能定理

将转动定律的两端同乘以 $\mathrm{d}\theta$，即

$$M\mathrm{d}\theta = I\beta\mathrm{d}\theta$$

由于 $\beta=\dfrac{\mathrm{d}\omega}{\mathrm{d}t}$，上式变为

$$M\mathrm{d}\theta = I\frac{\mathrm{d}\omega}{\mathrm{d}t}\mathrm{d}\theta = I\frac{\mathrm{d}\theta}{\mathrm{d}t}\mathrm{d}\omega = I\omega\,\mathrm{d}\omega$$

考虑刚体的角位移由 θ_1 变为 θ_2，相应的角速度由 ω_1 变为 ω_2 的过程，对上式求积分，可得

$$\int_{\theta_1}^{\theta_2}M\mathrm{d}\theta = \frac{1}{2}I\omega_2^2 - \frac{1}{2}I\omega_1^2$$

式中，$\int_{\theta_1}^{\theta_2}M\mathrm{d}\theta$ 为刚体所受的合外力矩对刚体做的功，而等号右端两项分别是刚体的转动动能 E_{k2} 以和 E_{k1}，因此，有

$$W = E_{k2} - E_{k1} \tag{1-16}$$

式(1-16)称为刚体定轴转动的**动能定理**(kinetic energy theorem)。该定理表明，**合外力矩对定轴转动的刚体所做的功等于在该过程中刚体转动动能的增量**。

例1-4　质量为50 kg、半径为0.5 m的均质圆盘，在制动力矩的作用下，角速度由10π rad/s减为5π rad/s。求圆盘减速过程中，制动力矩做的功。

解 已知均质圆盘 $I=mR^2$，$m=50$ kg，$R=0.5$ m；$\omega_1=10\pi$ rad/s，$\omega_2=5\pi$ rad/s。根据动能定理式(1-14)，圆盘减速过程中，制动力矩做的功为

$$
\begin{aligned}
W &= E_{k2}-E_{k1}=\frac{1}{2}I\omega_2^2-\frac{1}{2}I\omega_1^2 \\
&=\frac{1}{4}mR^2(\omega_2^2-\omega_1^2) \\
&=\frac{1}{4}\times 50\times 0.5^2\times[(5\pi)^2-(10\pi)^2] \\
&=-2.3\times 10^3\ \text{J}
\end{aligned}
$$

1.4 刚体定轴转动的角动量和角动量守恒定律

1.4.1 角动量、角动量定理

1. 角动量

考虑刚体上相对于 O 点的位矢为 $\boldsymbol{r}_i$、质量为 m_i、线速度为 $\boldsymbol{v}_i$ 的任意质点，则该质点相对于 O 点的角动量 $\boldsymbol{L}_i$ 与 $\boldsymbol{r}_i$ 及 $\boldsymbol{v}_i$ 之间满足如下的矢积关系

$$\boldsymbol{L}_i=\boldsymbol{r}_i\times m_i\boldsymbol{v}_i$$

将上式对时间求导数，有

$$\frac{\mathrm{d}\boldsymbol{L}_i}{\mathrm{d}t}=\frac{\mathrm{d}}{\mathrm{d}t}(\boldsymbol{r}_i\times m_i\boldsymbol{v}_i)=\boldsymbol{r}_i\times\frac{\mathrm{d}}{\mathrm{d}t}(m_i\boldsymbol{v}_i)+\frac{\mathrm{d}\boldsymbol{r}_i}{\mathrm{d}t}\times m_i\boldsymbol{v}_i$$

由于$\frac{\mathrm{d}\boldsymbol{r}_i}{\mathrm{d}t}=\boldsymbol{v}_i$，因此，$\frac{\mathrm{d}\boldsymbol{r}_i}{\mathrm{d}t}\times m_i\boldsymbol{v}_i=\boldsymbol{0}$。质点线动量对时间的导数$\frac{\mathrm{d}}{\mathrm{d}t}(m_i\boldsymbol{v}_i)$等于质点所受的合外力 $\boldsymbol{f}_i$，因此，上式可以写为

$$\frac{\mathrm{d}\boldsymbol{L}_i}{\mathrm{d}t}=\boldsymbol{r}_i\times\boldsymbol{f}_i=\boldsymbol{M}_i$$

即

$$\boldsymbol{M}_i=\frac{\mathrm{d}\boldsymbol{L}_i}{\mathrm{d}t}$$

组成刚体的所有质点所受的合外力矩的矢量和，就是刚体所受的合外力矩，即 $\sum_{i=1}^{n}\boldsymbol{M}_i$ 。组成刚体的所有质点的角动量的矢量和，称为**刚体的角动量**(angular momentum)，用 $\boldsymbol{L}$ 表示，刚体的角动量为

$$\boldsymbol{L}=\sum_{i=1}^{n}\boldsymbol{L}_i=\sum_{i=1}^{n}\boldsymbol{r}_i\times m_i\boldsymbol{v}_i \tag{1-17}$$

在 SI 中，刚体角动量的单位为千克平方米每秒($\text{kg}\cdot\text{m}^2/\text{s}$)。

2. 角动量定理

刚体所受的合外力矩与刚体角动量随时间的导数之间的关系为

$$\boldsymbol{M} = \frac{\mathrm{d}\boldsymbol{L}}{\mathrm{d}t} \tag{1-18}$$

式(1-18)就是刚体的角动量定理(angular momentum theorem)。该定理表明,刚体相对于某一定轴所受的合外力矩等于刚体相对于该转轴的角动量对时间的导数。

1.4.2　角动量守恒定律

由式(1-18)可知,当 $\boldsymbol{M}=\boldsymbol{0}$ 时,有

$$\boldsymbol{L}_1 = \boldsymbol{L}_2 = \boldsymbol{L} \tag{1-19}$$

式(1-19)表明,**当刚体所受的合外力矩等于零时,刚体角动量的大小和方向都保持不变**。这一结论称为刚体的**角动量守恒定律**(law of conservation of angular momentum)。

对刚体来说,转轴固定后,转动惯量是不变的。因此,当刚体不受外力矩作用时,它的角速度保持不变。这时,如果刚体的转动惯量变化,刚体的角速度也会改变,但 $I\omega$ 乘积保持恒定不变。例如,一人双手各握一个哑铃坐在可绕竖直转轴转动的转台上,当两臂伸开时人和转台一起以一定的角速度转动。不考虑摩擦,故没有外力矩作用,转台和人的角动量保持不变。因此,当两臂收回时,转动惯量减小,角速度就增大。在滑冰、跳水、舞蹈等的表演中,运动员和演员们往往通过改变身体姿势使转动惯量随不同动作目的而改变,从而改变转动速度,以达到最佳的表演效果。

对于由几个刚体组成的系统,只要合外力矩为零,系统的总角动量也是守恒的。角动量守恒定律是物理学中的守恒定律之一。

角动量守恒的一个实例是星球以恒定角速度的自转。这是因为形状基本不变的固体星球,例如地球、月球等是在不受外力矩的情况下运动的,所以角动量守恒。由于转动惯量不变,因此,星球自转的角速度也不变。

系统角动量守恒的另一个实例是宇宙中的许多星系都具有向同一方向旋转的扁平盘状结构。这是由于大量星体组成的星系不受外力矩作用,角动量守恒的必然结果。现以太阳系为例说明。太阳系最初像一个球状的气云,以一定的角动量缓慢旋转,在万有引力作用下逐渐收缩,即旋转半径变小。由于角动量守恒,旋转半径减小则旋转速度必然增大,从而使惯性离心力增大,致使收缩作用减弱。而轴向上因为不存在惯性离心力,所以轴向上收缩作用不减弱,于是太阳系就逐渐形成了垂直于轴向同一方向高速转动的扁平盘状结构。

例 1－5 质量为 200 g、半径为 15 cm 的水平转盘以 5 rad/s 的角速度旋转。一质量为 20 g 的虫子掉在盘心并沿矢径方向向外爬行。求当虫子爬到盘边缘时，圆盘旋转的角速度。

解 开始转动时，系统的角动量就是圆盘的角动量，即

$$L_1 = \frac{1}{2} m_{盘} r^2 \omega_1$$

当小虫爬到盘边缘时，系统的角动量为圆盘和小虫的角动量之和，即

$$L_2 = \frac{1}{2} m_{盘} r^2 \omega_2 + m_{虫} r^2 \omega_2$$

由于系统所受合外力矩为零，根据角动量守恒定律，有 $L_1 = L_2$，即

$$\frac{1}{2} m_{盘} r^2 \omega_1 = \frac{1}{2} m_{盘} r^2 \omega_2 + m_{虫} r^2 \omega_2$$

解得

$$\omega_2 = \frac{\frac{1}{2} m_{盘}}{\frac{1}{2} m_{盘} + m_{盘}} \omega_1 = \frac{\frac{1}{2} \times 200 \times 10^{-3}}{\frac{1}{2} \times 200 \times 10^{-3} + 20 \times 10^{-3}} \times 5 = 4.17 \text{ rad/s}$$

1.5 人体的静力平衡

承受着各种负荷作用的骨骼是人体的重要力学支柱。附着在骨骼上的肌肉在神经系统的支配下，根据各种动作目的进行适度的收缩或舒张以使关节活动，致使骨骼的相应部分发生大小或形状的改变，从而协调完成各种动作。本节讨论刚体的平衡及人体的静力平衡问题。

1.5.1 刚体的静力平衡

如果作用在刚体上使刚体平动的合外力为零，且使刚体对任意转轴转动的合外力矩也为零，刚体的这种状态就称为**刚体的平衡**。刚体平衡的条件是

$$\sum \boldsymbol{F} = 0, \sum \boldsymbol{M} = 0$$

为了研究问题方便，通常选用 $x - y$ 直角坐标系，将 $\sum \boldsymbol{F} = 0$ 写成分力平衡的形式：

$$\sum F_x = 0, \sum F_y = 0$$

这样，刚体的平衡条件为

$$\sum F_x = 0, \sum F_y = 0, \sum M = 0 \tag{1-20}$$

1.5.2　人体的静力平衡

刚体的平衡条件对于人体中的某些情况也是适用的。组成人体的 206 块骨头借助关节形成一副完整的人体骨架。下面仅从力学的观点出发,骨骼、肌肉的力学性质,具体讨论几个人体的静力平衡问题。

1. 手持重物前臂的静力平衡

图 1-6 所示为手持重物上臂铅直、前臂水平并处于平衡状态的前臂受力情况。图中 W_1 为前臂重量,W_2 为重物重量,F 为肱骨对尺骨的反作用力,T 为肱二头肌作用于前臂的力。

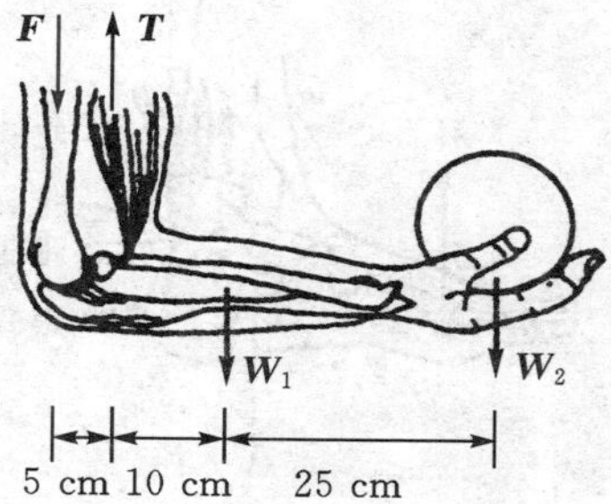

图 1-6　手持重物前臂的受力

力的平衡方程为

$$T = F + W_1 + W_2 \qquad ①$$

以垂直通过肘关节的直线为转轴,力矩的平衡方程为

$$5T = 15W_1 + 40W_2 \qquad ②$$

设 $W_2 = \frac{W_1}{5}$。将方程①、②联立求解,得

$$F = 3.4W_1 = 17W_2, T = 4.6W_1 = 23W_2$$

由此可见,肱骨对尺骨的反作用力为重物重量的 17 倍,肱二头肌作用于前臂的力为重物重量的 23 倍。即肱二头肌必须产生一个 23 倍于重物重量的收缩力才能托起一个重量为前臂重量的 $\frac{1}{5}$ 的物体,可见前臂的力学结构并不省力,但前臂付出较少的肌力(肌肉产生很小的长度变化),便能使物体很快地产生较大的移动。

2. 单腿站立脚的静力平衡

图 1-7 表示脚跟抬起、单腿站立时脚的受力情况。图中,T 为肌腱作用在脚上的张力,F 为胫骨和排骨作用在脚上的力,W 为地面作用在脚上的力(大小等于人体重量)。不计人脚本身的重量。

力的平衡方程为

$$T\sin 7° - F\sin\theta = 0 \qquad ①$$

$$T\cos 7° - F\cos\theta + W = 0 \qquad ②$$

由于 T 和 F 与竖直方向的夹角都很小,所以在列力矩平衡方程时,为简单起见,近似认为各力的方向都是竖直的。以垂直通过 $\boldsymbol{F}$ 的作用点的直线为转轴,力矩的平衡方程为

$$10W - 5.6T = 0 \quad ③$$

将方程①,②,③联立求解,得 $T=1.8W, F=2.8W, \theta=4.5°$。

计算结果表明,当脚跟抬起单腿站立时,肌腱中的张力是体重的 1.8 倍,而胫骨和腓骨作用在距骨上的力为体重的 2.8 倍。这就是脚的跟腱容易撕裂、距骨易于骨折的原因。

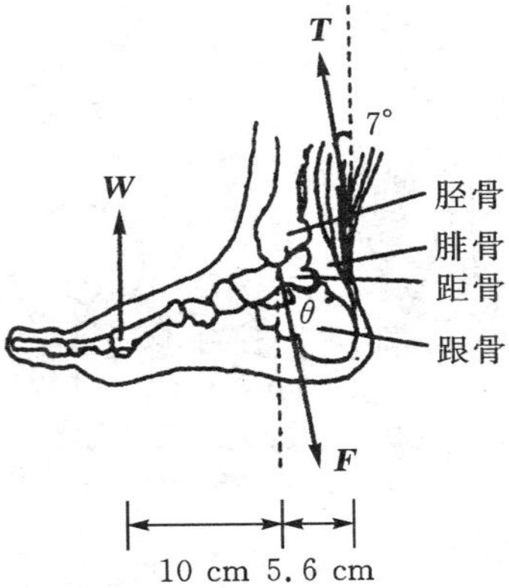

图 1-7　单脚站立脚的受力

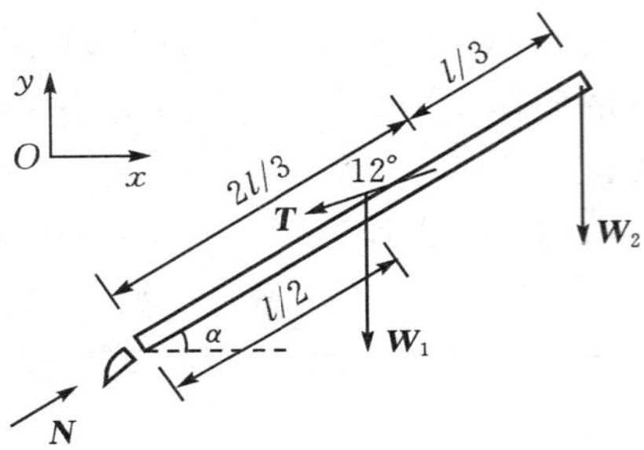

图 1-8　弯腰提物脊柱的受力

3. 弯腰提物脊柱的静力平衡

将脊柱近似看做长度为 l 的刚体,其底部绞接在腰骶椎间盘上。图 1-8 表示体重为 W 的人弯腰提物时脊柱的受力情况。

图中 W_1 为躯干的重量,W_2 是手臂与头的重量,近似有 $W_1=0.4W, W_2=0.2W$。T 为背部骶棘肌作用于脊柱上的力,N 是骶骨对脊柱的作用力。选图中所示的 $x-y$ 坐标系,设脊柱轴线与 x 轴正向的夹角 α 为30°,则 T 与 x 轴正向的夹角为30°−12°=18°。脊柱处于平衡状态,力的平衡方程为

$$N_x - T\cos 18° = 0 \quad ①$$

$$N_y - T\sin 18° - 0.4W - 0.2W = 0 \quad ②$$

以垂直通过脊柱底部的直线为转轴,力矩的平衡方程为

$$\frac{2}{3}l\sin 12° - \frac{1}{2}l \times 0.4W\cos 30° - 0.2lW\cos 30° = 0 \quad ③$$

由式③得 $T=2.81W$。由式①和式③分别得

$$N_x = T\cos 18° = 2.81W \times 0.951 = 2.38W$$

$$N_y = T\sin 18° + 0.6W = 2.38W \times 0.310 + 0.6W = 1.37W$$

则

$$N = \sqrt{N_x^2 + N_y^2} = \sqrt{(2.38W)^2 + (1.37W)^2} = 2.74W$$

N 与水平方向的夹角

$$\varphi = \arctan \frac{N_y}{N_x} = \arctan \frac{1.37W}{2.38W} = 29.9^\circ$$

计算表明，人只做60°弯腰动作时，骶骨对脊柱的反作用力，即骶骨作用于腰骶椎间盘的力约为 2.74W，其方向与 x 轴正向成29.9°角，即 N 的方向与脊柱轴线方向基本一致。N 的作用效果是使椎间盘变形，且被其弹性应力所平衡。

如果此人做60°弯腰动作并提 0.2W 的重物，情况又会怎样呢？此时 $W_2 = 0.4W$，其他条件不变。力的平衡方程为

$$N_x - T\cos 18^\circ = 0 \quad ①$$

$$N_y - T\sin 18^\circ - 0.4W - 0.4W = 0 \quad ②$$

力矩平衡方程为

$$\frac{2}{3}lT\sin 12^\circ - \frac{1}{2}l \times 0.4W\cos 30^\circ - 0.4lW\cos 30^\circ = 0 \quad ③$$

由式③得 $T=3.74W$。由式①和式③分别得 $N_x=3.56W$，$N_y=1.96W$，则

$$N = \sqrt{N_x^2 + N_y^2} = 4.07W$$

N 与水平方向的夹角

$$\varphi = \arctan \frac{N_y}{N_x} = \arctan \frac{1.96W}{3.56W} = 28.8^\circ$$

计算结果表明，由于提 0.2W 的重物，骶棘肌作用于脊柱的力，即骶棘肌中的张力比只弯腰不提重物时增加了 $3.74W-2.81W=0.93W$，而骶骨对脊柱的反作用力，即骶骨作用于腰骶椎间盘的力也增加了 $4.07W-2.74W=1.33W$。具体来说，若一体重为 60 kg 的人，手提 12 kg 的重物，做30°弯腰动作时，作用于腰骶椎间盘上的力大约是 244 kg。这一巨大压力的作用，可致使椎间盘脱出或变粗突进椎管，从而压迫神经、神经根或关节面，导致疼痛和肌肉痉挛。而肌肉痉挛的结果是椎间盘受更大的压力，使病情加重。这就是临床上所谓的椎间盘脱出症。同时，由于此力与脊柱轴线方向之间出现夹角，这就使得椎间盘除了受正压力外，还受切向力的作用，而且所提重物越重、T 越大，α 越小，椎间盘所受的切向力就越大，而这力主要是由周围韧带的弹性力平衡的。因此，当弯腰提重物时，如果椎间盘所受的切向力过大，超出了周围韧带所能承受的限度，会使韧带损伤。韧带损伤是一种常见的病变。

造成以上巨大作用力的原因是重物对于骶骨有很大力臂，如果弯腰程度增加（α 减小）或重物远离腰骶关节，那么提起同样重物，骶棘肌中的张力以及腰骶椎间盘所受的作用力均明显增大。因此，正确的提物姿势应膝盖弯曲使重物以及人体重心尽可能在骶骨上方，以减小其对于骶骨的作用力臂。

1.6 物体的弹性

刚体虽考虑了物体的形状和大小，但假设了在力的作用下，刚体中任意两点的距离始终不变。但事实上，实际物体受外力作用时，运动状态、形状和大小都要发生变化。研究物体在外力作用下形状和大小发生变化的规律，在生物医学中具有非常重要的意义。

1.6.1 应变和应力

1. 应变

物体在外力作用下所发生的形状和大小的改变称为形变(deformation)。在一定的形变范围内，去掉外力后，物体能够完全恢复原状，这样的形变称为弹性形变(elastic deformation)；外力超过一定限度后，若去掉外力，物体不再恢复原状的形变，称为**塑性形变**(plastic deformation)。物体受外力作用时，其线度、形状和体积的改变量与原来相应的线度、形状或体积之比称为**应变**(strain)。

(1)线应变。最简单的形变是物体受到法向外力时的线度变化。线度为 l_0 的物体受到外力作用时产生的线度增量为 Δl，$\frac{\Delta l}{l_0}$ 表征形变程度，称为**线应变**(linear strain)，用 ε 表示，即

$$\varepsilon = \frac{\Delta l}{l_0} \tag{1-21}$$

物体受拉伸时，$\Delta l>0$，$\varepsilon>0$，ε 称为张应变；物体受压缩时，$\Delta l<0$，$\varepsilon<0$，ε 叫做压应变。

(2)剪应变。物体在切向力的作用下只发生形状变化而没有体积变化，如图1-9所示，立方体的底面固定在一个平面上，顶面受到一个切向力 f_t 的作用，物体形状发生变化。若立方体的顶点 M 由于形变偏离 Δx 移到 N 处，使 OM 边与 ON 边之间产生一个角增量 $\Delta\varphi$，则 $\tan\Delta\varphi$ 表征形变程度，叫做**剪应变**(shearing strain)，用 γ 表示。因 $\Delta\varphi$ 一般比较小，故近似有

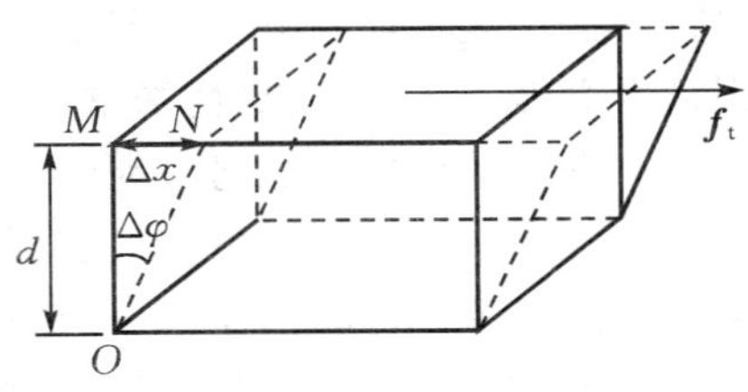

图 1-9 切向力作用下的形变

$$\gamma = \tan\Delta\varphi = \frac{\Delta x}{d} \tag{1-22}$$

(3)体应变。如果物体在法向力的作用下体积发生变化而形状不变,设物体体积由 V_0 变为 $V_0+\Delta V$,则 $\frac{\Delta V}{V_0}$ 表征形变程度,称为**体应变**(bulk strain),用 θ 表示,即

$$\theta=\frac{\Delta V}{V_0} \tag{1-23}$$

应变是相对形变量,不是绝对形变量,所以,应变是无量纲的量,无单位。针对具体问题,如果知道应变,还知道初始值,就能计算绝对形变量。

固体既有恢复形状变化的弹性又有恢复体积变化的弹性,而液体只有恢复体积变化的弹性,因此,固体与液体表现出不同的性质。

2. 应力

物体受外力作用时,由于组成物体的微观粒子之间的相对位置发生变化,物体内各个相邻的宏观部分之间便呈现相互作用的内力。如图1-10所示,在拉伸力的作用下,物体内任意截面上都存在着弹性内力。我们想像将物体在任意处分为两段,那么在分割截面处两段物体将同时受到对方施予的弹性内力的作用。弹性内力的作用使物体具有恢复原状的趋势,其大小与外加拉伸力相等而方向相反。

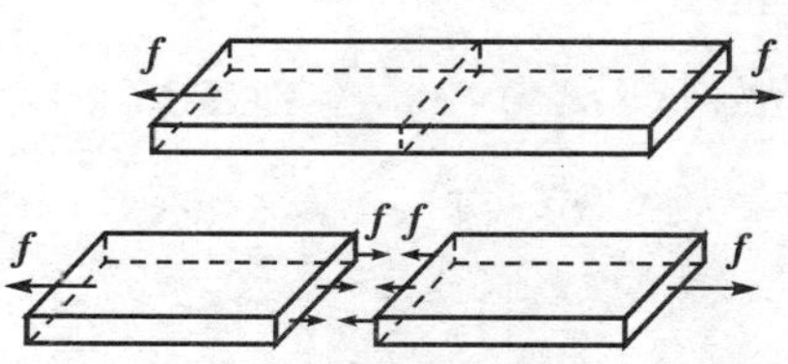

图1-10　弹性内力

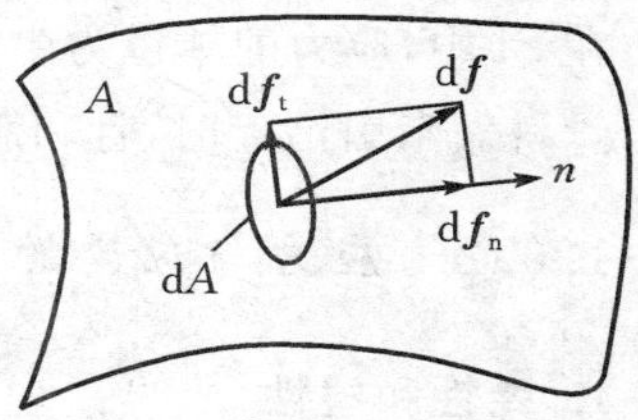

图1-11　正应力和剪应力

为了描述在外力作用下,物体内弹性内力的分布情况,引入应力这一物理量。物体内单位面积上的弹性内力称为**应力**(stress)。应力与什么因素有关呢?如图1-11所示,在物体内任意截面 A 上取任意面元 $\mathrm{d}A$,$\mathrm{d}A$ 上的弹性内力为 $\mathrm{d}\boldsymbol{f}$,$\mathrm{d}\boldsymbol{f}$ 垂直 $\mathrm{d}A$ 的法向分量为 $\mathrm{d}\boldsymbol{f}_{\mathrm{n}}$,与 $\mathrm{d}A$ 相切的切向分量为 $\mathrm{d}\boldsymbol{f}_{\mathrm{t}}$。则 $\mathrm{d}A$ 上的法向应力为

$$\boldsymbol{\sigma}=\frac{\mathrm{d}\boldsymbol{f}_{\mathrm{n}}}{A} \tag{1-24}$$

法向应力称为**正应力**。拉伸时称为**张应力**(tensile stress),压缩时称为压应力(compressive stress)。

若法向力 $\boldsymbol{f}_{\mathrm{n}}$ 均匀作用于截面 A 上,则 A 上的正应力为

$$\boldsymbol{\sigma}=\frac{\boldsymbol{f}_{\mathrm{n}}}{A} \tag{1-25}$$

dA 上的切向应力

$$\boldsymbol{\tau}=\frac{d\boldsymbol{f}_t}{dA}$$

切向应力称为**剪应力**(shearing stress)。

若切向力 $\boldsymbol{f}_t$ 均匀作用于截面 A 上,则 A 上的剪应力为

$$\boldsymbol{\tau}=\frac{\boldsymbol{f}_t}{A} \tag{1-26}$$

实际物体在外力作用下,形状和大小都发生变化,物体内任意截面上各处的应力不一定相等,应力的方向也可能与截面成某一角度,所以物体同时受到正应力和剪应力的作用。

当物体在法向外力 $\boldsymbol{f}_n$ 作用下体积发生变化时,相应的应力称为**体应力**(bulk stress),用 $\boldsymbol{\omega}$ 表示。若周向均匀的法向外力 $\boldsymbol{f}_n$ 作用于力学性质各向相同的物体,则物体内各个方向上的任意截面的体应力大小相同,均等于物体任意截面 A 上的内压强,即

$$\boldsymbol{\omega}=\frac{\boldsymbol{f}_n}{A}=\boldsymbol{p} \tag{1-27}$$

在 SI 中,应力的单位为牛顿每平方米(N/m^2)。

骨科做牵引治疗时,骨和肌肉中都存在着应力。

1.6.2　应力与应变的关系

1. 弹性和塑性

典型的张应力与张应变的关系如图 1-12 所示。不同的金属材料,曲线的形状大致相似。从 o 点到 a 点为弹性范围,在此范围内,张应力和张应变成正比,a 点叫做正比极限。由 a 点到 b 点,张应力和张应变不成正比,但去掉外力后材料仍能恢复原长,b 点称为弹性极限,相应的应力叫做弹性限度。过 b 点后,去掉外力后,材料不能恢复原长,即形变具有永久性。当张应力达到 c 点相应的值时,材料断裂,c 点叫做断裂点,相应的张应力称为材料的**抗张强度**(tensile strength)。当物体受压缩时,c 点相应的压应力称为**抗压强度**(compressive strength)。b 点与 c 点间为材料的塑性形变范围。如果 b,c 两点相距较近,材料的塑性形变范围小,则材料表现出脆性;反之,如果 b,c 两点相距较远,材料的塑性形变范围大,则材料具有展性。

骨也是一种弹性材料。在弹性范围内,骨的张应力与张应变呈正比关系,如图 1-13中的曲线表示湿润而致密的成人桡骨、腓骨和肱骨的张应力与张应变之

间的关系，由图可以看出，张应变在小于 0.5% 即 oa 段时，3 种骨的张应力与张应变均呈正比关系。

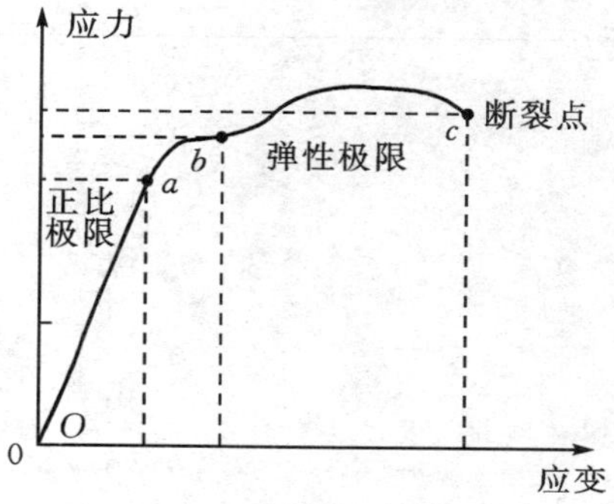

图 1 - 12　金属材料的应力-应变关系

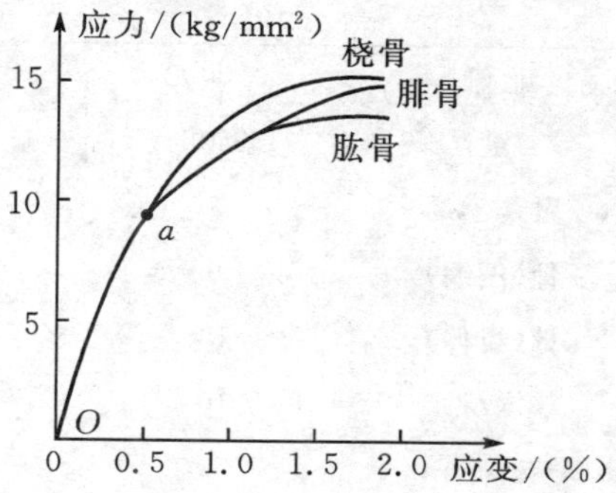

图1 - 13　成人四肢骨的张应力-张应变关系

2. 弹性模量

在弹性范围内，材料的应力与应变成正比，即遵从胡克(Hooke)定律，比例系数因物体材料不同而异。物体所受的应力与相应的应变之比称为该材料的**弹性模量**(modulus of elasticity)。材料抵抗外力变形的能力称为材料的**刚度**(rigidity)。弹性模量是表征材料刚性的物理量，弹性模量愈大的材料，其刚性愈强。

当物体在法向外力作用下线度发生变化时，在弹性范围内，应力与相应应变之比称为**杨氏模量**(Young modulus)，用 E 表示，即

$$E=\frac{\sigma}{\varepsilon}=\frac{f_{\mathrm{n}}/A}{\Delta l/l_0}=\frac{l_0 f_{\mathrm{n}}}{A\Delta l} \tag{1-28}$$

表 1 - 2 给出了一些常见材料的杨氏模量、弹性限度和两种强度值。

当物体受切向外力作用形状发生变化时，在弹性范围内，剪应力与相应的剪应变之比称为材料的**剪切模量**(shear modulus)，用 G 表示，即

$$G=\frac{\tau}{\gamma}=\frac{f_{\mathrm{t}}/A}{\Delta x/d}=\frac{d f_{\mathrm{t}}}{A\Delta x} \tag{1-29}$$

当物体受法向外力作用体积发生变化时，在弹性范围内，体应力与相应的体应变之比称为材料的**体变模量**(bulk modulus)，用 K 表示，即

$$K=\frac{\omega}{\theta}=\frac{f_{\mathrm{n}}/A}{\theta}=-\frac{p}{\Delta V/V_0}=-\frac{V_0}{\Delta V}p \tag{1-30}$$

式中，负号表示压强增大时体积减小。K 值越小，材料越容易被压缩。

表 1-2　常见材料的杨氏模量、弹性限度和强度

物质	杨氏模量 $10^9\ N/m^2$	弹性限度 $10^7\ N/m^2$	抗张强度 $10^7\ N/m^2$	抗压强度 $10^7\ N/m^2$
血管	0.0002			
腱	0.02			
聚苯乙烯	3	—	5	10
骨(压缩)	9	—	—	17
骨(拉伸)	16	—	12	—
木材	10	—	—	10
花岗石	50	—	—	20
铝	70	18	20	—
铜	110	20	40	—
熟铁	190	17	33	—
钢	200	30	50	—

表 1-3 给出了几种常见材料的体变模量和剪切模量。

表 1-3　常见材料的体变模量和剪切模量

材料	体变模量/($10^9\ N/m^2$)	剪切模量/($10^9\ N/m^2$)
木材	—	10
骨	—	10
铝	70	25
铜	120	40
铁	80	50
钢	158	80
钨	—	140
水银	25	
水	2.2	

例 1-6　设人的腿骨长 40 cm,平均横截面积为 5.0 cm^2。若以单腿支持 500 N的整个体重,求腿骨的①线应变;②长度改变量。

解　①查表 1-2 知,骨压缩时的杨氏模量 $E=9\times10^9\ N/m^2$,由式(1-21)和

式(1-28),得腿骨的线应变

$$\varepsilon = \frac{\Delta l}{l_0} = \frac{f_n}{AE} = \frac{500}{5.0 \times 10^{-4} \times 9 \times 10^9} = 1.1 \times 10^{-4}$$

②腿骨长度的改变量

$$\Delta l = \varepsilon l_0 = 1.1 \times 10^{-4} \times 40 \times 10^{-2} = 4.4 \times 10^{-5}\ \text{m}$$

3. 弹性势能

当材料受到拉伸外力时,构成材料的粒子间距增大,粒子间呈现引力作用,外力要反抗内力做功;当材料受到压缩外力时,粒子间距减小,粒子间呈现斥力作用,外力也要反抗内力做功。在切变情况下,粒子间也会呈现引力或斥力的作用。外力使弹性体发生形变,就是外力反抗弹性体的内力做功,外力做功的结果增加了弹性体的势能。

物体的弹性势能由哪些因素决定呢?设长为 l_0、横截面积为 A 的弹性圆棒,在外力作用下长度变为 l。不考虑棒截面积的改变,则由式(1-26)可知,弹性内力即外力为 $f_n = \frac{EA}{l_0}\Delta l$。对一定的棒,$\frac{EA}{l_0}$为常量,令 $k = \frac{EA}{l_0}$。以 s 表示长度的增量 $l - l_0$,则 $f_n = ks$。在棒长度由 l_0 变为 l 的过程中,外力做功为

$$W = \int_0^s f_n \mathrm{d}s = \int_0^s ks\,\mathrm{d}s = \frac{1}{2}ks^2$$

外力克服弹性内力做的功变为棒的弹性势能,因此弹性物体的弹性势能为

$$E_p = \frac{1}{2}ks^2 \tag{1-31}$$

1.6.3　生物材料的力学性质

金属一般是结晶体,它的原子呈规则排列,原子间的键合比较紧,能承受较大的应力,因此弹性模量较大。生物材料的结构及其力学性质都不同于金属材料。生物材料绝大多数是非结晶体,例如结缔组织和胶原纤维均由长链状的聚合物大分子构成,而大分子之间的相互作用很弱。在受到外加拉伸力作用时,分子变长,同时分子之间也易产生相对滑动,因此弹性模量较小。生物材料的应力—应变关系一般都不服从胡克定律。

1. 骨的应力-应变关系

骨是一种非均匀的、各向异性的复合材料,其力学性能非常复杂。骨因其所在的部位和功能的差异而有不同的形状、大小和结构,所以不同的骨具有不同的力学性质。图1-14为人的股骨受单向拉伸时张应力与张应变的关系曲线。比较两曲线可见,干骨应变在0.4%时便断裂,而鲜骨断裂的最大应变可达1.2%。实际上,

骨的强度还与年龄、性别、取样条件以及病理等因素有关。

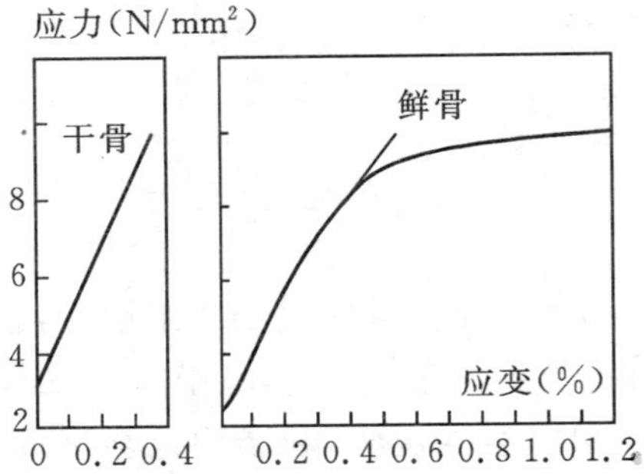

图 1-14　人股骨的张应力-张应变关系

骨由密质骨和松质骨构成。密质骨强度高但应变能力差,应变超过 2%就会断裂;松质骨强度低,应变达 7%左右才断裂。

由于骨是有生命的器官,应力对骨的作用不能简单地归结为形变和断裂问题。应力对骨的改变、生长和吸收起着调节作用,每一块骨都有一个最适宜的应力范围,应力过高、过低,或者不适当的应力方向,都会导致骨的退化或增生。应力的生物效应在整形外科和修复方面是很受注意的。例如在骨外科手术中,螺钉拧得太紧,使得应力局部集中,可能会引起骨的吸收,结果反而使固定变松。

2. 主动脉弹性组织的应力-应变关系

图 1-15 为主动脉弹性组织的应力-应变曲线。由图可见,曲线没有直线部分,表明主动脉弹性组织不服从胡克定律。弹性极限距断裂点很近,说明主动脉弹性组织是脆性材料。

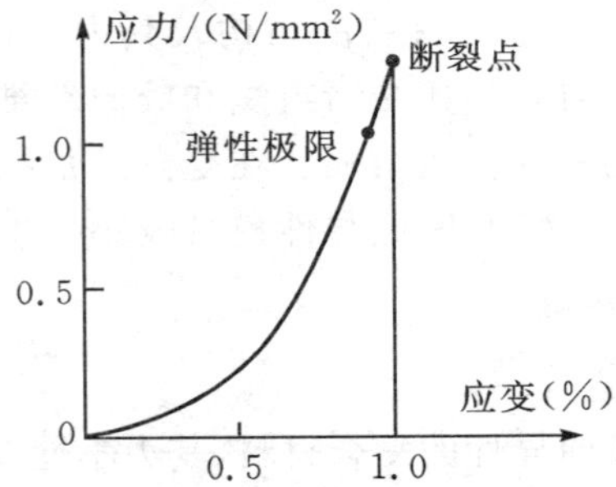

图 1-15　主动脉弹性组织的应力-应变关系

3. 血管的弹性

与其他软组织相比，血管具有一定的特殊性。血管有主动脉、大动脉、小动脉、动静脉吻合管、毛细血管、小静脉、中静脉等。血管壁呈多层复合结构，是一种最复杂的生物材料。血管是中空管道，承受内压并受周围组织的制约，血管截面近似为圆形，有复杂分支。了解血管的力学特性对于理解心血管系统的力学性质极为重要。另外，人造代用品的研制和评价也需要天然血管力学性能方面的知识。

血管壁可分 3 层：内膜、中膜和外膜。内膜由内皮细胞、基质膜和散布的聚合物层组成，聚合物中含有胶原纤维、弹性纤维、网状纤维以及平滑肌和其他细胞。中膜是肌肉性的，分为若干个同心弹性薄层，每层均由弹性纤维、胶原纤维和平滑肌细胞交织构成。在收缩着的血管内，纤维似乎是随机分布在薄层内。当血管处于伸张状态时，中膜里的胶原纤维的螺旋结构就变得较为明显，外膜是疏松的结缔组织。

血管的弹性及其他力学特性主要取决于弹性纤维、胶原纤维和平滑肌。弹性纤维的杨氏模量较小，为$(3\sim6)\times10^5$ N/m^2。胶原纤维的杨氏模量较大，约为10^9 N/m^2，抗张强度很高，为$(5\sim10)\times10^7$ N/m^2。平滑肌易于变形，在较小应力作用时能产生较大的形变，杨氏模量为$(10^3\sim10^5)$ N/m^2。

不同的血管其管壁内弹性纤维、胶原纤维和平滑肌含量不同，而且其构造和超微结构不同。血管的力学性质不仅依赖于弹性纤维、胶原纤维和平滑肌的含量，而且还取决于它们的构造和超微结构。因此，不同的血管具有不同的力学性质。

如图 1－16 所示为家兔动脉血管的应力-应变关系。曲线无直线部分且不过原点，正常样品的曲线较为平坦，而动脉硬化样品的曲线较为陡斜。由图可见，在相同应力作用下，对照样品产生的应变大，而动脉硬化样品应变小，即动脉硬化血管在应力等于零时已有一定的应变。这表明在应力作用前，血管已有损伤；而有应力作用时，又不容易变形。

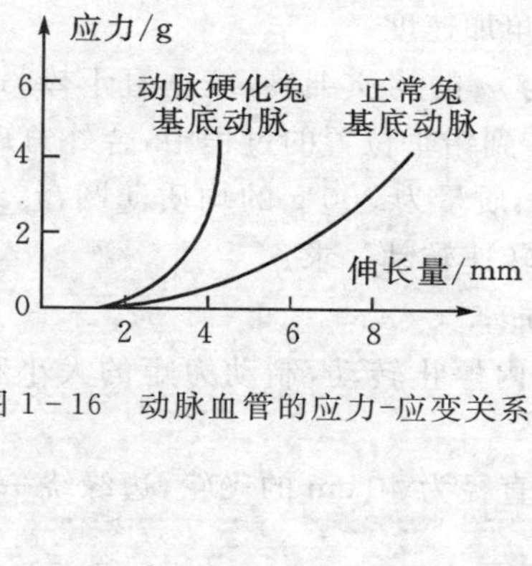

图 1－16　动脉血管的应力-应变关系

小动脉含有丰富的平滑肌,可以主动收缩,对周缘血流循环起调节作用。实验表明,不同管径的小动脉的平均周向应力随血管直径减小而变小,在某一压力范围内,管径不随压强变化,这和弹性反应完全不同,是血管平滑肌主动收缩所致。

静脉血管壁的结构与相应的动脉比较,没有多大差异。静脉血管的应力与应变的关系和动脉的相似。与动脉相比,生理状态下静脉内血压很低,此时弹性模量很小,而且很大程度上依赖于管壁的应力大小。此外,静脉扩张性强,因此静脉又称为**容量血管**,静脉血容量占人体总血量的75%以上。压强或肌肉紧张程度的任何改变,都会引起静脉血容量的变化,从而改变心输出量。实验表明,小静脉是血管系统中最容易扩张的部分。

大量实验表明,毛细血管的直径由血压改变引起的变化很小,因此毛细血管可近似看做刚体。就力学性质而言,可将毛细血管和其周围组织作为一个整体进行研究。如果周围组织比毛细血管大或毛细血管受周围组织的作用较强,毛细血管的刚度主要来自周围组织;如果周围组织与毛细血管相比不很大,或很松弛,毛细血管就很容易扩张。肠系膜内的毛细血管属于前者,而肺毛细血管则属于后类。

习 题

1-1 一飞轮的转速由1 500 r/min经50 s时间均匀减速直至停止。求:

(1)飞轮在减速转动过程中的角加速度;

(2)飞轮在减速转动过程中的角位移。

1-2 一绳绕过半径为0.4 m的定滑轮下挂一物体,若物体由静止开始以0.4 m/s^2的加速度上升。设绳与滑轮间不打滑。求:

(1)滑轮的角加速度;

(2)物体上升4 s末时滑轮边缘上一点处的加速度。

1-3 长为l的均质细棒由水平位置自静止开始绕垂直于棒另一端的水平轴转动,求棒开始转动时的角加速度。

1-4 长为l、质量为m的均质细棒,绕垂直于棒另一端的水平轴转动,求棒由水平位置自静止开始转到铅垂位置的过程中,合外力矩对棒做的功。

1-5 半径为30 cm、质量为300 g的均质薄圆盘,绕过盘中心垂直于盘表面的转轴以1 200 r/min的转速转动。求:

(1)求圆盘的转动动能;

(2)若使圆盘在40 s内停止转动,制动力矩的大小和制动力矩在制动过程中做的功。

1-6 质量为5 kg、直径为40 cm的飞轮,边缘绕一轻绳,现以恒力接绳子,使飞轮由静止开始在 10 s。内转速达 10 r/s。设质量全部均匀分布在飞轮的边缘。求：

(1)飞轮的角加速度；

(2)飞轮在加速过程中的角位移；

(3)拉力做的功；

(4)拉力。

1－7　假定竖直立在地板上长为 L 的均匀细棒倒下时，接触地板的一端不移动。求棒撞击地板时的角速度和转动动能。

1－8　长为 0.5 m 的均匀轻细棒一端装有小球，绕垂直于棒的另一端的水平轴转动。求棒以自水平位置以 20 rad/s 的角速度转动到铅垂位置时，小球的角速度和线速度。

1－9　半径为 30 cm、质量为 2 kg 的车轮，假定车轮的质量全部分布在轮的边缘。求车轮以 6.0 m/s 的速度运动时的角速度、转动动能和角动量。

1－10　一人手持哑铃坐在一摩擦可忽略的转台上以一定的角速度转动。若此人两手伸开，使转动惯量增加到原来的 2 倍，角速度减少多少？转动动能变化多少？

1－11　质量为 3 kg、长度为 1 m 的均匀长棒的顶端悬挂在天花板上。质量为 50 g 的子弹从水平方向以 300 m/s 的速度射入棒的下端，穿出后的速度减为入射时的 $\frac{3}{5}$。求子弹穿出后棒的角速度。

1－12　人做俯卧撑时的受力如图 1－17 所示。设人的质量为 65 kg，求地面作用在人手和脚上的力 F_1 和 F_2。

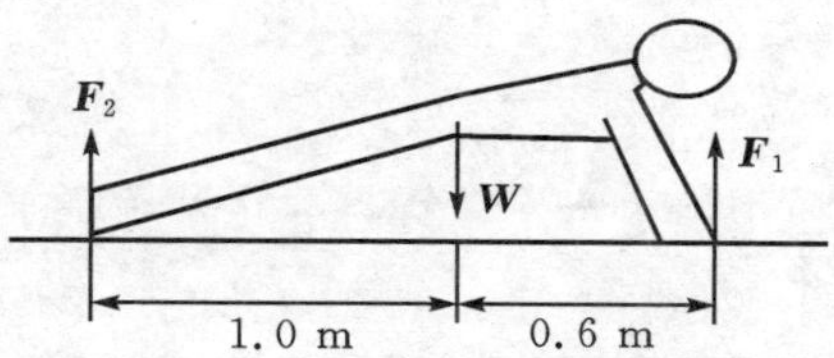

图 1－17　题 1－12 图

1－13　成人股骨的最小截面积为 6.0 cm^2。求：

(1)求股骨断裂时所受到的法向压缩力；

(2)假定断裂前，股骨的应力-应变呈线性关系，求断裂时的应变。

1－14　二头肌可以近似看做长为 20 cm、截面积为 50 cm^2 的圆柱体。已知松弛的二头肌在 20 N 法向拉伸力的作用下伸长 4 cm，而处于紧张状态下的二头肌

在 400 N 法向拉伸力的作用下也伸长 4 cm。不考虑体积的变化,求:

(1)松弛时二头肌的杨氏模量;

(2)处于紧张状态下二头肌的杨氏模量。

1-15　长为 5.5 m、截面积为 5.0 mm 的铜丝受到 500 N 的法向拉伸力的作用。求:

(1)铜丝长度的改变量;

(2)铜丝的弹性势能。

第2章　流体动力学

液体和气体统称为流体(fluid),流体内各部分之间很容易发生相对移动,这种性质称为流动性(fluidity)。流动性是流体最基本的特性。流体动力学研究的是流体运动及流体与流体中的物体相互作用的规律。流体的运动广泛存在于自然界以及生物体内,生物体内养分的输送和废物的排泄等过程都遵循着流体运动的规律。流体运动规律是研究人体循环、呼吸等过程的基础,本章将介绍流体动力学的一些基本概念和规律,以及人体血液流动的规律和特点。

2.1　理想流体的定常流动

2.1.1　理想流体

实际流体都具有粘滞性,粘滞性是指流体在流动过程中各部分之间存在内摩擦力的特性。液体的粘滞性差异较大,如血液的粘滞性很强,水和酒精的粘滞性很弱,气体的粘滞性更小,其影响一般可以忽略。因此,粘滞性较弱的流体运动时,可近似看成没有粘滞性。

实际流体都具有可压缩性,可压缩性是指流体的密度随压力的大小而改变的性质。液体的可压缩性很小,一般情况下可忽略不计。气体的可压缩性非常显著,由于气体的流动性很好,很小的压强差就可以使气体从密度较大的地方流向密度较小的地方,从而使各处气体密度差减小。因此,在压强差不大时,气体可以视为不可压缩的。

实际流体的运动非常复杂,影响因素很多。在研究流体运动时,为使问题简化,突出流动性这一基本特性,我们引入理想流体这一物理模型,把不可压缩的、没有粘滞性的流体称为**理想流体**(fluid)。

2.1.2　定常流动

流体流动时所占据的空间称为**流场**(flow field)。对运动的流体而言,在任一瞬时,流体在流场的每一点都具有一定的流速,流速是空间坐标和时间的函数,即 $v=f(x,y,z,t)$。如果空间任意点的流速不随时间变化,则这种流动称为**定常流动**(steady flow)。如图 2-1 所示,流至 A 点的流体质点的速度始终为 v_A,流至 B

点的流体质点的速度始终为 v_B,即流体流动时速度的分布不随时间而改变。缓慢流动的河水及管道内液体的流动都可以看作是定常流动。对于定常流动,可表示为 $v=f(x,y,z)$,即流速仅是空间坐标的函数。

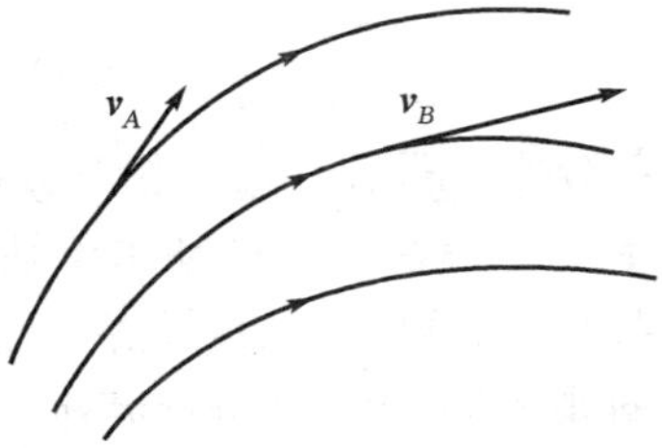

图 2-1 流线

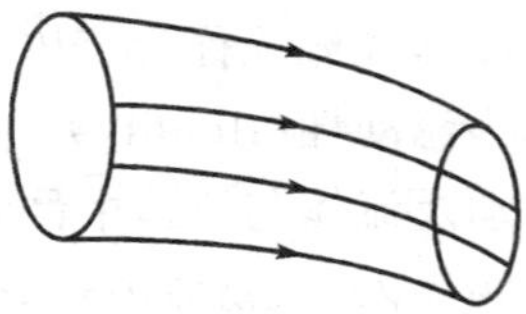

图 2-2 流管

2.1.3 流线与流管

为了形象地描述流场,可以在流场中画出一系列具有如下性质的曲线:某一时刻经过曲线上各点的流体质点,它们的速度都和曲线相切。这些曲线称为**流线**(stream line),如图 2-1 所示。当流体作定常流动时,流线的形状和分布不随时间而改变。由于每一时刻流场中的一点只能有一个流速,因此任意两条流线不可能相交。

如图 2-2 所示,在运动的流体中作一截面,那么经过此截面周边上的流线就组成一个管状空间,称为**流管**(stream tube)。当流体作定常流动时,流场中各点的流速不随时间变化,所以流线的分布也不随时间而变;同时流场中各点的流速都与该点的流线相切,流管内外的流体都不会穿过流管,因此流管的形状也是稳定的。

2.1.4 连续性方程

单位时间内通过垂直流管的截面 S 的流体体积,称为流体的**体积流量**(volume flow rate),简称流量,用 Q 表示。若流体流经截面 S 上各点的流速都是 v,容易推导出流量 Q 与流速 v、截面积 S 的关系为

$$Q = Sv \tag{2-1}$$

如图 2-3 所示,设不可压缩的流体作定常流动,在流管中取两个与流管相垂直的截面 S_1 和 S_2,流体在两个截面处的流速分别为 v_1 和 v_2,流量分别为 Q_1 和 Q_2。当流体作定常流动时,由于流管的形状不变,因此相同时间 Δt 内从截面 S_1 流入的流量必定等于从流管另一端截面 S_2 流出的流量,即 $Q_1=Q_2$,由式(2-1)可得

$$S_1 v_1 \Delta t = S_2 v_2 \Delta t$$

两边同除以 Δt,得

$$S_1 v_1 = S_2 v_2$$

由于 S_1 和 S_2 的任意性，上式可写成

$$Sv = 常量 \tag{2-2}$$

式(2-2)称为**连续性方程**(continuity equation)。它表明不可压缩的流体作定常流动时，流管的任一横截面积与该处流速的乘积为一恒量；或者说，沿同一流管的流量守恒。由连续性方程可知，同一流管内的流体的流速与流管的截面积成反比，即截面积大处流速小，而截面积小处流速大。

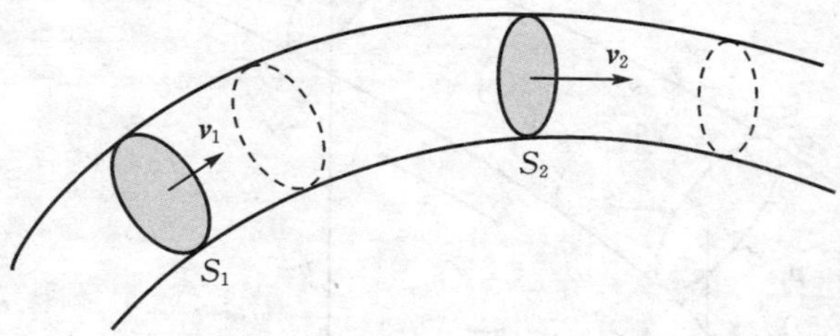

图 2-3　连续性方程的推导

2.2　伯努利方程及其应用

2.2.1　伯努利方程

理想流体作定常流动的基本规律遵循**伯努利方程**(Bernoulli equation)，它是由伯努利于 1738 年首先导出的。下面我们利用功能原理来推导这一方程。

当理想流体在重力场中作定常流动时，在流体中取一截面很小的流管，如图 2-4所示。在该流管中取任意两个截面 S_1 和 S_2，设截面 S_1 和 S_2 处流体的流速分别为 v_1 和 v_2，压强为 p_1 和 p_2，且 S_1 和 S_2 相对于某个选定参考面的高度分别为 h_1 和 h_2。以某一时刻 t 位于 S_1 和 S_2 之间的一段流体柱为研究对象，并设经过时间 Δt 后这部分流体流动到截面 S'_1 和 S'_2 之间。我们分析在 Δt 时间内，这一小段流体能量的变化以及这一过程中外力做功的情况。

由于研究的是理想流体，因此无内摩擦力作用，而流管外流体对流体柱的压力是垂直于流管侧壁的，它们对流体不做功。在流管内，这段流体柱后面的流体对它施加一个向前的推力 $F_1 = p_1 S_1$，流体柱前面的流体对它施加一个向后的阻力 $F_2 = p_2 S_2$，在 F_1 和 F_2 的作用下，这段流体柱在时间 Δt 内从 S_1S_2 流到了 $S'_1S'_2$。在此过程中，F_1 和 F_2 所做的总功为

$$A = F_1 v_1 \Delta t - F_2 v_2 \Delta t = p_1 S_1 v_1 \Delta t - p_2 S_2 v_2 \Delta t$$

式中,$S_1 v_1 \Delta t$ 和 $S_2 v_2 \Delta t$ 分别为截面 S_1 和 S'_1 及截面 S_2 和 S'_2 之间的流体体积。由于理想流体不可压缩,这两部分流体体积相等,用 ΔV 来表示。所以外力对流体柱所做的总功 A 为

$$A = p_1 \Delta V - p_2 \Delta V$$

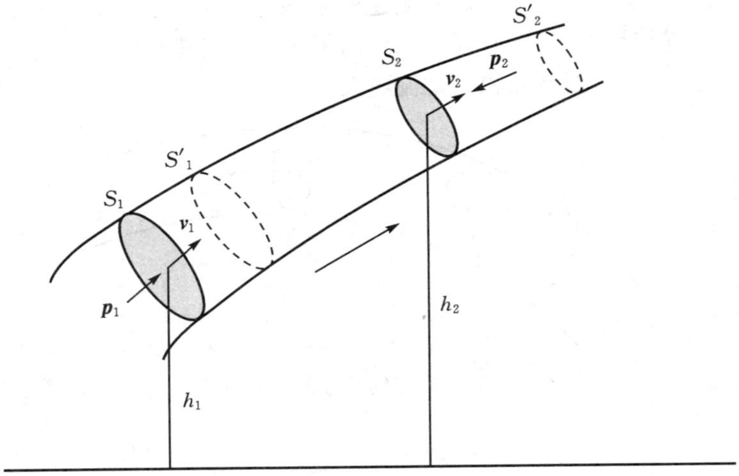

图 2-4　伯努利方程的推导

根据功能原理,外力对流体柱所做的总功应等于系统机械能的增量 ΔE,即流体柱 $S'_1 S'_2$ 的机械能减去流体柱 $S_1 S_2$ 的机械能。显然,$S'_1 S_2$ 截面之间的流体柱的机械能不变,在这一过程中机械能的增量 ΔE 等于小流体柱 $S_2 S'_2$ 和 $S_1 S'_1$ 的机械能之差。设小流体柱 $S_2 S'_2$ 和 $S_1 S'_1$ 的质量为 Δm,则

$$\Delta E = \left(\frac{1}{2}\Delta m v_2^2 + \Delta m g h_2\right) - \left(\frac{1}{2}\Delta m v_1^2 + \Delta m g h_1\right)$$

由 $\Delta E = A$ 可得

$$p_1 \Delta V - p_2 \Delta V = \left(\frac{1}{2}\Delta m v_2^2 + \Delta m g h_2\right) - \left(\frac{1}{2}\Delta m v_1^2 + \Delta m g h_1\right)$$

上式等号两端同除以 ΔV,考虑到流体密度 $\rho = \Delta m / \Delta V$,整理可得

$$p_1 + \frac{1}{2}\rho v_1^2 + \rho g h_1 = p_2 + \frac{1}{2}\rho v_2^2 + \rho g h_2$$

由于 S_1 和 S_2 是任意选取的,上式也可表示为

$$p + \frac{1}{2}\rho v^2 + \rho g h = \text{常量} \tag{2-3}$$

式(2-3)称为伯努利方程。它表明:理想流体在重力场中作定常流动时,同一流管

的不同截面处，单位体积流体的动能、势能与该处压强之和始终不变。伯努利方程实质上是理想流体在重力场中流动时的功能关系。

例 2－1　如图 2－5 所示，一个很大的开口容器底部的器壁上有一小孔，当容器注入液体后，液体从小孔流出。若小孔距液面的高度为 h，求液体从小孔流出的速度。

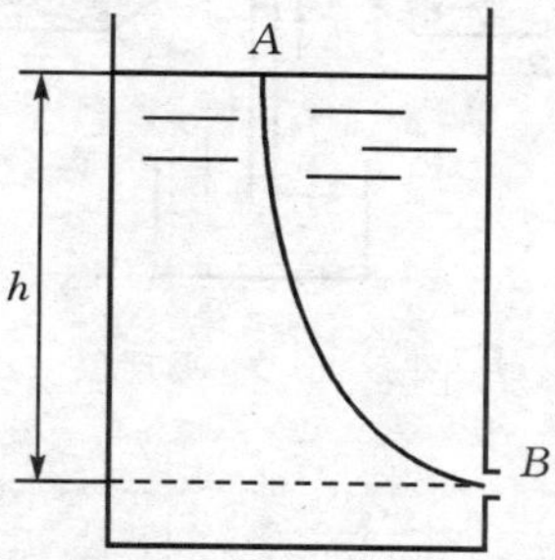

图 2－5　小孔流速

解　任意选取一流线，A 为流线上通过液面（横截面积为 S_A）的一点，B 为该流线通过小孔（横截面积为 S_B）上的一点。由于容器比小孔的横截面大得多，有 $S_A \gg S_B$。根据连续性方程，液面处的液体流速比小孔处小得多，所以 $v_A \approx 0$。设小孔处的高度 $h_B = 0$，且 $p_A = p_B = p_0$，由伯努利方程得

$$p_A + \frac{1}{2}\rho v_A^2 + \rho g h_A = p_B + \frac{1}{2}\rho v_B^2 + \rho g h_B$$

可得液体从小孔流出的速度

$$v_B = \sqrt{2gh}$$

2.2.2　伯努利方程的应用

下面应用连续性方程和伯努利方程讨论几种特殊情况下的流体的运动。

1. 空吸作用

当理想流体在粗细不同的水平管中作定常流动时，式（2－3）中的高度 h 为常量，因此伯努利方程可以简化为

$$p + \frac{1}{2}\rho v^2 = 常量 \tag{2-4}$$

式（2－4）表明：在水平或接近水平条件下作定常流动的理想流体，流速小的地方压强大，流速大的地方压强小。如图 2－6 所示，密度为 ρ 的液体在一水平管中作定常流动，取两个截面 S_1 和 S_2，由于 $S_1 > S_2$，由连续性方程可知 $v_1 < v_2$，由式（2－4）

可得 $p_1>p_2$。如果 S_1 比 S_2 大到一定程度,p_2 可能小于大气压强,此时若在 S_2 处接一支管子插入另一个有液体的容器中,则容器中的液体就会被吸上来,这种现象称为空吸现象。喷雾器和水流抽气机就是根据空吸作用的原理设计的。

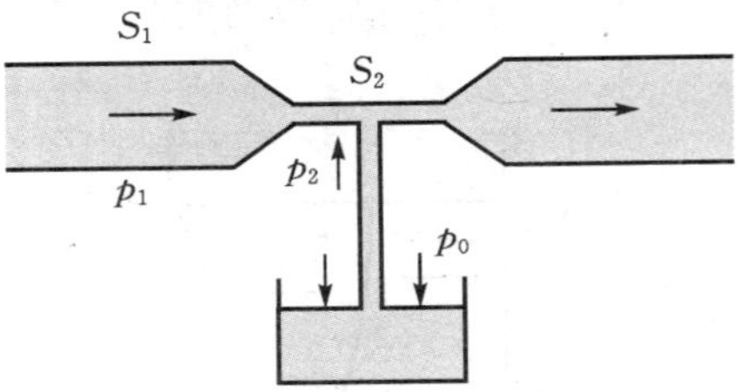

图 2-6 空吸现象

2. 流速计

利用式(2-4)可以测量流体的速度,如比托管流速计。如图 2-7 所示,密度为 ρ 的液体在一水平管中流动,两个弯成 L 形的管子 a 和 b,其中 a 管的开口 A 与水平管中流体流动方向相切,b 管的开口 B 迎着流体的流动方向,设 A,B 在同一高度上,由伯努利方程可知

$$p_A+\frac{1}{2}\rho v_A{}^2=p_B+\frac{1}{2}\rho v_B^2$$

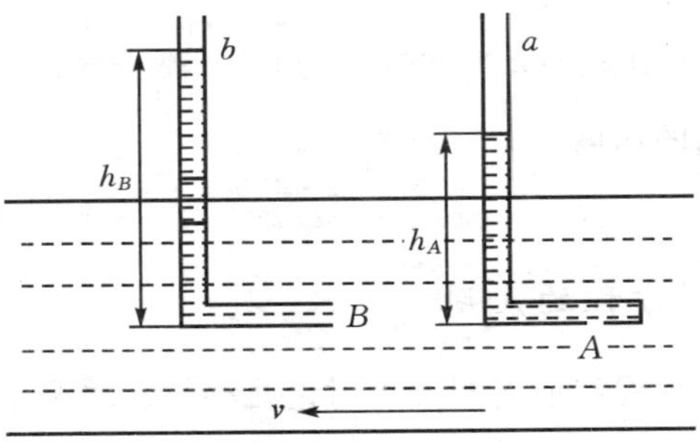

图 2-7 比托管流速计

因为 b 管的开口 B 正对流体的流动方向,使流体在该处被阻滞形成流速为零的停滞区,所以 $v_B=0$;而开口 A 处的流速就是水平管中流体的流速 v,因此有 $v_A=v$。代入上式,可得

$$p_B-p_A=\frac{1}{2}\rho v^2$$

A,B 两处的压强差由两管中流体高度差决定，即

$$p_B - p_A = \rho g(h_B - h_A)$$

所以水平管中流体的流速为

$$v = \sqrt{2g(h_B - h_A)} \tag{2-5}$$

由式(2-5)可知，测出 a、b 两管中流体的高度差就可得到水平管中流体的流速。

3. 流量计

应用水平管中流速和压强的关系还可以测量流体的流量，如汾丘里流量计。如图 2-8 所示，一段水平管两端的截面积与管道截面一样大，但中间一段截面逐渐缩小以保证流体稳定流动。设管子粗、细两处的截面积、压强和流速分别为 S_1、p_1、v_1 和 S_2、p_2、v_2，粗细两处竖直管中的液面高度差为 h，由伯努利方程及连续性方程有

$$p_1 + \frac{1}{2}\rho {v_1}^2 = p_2 + \frac{1}{2}\rho v_2^2$$

$$S_1 v_1 = S_2 v_2$$

由以上两式联立，并将 $p_1 - p_2 = \rho gh$ 代入可得

$$v_1 = S_2 \sqrt{\frac{2gh}{S_1^2 - S_2^2}}$$

则被测流体的流量为

$$Q = S_1 v_1 = S_1 S_2 \sqrt{\frac{2gh}{S_1^2 - S_2^2}} \tag{2-6}$$

式中，水平管截面积 S_1 和 S_2 为已知，只要测出两处竖直管中的液面高度差 h，就可求出流量。

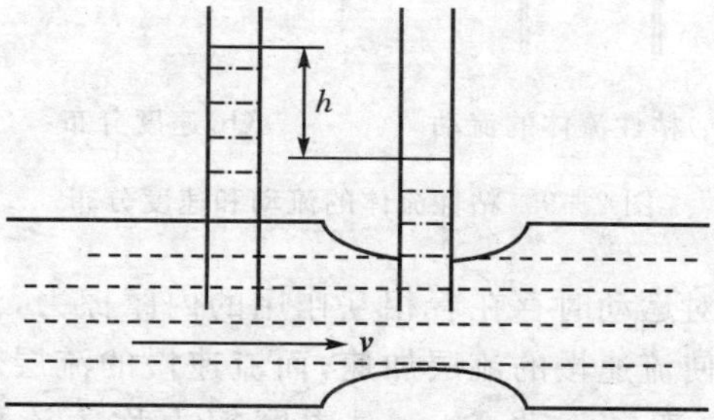

图 2-8　汾丘里流量计

2.3　粘性流体的流动

2.3.1　牛顿粘滞定律

实际流体在流动时总有内摩擦力,因而具有粘滞性,简称粘性。具有粘滞性的流体称为**粘性流体**(viscosity fluid),下面讨论粘性流体的流动规律。首先来看一个实验。在竖直圆管中先注入无色甘油,再注入一部分着色甘油,其间有明显的水平分界面。打开管子下部的活塞使甘油缓慢流出,从着色甘油的流动形态可以看出同一水平面上的甘油流速并不相同,一段时间后,着色甘油的下部边界呈弧状,如图 2-9(a)所示。这说明甘油流出时,沿管轴流动的速度最大,越靠近管壁流速越慢,与管壁接触的甘油附着在管壁上,流速为零。可见,甘油在圆管内是分层流动的。图 2-9(b)所示为粘性流体流动的速度分布的示意图。图中沿 z 方向流动的流体实际上分成了许多平行于管壁的圆筒状薄层,各层之间有相对滑动。设在 x 方向上相距 $\mathrm{d}x$ 的两流层的流速差为 $\mathrm{d}v$,则 $\mathrm{d}v/\mathrm{d}x$ 表示在垂直于流速方向上,相距单位距离的流层间的速度差,称为 x 层的速度梯度。从图中可见,x 方向上的速度梯度逐点不同,距管轴越远,速度梯度越大。

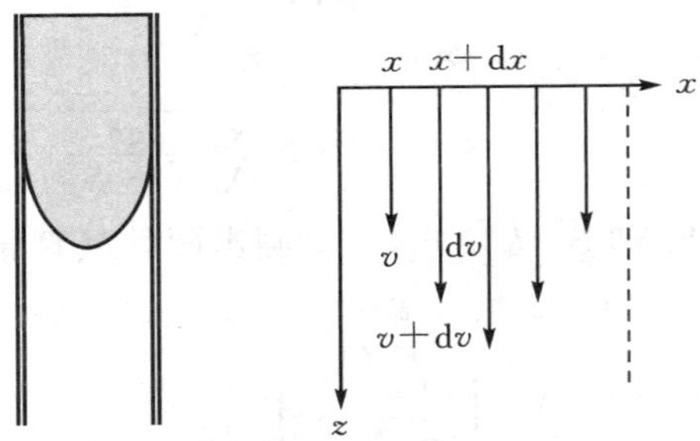

(a)粘性流体的流动　　(b)速度分布

图 2-9　粘性流体的流动和速度分布

两相邻流层作相对运动时存在着相互作用的内摩擦力,流速快的流层对流速慢的流层的作用力促使流速慢的流层加速,而流速慢的流层对流速快的流层的作用力则阻碍流速快的流层流动,这一对内摩擦力称为流体的**粘性力**(viscous force)。实验表明,流体内部相邻两流体层之间的粘性力 F 的大小正比于两流体层的接触面积 S 及该处的速度梯度,即

$$F=-\eta\frac{\mathrm{d}v}{\mathrm{d}x}S \tag{2-7}$$

式(2－7)称为**牛顿粘滞定律**。式中的比例系数 η 称为流体的**粘度**(viscosity),它取决于流体的性质,并与流体的温度有关。一般来说,液体的粘度随温度升高而减小,气体的粘度随温度升高而增大。η 的大小表示了流体粘性的强弱,在国际单位制中,粘度的单位为 Pa·s(帕斯卡·秒)。表 2－1 列出了几种液体的粘度。

表 2－1　几种液体的粘度

液体	温度/℃	$\eta/10^{-3}$ Pa·s	液体	温度/℃	$\eta/10^{-3}$ Pa·s
水	100	0.28	甘油	20	830
水	40	0.51	血液	37	2.0～4.0
水	20	1.01	水银	20	1.55
酒精	20	1.20	血浆	37	1.0～1.4

遵循牛顿粘滞定律的流体称为牛顿流体,这种流体的粘度在一定温度下具有一定的数值,水和血浆等小分子组成的均匀液体均为牛顿流体。不遵循牛顿粘滞定律的流体称为非牛顿流体,非牛顿流体的粘度不是常量,血液等高分子悬浮液是非牛顿流体。血液由血浆和血细胞组成,是一种粘性流体,分析血液的粘性对于心血管及血液系统多种疾病的诊断具有重要的参考价值。牛顿粘滞定律是研究血液流动及生物材料力学性质的基础。

2.3.2　粘性流体的伯努利方程

前面在忽略流体的粘性和可压缩性的前提下,推导了理想流体的伯努利方程。粘性流体作定常流动时,流体的可压缩性可以忽略,但是必须考虑流体的粘性引起的能量损耗。如图 2－4 所示,粘性流体从 S_1S_2 流动到 $S'_1S'_2$,在这一过程中,外力对这段流体柱所做的总功为

$$A=(p_1-p_2)\Delta V-w\Delta V$$

式中,w 表示单位体积流体在流管中从 S_1S_2 流动到 $S'_1S'_2$ 粘性力所做的功,根据功能原理,有

$$(p_1-p_2)\Delta V-w\Delta V=\left(\frac{1}{2}\Delta mv_2^2+\Delta mgh_2\right)-\left(\frac{1}{2}\Delta mv_1^2+\Delta mgh_1\right)$$

整理得

$$p_1+\frac{1}{2}\rho v_1^2+\rho gh_1=p_2+\frac{1}{2}\rho v_2^2+\rho gh_2+w \qquad (2-8)$$

此式称为粘性流体的伯努利方程。

当粘性流体在粗细均匀的水平管中作定常流动时,有

$$v_1=v_2, h_1=h_2$$

则有

$$p_1 - p_2 = w \tag{2-9}$$

因此，即使在水平管中也必须有一定的压强差才能使粘性流体作定常流动。这一结论可用图 2-10 的演示装置来说明。在粗细均匀的水平圆管上，等距离地装有竖直支管作为压强计。由于粘性损耗，液体在流动过程中克服内摩擦力而消耗了能量，压强计内的液面沿流动方向逐渐降低。把各个压强计的液面连接起来可得到一条直线，表明压强是沿着水平管道均匀下降的。

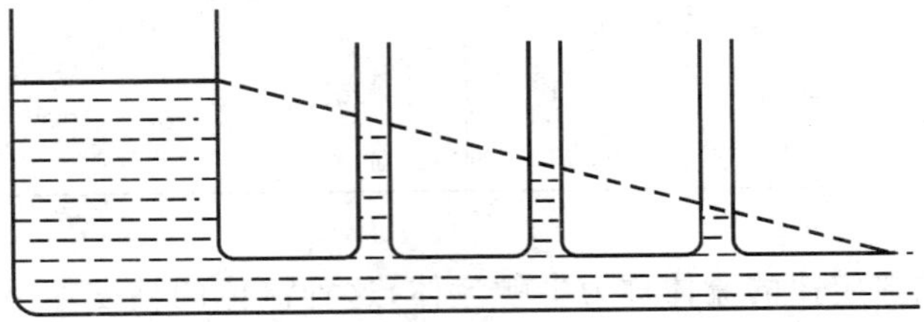

图 2-10 粘性流体的流动

2.3.3 泊肃叶定律

法国医学家泊肃叶研究了血液在血管中的流动，并对在压强差$(p_1 - p_2)$作用下，在长度为 L 的细玻璃管内流体的流动进行了研究，发现不可压缩的粘性流体在圆管中作定常流动时，通过圆管的流量与管子的压强梯度$(p_1 - p_2)/L$ 成正比；在给定压强梯度的条件下，流量 Q 与管子半径 R 的四次方成正比，即

$$Q \propto \frac{p_1 - p_2}{L} R^4$$

此式称为**泊肃叶定律**(Poiseuille law)。维德曼首先从理论上推导出了泊肃叶定律，得出上式中的比例系数为 $\pi/8\eta$，则泊肃叶定律可表示为

$$Q = \frac{\pi R^4 (p_1 - p_2)}{8\eta L} \tag{2-10}$$

式中，η 是流体的粘度。若测出圆管的半径和长度，以及这一长度上的压强差和流量，利用泊肃叶定律就可以求出流体的粘度 η。

泊肃叶定律还可以写成如下形式：

$$Q = \frac{p_1 - p_2}{R_f} = \frac{\Delta p}{R_f} \tag{2-11}$$

其中

$$R_f = \frac{8\eta L}{\pi R^4} \tag{2-12}$$

式(2-11)与电学中的欧姆定律极为相似，式中的 R_f 称为**流阻**(flow resistance)，医学上称为外周阻力。血液在血管中流动时，流阻的大小反映了血液所受的阻力的大小，其单位是 $Pa \cdot s \cdot m^{-3}$。式(2-12)表明，粘度为 η 的血液在一段长为 L 的血管中流动的流阻与血管半径的四次方成反比，因而血管半径的微小变化会引起流阻的显著变化。人体的血管具有弹性，其管径的变化对血液的流量有很强的控制作用。

例 2-2　成年人主动脉的半径约为 1.3 cm，求在一段 0.2 m 距离内血液的流阻和压强降落。已知血流量为 $1.00\times10^{-4}\ m^3 \cdot s^{-1}$，血粘度 $\eta=3.0\times10^{-3}\ Pa \cdot s$。

解　由 $R_f=\dfrac{8\eta L}{\pi R^4}$，可得流阻

$$R_f=\frac{8\eta L}{\pi R^4}=\frac{8\times3.0\times10^{-3}\times0.2}{3.14\times(1.3\times10^{-2})^4}=6\times10^4\ Pa \cdot s \cdot m^{-3}$$

压降

$$\Delta p=R_f Q=6\times10^4\times1.0\times10^{-4}=6\ Pa$$

2.3.4　层流 湍流 雷诺数

从前述着色甘油流动实验可以看出，粘性流体是分层流动的，我们可以用图 2-11形象地表示出来，流体的这种流动形态称为**层流**(laminar flow)。层流具有以下特点：第一，分层流动且各层流速不同；第二，流速方向与层面相切，没有法向方向分量；第三，层与层之间没有质量交换。

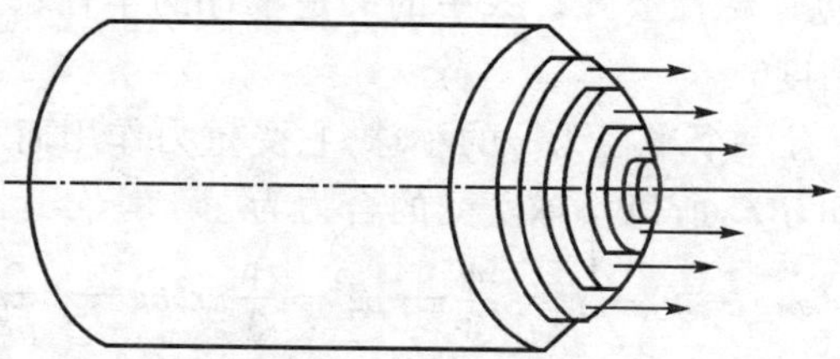

图 2-11　层流示意图

粘性流体在流速较小时表现为层流，当流速不断增大时，层流将被破坏，这时流体不再保持分层流动，整个流动变得杂乱而不规则，流体的这种流动形态称为**湍流**(turbulent flow)。流体作湍流时所消耗的能量比层流多，湍流区别于层流的特点之一是它能发出声音。在水管及河流中都可以看到这些现象。

粘性流体的流动形态是层流还是湍流，除与流体的平均流速 v 有关外，还与流体的密度 ρ、粘度 η 以及管子的半径 R 有关，雷诺提出了一个量纲为 1 的量作为决

定层流向湍流转变的判据,即

$$Re = \frac{\rho v R}{\eta} \tag{2-13}$$

式中,Re 称为**雷诺数**。实验结果表明,当 $Re<1000$ 时,流体作层流;当 $Re>1500$ 时,流体作湍流;当 $1000<Re<1500$ 时,流体的流动不稳定,可以由层流变为湍流,也可以由湍流变为层流。

例 2-3　设主动脉的半径约为 0.01 m,血液的流速、粘度以及密度分别为 $v=0.25\ \mathrm{m\cdot s^{-1}}$,$\eta=3.0\times10^{-3}\ \mathrm{Pa\cdot s}$,$\rho=1.05\times10^{3}\ \mathrm{kg\cdot m^{-3}}$,求雷诺数并判断血液以何种形态流动。

解　雷诺数为

$$Re = \frac{\rho v R}{\eta} = \frac{1.05\times10^{3}\times0.25\times0.01}{3.0\times10^{-3}} = 875$$

由于雷诺数小于 1000,所以血液在主动脉中为层流。

2.3.5　斯托克斯粘性公式

当物体在粘性流体中运动时,由于物体表面附着一层流体,这层流体随物体一起运动时与周围流体层之间存在内摩擦力,因此物体在运动过程中必须克服这一阻力。英国物理学家斯托克斯研究了小球在粘性流体中缓慢运动时所受到的阻力问题,发现当小球的运动速度很小时所受到的粘性阻力为

$$f = 6\pi\eta r v \tag{2-14}$$

式(2-14)称为斯托克斯粘性公式。式中的 r 是小球的半径;v 是小球相对于流体的速度;η 是流体的粘度。

设在粘性流体中有一个半径为 r 的小球,它受重力作用而下降,小球受到重力 mg、浮力 F 和粘性阻力 f,所以小球所受的合力为

$$F = mg - F - f = \frac{4}{3}\pi r^{3}\rho g - \frac{4}{3}\pi r^{3}\sigma g - 6\pi\eta r v$$

式中,ρ 是小球的密度;σ 是流体的密度。在此合力作用下,小球加速下降,随着速度 v 的增加,粘性阻力 f 越来越大,最后三力平衡,小球将匀速下降。这时有

$$\frac{4}{3}\pi r^{3}\rho g - \frac{4}{3}\pi r^{3}\sigma g = 6\pi\eta r v$$

由上式可得速度 v 为

$$v = \frac{2r^{2}}{9\eta}(\rho-\sigma)g \tag{2-15}$$

该速度称为收尾速度或沉降速度。由式(2-15)可知,当小球(空气中的尘粒、粘性液体中的细胞、大分子、胶粒等)在粘性液体中下降时,沉降速度与颗粒大小、密度

差及重力加速度成正比，与液体的粘度成反比。斯托克斯粘性公式有着广泛的应用，如测量流体的粘度、红细胞的沉降速度等。

2.4　血液的流动

2.4.1　血液的粘滞性

血液是红细胞等有形成分分散在血浆中的一种非均匀液体。牛顿粘滞定律

$$F = -\eta \frac{\mathrm{d}v}{\mathrm{d}x} S$$

也可写为以下形式

$$\tau = \eta \dot{\gamma} \tag{2-16}$$

其中，$\tau = F/S$ 为切应力，表示作用在流层单位面积上的内摩擦力；$\dot{\gamma} = \frac{\mathrm{d}\gamma}{\mathrm{d}t} = \frac{\mathrm{d}v}{\mathrm{d}x}$ 为切变率，即切应变对时间的变化率。在生物力学中，牛顿粘滞定律常采用式(2-16)。

血液是一种复杂的非牛顿流体，其切应力与切变率不成正比。血液的表观粘度 η_a 可以表示为 $\eta_a = \tau/\dot{\gamma}$，一定温度下血液的表观粘度 η_a 不是常量。实验表明，血液的表观粘度 η_a 与切变率、温度、血管半径以及红细胞压积(红细胞总体积与血液总体积之比)、血细胞的聚集性等多种因素有关，这些因素称为血液流变学因素。这些影响因素与临床医学有密切的关系，对心血管疾病、肿瘤及血液系统疾病的诊断和治疗有着重要意义。

2.4.2　体循环系统中血压的分布

血压是血管内血液对管壁的侧压强，主动脉中的血压随着心脏的收缩和舒张周期性变化。当左心室收缩而向主动脉射血时，主动脉中的血压达到的最高值称为**收缩压**(systolic pressure)。在左心室舒张期，主动脉回缩，将血液逐渐注入分支血管，血压随之下降达到的最低值称为**舒张压**(diastolic pressure)。收缩压与舒张压之差称为**脉压**(pulse pressure)。脉压随着血管远离心脏而减小，到了小动脉几乎消失。

血压的高低与流量、流阻及血管的柔软程度有关。由于血液是粘性流体，在从心脏向全身流动的过程中有内摩擦力做功而不断有能量消耗，因此血压在体循环过程中逐渐降低。在主动脉和大动脉段，由于血管较粗，所以血压降比较小；在小动脉和微动脉段，血管变细、血流阻力增大，血压下降比较显著；毛细血管的管径虽然比较细，但此时血液不能近似看成牛顿流体，理论和实验均表明毛细血管处的流

阻比较小，血压降也比较低。

2.4.3 心脏做功

人体血液循环系统是由心脏和血管组成的闭合系统，其中充满血液。血液循环由心脏做功来维持，人体血液循环如图 2-12 所示。

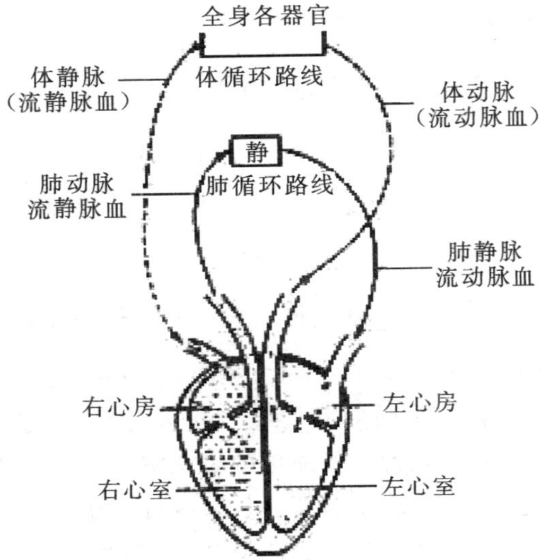

图 2-12 人体血液循环示意图

下面应用粘性流体的伯努利方程来讨论心脏在维持血液循环时的做功情况。设由左心室每射出单位体积血液所具有的能量是

$$p_1+\frac{1}{2}\rho v_1^2+\rho g h_1$$

其中的 p_1 是与左心室相连的主动脉的平均压强，且

$$p_1=\text{舒张压}+\frac{1}{3}(\text{收缩压}-\text{舒张压})$$

v_1 是主动脉的平均血流速度；ρ 为血液的密度；h_1 是左心室相对于选取的参考面的高度。血液经体循环回到右心房时每单位体积血液所具有的能量是

$$p_2+\frac{1}{2}\rho v_2^2+\rho g h_2$$

这里的 p_2 是右心房的压强，血液回到右心房时血压最低、接近于零；血流速度 v_2 也接近于零；h_2 是右心房相对于参考面的高度，它和左心室几乎等高，可认为 $h_1=h_2$。那么血液经体循环后，每单位体积血液的能量改变量也就是心脏所做的功为

$$w_1 = (p_1 + \frac{1}{2}\rho v_1^2 + \rho g h_1) - (p_2 + \frac{1}{2}\rho v_2^2 + \rho g h_2)$$
$$= p_1 + \frac{1}{2}\rho v_1^2$$

同理,右心室收缩将每单位体积血液射出经肺循环回到左心室时也需心脏做功,仍可按上述思路找到类似等式,但肺动脉压大约只有主动脉压的 1/6,而每次射血体积和体循环一样,所以

$$w_2 = \frac{1}{6}p_1 + \frac{1}{2}\rho v_1^2$$

整个心脏射出单位体积血液所做的功为

$$w = w_1 + w_2 = \frac{7}{6}p_1 + \rho v_1^2 \tag{2-17}$$

人在静息状态下主动脉的平均压强 p_1 一般为 13.33 kPa,主动脉的平均血流速度 $v_1 = 0.3$ m/s,血液密度 $\rho = 1000$ kg · m^{-3},代入式(2－17)可得

$$w = 1.56 \times 10^4 \text{ J/m}^3$$

由计算结果可以看出,动能占心脏所做总功的比例很小。人在剧烈运动条件下,血流速度显著增大,此时动能将成为心脏所做总功的主要部分。临床上往往需要通过式(2－17)计算心脏做功的多少,从而了解心功能的情况。

习　题

2－1　从连续性方程来看,管子越粗,流速越慢;而从泊肃叶定律来看,管子越粗,流速越快。两者是否矛盾?为什么?

2－2　水在粗细不均匀的水平圆管中作定常流动,已知截面 S_1 处的压强为 110 Pa,流速为 0.2 m · s^{-1},截面 S_2 处的压强为 5 Pa,求 S_2 处的流速(不计内摩擦)。

2－3　水在截面不同的水平管中作稳定流动,出口处的截面积为管的最细处的 3 倍。若出口处的流速为 2 m · s^{-1},求最细处的压强。

2－4　水管的某一点的流速为 2 m · s^{-1},高出大气压的计示压强为 10^4 Pa,设水管的另一点的高度比第一点降低了 1 m,若在第二点处水管的截面积为第一点的 1/2,求第二点处的计示压强。

2－5　20℃的水在半径为 0.01 m 的水平均匀圆管中流动,如果在管轴处的流速为 0.1 m · s^{-1},则由于粘滞性,水沿管子流动 10 m 后,压强降低了多少?

2－6　设血液的粘度是水的 5 倍,若血液以 0.72 m · s^{-1}的平均流速通过主动脉,试用临界雷诺数为 1000 来计算其产生湍流时的半径。

2－7　若橄榄油的粘度为 0.18 Pa·s,流过管长为 0.5 m、半径为 1 cm 的管子时,两端的压强差为 2×10^{4} Pa,求其体积流量。

2－8　假设排尿时,尿从计示压强为 40 mmHg(1 mmHg＝133.3 Pa)的膀胱经过尿道后排出,已知尿道长为 4 cm,流量为 21 $cm^{3}\cdot s^{-1}$,尿的粘度为 $\eta=6.9\times10^{-4}$ Pa·s,求尿道的有效直径。

2－9　一条半径为 3 mm 的小动脉被一硬斑部分阻塞,此狭窄段的有效半径为 2 mm,血液流经此段的平均速率为 50 $cm\cdot s^{-1}$,求未变窄处的血流平均速度。

2－10　正常成年人心脏每秒搏出血液的体积约为 $8.0\times10^{-5}\ m^{3}\cdot s^{-1}$,平均血压为 13.3 kPa。求正常成年人的外周阻力。

第3章　振动与波

物体在某一稳定平衡位置附近的往复运动称为机械振动，简称振动。振动是一种非常普遍的运动形式，如正在发音的音叉的运动、固体中原子的热运动等都是振动。从广义上说，任何一个物理量在某定值附近往复变化也可称为振动，不同振动的具体机制不同，但在很多方面具有共同的物理特征。

波动是振动的传播过程。声波、超声波、地震波等机械波是机械振动在弹性介质中传播产生的，而无线电波、X射线、光波等电磁波则是电磁振动在空间传播产生的。由于振动的传播同时伴随着能量的传播，因此波是能量传播的过程，是物质运动的一种重要形式。

简谐振动是最简单也是最基本的振动形式，它包含了振动的基本特征。实际振动往往比较复杂，但都可以看成是由若干个简谐振动组成的，因此研究简谐振动的基本规律对于掌握振动和波动的物理图像都具有重要的意义。

本章先讨论简谐振动的特征和基本规律，再讨论简谐振动的合成，然后讨论波的性质和规律以及干涉、衍射等波动现象，最后讨论声波的性质、多普勒效应等问题。

3.1　简谐振动

3.1.1 简谐振动的运动方程

物体振动时，若决定其位置的坐标按余弦（或正弦）函数规律随时间变化，这样的振动称为**简谐振动**（simple harmonic vibration），简称谐振动。

如图3-1所示，一轻质弹簧一端固定，另一端系一个质量为m的物体，置于光滑水平面上。当弹簧处于原长时，物体位于O点（平衡位置）不动。以O点为原点，设x轴的右方为正方向，将物体向左或右移动后，物体会在O点附近沿水平方向来回往复运动。这样一个由质量可以忽略的弹簧和刚性物体组成的振动系统称为弹簧振子。按照胡克定律，物体所受弹簧的弹性力f与位移x成正比，即

$$f=-kx \tag{3-1}$$

式中，k为弹簧的劲度系数，负号表示弹性力f的方向与位移的方向相反。

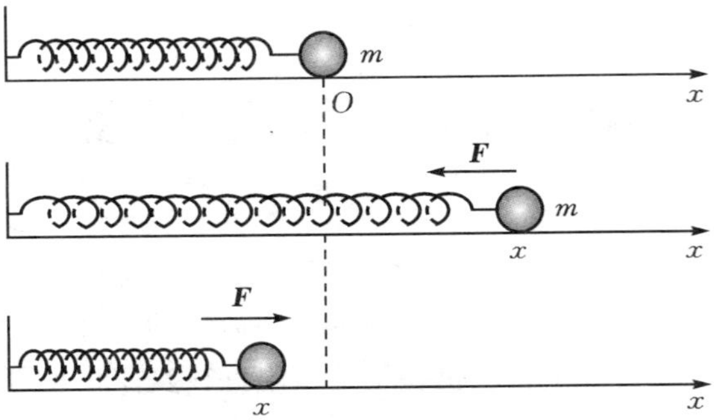

图 3-1　弹簧振子

根据牛顿第二定律，$f=ma=m\dfrac{d^2x}{dt^2}=-kx$，令$\dfrac{k}{m}=\omega^2$，得

$$a=-\omega^2 x \tag{3-2a}$$

或

$$\frac{d^2x}{dt^2}+\omega^2 x=0 \tag{3-2b}$$

因此，物体在弹性力作用下发生的振动，具有加速度和位移成正比而方向相反的特征。一般地，如果振动物体的加速度与对于平衡位置的位移成正比而方向相反，物体的运动就是简谐振动。式(3-2b)又称为简谐振动的微分方程。该方程的解为

$$x=A\cos(\omega t+\varphi) \tag{3-3}$$

式(3-3)称为**简谐振动的运动方程**，式中，A，ω 为积分常数，它们的物理意义将在后面讨论。由式(3-3)可见，物体作简谐振动时，描述运动的变量是时间的余弦函数，因此作简谐振动的物体的运动是周期性的，这是简谐振动的一个基本特征。由简谐振动的运动方程可以得到作简谐振动物体的振动速度和加速度：

$$v=\frac{dx}{dt}=-\omega A\sin(\omega t+\varphi) \tag{3-4}$$

$$a=\frac{dv}{dt}=-\omega^2 A\cos(\omega t+\varphi) \tag{3-5}$$

3.1.2　简谐振动的特征量

弹簧振子是研究简谐振动的一个理想模型，下面讨论简谐振动的运动方程中各物理量的意义。

1. 振幅

从式(3-3)可知，A 是振动物体离开平衡位置的最大距离，称为简谐振动的**振**

幅(amplitude)。

2. 周期和频率

作简谐振动的物体完成一次完全振动所需的时间称为简谐振动的**周期**(period),用 T 表示。物体在单位时间内作完全振动的次数称为**频率**(frequency),用 ν 表示。通常把振动频率的 2π 倍称为**圆频率**或**角频率**(angular frequency),用 ω 表示。周期、频率以及圆频率的关系为

$$\nu=\frac{1}{T},\ \omega=2\pi\nu=\frac{2\pi}{T} \tag{3-6}$$

对于弹簧振子,因为 $\omega^2=k/m$,所以振动周期

$$T=2\pi\sqrt{\frac{m}{k}} \tag{3-7}$$

式(3-7)表明,振动系统的基本特征量(周期、频率和圆频率)是由系统本身的性质决定的。

3. 相位

式(3-3)中的$(\omega t+\varphi)$称为简谐振动的**相位**(phase)。当作简谐振动物体的振幅和频率都已确定时,由式(3-3)、式(3-4)和式(3-5)可知,作简谐振动的物体在任意时刻的位移、速度和加速度由相位$(\omega t+\varphi)$决定,相位是描述振动物体瞬时运动状态的物理量。$t=0$ 时的相位 φ 称为振动的**初相位**(initial phase),简称初相。

3.1.3　简谐振动的旋转矢量表示

简谐振动中位移与时间的关系可以通过旋转矢量法形象地表示出来。如图 3-2所示,在 x 轴上自原点 O 以振幅 A 为长度作一矢量 $\mathbf{A}$,称为**振幅矢量**,令 $t=0$ 时,振幅矢量 $\mathbf{A}$ 与 x 轴正方向之间的夹角等于初相 φ。

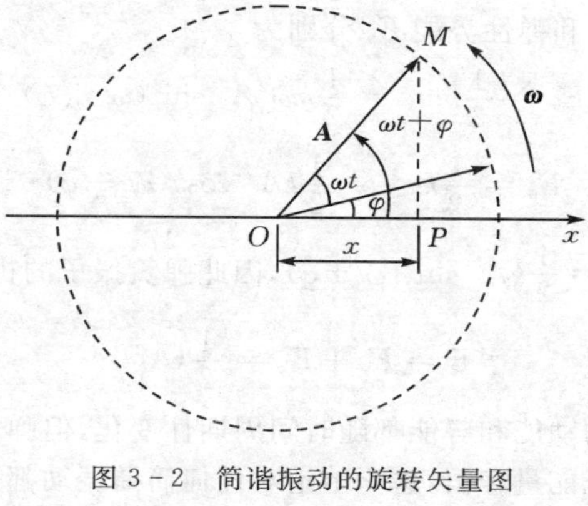

图 3-2　简谐振动的旋转矢量图

若矢量 **A** 的末端 M 在 $t=0$ 时从该位置以大小与角频率 ω 相同的匀角速度绕 O 点逆时针方向旋转,则在任意时刻 t,矢量 **A** 与 x 轴的夹角$(\omega t+\varphi)$就是该时刻的相位。显然,矢量 **A** 的末端 M 在 x 轴上的投影 P 点的运动 $x=A\cos(\omega t+\varphi)$就表示了给定的简谐振动。

例 3-1 一质点作简谐振动的振动曲线如图 3-3 所示,求质点振动的初相位。

解 由振动曲线可知,质点在 $t=0$ 时位于 $x=-A/2$ 处,代入简谐振动方程,即

$$-A/2=A\cos\varphi$$

所以 $\varphi=\pm\dfrac{2\pi}{3}$,且质点在 $t=0$ 时速度 $v=-\omega A\sin\varphi>0$,所以质点振动的初相位

$$\varphi=-\frac{2\pi}{3}$$

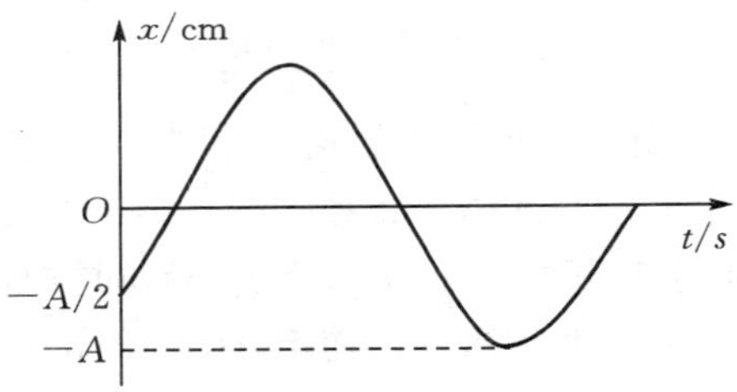

图 3-3 质点的振动曲线

3.1.4 简谐振动的能量

当一个系统作机械振动时,其振动能量包括动能和势能。对一个弹簧振子,在任意时刻 t 的动能 E_k 和弹性势能 E_p 分别为

$$E_k=\frac{1}{2}mv^2=\frac{1}{2}m\omega^2A^2\sin^2(\omega t+\varphi) \tag{3-8}$$

$$E_p=\frac{1}{2}kx^2=\frac{1}{2}kA^2\cos^2(\omega t+\varphi) \tag{3-9}$$

由 $k=m\omega^2$ 可得到 $E_k=\dfrac{1}{2}kA^2\sin^2(\omega t+\varphi)$,因此弹簧振子的机械能为

$$E=E_p+E_k=\frac{1}{2}kA^2 \tag{3-10}$$

可见,虽然弹簧振子的动能和势能都随时间周期性变化,但弹簧振子的机械能不随时间改变,即振动系统能量守恒,这一结论对任何简谐振动都是成立的。

3.2　简谐振动的合成

3.2.1　同方向简谐振动的合成

在实际的振动问题中，常会遇到一个质点同时参与几个振动的情况。例如，多个声波同时传到某一点时，该点的空气质点就同时参与多个振动，这时空气质点的振动是多个振动合成的结果。振动合成问题一般比较复杂，这里只研究几种简单的情况。

1. 两个同方向、同频率的简谐振动的合成

设两个发生在同一方向上、振动角频率均为 ω 的简谐振动的运动方程分别为

$$x_1 = A_1\cos(\omega t + \varphi_1) \tag{3-11}$$

$$x_2 = A_2\cos(\omega t + \varphi_2) \tag{3-12}$$

根据运动的叠加原理，质点在任一时刻 t 离开平衡位置的位移 x 应等于 x_1 和 x_2 的代数和，即

$$x = x_1 + x_2 = A_1\cos(\omega t + \varphi_1) + A_2\cos(\omega t + \varphi_2) \tag{3-13}$$

下面利用旋转矢量法来分析两个振动的合成。如图 3-4 所示，两分振动的位移 x_1，x_2 分别是旋转矢量 $\boldsymbol{A}_1$，$\boldsymbol{A}_2$ 在 x 轴上的投影，合振动的位移 x 等于两分振动矢量 $\boldsymbol{A}_1$，$\boldsymbol{A}_2$ 在 x 轴上投影的代数和。在 $t=0$ 时，两分振动矢量 $\boldsymbol{A}_1$，$\boldsymbol{A}_2$ 与 x 轴的夹角分别为 φ_1 和 φ_2，由于矢量 $\boldsymbol{A}_1$ 和 $\boldsymbol{A}_2$ 以相同的角速度 ω 旋转，在旋转过程中它们的夹角保持不变，因而合矢量 $\boldsymbol{A}$ 也以相同的角速度 ω 旋转。

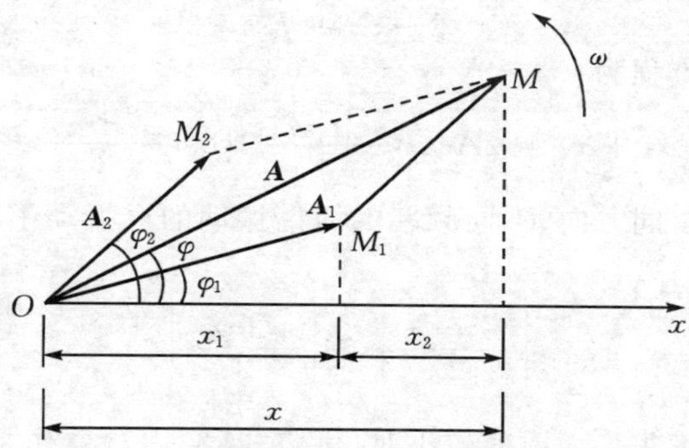

图 3-4　同方向、同频率的简谐振动的合成

设 $t=0$ 时合矢量 $\boldsymbol{A}$ 与 x 轴的夹角为 φ，则在任意时刻 t 其与 x 轴的夹角为 $\omega t+\varphi$。质点在任意时刻的合位移即为振幅矢量 $\boldsymbol{A}$ 在 x 轴上的投影，即

$$x = A\cos(\omega t + \varphi) \tag{3-14}$$

可见,两个同方向、同频率的简谐振动的合振动仍为同频率的谐振动。由图 3-4 中几何关系可求得合振动的振幅 A 和初相位 φ 分别为

$$A = \sqrt{A_1^2 + A_2^2 + 2A_1A_2\cos\Delta\varphi} \tag{3-15}$$

$$\varphi = \arctan\frac{A_1\sin\varphi_1 + A_2\sin\varphi_2}{A_1\cos\varphi_1 + A_2\cos\varphi_2} \tag{3-16}$$

式中,$\Delta\varphi = \varphi_2 - \varphi_1$ 为两分振动的相位差。由式(3-15)和式(3-16)可知,合振动的振幅和初相位与两个分振动的振幅和初相位有关,并且:

(1)当两分振动的相位差 $\Delta\varphi = 2k\pi(k=0,\pm1,\pm2,\cdots)$时,合振动的振幅达到最大,即 $A = A_1 + A_2$。

(2)当两分振动的相位差 $\Delta\varphi = (2k+1)\pi(k=0,\pm1,\pm2,\cdots)$时,合振动的振幅为最小,即 $A = |A_1 - A_2|$。

(3)一般地,当两分振动的相位差取其他值时,合振动的振幅介于最大和最小值之间,即 $|A_1 - A_2| < A < A_1 + A_2$。

2. 两个同方向、不同频率的简谐振动的合成

若振动方向相同的两个分振动的频率不同,则其合成结果比较复杂。从矢量图来看,由于这时分振动矢量 $\mathbf{A}_1$,$\mathbf{A}_2$ 的角速度不同,它们之间的夹角将随时间而改变,其合矢量的在 x 轴上的投影表示的合振动将不是简谐振动。

下面我们讨论两个振幅相同而频率相差不大的振动的合成。设两个分振动的频率分别为 ω_1 和 ω_2,振幅均为 A,初相位均为 φ,两个分振动的运动方程分别为

$$x_1 = A\cos(\omega_1 t + \varphi)$$

$$x_2 = A\cos(\omega_2 t + \varphi)$$

所以合振动的运动方程为

$$x = x_1 + x_2 = 2A\cos(\frac{\omega_2 - \omega_1}{2}t)\cos(\frac{\omega_1 + \omega_2}{2}t + \varphi) \tag{3-17}$$

式(3-17)表明,两个同方向、不同频率的简谐振动的合振动不再是简谐振动。但是当

$$\left|\frac{\omega_2 - \omega_1}{2}\right| \ll \left|\frac{\omega_1 + \omega_2}{2}\right|$$

即两个分振动的频率很大而差值较小时,可将式(3-17)看作是角频率为$\frac{\omega_1 + \omega_2}{2}$、振幅 $2A\cos(\frac{\omega_2 - \omega_1}{2}t)$呈现缓慢周期性变化的振动,因此合振动时而加强,时而减弱,这种现象称为拍,如图 3-5 所示。

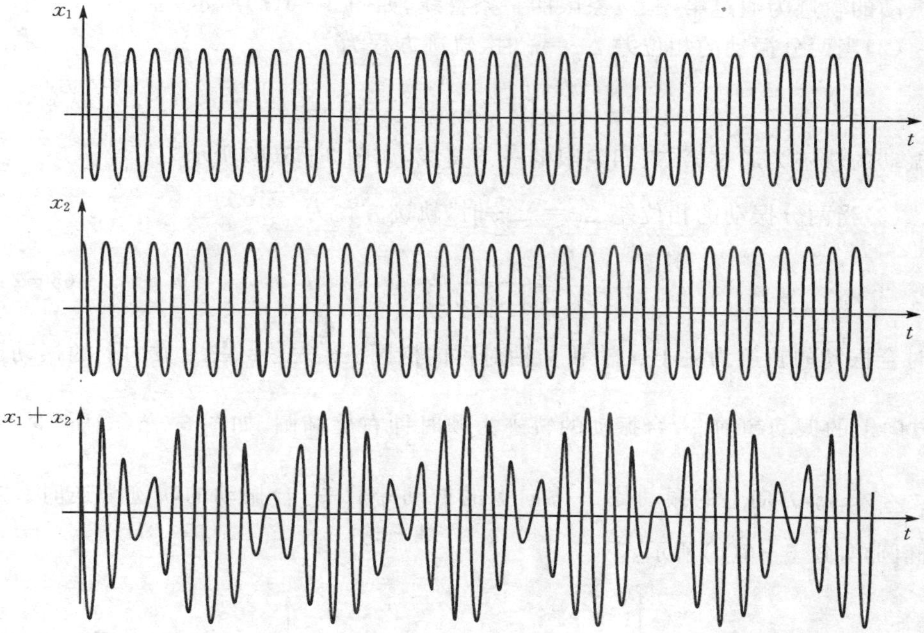

图 3-5　拍

3.2.2　相互垂直简谐振动的合成

1. 相互垂直同频率简谐振动的合成

设有两个互相垂直的同频率的简谐振动，它们的振动方向分别沿着 x 轴和 y 轴，它们的运动方程分别为

$$x = A_1\cos(\omega t + \varphi_1)$$
$$y = A_2\cos(\omega t + \varphi_2)$$

由以上两式消去时间 t，可得到 xOy 平面内合振动的运动轨迹方程为

$$\frac{x^2}{A_1^2} + \frac{y^2}{A_2^2} - \frac{2xy}{A_1A_2}\cos(\varphi_2 - \varphi_1) = \sin^2(\varphi_2 - \varphi_1) \tag{3-18}$$

式(3-18)为椭圆方程，因此在一般情况下，两个互相垂直的同频率的简谐振动的合振动的运动轨迹为一椭圆。当两个分振动的振幅 A_1 和 A_2 给定时，椭圆的形状由两个分振动的初相位差 $\Delta\varphi=\varphi_2-\varphi_1$ 决定。下面讨论几种特殊情况。

(1)当两分振动的相位差 $\Delta\varphi=0$ 时，轨迹方程式(3-18)简化为

$$y = \frac{A_2}{A_1}x \tag{3-19}$$

合振动的轨迹为通过第一、三象限的一条直线，如图 3-5(a)所示。

(2)当两分振动的相位差 $\Delta\varphi=\pi$ 时，轨迹方程为

$$y=-\frac{A_2}{A_1}x \tag{3-20}$$

合振动的轨迹为通过第二、四象限的一条直线，如图 3-5(b)所示。

(3)当两分振动的相位差 $\Delta\varphi=\pm\frac{\pi}{2}$ 时，轨迹方程为

$$\frac{x^2}{A_1^2}+\frac{y^2}{A_2^2}=1 \tag{3-21}$$

这时合振动的轨迹为关于 x 轴和 y 轴对称的椭圆。若 $\Delta\varphi=\frac{\pi}{2}$，$y$ 方向上的振动比 x 方向上的振动超前 $\frac{\pi}{2}$，合振动的轨迹为顺时针右旋椭圆，如图 3-6(a)所示。若 $\Delta\varphi=-\frac{\pi}{2}$，$y$ 方向上的振动比 x 方向上的振动滞后 $\frac{\pi}{2}$，合振动的轨迹为逆时针左旋椭圆，如图 3-6(b)所示。

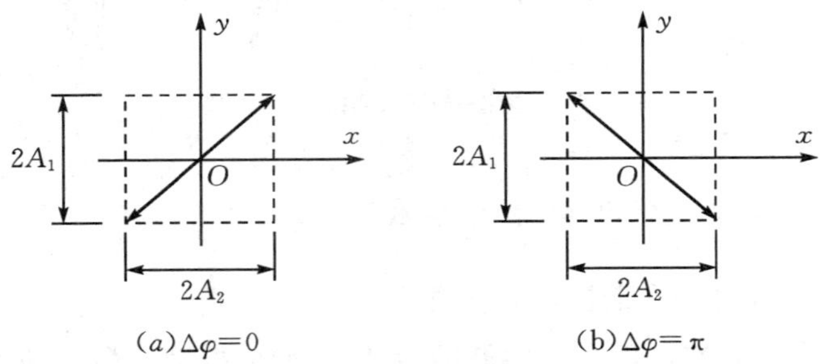

图 3-5　相互垂直同频率简谐振动的合成

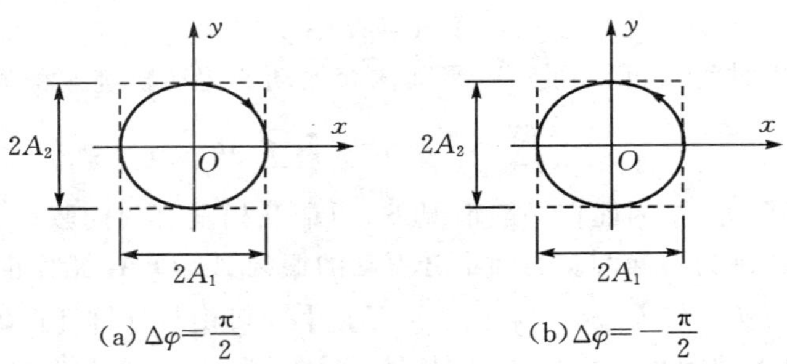

图 3-6　相互垂直同频率简谐振动的合成

(4)当两分振动的相位差 $\Delta\varphi$ 取其他值时,合振动的轨迹为形状和取向各异的斜椭圆,如图 3－7 所示。若两分振动的振幅相等,合振动的轨迹则为圆。

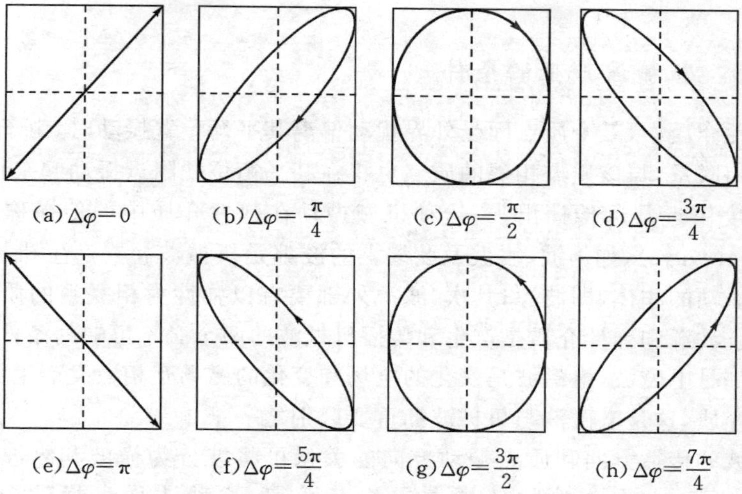

图 3－7　不同相位差的相互垂直同频率简谐振动的合成

2. 相互垂直不同频率简谐振动的合成

两个互相垂直但频率不同的简谐振动的合成情况一般较为复杂,但如果两个分振动的频率具有简单整数比关系,合振动的轨迹将形成闭合、稳定的曲线,这种曲线称为李萨如图形,如图 3－8 所示。

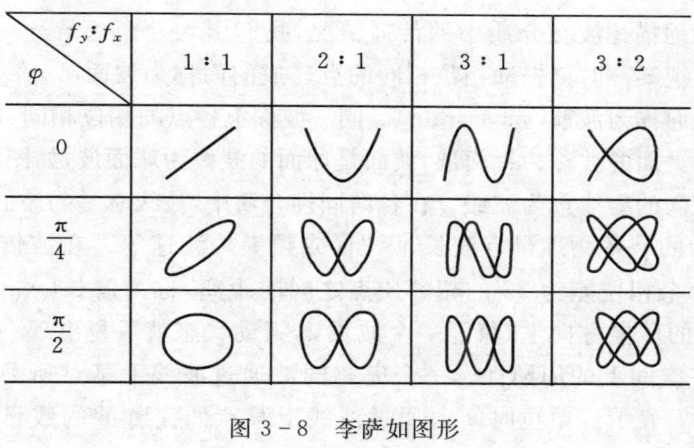

图 3－8　李萨如图形

利用示波器测量两个振动的李萨如图形,可以方便地测定未知振动的频率,在无线电技术中常用这种方法来测量信号的频率及确定信号之间的相位关系。

3.3 简谐波

3.3.1 机械波产生的条件

在弹性介质中,某个质点因受外界扰动偏离其平衡位置振动时,由于质点间以弹性力互相联系,与该质点相邻的质点也将在其平衡位置附近振动起来,使振动以一定的速度由近及远传播出去,这种机械振动在弹性介质中的传播称为**机械波**(mechanical wave),如声波、水波及弦线上的波都是机械波。要产生机械波,首先要有一个振动的物体,即波源;其次,波源外部要有以弹性力相联系的质点组成的弹性介质。波源和弹性介质是产生和传播机械波的两个必不可缺的条件。光波和无线电波都是电磁波,电磁波是变化的电场和变化的磁场互相激发产生的波,其传播不需要介质,这是电磁波与机械波的重要区别之一。

按照波的传播方向和质点振动方向的关系可将波分为横波和纵波。在波动中,若质点振动方向与波的传播方向相互垂直,这种波称为**横波**(transverse wave),如弹性柔绳上的绳波。若质点振动方向与波的传播方向相互平行,这种波称为**纵波**(longitudinal wave),如在空气中传播的声波。在波动过程中,传播的只是振动的状态,介质中的各个质点仅在其平衡位置附近振动,并不随波前进。因此,波动是介质整体表现出的运动状态。

3.3.2 波的几何描述

为了形象地描述波在介质中的传播情况,我们引入几何参量——波面、波前和波线的概念。把某一时刻振动相位相同的点连成的面称为**波面**(wave surface);传播到最前面的波面称为**波前**(wave front)。同一波面上各点的相位相同,所以波面是等相面。波面是平面的波称为**平面波**,波面是球面的波称为**球面波**,如图3-9所示。表示波的传播方向的射线称为**波线**。在各向同性介质中,波线总是与波面垂直的。

描述波动的基本物理量有波长、周期(或频率)、波速等。在波传播方向上,沿同一波线上两个相位差为 2π 的相邻质点之间的距离,称为**波长**(wave length),用 λ 表示。在波的传播方向上,每隔一个波长 λ,振动状态就重复出现一次。因此,波长描述了波在空间上的周期性。一个完整的波通过波线上某点所需的时间,称为波的**周期**,用 T 表示。单位时间内通过波线上某点的完整波的数目,称为波的**频率**,用 ν 表示。显然,波的频率等于周期的倒数,即

$$\nu = \frac{1}{T} \tag{3-22}$$

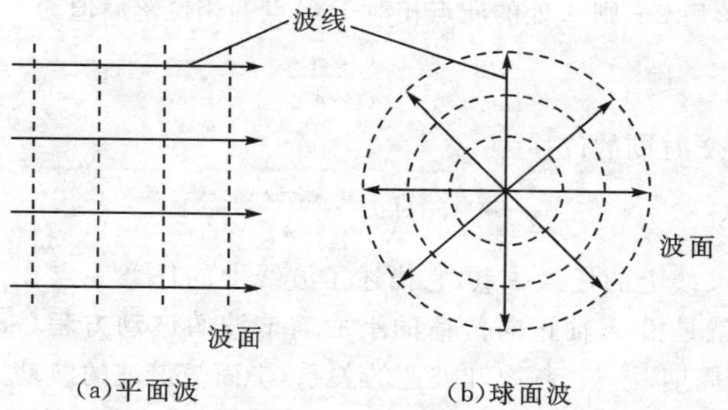

图 3-9　波面和波线

单位时间内振动传播的距离称为**波速**(wave speed)，用 u 表示。波速与波长、周期的关系为

$$u = \frac{\lambda}{T} \tag{3-23}$$

机械波的波速取决于介质的弹性模量和密度等。弹性模量是介质弹性的反映，密度是介质质点惯性的反映。弹性大，表示介质间的联系紧密，因而波的传播速度就大；而密度大，表示介质质点惯性大，因而波的传播速度就小。

3.3.3　简谐波的波动方程

当波源作简谐振动时，在介质中产生的波称为**简谐波**(simple harmonic wave)，波面为平面的简谐波称为平面简谐波。简谐波是最简单、最基本的波，一切复杂的波都可看成由许多简谐波叠加而成。因此，研究简谐波的传播规律具有重要意义。下面来讨论在各向同性、无吸收(即不吸收所传播的振动能量)、均匀无限大介质中传播的平面简谐波的波动方程。

由于平面波的波线互相平行，所以只需讨论任一波线上波的传播规律就可以知道整个平面波的传播规律。如图 3-10 所示，设平面简谐波以速度 u 沿 x 轴正向传播，O 为坐标原点，且在传播过程中振幅保持不变，处于 O 点的质点的振动方程为 $y_0 = A\cos(\omega t + \varphi)$。现在讨论平衡位置在 x 处的任一质点 P 在 t 时刻的位移。显然，质点 P 作与 O 点同方向、同频率、同振幅的简谐振动，但相对 O 点其相位落后 $\Delta\varphi$。与 O 点距离为 λ 的质点，相

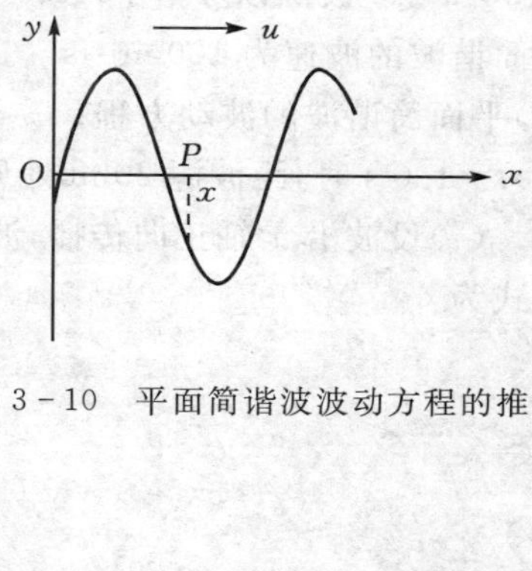

图 3-10　平面简谐波波动方程的推导

对 O 点的相位落后 2π,则 x 处的质点相对于 O 点的相位落后值为

$$\Delta\varphi = \frac{2\pi x}{\lambda} \tag{3-24}$$

因此,质点 P 在 t 时刻的位移为

$$y = A\cos\left(\omega t - \frac{2\pi x}{\lambda} + \varphi\right) \tag{3-25}$$

因为质点 P 是波线上的任意一点,它描述了波线上的任意一点在任意时刻 t 的位移,式(3-25)就是沿 x 轴正向传播的平面简谐波的**波动方程**(equation of wave motion)。根据周期、波长、频率和波速的关系,平面简谐波的波动方程也可表示为以下形式:

$$y = A\cos\left[\omega\left(t - \frac{x}{u}\right) + \varphi\right] = A\cos\left[2\pi\left(\frac{t}{T} - \frac{x}{\lambda}\right) + \varphi\right] \tag{3-26}$$

若平面简谐波沿 x 轴负向传播,则 P 点的振动相位超前于 O 处质点,故波动方程可表示为

$$y = A\cos\left[2\pi\left(\frac{t}{T} + \frac{x}{\lambda}\right) + \varphi\right] \tag{3-27}$$

平面简谐波的波动方程中含有两个自变量 x 和 t,与简谐振动的运动方程相比较,有着不同的物理意义,下面作简要的讨论。

(1)当波动方程中的 x 给定,那么波线上的任意一点的位移 y 只是时间 t 的函数,此时波动方程变为该给定点的运动方程。由于该给定点的相位比 O 点落后,该给定点距 O 点越远,相位越落后,即在波的传播方向上,各质点的相位依次落后,这就是波动的基本特征。

(2)当波动方程中的 t 给定,那么波线上的任意一点的位移 y 只是坐标 x 的函数,此时波动方程表示平衡位置在 x 轴上的各质点在时刻 t 的位移分布,即波在时刻 t 的波形曲线。

(3)若波动方程中的 x 和 t 都在变化,此时波动方程表示波线上坐标为 x 的质点在时刻 t 的位移。

例 3-2 一波源以 $y=0.04\cos(2.5\pi t)$(m)的形式作简谐振动,在介质中产生的平面简谐波的波速为 100 m·s^{-1}。试求:

(1)平面简谐波的波动方程;

(2)$t=1.0$ s 时,距波源 20 m 处质点的位移、速度和加速度。

解 (1)设波沿 x 轴正向传播,波源所在处为坐标原点,平面简谐波的波动方程的形式为

$$y = A\cos\omega\left(t - \frac{x}{u}\right)$$

代入 $A=0.04\ \mathrm{m}$，$\omega=2.5\pi\ \mathrm{rad\cdot s^{-1}}$，$u=100\ \mathrm{m\cdot s^{-1}}$，可得平面简谐波的波动方程为

$$y=0.04\cos 2.5\pi\left(t-\frac{x}{100}\right)\ (\mathrm{m})$$

(2)在 $x=20\ \mathrm{m}$ 处质点的振动方程为

$$y=0.04\cos 2.5\pi\left(t-\frac{20}{100}\right)\ (\mathrm{m})=0.04\cos(2.5\pi t-0.5\pi)\ (\mathrm{m})$$

$t=1.0\ \mathrm{s}$ 时，质点的位移

$$y=0.04\cos(2.5\pi-0.5\pi)=0.04\ \mathrm{m}$$

速度

$$v=\frac{\mathrm{d}y}{\mathrm{d}t}=-\omega A\sin(2.5\pi t-0.5\pi)=0$$

加速度

$$a=\frac{\mathrm{d}v}{\mathrm{d}t}=-\omega^2 A\cos(2.5\pi t-0.5\pi)=-2.46\ \mathrm{m\cdot s^{-2}}$$

3.4　波的能量

3.4.1　波的能量

波是振动状态的传播。波传播时，介质中各质点要产生振动，因而具有动能；同时该处介质要发生弹性形变，因而具有势能。波的能量就是介质中质点的动能和势能之和。由于波的传播，介质中的质点获得能量，显然这一能量是来自波源，而波源的能量随着波动传播到空间各处，所以波动过程伴随着能量的传播。下面以平面简谐横波为例讨论波的能量。

设平面简谐横波在密度为 ρ 的均匀介质中传播，其波动方程为

$$y=A\cos\left[\omega\left(t-\frac{x}{u}\right)+\varphi_0\right] \tag{3-28}$$

取波线上的坐标为 x 的任意一质元，设其体积为 $\mathrm{d}V$，则其质量 $\mathrm{d}m=\rho\mathrm{d}V$，在任意时刻 t 质元的速度为

$$v=\frac{\partial y}{\partial t}=-A\omega\sin\left[\omega\left(t-\frac{x}{u}\right)+\varphi_0\right]$$

质元的动能为

$$\mathrm{d}E_{\mathrm{k}}=\frac{1}{2}\mathrm{d}m\cdot v^2=\frac{1}{2}\rho\cdot\mathrm{d}VA^2\omega^2\sin^2\left[\omega\left(t-\frac{x}{u}\right)+\varphi_0\right]$$

可以证明，在 t 时刻质元由于形变而具有的势能为

$$dE_p = \frac{1}{2}\rho \cdot dVA^2\omega^2 \sin^2\left[\omega\left(t - \frac{x}{u}\right) + \varphi_0\right]$$

该质元具有的机械能为

$$dE = dE_k + dE_p = \rho \cdot dVA^2\omega^2 \sin^2\left[\omega\left(t - \frac{x}{u}\right) + \varphi_0\right] \tag{3-29}$$

式(3-29)表明,介质中任意位置质元的总能量随时间作周期性变化,其机械能不守恒。这说明介质中所有参与波动的质点都在不断地接受能量,又不断地将能量释放出去。

3.4.2 波的能量密度

在波传播的空间,介质中单位体积内的波动能量称为波的能量密度(energy density),用 w 表示。即

$$w = \frac{dE}{dV} = \rho A^2\omega^2 \sin^2\left[\omega\left(t - \frac{x}{u}\right) + \varphi_0\right] \tag{3-30}$$

可见,波的能量密度也随着时间作周期性变化,通常把能量密度在一个周期内的平均值称为平均能量密度,用 $\overline{w}$ 表示。因为在一个周期内,正弦函数平方的平均值为 1/2,所以平均能量密度为

$$\overline{w} = \frac{1}{2}\rho A^2\omega^2 \tag{3-31}$$

式(3-31)表明,波的平均能量密度与振幅的平方、频率的平方和介质密度成正比,这一结论对于一切机械波都是适用的。

3.4.3 波的强度

能量随波的传播而在介质中流动,在介质中不同位置的能量是不同的。单位时间内通过介质中某一面积的波的能量称为通过该面积的**能流**,用 P 表示。如图 3-11 所示,取垂直于波传播方向的一个面积 S,在 dt 时间内通过此面积的能量为

$$P = wu\,dtS/dt = wuS$$

将式(3-30)中的 w 代入得

$$P = \rho A^2\omega^2 \sin^2\left[\omega\left(t - \frac{x}{u}\right) + \varphi_0\right]uS$$

能流的平均值称为平均能流,用 $\overline{P}$ 表示,显然有

$$\overline{P} = \overline{w}uS = \frac{1}{2}\rho\omega^2 A^2 uS$$

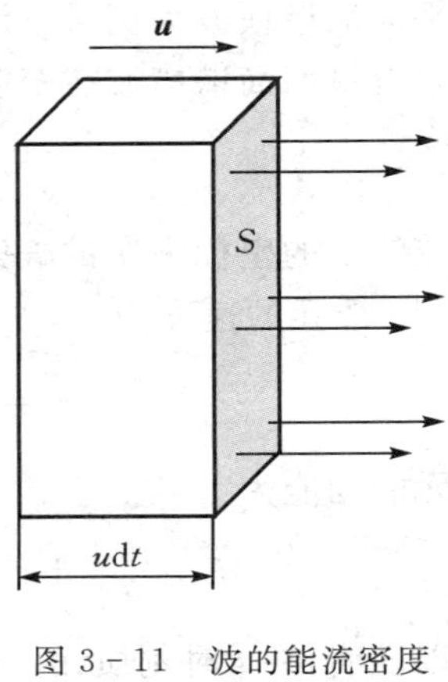

图 3-11 波的能流密度

单位时间内通过垂直于波传播方向的单位面积的平均能量，称为**能流密度**(energy-flux density)，也称为**波的强度**(intensity of wave)，用 I 表示。即

$$I=\frac{1}{2}\rho\omega^{2}A^{2}u \tag{3-32}$$

式(3－32)表明，波的强度与振幅的平方、频率的平方、波速及介质密度成正比，波的强度是表征波动能量传播性质的一个重要物理量。

3.5　惠更斯原理

3.5.1　惠更斯原理

观察水面上传播的波，若在波的前方放置一个开有小孔的障碍物，当小孔的大小与波长相差不多时，可观察到小孔后面出现圆形的波，这圆形的波就好像从小孔发出的一样。惠更斯将上述现象进行分析并提出：波在传播过程中，波面上的每一点都可看成是发射子波的波源，向各个方向发射子波；在其后的任一时刻，这些子波的包迹就是该时刻的新波前。这就是**惠更斯原理**(Huygens principle)。按照惠更斯原理，可以从已知的波前通过几何作图的方法确定下一时刻新波前的位置，从而确定波的传播方向。图 3－12 是应用惠更斯原理作出的球面波和平面波的传播过程示意图。

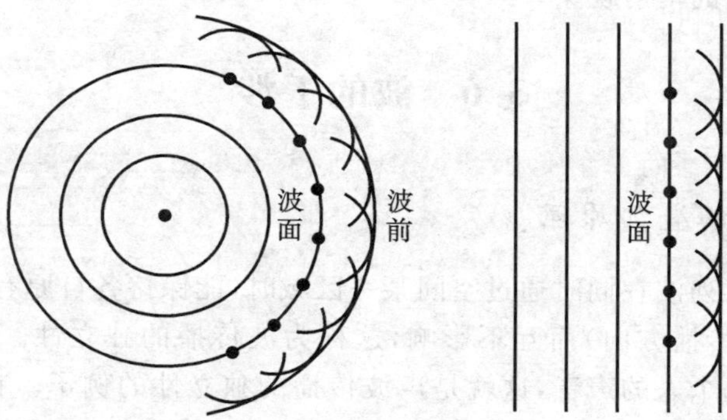

图 3－12　惠更斯原理

惠更斯原理不仅对机械波适用，对电磁波等任何波动过程均适用，根据惠更斯原理可以简洁地说明波的反射、折射以及衍射现象。

3.5.2 波的衍射

如图 3－13 所示,让平面波垂直入射到开有狭缝的障碍物上时,障碍物处未被遮挡部分的波面上各点发出的子波的包迹,显示出波能绕过障碍物的边界向障碍物后方传播。这种波能绕过障碍物传播的现象称为**波的衍射**(diffraction of wave)。

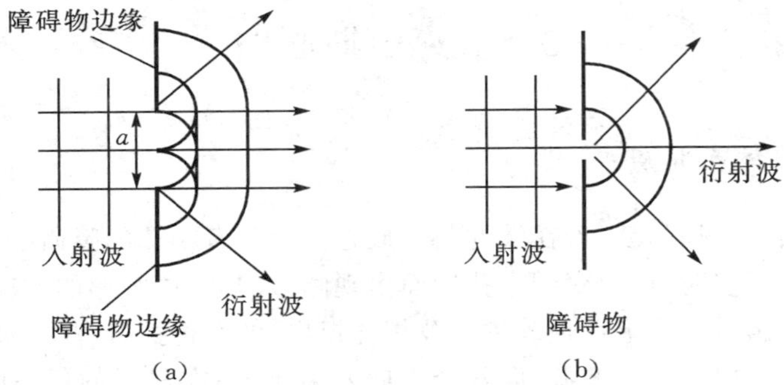

图 3－13　波的衍射

衍射现象是波的独特性质之一。理论和实验都表明,不是在任何情况下都能发生明显的衍射现象。只有当障碍物或孔(或缝)的线度比入射波长短或相差不多时,才能发生明显的衍射现象。

3.6　波的干涉

3.6.1 波的叠加原理

实验表明:几列波在同时通过空间某一区域时,能保持各自原有的特性(频率、波长、振动方向、传播方向)而互不影响,这称为波传播的独立性。几个人同时讲话,我们能分辨每个人的声音,这就是声波传播的独立性的例子。在相遇区域,介质质点的位移是各列波单独在该点所引起的振动位移的矢量和。这就是**波的叠加原理**(superposition principle of wave)。波的叠加原理实际上是运动叠加原理在波动中的表现。

波传播的独立性是叠加原理的基础,若波的传播不具有独立性,叠加原理将失去意义。对于像强烈爆炸形成的大振幅波来说,一般不满足叠加原理。

3.6.2 波的干涉

一般来说,任意几列简谐波在空间相遇时,叠加的情况是很复杂的。满足频率相同、振动方向相同、相位差恒定的两列波相遇时,在叠加区域的某些位置振动始终加强,而在另一些位置振动始终减弱,这种现象称为**波的干涉**(interference principle of wave)。满足上述三个条件的波称为相干波,相应的波源称为**相干波源**。

设有两个相干波源 S_1 和 S_2,它们的振动方程分别为

$$y_{10}=A_{10}\cos(\omega t+\varphi_1) \tag{3-33}$$

$$y_{20}=A_{20}\cos(\omega t+\varphi_2) \tag{3-34}$$

假设 S_1 和 S_2 发出的简谐波在均匀各向同性介质中传播,在两波的交叠区域中任意一点 P 到波源 S_1 和 S_2 的距离分别为 r_1 和 r_2,两波在 P 点的振幅分别为 A_1 和 A_2,则两列波在 P 点引起的振动分别为

$$y_1=A_1\cos\left(\omega t+\varphi_1-\frac{2\pi r_1}{\lambda}\right) \tag{3-35}$$

$$y_2=A_2\cos\left(\omega t+\varphi_2-\frac{2\pi r_2}{\lambda}\right) \tag{3-36}$$

P 点的合振动方程为

$$y=y_1+y_2=A\cos(\omega t+\varphi) \tag{3-37}$$

式中,A 为合振动的振幅,其大小

$$A=\sqrt{A_1^2+A_2^2+2A_1A_2\cos(\varphi_2-\varphi_1-2\pi\frac{r_2-r_1}{\lambda})} \tag{3-38}$$

φ 为合振动的初相位,其大小

$$\varphi=\arctan\frac{A_1\sin(\varphi_1-\frac{2\pi r_1}{\lambda})+A_2\sin(\varphi_2-\frac{2\pi r_2}{\lambda})}{A_1\cos(\varphi_1-\frac{2\pi r_1}{\lambda})+A_2\cos(\varphi_2-\frac{2\pi r_2}{\lambda})} \tag{3-39}$$

两列相干波在 P 点引起的两个分振动的相位差 $\Delta\varphi$ 为

$$\Delta\varphi=\varphi_2-\varphi_1-2\pi\frac{r_2-r_1}{\lambda} \tag{3-40}$$

相位差 $\Delta\varphi$ 是不随时间变化的常量,它决定了合振动振幅的大小,显然 P 点合振动的振幅也不随时间变化,也就是说,在波的相遇区域内合振动的强弱是稳定分布的。当相位差 $\Delta\varphi=\pm 2k\pi(k=0,1,2,\cdots)$时,合振动的振幅具有最大值,其值为 $A=A_1+A_2$。这表示 P 点的干涉是加强的,称为**干涉相长**。当 $\Delta\varphi=\pm(2k+1)\pi$ $(k=0,1,2,\cdots)$时,合振动的振幅具有最小值,其值为 $A=|A_1-A_2|$。这表示 P 点的干涉是减弱的,称为**干涉相消**。当相位差 $\Delta\varphi$ 不满足这两种情况时,P 点的合振

动的振幅介于最大值和最小值之间。

如果两个相干波源具有相同的初相位,即 $\varphi_1=\varphi_2$,则相位差 $\Delta\varphi$ 只取决于两波源发出的两列相干波到达 P 点时所经路程之差,称为波程差。设波程差 $\delta=r_2-r_1$,则上述两种情况可以简化为:当

$$\delta=r_2-r_1=\pm k\lambda \quad (k=0,1,2,\cdots)$$

时,P 点的干涉加强;当

$$\delta=r_2-r_1=\pm(2k+1)\lambda/2 \quad (k=0,1,2,\cdots)$$

时,P 点的干涉减弱。

3.6.3 驻波

当两列振幅相同的相干波在同一直线上沿相反方向传播时,叠加而成的波称为**驻波**(stationary wave),驻波是一种特殊的干涉现象。如图 3-14 所示,一根细弦线的一端 A 系在音叉上,另一端系一砝码绕过定滑轮 B 在弦线上产生一定的张力。弦线的另一端置于劈尖 C 上,当音叉振动时,在弦线上激发从左向右传播的波,当波传播到劈尖时被反射,在弦线上又引起从右向左传播的波。调节劈尖到适当的位置,会发现弦线上有些点始终静止不动,有些点的振幅始终最大,这就是弦线上的驻波。弦线上始终静止不动的点称为波节,振幅始终最大的点称为波腹。

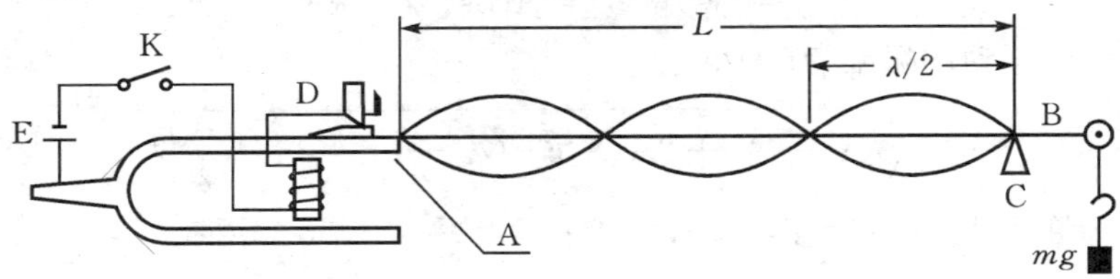

图 3-14 驻波实验

如图 3-15 所示,设两列振幅相同的相干波,一列沿 x 轴正向传播,用虚线表示;一列沿 x 轴负向传播,用点画线表示;合成波用实线表示。在 $t=0$ 时,两波互相重叠,x 轴上的每个质点达到最大的合位移,合成波是一条起伏较大的曲线;$t=\frac{T}{4}$时,两波已分别向前推进了四分之一波长的距离,此时,x 轴上各质点的合位移为零,合成波为一条与 x 轴重合的直线;$t=\frac{T}{2}$时,两波再次重叠,x 轴上各质点合位移又达到最大,但各点位移的方向与 $t=0$ 时刻相反;$t=\frac{3T}{4}$时,合成波又成为一条直线。随着时间的推移,以上过程不断重复。x 轴上有些点(用 N 表示)始终静

止不动，这些点就是波节；有些点（用 A 表示）振幅最大，这些点就是波腹，x 轴上其他各点的振幅在零与最大值之间。显然，波在任意时刻波形都是固定的，只是 x 轴上各质点的位移大小随时间变化，而没有波形或振动状态的传播，因此称这种波为**驻波**。

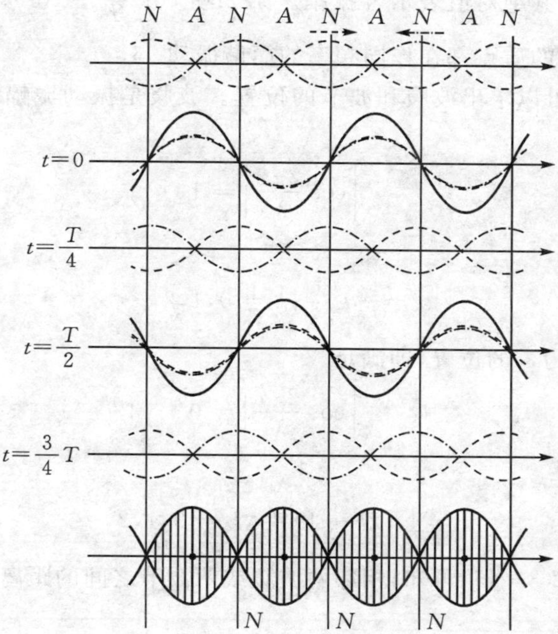

图 3-15　驻波的形成

下面分析驻波的规律。设有两列振幅相同的相干波分别沿 x 轴正方向和负方向传播，取两波的振动相位始终相同的点作为坐标轴的原点，并且在 $x=0$ 处振动质点向上移动到最大位移时开始计时，即使该处质点振动的初相位为零。沿 x 轴正、负方向传播的波的波动方程分别为

$$y_1 = A\cos 2\pi\left(\frac{t}{T} - \frac{x}{\lambda}\right)$$

$$y_2 = A\cos 2\pi\left(\frac{t}{T} + \frac{x}{\lambda}\right)$$

根据叠加原理，合成波的波动方程为

$$\begin{aligned} y &= y_1 + y_2 \\ &= A\cos 2\pi\left(\frac{t}{T} - \frac{x}{\lambda}\right) + A\cos 2\pi\left(\frac{t}{T} + \frac{x}{\lambda}\right) \end{aligned}$$

$$= (2A\cos\frac{2\pi x}{\lambda})\cos\frac{2\pi t}{T} \tag{3-41}$$

式(3－43)称为驻波方程。方程中等号右边第一项($2A\cos\frac{2\pi x}{\lambda}$)与时间无关,只与质点的位置有关,其绝对值表示合振幅。第二项 $\cos\frac{2\pi t}{T}=\cos\omega t$ 是时间的余弦函数,表明各位置上的质点都在作同频率的简谐振动。

由驻波方程可以求出波腹和波节的位置。波腹是振动振幅最大的位置,也就是满足

$$\left|\cos\frac{2\pi x}{\lambda}\right| = 1$$

因此波腹位于

$$x = \pm k\frac{\lambda}{2}, k = 0,1,2,\cdots \tag{3-42}$$

波节是振动振幅为零的位置,即满足

$$\left|\cos\frac{2\pi x}{\lambda}\right| = 0$$

因此波腹位于

$$x = \pm (2k+1)\frac{\lambda}{4}, k = 0,1,2,\cdots \tag{3-43}$$

由式(3－44)和式(3－45)可知,相邻两波腹或两波节之间的距离都是半波长。

3.7 声　　波

频率在 20～20000 Hz 的机械纵波可以引起人的听觉,称为**声波**(sound wave)。频率低于 20 Hz 的机械波称为**次声波**,频率高于 20000 Hz 的机械波称为**超声波**。次声波和超声波都不能引起人的听觉,但次声波、声波和超声波仅存在频率上的不同,而没有本质上的区别。

3.7.1 声速

声波在弹性介质中的传播速度称为**声速**(sound velocity),在气体和液体中声波的传播速度为

$$u = \sqrt{\frac{B}{\rho}}$$

式中,B 为介质的体变模量;ρ 为介质的质量密度。因此,声速的大小由弹性介质的性质决定,与声波的频率、波长等无关。对于理想气体,把声波中的气体过程按照绝

热过程近似处理，根据气体动理论和热力学，可证明声波在气体中的传播速度为

$$u=\sqrt{\frac{\gamma RT}{M_{\mathrm{m}}}} \tag{3-44}$$

式中，γ 为气体的比热容比；R 为摩尔气体常量；T 是热力学温度；M_{m} 是气体的摩尔质量。由式(3-46)可以求出在 0℃时的声波在空气中的速度为 $u=331.45\ \mathrm{m/s}$。

3.7.2　声压 声阻 声强

1. 声压

当声波在介质中传播时，在声波传播方向上介质质元的分布时而密集，时而稀疏，从而使介质中各点的压强发生变化。在某一时刻，介质中某一点的压强与无声波传播时的压强之差称为该点的**声压**(sound pressure)，常用 p 表示。

设一平面简谐声波在均匀各向同性的介质中无衰减地沿 x 轴正方向传播，其波动方程为

$$y=A\cos\left[\omega\left(t-\frac{x}{u}\right)+\varphi\right]$$

在 x 轴上任取一厚度为 Δx，横截面积为 S 的介质，则该段介质的体积为 $V=S\Delta x$。压强改变时，体积改变量为 $\Delta V=S\Delta y$，Δy 为该段介质厚度的改变量。由体变模量的定义式可得到声压为

$$p=-B\frac{\Delta V}{V}=-B\frac{S\Delta y}{S\Delta x}=-B\frac{\Delta y}{\Delta x}$$

当 $\Delta x\to 0$ 时，有

$$p=-B\frac{\mathrm{d}y}{\mathrm{d}x}=B\frac{A}{u}\omega\sin\left[\omega\left(t-\frac{x}{u}\right)+\varphi\right]$$

由 $u=\sqrt{B/\rho}$ 可得 $B=\rho u^2$，代入上式可得声压的变化规律为

$$p=\rho u\omega A\sin\left[\omega\left(t-\frac{x}{u}\right)+\varphi\right] \tag{3-45}$$

令 $p_{\mathrm{m}}=\rho u\omega A$ 表示声压的最大值，称为声压幅值，简称声幅。显然，声压随时间呈周期性变化。

2. 声阻

介质中质元振动速度的最大值为 $v_{\mathrm{m}}=\omega A$，声幅与质元振动速度的最大值的比值称为介质的**声阻**(sound impedance)，常用 Z 表示，即

$$Z=\frac{P_{\mathrm{m}}}{v_{\mathrm{m}}}=\rho u \tag{3-46}$$

声阻是与声波频率无关的表征介质声学性质的一个重要物理量。在国际单位制

中,声阻的单位是帕·秒·米$^{-1}$(Pa·s·m^{-1}),表3-1列出了几种医学中常见介质的声速和声阻。

表3-1　几种介质中的声速和声阻

介质名称	声速 m·s^{-1}	声阻 Pa·s·m^{-1}	介质名称	声速 m·s^{-1}	声阻 Pa·s·m^{-1}
水(37℃)	1523	1.513×10^6	血液	1570	1.656×10^6
脂肪	1476	1.410×10^6	水晶体	1650	1.874×10^6
肌肉(均值)	1568	1.684×10^6	软组织(均值)	1500	1.524×10^6
颅骨	3860	5.571×10^6	肝脏	1570	1.648×10^6

3. 声强

单位时间内通过垂直于声波传播方向的单位面积的声波能量称为**声强**(sound intensity)。由波的强度公式可得声强的表达式为

$$I=\frac{1}{2}\rho u\omega^2A^2=\frac{1}{2}Zv_m^2=\frac{P_m^2}{2Z} \tag{3-47}$$

式(3-49)表明声强与声压的幅值的平方成正比,与声阻成反比。

3.7.3　声强级与响度级

频率在20～20000 Hz以内的声波,其声强必须达到某一最小值,才能引起听觉。可闻声波频率范围内能引起听觉的最小声强称为**可闻声强**或**听阈**(threshold of hearing)。不同频率的声波,引起听觉所需的最小声强值不同。图3-16表示出听阈随频率变化关系的曲线,称为**听阈曲线**。当声强增大到一定值时,可引起人耳疼痛的感觉,我们把人耳所能忍受的最大声强称为**痛阈**(threshold of pain)。图3-16中最上面的那条曲线表示了不同频率的痛阈值,称为**痛阈曲线**。由听阈曲线、痛阈曲线和频率为20 Hz和20000 Hz线所围成的区域,称为**听觉区域**(auditory region)。

以1000 Hz的声波为例,声强的数值从听阈10^{-12} W·m^{-2}到痛阈1 W·m^{-2},相差10^{12}倍,因此人的听觉声强范围很大。在声学中通常采用对数标度来度量声强,称为**声强级**(intensity level of sound),用L表示。通常取1000 Hz的声波的听阈值$I_0=10^{-12}$ W·m^{-2}作为标准参考声强,任一声波的声强I与标准参考声强I_0的比值的对数,称为**该声波的声强级**,即

$$L=10\lg\frac{I}{I_0}\ (\text{dB}) \tag{3-48}$$

声强级的单位为分贝(dB),由式(3-48)可得听阈和痛阈的声强级分别为0 dB和

120 dB。

无论是声强还是声强级，都是对声能的客观描述，它们并不能反映人耳所听到的声音的强弱。通常把人耳对声音强弱的主观感觉称为声音的**响度**(loudness)，它取决于声波的强度和频率。在听觉区域内，对于频率相同的声波来说，声强越大响度就越大；但对于不同频率的声波来说，声强大其响度并不一定大。例如，频率为1000 Hz的声波的声强为 10^{-12} W·m^{-2}时的响度与频率为 100 Hz 的声波的声强为 10^{-9} W·m^{-2}时的响度相同。为了定量地比较响度，把响度也分为若干个等级，这些等级称为**响度级**(loudness level)，单位为方(phon)，并定义频率为1000 Hz的声波的响度级与其声强级(以分贝为单位)具有相同的数值。如频率为1000 Hz的声波的声强级为 0 dB，对应的响度级为 0 phon；声强级为 120 dB，对应的响度级为 120 phon。

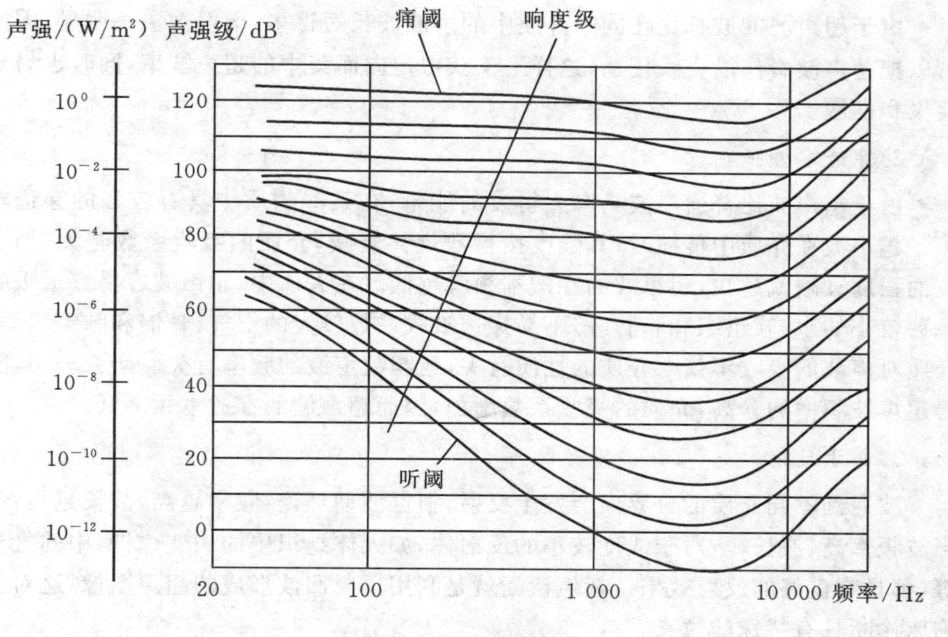

图 3-16　听阈曲线

例 3-3　一人在房间内讲话的声音的声强为 10^{-8} W·m^{-2}，求它的声强级。若房间内再有一人以同样的声强的声音讲话，求此时的声强级。

解　根据声强级的定义式(3-50)，可得一人在房间内讲话的声强级为

$$L = 10\lg\frac{I}{I_0} = 10\lg\frac{10^{-8}}{10^{-12}} = 40\ \text{dB}$$

两个人同时讲话的声强级为

$$L' = 10\lg \frac{2I}{I_0} = 10\lg \frac{2\times 10^{-8}}{10^{-12}} = 43\ \text{dB}$$

由上述例题可知,声强级不具有可加性,因此不能作代数加减。

3.7.4 超声波

1. 超声波的特性

通常超声波的频率范围在 $2\times 10^4 \sim 5\times 10^9$ Hz 之间,不能引起人的听觉。超声波具有声波的通性,由于超声波频率高、波长短,因而还具有一系列不同于普通声波的特性。

1)方向性好

由于超声波的波长比在同一介质中的声波波长短得多,衍射现象不明显,因此可以把超声波看作沿直线传播,这样易于获得定向而集中的超声波束,同时也易于会聚和发散。

2)穿透本领强

由于超声波比普通声波具有大得多的能量,在某些物质中具有较强的穿透本领。超声波在介质中传播时,其强度按指数规律衰减,介质的吸收系数越大,超声波的强度衰减就越快,超声波的穿透本领就越低。在人体中,超声波容易穿透吸收系数较小的水、软组织和脂肪等,不易穿透吸收系数较大的空气、骨骼和肺组织等。介质对声波的吸收不仅与介质的性质有关,还与超声波的频率有关。研究表明,随着超声波频率的升高,介质的吸收系数增加,因而超声波的穿透本领降低。

3)易于反射

波遇到不同介质的分界面会发生反射,根据波动理论,频率越高,波长越短,超声波频率高、波长短,对于线度较小的反射体,如人体组织中的病变、材料中的气泡等,都具有良好的反射效果。超声诊断就是利用反射回波形成的超声图像,这对于临床诊断具有特殊的意义。

超声波的上述特性,在超声诊断及治疗、材料加工和物体定位等技术中有着广泛的应用。

2. 超声波的生物效应

超声波是一种机械波,它通过生物体时会与生物组织发生相互作用,而对生物体的生理和生化过程产生影响。超声波对人体组织同样产生各种生物效应,包括热效应和非热效应,其作用机制较为复杂,取决于许多物理学和生物学方面的因

素。高频大功率超声波通过人体时会产生一系列特殊作用,主要有:

1)机械作用

超声波在生物体内的传播将引起生物介质质点作高频振动,其振动的位移、速度及声压等力学量,都会引起机械效应。例如,超声波在人体中传播时的振动和声压会对细胞和组织结构产生直接的力学效应,如使细胞内亚显微结构变化;高强度超声波产生的剪切力也能使细胞粉碎而造成损伤,超声波对生物体的这种作用称为机械作用,属于非热效应。

2)空化作用

空化作用是指充有气体或水蒸气的空腔在超声波作用下发生振荡的各种现象。超声波在人体软组织中传播时,声压的周期变化会引起组织密度在很小的空间内大幅度的改变。空化现象的产生与多种因素有关,如液体中溶解的气体的量及其性质,液体的静压强、粘滞性,超声波的频率、强度和类型(连续式或脉冲式)等。在超声波的生物效应中,空化作用极为重要,因为临床超声应用的大多数情况下都可能在生物组织中引起不同程度的空化,即使在诊断超声的低剂量水平,也不能完全排除空化作用的影响。

3)热作用

超声波在生物介质中传播时,将会有一部分能量被介质吸收而转变为热量。产生热量的大小决定于介质的吸收系数,也与超声波的强度和辐照时间有关。超声波在人体中传播时,被组织吸收的超声波会使组织分子的振动和转动能量增加,而使组织温度上升,这称为超声波的热作用。如果温度升高过大,将会造成组织的热损伤,如蛋白质的变性等。超声波的热作用早已应用于临床理疗,超声波作为热源具有可作用于深部组织和可精确控制加温部位的特点,近年来作为加温治疗癌症的一种热源而受到医学界的极大关注。

3. 超声诊断的物理原理

超声诊断的物理基础主要是利用超声波在不同声阻介质分界面上的反射。由于人体内不同组织和脏器的声阻不同,超声波在界面上形成不同的反射波,称为回波。组织或脏器发生形变或有异物时,由于形状、位置和声阻的变化,回波的位置和强弱也随之改变,临床上正是通过对脉冲回波的检测,由示波器将回波信号进行接收放大和信号处理,再根据超声图像进行诊断。

超声波在医学上的应用主要有超声诊断、超声治疗和生物组织超声特性研究等三个方面。其中,超声诊断发展最快。下面简要介绍医学上常用的超声诊断仪器的原理。

1)A 型超声

A 型超声诊断仪(简称 A **超**)是最早出现的超声诊断仪。A 型超声显示是最基本的超声显示方式,这种方式中回波的脉冲大小决定了显示器中脉冲的幅度,脉冲之间的距离正比于反射界面之间的距离。A 型超声属于幅度调制,主要用于颅脑的占位性病变的诊断。A 型超声诊断仪仅能提供人体器官的一维信息,而不能显示整个器官的形状,在实际中远不如 B 型超声诊断仪应用广泛。

2)B 型超声

B 型超声诊断仪(简称 B **超**)是目前应用最广泛的超声诊断仪。B 型超声诊断仪是在 A 型超声诊断仪的基础上发展起来的,其基本原理与 A 型超声相同,但 B 型超声可以提供脏器或病变的二维断层图像,并且可实现实时动态观察。B 型超声诊断仪与 A 型超声诊断仪主要有以下两点不同之处:第一,脉冲回声信号经放大处理后加于示波器的控制栅极,利用脉冲回声信号改变阴栅极之间的电位差,从而改变辉度。回声信号越强,显示器上的光点越亮,因此属于辉度调制。第二,通过机械装置与电子控制使深度扫描线与探头同步移动时,可得到人体组织内的二维超声断层图像(也称为**声像图**),这种成像方式又称为**超声断层成像技术**。

3)M 型超声

M 型超声诊断仪(简称 M **超**)是一种运动显示方式,一般用于观察和记录脏器的活动情况,特别适合于检查心脏功能,称为**超声心动仪**。M 型超声诊断仪属于辉度调制,M 型超声与 B 型超声的不同之处在于单探头固定在某一探测点不动,示波器的水平偏转板上加一慢扫描锯齿波电压,使深度扫描线沿水平方向缓慢移动,若所探查处内部组织界面运动,深度随时间改变,则得到深度-时间曲线。M 型超声诊断仪能够显示心脏的层次结构,能测量瓣膜的活动速度、房室的大小、主动脉的宽度及心室排血量等,是研究心脏各种疾病的有效手段。

3.8 多普勒效应

3.8.1 多普勒效应

当一列火车快速经过我们身边时,我们会感觉到火车汽笛声的音调发生了显著的变化。当火车驶近我们时,汽笛声的音调升高;而火车远离我们时,汽笛声的音调降低。音调的变化反映了频率的变化,这种由于声源和观察者相对介质运动,而使观察者的观测频率与波源的频率不同的现象,称为**多普勒效应**(Doppler effect)。

在分析多普勒效应时，首先假设波源和观察者的运动方向与波传播的方向在同一直线上，波源和观察者相对于介质的运动速度分别为 v_S 和 v_R，波源的振动频率用 ν_S 表示，观察者所接收到的波的频率用 ν_R 表示，波的传播速度为 u。下面分三种情况来讨论。

1. 波源静止，观察者运动

在这种情况下，$v_S=0$，$v_R\neq 0$，观察者运动的方向不同，则接收到的频率 ν_R 不同。若观察者向着波源运动，则相当于波以速度 $u'=u+v_R$ 通过观察者，因此单位时间内通过观察者的完整波数，即观察者接收到的频率为

$$\nu_R=\frac{u'}{\lambda}=\frac{u+v_R}{u}\nu_S \tag{3-49}$$

若观察者远离波源运动，观察者接收到的频率为

$$\nu_R=\frac{u-v_R}{u}\nu_S \tag{3-50}$$

由以上两式可知，在观察者运动的情况下，观测频率的改变是由于观察者观测到的波数增加或减少的结果。

2. 观察者静止，波源运动

在这种情况下，$v_S\neq 0$，$v_R=0$，波源运动的方向不同，观察者接收到的频率 ν_R 也不同。如图 3－17 所示，若波源 S 向着观察者运动，当波源发出的波到达 A 点时，波源 S 已经运动到 S' 处。由于在一个周期 T 内波源已经逼近观察者 $v_S T$ 的距离，所以在观察者测得的波长缩短为 $\lambda'=\lambda-v_S T=(u-v_S)T$，则观察者接收到的频率为

$$\nu_R=\frac{u}{\lambda'}=\frac{u}{u-v_S}\cdot\frac{1}{T}=\frac{u}{u-v_S}\nu_S \tag{3-51}$$

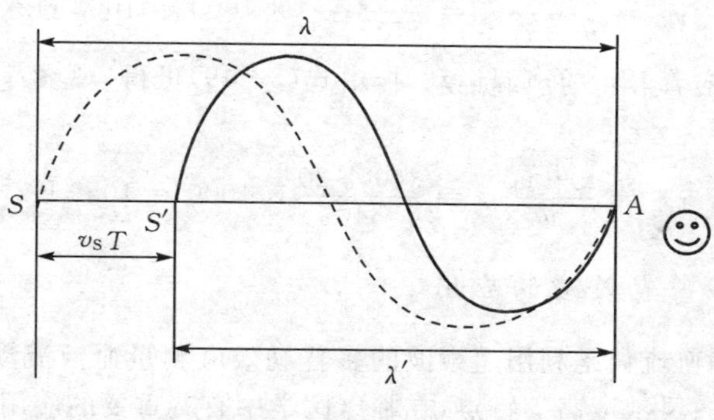

图 3－17　波源向着观察者运动的多普勒效应

若波源远离观察者运动，则观察者接收到的频率为

$$\nu_R = \frac{u}{u + v_S}\nu_S \tag{3-52}$$

由以上两式可知，在波源运动的情况下，观测频率的改变是由于观察者观测到的波长拉长或缩短的结果。

3. 波源与观测者同时相对于介质运动

综合以上两种情况的分析，当波源与观测者同时相对于介质运动时，观察者接收到的频率为

$$\nu_R = \frac{u'}{\lambda'} = \frac{u + v_R}{u - v_S}\nu_S \tag{3-53}$$

式中，当观察者向着波源运动时，v_R 取正值，观察者远离波源运动时，v_R 取负值；当波源向着观察者运动时，v_S 取正值，波源远离观察者运动时，v_S 取负值。

当波源和观察者不在二者的连线方向上运动时，应将 v_S 和 v_R 在二者连线方向上的分量代入以上各式计算。若波源的运动方向与连线方向成 α 角，观察者的运动方向与连线方向成 β 角，则观察者接收到的频率为

$$\nu_R = \frac{u + v_R\cos\beta}{u - v_S\cos\alpha}\nu_S \tag{3-54}$$

式中各个速度的正负规定与式(3-53)相同。

例 3-4 一声源的振动频率为 1 kHz，当它以 20 m/s 的速度向静止的观察者运动时，观察者接收到的声波频率是多少？当观察者以 20 m/s 的速度向静止的声源运动时，观察者接收到的声波频率又是多少？设空气中的声速为 340 m/s。

解 (1)声源向着静止的观察者运动时，由式(3-51)可得，观察者接收到的声波频率为

$$\nu_{R1} = \frac{u}{u - v_S}\nu_S = \frac{340}{340 - 20} \times 1000 = 1063 \text{ Hz}$$

(2)观察者向着静止的声源运动时，由式(3-49)可得，观察者接收到的声波频率为

$$\nu_{R2} = \frac{u + v_R}{u}\nu_S = \frac{340 + 20}{340} \times 1000 = 1059 \text{ Hz}$$

3.8.2 多普勒效应的应用

超声多普勒血流仪是利用超声波的多普勒效应测量血液流动速度的仪器，它具有简易无创伤、灵敏度高等特点，在临床医学中有着重要的应用。下面简要介绍超声多普勒血流仪的工作原理。

如图 3-18 所示，图中 v 表示血流速度，θ 是超声波传播方向与血流方向的夹

角。探头由发射和接收超声波的两个发生器组成。

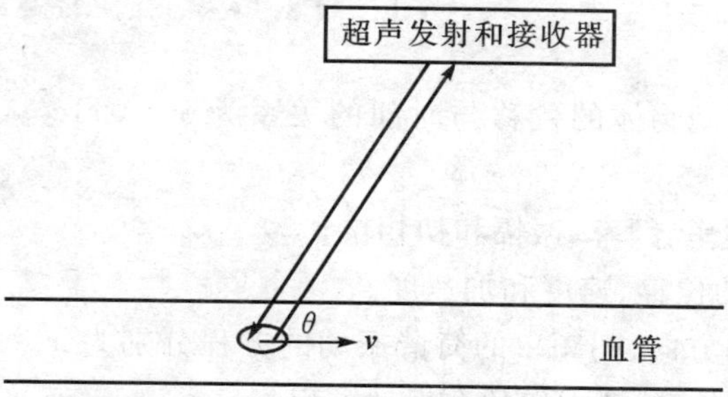

图 3-18 超声多普勒血流仪的工作原理

设作为静止声源的探头发射超声波的频率为 f_0，u 为超声波在人体内的传播速度，血管中随血流以速度 v 运动着的红细胞接收到的频率 f 为

$$f=\frac{u+v\cos\theta}{u}f_0 \tag{3-55}$$

由红细胞反射回来的超声波被静止的探头接收，这时红细胞相当于以速度 v 运动着的声源，因此探头接收到的频率 f' 为

$$f'=\frac{u}{u-v\cos\theta}f \tag{3-56}$$

由以上两式可得

$$f'=\frac{u+v\cos\theta}{u-v\cos\theta}f_0 \tag{3-57}$$

探头发出的超声波与接收的回波的频率之差，称为**多普勒频移**，用 Δf 表示，即

$$\Delta f=f'-f_0=\frac{2v\cos\theta}{u-v\cos\theta}f_0 \tag{3-58}$$

因 $u\gg v\cos\theta$，故式(3-58)可写为

$$\Delta f=\frac{2v\cos\theta}{u}f_0 \tag{3-59}$$

血流速度 v 即

$$v=\frac{u}{2f_0\cos\theta}\Delta f \tag{3-60}$$

根据式(3-60)，在已知 u，f_0 和 θ 时，只要测出多普勒频移 Δf，就可以求出血流速度。

习 题

3-1 一个运动物体的位移与时间的关系为 $x=0.1\cos(2.5\pi t+\pi/3)$(m)。试求:

(1)周期、角频率、频率、振幅和初相位;

(2)$t=2$ s 时的位移、速度和加速度。

3-2 两个同方向、同频率的简谐振动的方程分别为 $x_1=4\cos(3\pi t+\pi/3)$和 $x_2=3\cos(3\pi t-\pi/6)$,试求它们的合振动方程。

3-3 一波源位于坐标原点,振动方程为 $s=0.06\cos(\frac{\pi}{9}t)$(m),波以 $v=2$ m/s的速度无衰减地沿 x 轴正方向传播。试求距波源 5 m 处的质点 Q 的振动方程和该振动与波源的相位差。

3-4 一物体作简谐振动,其频率为 5 Hz,初相位为 $-\pi/2$。若 $t=1$ s 时的振动速度为 π m/s,试求其振幅。

3-5 当两声音的声强级的差为 10 dB 时,试求这两声音的声强之比。

3-6 沿绳行进的横波的波动方程为 $y=0.10\cos(0.01\pi x-2\pi t)$(m)。试求:

(1)波的振幅、频率、波长和波速;

(2)绳上某质点的最大横向振动速度。

3-7 用多普勒效应来测量心脏运动时,以 5 MHz 的超声波直射心壁(即入射超声波传播方向与血流方向的夹角为 0°),测出接收与发射的波频差为 500 Hz,已知超声波在软组织中的速度为 1 500 m/s,试求此时心壁的运动速度。

3-8 一列火车以 25 m/s 的速度驶过站台,火车汽笛声的频率为 1 500 Hz,空气中的声速为 335 m/s,试求火车接近和离开时,站台上的观察者听到的频率。

3-9 一驻波的波方程为 $y=0.04\cos(3\pi x-\frac{\pi}{2})\cos 40\pi t$(m)。试求:

(1)波节位置;

(2)除波节外质点的振动频率。

3-10 在波的传播方向上有 A,B 两点,介质中的质点都作简谐振动,B 点的位相比 A 点落后 $\pi/6$,已知 A,B 两点之间的距离为 2.0 cm,振动周期为 2.0 s,求波速和波长。

3-11 一临街的窗户的面积为 1 m^2,窗外的声强级为 60 dB,试求传入窗内的声波的声功率的大小。

3-12 一个质量为 0.5 kg 的物体做周期为 0.5 s 的简谐振动,它的能量为

5 J。试求：

(1)振动的振幅；

(2)最大速度和最大加速度。

3-13　一声波在密度为 2.5 kg/m^3 的介质中沿 x 轴正方向无衰减地传播，其波动方程为 $y=0.2\cos\left[200\left(t-\frac{x}{500}\right)+\frac{\pi}{4}\right]$(mm)，试求该声波的声阻、声强和声强级。

3-14　一个沿 x 轴作简谐振动的弹簧振子，设其平衡位置为坐标原点，振动表达式用余弦函数表示。试求初始状态分别为以下四种情况时的初位相。

(1)$x_0=-A$；

(2)过平衡位置向正方向运动；

(3)过 $x=\frac{A}{2}$ 处向负方向运动；

(4)过 $x=-\frac{A}{\sqrt{2}}$ 处向正方向运动。

3-15　一物体连在弹簧上作简谐振动，角频率为 $\omega=30$ rad/s，振幅为 $A=0.2$ m，若物体的质量为 $m=0.2$ kg，试求回复力的最大值。

第4章　气体动理论

气体动理论是从气体的理想模型出发，运用统计方法研究气体在平衡态以及由非平衡态向平衡态转变过程中所遵循的规律。本章除了介绍分子热运动的基本概念，建立理想气体的微观模型，阐明气体的压强和温度的微观本质之外，还介绍了平衡状态下，气体分子热运动的一些重要的统计规律，以及热力学第二定律的统计意义。

4.1　气体动理论的基本观点

4.1.1　气体分子热运动的基本概念

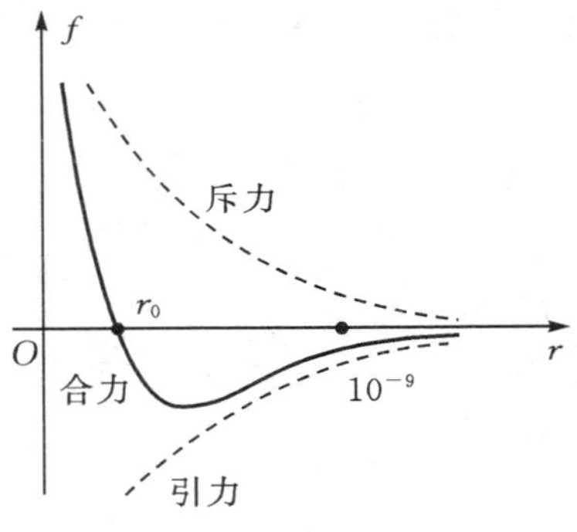

图4-1　分子力

实验证明，宏观物体都是由分子、原子组成的，组成宏观物体的分子、原子数目非常巨大。例如，1 mol气体的分子数目 $N_0=6.022\times10^{23}$/mol（这称为**阿伏伽德罗常量**）。在标准状态下，每立方厘米中有 2.69×10^{19} 个分子，分子的质量和体积都很小，分子总是处在永恒不息的运动中。在常温下，气体分子运动的平均速率可达每秒数百米，甚至上千米。分子在运动过程中，与其他分子会发生频繁地碰撞，在标准状态下，气体分子平均碰撞次数达每秒上百亿次。在连续碰撞之间走过的自由路程（称为**平均自由程**）的数量级为 $10^{-7}\sim10^{-8}$ m。气体分子之间存在着相互作用的力，称为**分子力**。分子力与分子间的距离 r 有关。如图4-1所示，当分子之间的距离 $r<r_0$ 时，分子力表现为斥力，而且随 r 的减小急剧地增大。所以气体分子之间的碰撞，实际上是当它们的距离小于 r_0 时，由于斥力作用而弹开的过程。r_0 的数量级约为 10^{-10} m，常称为**分子的有效直径**。当 $r>r_0$ 时，分子力表现为引力。当 $r>10^{-9}$ m时，分子间的引力就趋近于零。分子力是一种短程力，一般认为在相互碰撞时，才有分子力的作用。对单个分子来说，可以认为它遵守牛顿运动定律，符合机械运动规律。但是，对如此巨大数量的分子来说，找出每个分子的运动方程和初始条件，从而求出它的速度、动量和能量，实际上是不可能的。这种分子数量的增多，从量变引起质的变化，使分子热运动表现出不同于机械运动的特征。热现象是大量分子无序热运动的集体表现，不是个别分子的行为。因此，研究热运动的规律要运用不同于研究机械运动的方法。

4.1.2　统计方法与统计规律

我们注意到，组成宏观物体的单个分子的热运动变化万端，非常复杂，偶然性占主导地位。但对大量分子组成的整体来说，却表现出确定的规律，这种规律称为统计规律。统计规律在自然界普遍存在着。

英国生物学家伽耳顿曾设计了一个实验装置，可直观地演示统计规律性，如图 4-2 所示。在一块竖直放置的木板上部，有规则地钉上许多铁钉，把木板下部用竖直隔板分成许多等宽的狭槽。再用玻璃板封盖。在顶端装一漏斗状的入口。这种装置称为**伽耳顿板**。

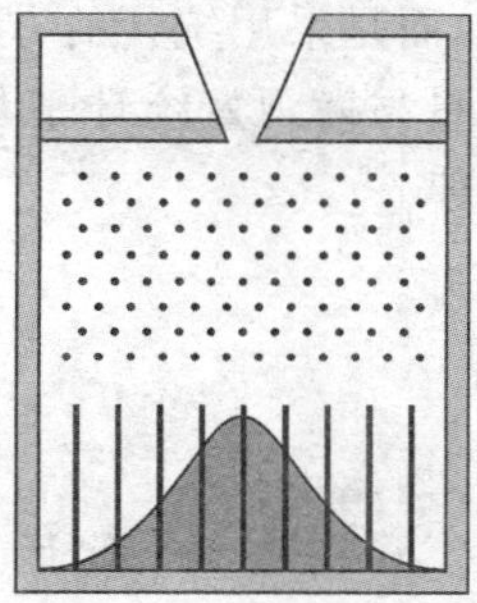

图 4-2　伽耳顿板

实验时，从入口处投入一小球，小球在下落过程中，多次与铁钉碰撞，最后落入哪个狭槽中，完全是偶然的，是无法预测的。若取少量小球，一起投入时，小球在下落过程中，除了与铁钉碰撞外，小球之间也会相互碰撞。多次重复实验，发现少量小球落入狭槽的分布也是不确定的。但是，如果把大量小球徐徐投入，实验发现，最后小球落入狭槽的分布具有一定的规律性，即落入中央（对着入口）狭槽的小球占总数的百分率最大，而落入两侧狭槽中的小球占总数的百分率依次减小，呈现出如图 4-2 所示的有规律的分布。多次重复实验，可以看到小球在狭槽中的分布规律几乎相同，这说明大量小球的分布具有统计规律性。

一个系统处在一定的宏观状态时，由于分子的运动和不断碰撞，所对应的微观状态可能是各种各样的。当测定描述系统宏观状态的某一物理量 M 的数值时，因为系统的微观状态在不断变化，所以每次测得的 M 值不尽相同。若系统处于微观态 1 从而使测量值为 M_1 的次数为 N_1，系统处于微观态 2 从而使测量值为 M_2 的次数为 N_2……则实验的总次数为 $N=N_1+N_2+\cdots$。把各次测得的 M 值的总和除以实验的总次数，在实验次数足够多时，这个比值定义为 M 的统计平均值，用 $\overline{M}$ 表示，即

$$\overline{M}=\frac{M_1N_1+M_2N_2+\cdots}{N}$$

气体处于平衡状态且无外场作用时，就单个分子而言，某一时刻它究竟向哪个

方向运动,速率多大,是完全偶然的,不可预测的。但对大量分子构成的整体而言,任一时刻,平均来说沿各个方向运动的分子数目是相等的,没有一个方向比其他方向占优势。因此,可以作出如下的统计性假定:容器中任一处分子的数密度相同,分子沿各个方向运动的机会均等,分子的速度在各个方向的分量的各种统计平均值相等。例如,在直角坐标系中,因为沿 x,y,z 各轴正方向的速度分量为正,沿各轴负方向速度的分量为负,所以各速度分量的算术平均值 $\overline{v_x}=\overline{v_y}=\overline{v_z}=0$;各速度分量的方均值相等,即 $\overline{v_x^2}=\overline{v_y^2}=\overline{v_z^2}$,因为$\overline{v^2}=\overline{v_x^2}+\overline{v_y^2}+\overline{v_z^2}$,所以 $\overline{v_x^2}=\overline{v_y^2}=\overline{v_z^2}=\frac{1}{3}\overline{v^2}$。

在研究分子热运动时,我们的着眼点没有必要集中到单个分子的个别表现上去,而是采用统计的方法,求出表征大量分子的各种微观量的统计平均值,建立宏观量与微观量统计平均值之间的联系,从而得出气体分子热运动所遵循的统计规律。

4.2 气体的状态及其描述

4.2.1 气体的状态参量

热力学研究的对象称为热力学系统,简称系统。系统是由大量微观粒子组成并与其周围环境以任何方式相互作用的宏观体系。

实验表明,对于一定质量的气体所组成的热力学系统,其状态一般可用压强、体积和温度来描述,所以常把这三个物理量称为气体的**状态参量**(parameter of state)。

应该注意,因为气体没有固定的形态,气体分子由于热运动可以到达整个容器所占有的空间,所以气体的体积 V 等于容纳气体的容器的容积,而不是气体中分子本身体积的总和。

气体的压强 p 工程上也称压力,是指气体作用在容器壁单位面积上的垂直作用力。它是气体中大量分子对容器壁碰撞而产生的宏观效果。在国际单位制中,压强的单位为牛顿每平方米(N/m^2),也称为**帕斯卡**,简称**帕**,用 Pa 表示,有时也用标准大气压(atm)表示。

$$1\ \text{atm} = 1.01325 \times 10^5\ \text{Pa}$$

温度的概念比较复杂,它在本质上与物体内部大量分子热运动密切相关。温度的高低反映了物体内部分子热运动剧烈程度的不同,但在宏观上可以简单地把温度看成是物体冷热程度的量度,并规定较热的物体具有较高的温度。

要想定量地确定温度,必须对不同的温度给予具体数值的标志。温度的数值表示法称为温标。常用的温标有两种：一是热力学温标 T，单位是开尔文，简称为开，用 K 表示；另一种是摄氏温标 t，单位是摄氏度，用℃表示。它们之间的关系是

$$T = t + 273.15$$

4.2.2　平衡态与平衡过程

对于热力学系统而言，**平衡态**(equilibrium state)是指在没有外界影响的条件下，系统各部分的宏观性质长时间内不发生变化的状态。这里所说的没有外界影响，是指系统与外界之间不通过做功或传热的方式交换能量。实际上，容器中的气体总是不可避免地会与外界发生不同程度的能量交换，因此，理想化的平衡态是难以存在的。在实际问题中，只要系统状态的变化很小，小到可以忽略的程度时，就可以把系统状态近似地视为平衡态。由于从微观上看，气体分子的热运动是永不停息的，因此，热力学中的平衡实质上是一种动平衡，通常把这种平衡称为**热动平衡**。

当系统与外界有能量交换时，其状态就会发生变化。系统从一个状态变化到另一个状态所经历的过程，称为**热力学过程**。在热力学过程中，如果系统所经历的任一中间状态都是平衡态，则这种过程称为平衡过程。显然平衡过程是一种理想的过程，因为状态发生变化，就必然会破坏原来的平衡，原来的平衡态破坏以后，需要经过一段时间才能达到新的平衡态，但实际发生的过程往往进行得较快，以至于在没有达到新的平衡态之前，就继续了下一步的变化，因而使过程经历的是一系列非平衡态，这样的过程称为非平衡过程。但是，如果过程进行得足够缓慢，使得系统所经历的每一中间状态，都非常接近平衡态，这样的过程称为**准静态过程**。平衡过程就是这种准静态过程的理想极限。在实际问题中，除了一些进行极快的过程(如爆炸过程)外，大多数情况下都可以把实际过程近似地看成是准静态过程。

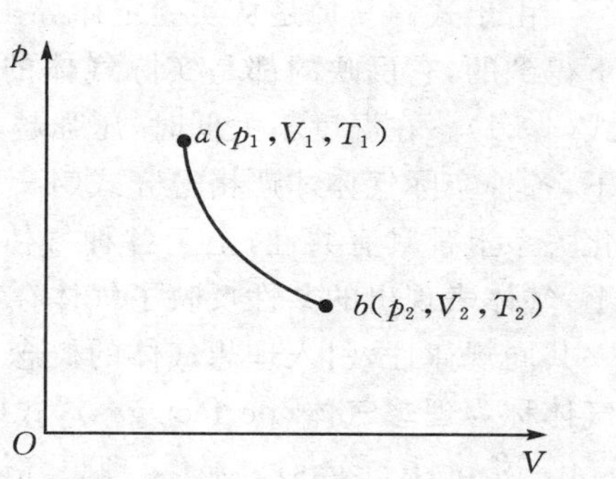

图 4-3　热力学过程

一个准静态过程，在 $p-V$ 图上可以用一条曲线表示。如图 4-3 中的曲线，就表示由平衡态 $a(p_1, V_1, T_1)$变化到平衡态 $b(p_2, V_2, T_2)$所经历的某一准静态过程。

4.2.3　理想气体的物态方程

普遍地讲，处于平衡态的一定量气体的状态参量之间存在确定的函数关系，表

示这种函数关系的数学公式称为气体的物态方程。例如,温度 T 是压强 p 和体积 V 的函数,可以表示为

$$T = f(p, V)$$

物态方程通常是由一些理论和实验相结合的方法给出的半经验公式,一些简单的物态方程也可在假设的微观物理模型基础上,应用统计物理方法导出。

实验表明,各种实际气体在压强不太大(与大气压相比)和温度不太低(与室温相比)的条件下,近似地遵守玻意耳定律、查理定律、盖吕萨克定律以及阿伏伽德罗定律。根据这些实验定律,可以导出气体的状态参量 p, V, T 之间满足如下关系:

$$pV = \frac{m}{M}RT = \nu RT \tag{4-1}$$

式中,m 为气体质量;M 为气体的摩尔质量;$\nu = \frac{m}{M}$,为气体的摩尔数;$R = 8.31$ J/(mol · K),是摩尔气体常量。该式称为**克拉珀龙方程**。

由于式(4-1)是从实验定律导出的,而这些实验定律都是在一定的实验条件下得到的,它反映的都是实际气体的近似性质,所以各种实际气体都近似地遵守式(4-1)。在温度不太低时,压强越小,近似程度越高,在压强趋于零的极限条件下,各种实际气体才严格遵守式(4-1)。这表明一切实际气体在 p, V, T 之间的变化关系上都具有共性,至于各种气体的不同个性,则反映在遵守该式的近似程度上,气体表现出的共性反映了气体存在内在的规律性。为了概括和研究气体的这一共同规律性,引入理想气体的概念。在任何条件下都严格遵守克拉珀龙方程的气体称为**理想气体**(perfect gas),式(4-1)也称为**理想气体物态方程**(equation of state of perfect gas)。显然,理想气体实际上是不存在的,它只是实际气体的近似和理想化模型。

例 4-1 一氧气瓶的容积为 35 L,其中氧气的压强为 148 atm,温度为 20℃,求氧气的质量。设氧气可视为理想气体。

解 根据理想气体物态方程 $pV = \frac{m}{M}RT$,可得

$$m = \frac{MpV}{RT} = \frac{32 \times 10^{-3} \times 148 \times 1.013 \times 10^{5} \times 35 \times 10^{-3}}{8.31 \times (273 + 20)} = 6.9 \text{ kg}$$

即氧气质量为 6.9 kg。

本题关键要注意量纲的统一,特别是温度,必须用热力学温标表示。

例 4-2 一氧气瓶容积为 30 L,充满氧气后压强为 130 atm,氧气厂规定,当压强降到 10 atm 时,就应该重新充气。今有一车间每天需用 40 L、1 atm 的氧气,问一瓶氧气可用多少天?设氧气可视为理想气体。

解 按照题意,氧气在使用过程中温度不变。本题计算的关键是比较使用前、

后及所使用的氧气的质量。

设充气后瓶内氧气的质量为 m_1，压强为 p_1；使用后瓶内剩余氧气的质量为 m_2，压强为 p_2；每天使用的氧气质量为 m_3，压强为 p_3；并用 V 表示氧气瓶的容积；T 表示温度；v 表示每天使用氧气的体积。

根据理想气体物态方程 $pV=\frac{m}{M}RT$，可得

$$m_1=\frac{Mp_1V}{RT},\quad m_2=\frac{Mp_2V}{RT},\quad m_3=\frac{Mp_3v}{RT}$$

所以可用的天数为

$$n=\frac{m_1-m_2}{m_3}=\frac{(p_1-p_2)V}{p_3v}=\frac{(130-10)\times 30}{1\times 40}=90\text{ 天}$$

4.3　理想气体的压强和温度

4.3.1　理想气体的微观模型

实验指出，实际气体越稀薄就越接近理想气体。这时，气体中分子的间隔比分子本身的线度大得多，它们之间有非常大的空隙。据此，建立理想气体分子如下的微观模型：

(1)分子的大小比分子间的平均距离小得多，因而可以把理想气体分子视为质点。

(2)除碰撞瞬时外，分子之间以及分子与容器壁之间没有相互作用力。

(3)分子与分子之间，分子与容器壁之间的碰撞是完全弹性的。

理想气体微观模型是从实际气体中抽象出来的一个理想模型。由它推出的许多结果，在一定范围内与实际气体的实验结果相符合。当然，在更大范围内对气体性质的深入研究中，还需对这个模型进行补充和修正。

4.3.2　理想气体的压强公式

从气体动理论的观点来看，气体的压强是大量气体分子对器壁碰撞作用的结果。就单个分子而言，它何时在何处与器壁碰撞，碰撞中给器壁作用力的大小等，都是偶然的、不连续的，所以从微观上看，器壁受到的作用力是间断的、变化不定的。但是从大量分子的整体来看，即从宏观上看，气体作用在器壁上的力是持续稳定的。这正如雨点打在伞上的情况，少数雨点落在伞上时，持伞者感到的是一次次间断的作用力；当密集的雨点落在伞上时，持伞者就分不清各个雨点间断的作用力，而感到的是一个持续的、稳定的作用力。因此，**气体的压强，在数值上等于单位**

时间内与器壁碰撞的所有分子对器壁单位面积作用力的统计平均值。它是一个可以测量的宏观量。

下面我们来推导平衡态下理想气体的压强公式。

设有一任意形状的容器,体积为 V,其中储有一定量的理想气体,气体分子总数为 N,分子质量为 μ。气体处在平衡态下,单位体积中分子个数(称为分子数密度)n 处处相等;器壁上各处的压强也处处相等。因此,只需计算器壁上任一小面积上的压强就可以了。

取如图 4-4 所示的坐标系 $Oxyz$,在器壁上取一块微小面积 $\mathrm{d}S$,并使 $\mathrm{d}S$ 与 x 轴垂直。

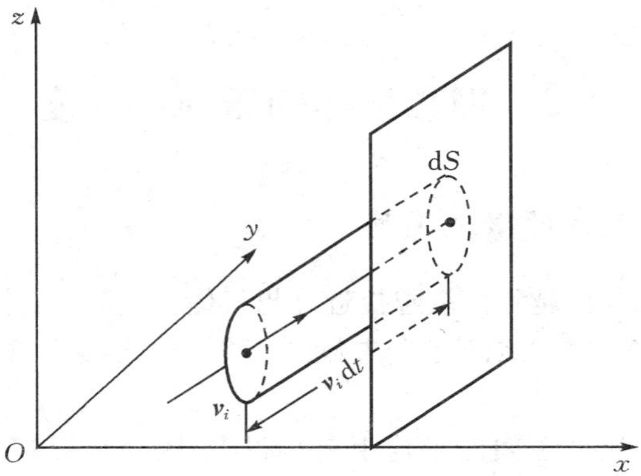

图 4-4 理想气体压强公式推导示意图

首先考虑单个分子与器壁的碰撞。设一分子速度为 $v_i(v_{ix},v_{iy},v_{iz})$,与 $\mathrm{d}S$ 作完全弹性碰撞,在碰撞前后,v_{iy},v_{iz} 两个分量没有变化,只有 v_{ix} 变为 $-v_{ix}$,所以,碰撞中器壁对分子的冲量等于分子动量的变化,即为 $-\mu v_{ix}-\mu v_{ix}=-2\mu v_{ix}$,而分子碰撞中给予器壁的冲量则为 $2\mu v_{ix}$。

现在考虑,在 $\mathrm{d}t$ 时间内,容器内所有速度为 v_i 的分子与 $\mathrm{d}S$ 碰撞的结果。为此,以 $\mathrm{d}S$ 为底,以 v_i 为轴线,$v_{ix}\mathrm{d}t$ 为高作一斜柱体,如图 4-4 所示。该斜柱体的体积为 $\mathrm{d}V_i=v_{ix}\mathrm{d}S\mathrm{d}t$,在 $\mathrm{d}t$ 时间内,斜柱体内的所有速度为 v_i 的分子都将与 $\mathrm{d}S$ 发生碰撞。假设容器中每单位体积内速度为 v_i 的分子数为 n_i,则在 $\mathrm{d}t$ 时间内能与 $\mathrm{d}S$ 碰撞的分子数为

$$\Delta n_i = n_i\mathrm{d}V_i = n_i v_{ix}\mathrm{d}S\mathrm{d}t$$

这些分子对 $\mathrm{d}S$ 的冲量为

$$\mathrm{d}I_i = \Delta n_i \cdot 2\mu n_{ix} = 2\mu n_i v_{ix}^2\mathrm{d}S\mathrm{d}t$$

除了速度为 v_i 的分子外,具有其他速度的分子也会与 $\mathrm{d}S$ 相碰撞,所以把 $\mathrm{d}I_i$ 对所

有可能与 dS 碰撞的分子的速度求和，才能得到容器内所有分子作用于 dS 的冲量。应该注意，只有 $v_{ix}>0$ 的分子才能与 dS 相碰撞(想想为什么?)因此，求和必须限制在 $v_{ix}>0$ 的范围之内，即

$$\mathrm{d}I=\sum_{v_{ix}>0}\mathrm{d}I_i=\sum_{v_{ix}>0}2\mu n_i v_{ix}^2\,\mathrm{d}S\mathrm{d}t$$

由于分子沿各个方向运动的机会均等，所以 $v_{ix}>0$ 与 $v_{ix}<0$ 的分子数是相同的，因而

$$\mathrm{d}I=\frac{1}{2}\sum_i\mathrm{d}I_i=\sum_i\mu n_i v_{ix}^2\,\mathrm{d}S\mathrm{d}t$$

所有分子对 dS 的冲力为

$$F=\frac{\mathrm{d}I}{\mathrm{d}t}=\sum_i\mu n_i v_{ix}^2\,\mathrm{d}S$$

则气体对器壁的压强为

$$p=\mu\sum n_i v_{ix}^2 \tag{4-2}$$

根据 4.1.2 中统计平均值的定义

$$\overline{v_x^2}=\frac{\sum\limits_i\Delta N_i v_{ix}^2}{N}=\frac{\sum\limits_i n_i V v_{ix}^2}{N}=\frac{\sum\limits_i n_i v_{ix}^2}{\dfrac{N}{V}}=\frac{\sum n_i v_{ix}^2}{n}$$

所以有

$$\sum_i n_i v_{ix}^2=n\overline{v_x^2}$$

代入式(4-2)得

$$p=\mu n\overline{v_x^2} \tag{4-3}$$

由于

$$\overline{v_x^2}=\frac{1}{3}\overline{v^2}$$

因此

$$p=\frac{1}{3}n\mu\overline{v^2} \tag{4-4}$$

式(4-4)还可以写为

$$p=\frac{2}{3}n\left(\frac{1}{2}\mu\overline{v^2}\right)=\frac{2}{3}n\bar{\varepsilon} \tag{4-5}$$

式中，$\bar{\varepsilon}=\frac{1}{2}\mu\overline{v^2}$，称为气体分子的平均平动动能。式(4-5)即为在平衡态下**理想气体的压强公式**(perfect gas pressure formula)。它表明：理想气体的压强是由大量分子的两个统计平均值($n,\bar{\varepsilon}$)所决定的。在平衡态下，单位体积的分子数越多，分子的平均平动动能越大，理想气体的压强就越大。因此，压强具有统计平均意义，它是大量分子对器壁碰撞的平均效果，对少量分子是无压强可言的。

理想气体压强公式是气体动理论的基本公式之一。它把宏观量压强 p 和微观量分子平均平动动能 $\bar{\varepsilon}$ 联系起来,从而揭示了压强的微观本质和统计意义。从推导的过程看出,仅靠力学的方法是不行的,必须用到统计的方法。所以它是一个统计规律。

4.3.3 理想气体的温度公式

在日常生活中,常用温度来表示物体冷热的程度,温度是反映物体冷热程度的物理量。根据理想气体的物态方程和压强公式,可以导出理想气体的温度和气体分子平均平动动能的关系,从而阐明温度的微观本质。

设体积为 V 的容器中,储有质量为 m,摩尔质量为 M 的理想气体,分子的总数为 N,阿伏伽德罗常量为 N_0,气体分子的质量为 μ。由理想气体的物态方程

$$pV = \frac{m}{M}RT = \frac{N}{N_0}RT$$

有

$$p=\frac{N}{V}\frac{R}{N_0}T$$

可得

$$p=nkT \tag{4-6}$$

式中,$n=\dfrac{N}{V}$,为气体分子数密度;$k=\dfrac{R}{N_0}=\dfrac{8.13}{6.022\times10^{23}}=1.38\times10^{-23}$ J/K,称为玻耳兹曼常数。

把理想气体的压强公式(4-5)代入式(4-6),即得

$$\bar{\varepsilon} = \frac{3}{2}kT \tag{4-7}$$

或写作

$$T = \frac{2}{3}\frac{\bar{\varepsilon}}{k} \tag{4-8}$$

式(4-8)称为**在平衡态下理想气体的温度公式**。它表示气体的温度只与气体分子的平均平动动能有关,与气体的性质无关。

根据式(4-8)可以对宏观量温度进行微观解释,它说明温度的本质是物体内部分子热运动剧烈程度的标志,分子热运动越剧烈,温度越高。由于温度 T 与大量分子平动动能的统计平均值有关,所以温度是大量分子热运动的集体表现,具有统计意义,对单个分子或少量分子无温度可言。

从式(4-8)推知,当温度 T 为零时,分子的平均平动动能为零,似乎分子的热运动停止了。然而我们知道,该式是在理想气体的条件下推导出来的,事实上,气体的温度远未达到零度之前,就已经不再是理想气体而变成液体或固体了。应该注意,该式只适用于理想气体。

4.3.4　道尔顿分压定律

设温度相同的多种互不发生化学反应的不同成分气体组成混合理想气体，若各种成分气体的分子数密度分别为 $n_1,n_2,n_3,\cdots$，则混合气体的分子数密度

$$n = n_1 + n_2 + n_3 + \cdots$$

由于温度相同，由式(4－8)可知各种成分气体分子的平均平动动能相等，即

$$\bar{\varepsilon}_1 = \bar{\varepsilon}_2 = \bar{\varepsilon}_3 = \cdots = \bar{\varepsilon}$$

代入式(4－5)，可得混合气体的压强为

$$\begin{aligned} p &= \frac{2}{3}n\bar{\varepsilon} = \frac{2}{3}(n_1 + n_2 + n_3 + \cdots)\bar{\varepsilon} \\ &= \frac{2}{3}n_1\bar{\varepsilon}_1 + \frac{2}{3}n_2\bar{\varepsilon}_2 + \frac{2}{3}n_3\bar{\varepsilon}_3 + \cdots \\ &= p_1 + p_2 + p_3 + \cdots \end{aligned}$$

式中，$p_1=\frac{2}{3}n_1\bar{\varepsilon}_1$，$p_2=\frac{2}{3}n_2\bar{\varepsilon}_2$，$p_3=\frac{2}{3}n_3\bar{\varepsilon}_3$，…，分别是各种成分气体的分压强。可见，**混合气体的压强等于组成混合气体的各种成份气体的分压强之和**。这一结论称为**道尔顿分压定律**。

例 4－3　体积为 $V=10^{-3}\ \mathrm{m^3}$ 的容器内，储有某种气体可视为理想气体，分子总数为 $N=10^{23}$ 个，每个分子的质量为 $\mu=5\times10^{-26}$ kg，分子速率平方的统计平均值 $\overline{v^2}=1.6\times10^5\ \mathrm{m^2/s^2}$。试求：该理想气体的压强和温度及气体分子的总平均平动动能。

解　根据理想气体的压强公式，有

$$\begin{aligned} p &= \frac{2}{3}n\bar{\varepsilon} = \frac{2}{3}\cdot\frac{N}{V}\cdot\left(\frac{1}{2}\mu\overline{v^2}\right) \\ &= \frac{2}{3}\times\frac{10^{23}}{10^{-3}}\times\frac{1}{2}\times5\times10^{-26}\times1.6\times10^5 \\ &= 2.67\times10^5\ \mathrm{Pa} \end{aligned}$$

由理想气体的物态方程 $pV=\nu RT=\frac{N}{N_0}RT$，可知

$$T = \frac{pVN_0}{NR} = \frac{2.67\times10^5\times10^{-3}\times6.022\times10^{23}}{10^{23}\times8.31} = 193\ \mathrm{K}$$

气体分子的总平均平动动能为

$$\begin{aligned} \overline{E}_\mathrm{k} &= N\bar{\varepsilon} = N\cdot\frac{1}{2}\mu\overline{v^2} \\ &= 10^{23}\times\frac{1}{2}\times5\times10^{-26}\times1.6\times10^5 \end{aligned}$$

$$= 400\ \text{J}$$

例 4-4 一容积为 $V=1.0\ \text{m}^3$ 的容器内装有 $N_1=1.0\times10^{24}$ 个氧分子和 $N_2=3.0\times10^{24}$ 个氮分子的混合气体,混合气体的压强是 $2.58\times10^4\ \text{Pa}$。试求:

(1)分子的平均平动动能;

(2)混合气体的温度。

解 (1)由压强公式 $p=\dfrac{2}{3}n\bar{\varepsilon}$,有

$$\bar{\varepsilon}=\frac{1}{2}\mu\overline{v^2}=\frac{3}{2}\frac{p}{n}=\frac{3pV}{2(N_1+N_2)}$$

$$=\frac{3\times2.58\times10^4\times1.0}{2(1.0\times10^{24}+3.0\times10^{24})}=9.68\times10^{-21}\ \text{J}$$

(2)由平均平动动能公式 $\bar{\varepsilon}=\dfrac{3}{2}kT$,有

$$T=\frac{2\bar{\varepsilon}}{3k}=\frac{2\times9.68\times10^{-21}}{3\times1.38\times10^{-23}}=468\ \text{K}$$

4.4 气体分子速率的统计分布规律

4.4.1 麦克斯韦速率分布定律

气体中的分子都在作永不停息的热运动,它们之间还进行着频繁地碰撞,使得气体分子热运动的速度不停地变化着。就单个分子而言,它速度的变化具有偶然性,各个分子速度的大小和方向也各有差异。然而,理论和实验都证明,在平衡态下,大量气体分子热运动的速率服从确定的统计规律。

为了描述气体分子按速率的分布,特将分子所具有的各种可能的速率分成许多相等的区间。设分子总数为 N,其中速率在 $v\sim v+\Delta v$ 区间内的分子数为 ΔN,则$\dfrac{\Delta N}{N}$表示速率分布在 $v\sim v+\Delta v$ 区间内的分子数占总分子数的百分比。由于分子数目非常巨大,所以$\dfrac{\Delta N}{N}$也就是分子速率分布在 $v\sim v+\Delta v$ 区间内的概率。$\dfrac{\Delta N}{N}$不仅与 Δv 有关,还与这个速率区间 Δv 在哪个速率 v 附近取的有关。当 Δv 取得足够小时,即速率分布在 $v\sim v+\mathrm{d}v$ 区间内的分子数 $\mathrm{d}N$ 占总分子数的百分比$\dfrac{\mathrm{d}N}{N}$应与 $\mathrm{d}v$ 成正比,还与速率 v 的某一函数 $f(v)$成正比。即

$$\frac{\mathrm{d}N}{N}=f(v)\mathrm{d}v \tag{4-9}$$

其中，$f(v)=\frac{dN}{Ndv}$，称为**速率分布函数**。它的物理意义是：**速率在 v 附近单位速率区间内的分子数占总分子数的百分比**。或者说**分子速率分布在速率 v 附近单位速率区间内的概率**。由此可见，速率分布函数是一个概率密度函数。

通过对气体分子的速率分布规律的研究，麦克斯韦于 1859 年从理论上导出了理想气体在平衡态下，速率分布函数为

$$f(v)=4\pi\left(\frac{\mu}{2\pi kT}\right)^{\frac{3}{2}}e^{-\frac{\mu v^2}{2kT}}v^2 \tag{4-10}$$

式中，μ 为分子的质量；T 为气体的温度；k 为玻尔兹曼常数。因此，一定量的某种理想气体，处于平衡态时，分子热运动速率分布在 $v\sim v+dv$ 区间内的分子数占总分子数的百分比为

$$\frac{dN}{N}=4\pi\left(\frac{\mu}{2\pi kT}\right)^{\frac{3}{2}}e^{-\frac{\mu v^2}{2kT}}v^2 dv \tag{4-11}$$

式(4－11)称为**麦克斯韦速率分布定律**。

根据麦克斯韦速率分布定律，可以用积分的方法求出分子速率在任意的 $v_1\sim v_2$ 之间的分子数占总分子数的百分比为

$$\frac{\Delta N}{N}=\int_{v_1}^{v_2}f(v)dv=\int_{v_1}^{v_2}4\pi\left(\frac{\mu}{2\pi kT}\right)^{\frac{3}{2}}e^{-\frac{\mu v^2}{2kT}}v^2 dv \tag{4-12}$$

气体分子按速率的分布，实际上可以看成是连续的。只能说速率分布在某一速率区间内的分子数占总分子数的百分比，而不能严格地说速率等于某一特定速率的分子数目是多少。当速率区间非常小时，可近似地认为在该区间内的分子速率是相同的。

4.4.2　麦克斯韦速率分布曲线

以 $f(v)$ 为纵轴，以 v 为横轴，根据式(4－10)画出的曲线称为**麦克斯韦速率分布曲线**，如图 4－5 所示。它直观地描绘出平衡态下理想气体分子按速率分布的情况。从曲线可以看出：

(1) 曲线从原点出发，随着速率的增大而上升，经过一个极值后，又随着速率的增大而下降，最终趋近于零。表明气体分子速率可取大于零的一切可能的有限值，但速率很小和速率很大的分子数都很少。

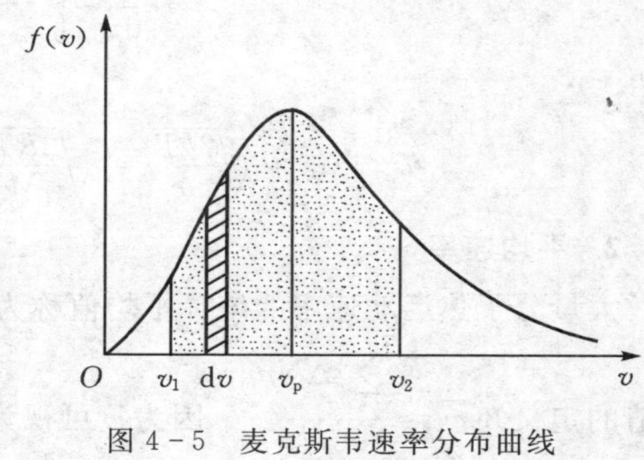

图 4－5　麦克斯韦速率分布曲线

(2)在任一速率 v 附近取 $v \sim v+\mathrm{d}v$ 的速率区间。分子速率分布在该区间内的分子数 $\mathrm{d}N$ 占总分子数 N 的百分比 $\dfrac{\mathrm{d}N}{N}=f(v)\mathrm{d}v$,在图 4-5 上对应曲线下面狭窄的矩形面积。

(3)与 $f(v)$ 极大值对应的速率称为最概然速率,以 v_p 表示。它的物理意义是:若把整个速率范围分成许多相等的小区间,则 v_p 所在的区间内的分子数占总分子数的百分比最大。或者说,分子热运动的速率分布在 v_p 所在的区间的概率是最大的。

(4)分子速率分布在 $v_1 \sim v_2$ 区间内的分子数 $\Delta N=\int_{v_1}^{v_2} Nf(v)\mathrm{d}v$,分布在整个速率范围(0,∞)内的分子数就等于总分子数,所以有

$$N=\int_0^\infty Nf(v)\mathrm{d}v$$

因而

$$\int_0^\infty f(v)\mathrm{d}v=1 \tag{4-13}$$

式(4-13)是由速率分布函数的物理意义所决定的,它是速率分布函数 $f(v)$ 必须满足的条件,称为**速率分布函数的归一化条件**。如图 4-5 所示,它就等于速率分布曲线下的面积。

4.4.3　分子热运动速率的三种统计平均值

利用速率分布函数式(4-10),可以求出气体分子热运动速率的三种统计平均值。

1. 最概然速率 v_p

如前所述,速率分布函数的极大值对应的速率称为**最概然速率**(most probable speed),它可用极值条件求出,即令

$$\left.\frac{\mathrm{d}f(v)}{\mathrm{d}v}\right|_{v=v_\mathrm{p}}=0$$

可得

$$v_\mathrm{p}=\sqrt{\frac{2kT}{\mu}}=\sqrt{\frac{2RT}{M}}\approx 1.41\sqrt{\frac{RT}{M}} \tag{4-14}$$

2. 平均速率 $\overline{v}$

大量分子热运动速率的统计平均值称为**平均速率**(average speed)。由统计平均值的定义知 $\overline{v}=\dfrac{\sum_i \Delta N_i v_i}{N}$,因为 v 可视为连续分布,所以 $\overline{v}=\dfrac{\int_0^\infty v\mathrm{d}N}{N}$,代入式

(4－9)可知

$$\bar{v}=\int_0^\infty vf(v)\mathrm{d}v \tag{4-15}$$

将式(4－10)中的 $f(v)$代入,积分可得

$$\bar{v}=\sqrt{\frac{8kT}{\pi\mu}}=\sqrt{\frac{8RT}{\pi M}}\approx 1.59\sqrt{\frac{RT}{M}} \tag{4-16}$$

3. 方均根速率 $\sqrt{\overline{v^2}}$

大量分子热运动速率平方统计平均值的平方根称为**方均根速率**(root-mean-square speed)。由统计平均值的定义

$$\overline{v^2}=\frac{\sum_i \Delta N_i v_i^2}{N}\quad 或 \quad \overline{v^2}=\frac{\int_0^\infty v^2\mathrm{d}N}{N}$$

可得

$$\overline{v^2}=\int_0^\infty v^2 f(v)\mathrm{d}v \tag{4-17}$$

将式(4－10)中的 $f(v)$代入并积分得

$$\sqrt{\overline{v^2}}=\sqrt{\frac{3kT}{\mu}}=\sqrt{\frac{3RT}{M}}\approx 1.73\sqrt{\frac{RT}{M}} \tag{4-18}$$

从以上结果看出,同一种气体分子的三种特征速率中 $\sqrt{\overline{v^2}}>\bar{v}>v_p$,它们都是温度的函数。这三种速率都具有统计平均意义,反映的都是大量分子热运动的统计规律。

应该指出,麦克斯韦速率分布定律,只适用于平衡态下大量分子组成的系统,对少量分子是无意义的。

例 4－5　假定 N 个粒子的速率分布曲线如图 4－6 所示。试求:

(1)由 N 和 v_0 求 a;

(2)速率在 $1.5v_0\sim 2.0v_0$ 之间的粒子数;

(3)粒子的平均速率。

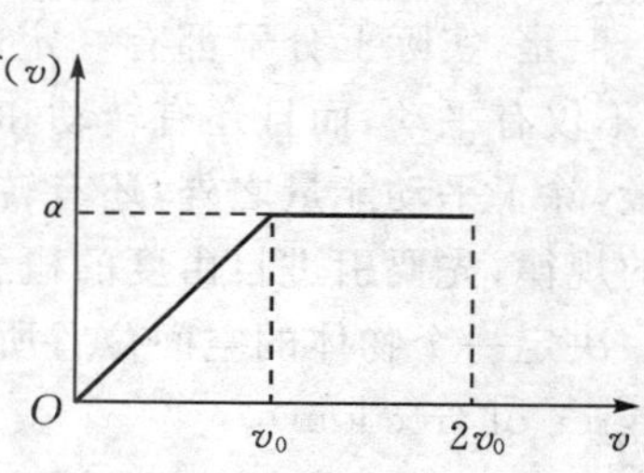

图 4－6　速率分布曲线

解　(1)由归一化条件,有

$$\int_0^\infty f(v)\mathrm{d}v=\int_0^{v_0}\frac{a}{v_0}v\mathrm{d}v+\int_{v_0}^{2v_0}a\mathrm{d}v=1$$

解得

$$a=\frac{2}{3v_0}$$

(2)速率在 $1.5v_0 \sim 2.0v_0$ 之间的粒子数为

$$\Delta N=\int_{1.5v_0}^{2.0v_0} Nf(v)\mathrm{d}v=\int_{1.5v_0}^{2.0v_0} Na\,\mathrm{d}v=\frac{2N}{3v_0}(2.0v_0-1.5v_0)=\frac{1}{3}N$$

(3)粒子的平均速率为

$$\bar{v}=\int_0^{+\infty} vf(v)\mathrm{d}v=\int_0^{v_0}\frac{a}{v_0}v^2\mathrm{d}v+\int_{v_0}^{2v_0}av\,\mathrm{d}v=\frac{11}{9}v_0$$

例 4-6 试求氧气在 $t=20$℃时的三种分子特征速率。

解 氧气的摩尔质量 $M=32\times10^{-3}$ kg/mol,温度 $T=273+20=293$ K。由式(4-14)、式(4-16)和式(4-18),分别可得

$$v_\mathrm{p}=1.41\sqrt{\frac{RT}{M}}=1.41\sqrt{\frac{8.31\times293}{32\times10^{-3}}}=388.9\ \mathrm{m/s}$$

$$\bar{v}=1.59\sqrt{\frac{RT}{M}}=1.59\sqrt{\frac{8.31\times293}{32\times10^{-3}}}=438.6\ \mathrm{m/s}$$

$$\sqrt{\overline{v^2}}=1.73\sqrt{\frac{RT}{M}}=1.73\sqrt{\frac{8.31\times293}{32\times10^{-3}}}=477.2\ \mathrm{m/s}$$

可见在通常的温度下,这三种特征速率的数量级与同温度下空气中声速的数量级相同。

4.5 理想气体的内能

4.5.1 气体分子的自由度

如前所述,理想气体分子可视为质点,因而在讨论分子热运动时只考虑其平动。但是,实际上分子都有一定的大小和比较复杂的结构。一般来说,分子的运动,不仅有平动,而且还有转动和分子内部各原子间的振动,相应的分子热运动的能量,除了平动能量之外,还有转动和振动的能量。为了研究分子热运动能量所遵守的规律,先要引进自由度的概念。

决定一个物体的空间位置所需要的独立坐标的数目,称为这个物体的**自由度**(degree of freedom)。

一个在空间自由运动的质点,其位置需要 3 个独立坐标(如 x,y,z)来确定,如图 4-7 所示,所以自由质点具有 3 个自由度;限制在曲面上运动的质点,需要 2 个独立坐标来确定它的位置,所以有 2 个自由度;限制在曲线上运动的质点,则只有 1 个自由度。对刚体来说,除平动之外,还可能有转动,一般来说,刚体的运动可以视为随质心的平动和绕过质心轴的转动的叠加。因此,除了 3 个独立坐标确定其质心位置外,还需要确定过质心轴的方位和绕该轴转过的角度。确定轴方位需 α,

β,γ 3 个方向角，但因$\cos^2\alpha+\cos^2\beta+\cos^2\gamma=1$，所以只有 2 个是独立的。再加上确定绕轴转动的一个独立坐标，可见自由刚体共有 6 个自由度，其中 3 个平动自由度，3 个转动自由度。当刚体受到某种约束时，自由度数就会减少。

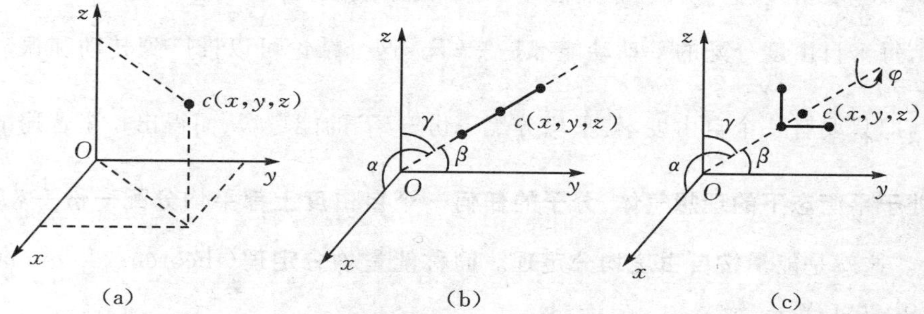

图 4-7　空间自由运动的质点

根据上述概念，现在来确定气体分子的自由度。从分子结构来看，有单原子气体(如氦气、氖气等惰性气体)、双原子分子气体(如氢气、氧气等)、多原子气体分子(如二氧化碳、甲烷等)。单原子气体可以看作自由运动的质点，所以有 3 个自由度；双原子气体分子是由一键把两个原子联结起来，如果把两个原子都视为质点，联结键是刚性的(即两原子距离不变)，那么双原子气体分子就相当一个可以自由运动的刚性细棒，因此，它有 5 个自由度，3 个平动自由度，2 个转动自由度；对于多原子气体分子，则可视为一自由的刚体，所以有 6 个自由度，3 个平动自由度，3 个转动自由度，如图 4-7 所示。实际上，在原子间作用力的影响下，分子内部原子间还会发生振动，还应该有相应的振动自由度，不过在常温下，原子间振动较弱，可不考虑其振动自由度，将其视为刚性分子。

4.5.2　能量按自由度均分定理

由式(4-7)知，理想气体分子平均平动动能为

$$\bar{\varepsilon}=\frac{1}{2}\mu\,\overline{v^2}=\frac{3}{2}kT$$

根据自由度的概念，理想气体分子有 3 个平动自由度，相应的平动动能可以表示为

$$\frac{1}{2}\mu\,\overline{v^2}=\frac{1}{2}\mu\,\overline{v_x^2}+\frac{1}{2}\mu\,\overline{v^2}_y+\frac{1}{2}\mu\,\overline{v^2}_z$$

由于在平衡态下，气体分子沿各方向运动的速率的平均值相等，所以

$$\overline{v_x^2}=\overline{v^2}_y=\overline{v^2}_z=\frac{1}{3}\,\overline{v^2}$$

因此可得

$$\frac{1}{2}\mu\overline{v_x^2}=\frac{1}{2}\mu\overline{v^2}_y=\frac{1}{2}\mu\overline{v^2}_z=\frac{1}{3}\left(\frac{1}{2}\mu\overline{v^2}\right)=\frac{1}{2}kT \qquad (4-19)$$

式(4－19)表明,理想气体在平衡态下,分子的平动动能是平均分配在每个自由度上的,每个自由度分配的平动动能都是$\frac{1}{2}kT$。这个结论可以推广到转动和振动自由度,即只要有一个自由度,就平均分配一份$\frac{1}{2}kT$的能量,从而得出一个普遍的规律:**处于平衡态下的理想气体,分子的任何一个自由度上都平均分配一份$\frac{1}{2}kT$的能量。**这就是**能量按自由度均分定理。**简称**能量均分定理**(theorem of equipartition of energy)。

能量均分定理是经典物理的一个重要结论,反映了分子热运动所遵从的统计规律,是对大量分子统计平均的结果。对大量分子平均来看,能量之所以按自由度平均分配,是由于分子间存在着无规则的频繁碰撞。在碰撞过程中,一个分子的能量可以传递给另一个分子;一种形式的能量可以转化为另一种形式的能量;一个自由度上的能量可以转移到另一个自由度上去。如果某个自由度上的能量大,则在碰撞中失去能量的概率就大;某个自由度上的能量小,则在碰撞中得到能量的概率就大。从统计的观点看,在平衡状态下,就大量分子的统计平均来说,能量是按自由度平均分配的。

应该指出,能量均分定理不仅适用于理想气体,一般也可用于液体和固体。对于液体和固体,能量均分则是通过分子间很强的相互作用实现的。

根据能量均分定理,自由度为i的气体分子,平均总动能为

$$\overline{\varepsilon_k}=\frac{i}{2}kT$$

因此,单原子分子的平均动能为$\frac{3}{2}kT$,刚性双原子分子的平均动能为$\frac{5}{2}kT$,刚性多原子分子的平均动能为$3kT$。

4.5.3 理想气体的内能

从气体动理论的观点来看,分子除了具有平动、转动、振动等各种形式的动能和分子内部原子间的振动势能以外,由于分子间还存在着相互作用的分子力,所以分子还具有与分子力相关的势能。我们把气体中所有分子的热运动动能和势能的总和称为气体的**内能**(internal energy)。

对于理想气体,分子间的作用力忽略不计,因而与相互作用力有关的势能也就

忽略不计。在常温下，分子中原子的振动也可忽略（即把它视为刚性分子）。这样，理想气体的内能就是所有分子各种形式的动能的总和。

如果气体分子有 t 个平动自由度，r 个转动自由度，根据能量按自由度均分定理，分子的总平均平动动能为 $\frac{t}{2}kT$，总平均转动动能为 $\frac{r}{2}kT$，则分子的总平均动能应为

$$\bar{\varepsilon}=\frac{1}{2}(t+r)kT$$

如令 $i=t+r$，表示气体分子的总自由度数，则

$$\bar{\varepsilon}=\frac{i}{2}kT \tag{4-20}$$

1 mol 理想气体的内能为

$$E_M=N_0\frac{i}{2}kT=\frac{i}{2}RT \tag{4-21}$$

质量为 m，摩尔质量为 M 的理想气体的内能为

$$E=\frac{m}{M}\frac{i}{2}RT \tag{4-22}$$

式(4-22)表明，一定量的理想气体的内能，取决于气体分子的自由度数 i 和气体的温度 T，而与气体的压强和体积无关。对于一定量的给定理想气体来说，它的内能只与温度有关，是温度的单值函数。

例 4-7　设氢气和氦气均可视为理想气体。试求 2 mol 的氢气和氦气在 0℃ 时分子的平均平动动能、分子的平均总动能和它们的内能。

解　由题意知，气体的温度 $T=273K$，摩尔数 $\nu=2$。

(1)氦气是单原子气体，$i=3$ 为平动自由度，分子的平均平动动能为

$$\bar{\varepsilon}=\frac{3}{2}kT=\frac{3}{2}\times1.38\times10^{-23}\times273=5.65\times10^{-21}\ \text{J}$$

分子的平均总动能即为平均平动动能(为什么?)。

氦气的内能为

$$E=\nu\cdot\frac{i}{2}RT=2\times\frac{3}{2}\times8.31\times273=6.81\times10^{3}\ \text{J}$$

(2)氢气为双原子气体，$i=5$，有 3 个平动自由度，2 个转动自由度。分子的平均平动动能为

$$\bar{\varepsilon}=\frac{3}{2}kT=\frac{3}{2}\times1.38\times10^{-23}\times273=5.65\times10^{-21}\ \text{J}$$

平均总动能为

$$\bar{\varepsilon}_k=\frac{i}{2}kT=\frac{5}{2}\times1.38\times10^{-23}\times273=9.42\times10^{-21}\ \text{J}$$

氢气的内能为

$$E=\nu\frac{i}{2}RT=2\times\frac{5}{2}\times 8.31\times 273=1.13\times 10^4\ \text{J}$$

4.6 气体分子的碰撞

气体分子间的碰撞,对气体平衡态的性质起着十分重要的作用。在常温下,气体分子的热运动速率很大(平均速率可达 400 m/s 左右),这样看来,气体中的一切过程,似乎都应在一瞬间完成,但事实并非如此。气体的混和(扩散过程)进行得并非如此之快,例如在离我们几米远的地方,打开一瓶挥发性很强的酒精,酒精味并不能立刻被嗅到,而是需经过几秒钟甚至更长的时间才能被嗅到。

事实上,在分子运动的过程中,它要不断地与其他分子碰撞,这就使分子沿着迂回的折线前进,如图 4-8 所示。由于分子运动的无规则性,一个分子在任意两次碰撞间所经过的自由路程是不同的。分子在连续两次碰撞之间自由运动的平均路程称为分子的**平均自由程**(mean free path),通常用 $\overline{\lambda}$ 表示。

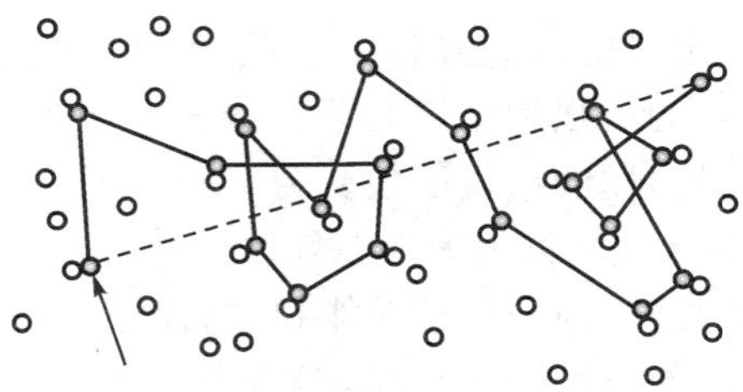

图 4-8　分子无规则运动

一个分子单位时间内与其他分子碰撞的平均次数称为**分子的平均碰撞频率**(mean collision frequency),用 $\overline{Z}$ 表示。其值反映分子碰撞的频繁程度。若气体分子运动的平均速率为 $\overline{v}$,则平均而言,在 Δt 时间内,一个分子所走的平均路程为 $\overline{v}\Delta t$,与其他分子的平均碰撞次数是 $\overline{Z}\Delta t$,由于每一次碰撞都将结束一段自由程,因此 $\overline{\lambda}$ 和 $\overline{Z}$ 的关系可写为

$$\overline{\lambda}=\frac{\overline{v}\Delta t}{\overline{Z}\Delta t}=\frac{\overline{v}}{\overline{Z}} \tag{4-23}$$

式(4-23)表明,分子间的碰撞越频繁,即 $\overline{Z}$ 越大,平均自由程 $\overline{\lambda}$ 就越小。

现在来具体分析究竟是哪些因素影响着 $\overline{\lambda}$ 和 $\overline{Z}$。为了简化问题,假设每个分子都可以看成是直径为 d 的弹性小球,分子间的碰撞为完全弹性碰撞。大量分子中,只有被"跟踪"的分子 A 以平均速率 $\overline{v}$ 运动。其他分子都看作静止不动。显然,在分子

A 运动的过程中，由于碰撞，其中心的轨迹将是一条折线，如图 4－9 所示。

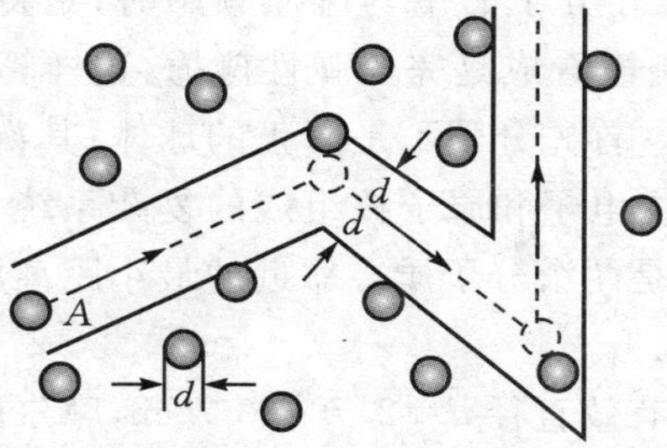

图 4－9　平均碰撞频率计算示意图

设想以分子 A 中心的运动轨迹为轴线，以 d 为半径，作一个曲折的圆柱体，则凡中心到圆柱体轴线的距离小于 d 的分子，其中心都将落入圆柱体内，因而能够与 A 相碰撞。在 Δt 的时间内，分子 A 走过的路程为 $\overline{v}\Delta t$，相应的圆柱体的体积为 $pd^2\overline{v}\Delta t$。设单位体积内的分子数为 n，则圆柱体内的分子数为 $npd^2\overline{v}\Delta t$。在 Δt 时间内，分子 A 与其他分子的碰撞次数在数值上就等于落入上述圆柱体内的分子数。所以，单位时间内分子 A 与其他分子碰撞的次数为

$$\overline{Z} = \frac{npd^2\overline{v}\Delta t}{\Delta t} = npd^2\overline{v}$$

这个结论，是假定分子 A 以平均速率 $\overline{v}$ 运动，而其他分子都静止不动的条件下得到的。实际上所有分子都在运动，而且各个分子的运动速率并不相同，因此式中的平均速率 $\overline{v}$ 应为平均相对速率 $\overline{u}$。可以证明，$\overline{u}=\sqrt{2}\,\overline{v}$。于是，分子的平均碰撞频率为

$$\overline{Z} = \sqrt{2}\pi d^2 n\overline{v} \tag{4-24}$$

式(4－24)表明，分子的平均碰撞频率 $\overline{Z}$ 与分子数密度 n、分子平均速率 $\overline{v}$ 及分子直径 d 的平方成正比。

将式(4－24)代入式(4－23)，可得

$$\overline{\lambda} = \frac{1}{\sqrt{2}\pi d^2 n} \tag{4-25}$$

式(4－25)表明，分子的平均自由程 $\overline{\lambda}$ 与分子数密度 n 及分子直径 d 的平方成反比，而与分子的平均速率无关。

由 $p=nkT$，式(4－25)还可以表示为

$$\overline{\lambda} = \frac{kT}{\sqrt{2}\pi d^2 p} \tag{4-26}$$

由式(4－26)可以看出，当温度一定时，气体的压强越大(即气体分子越密集、分子

数密度越大),则分子的平均自由程越短;反之亦然。

最后应该指出,在推导分子的平均碰撞频率时,是将气体分子当作直径为 d 的小球,并把分子间的碰撞看成是完全弹性碰撞,这样算出的分子直径 d 并不能准确地表示分子的大小。首先分子不是真正的球体;其次分子的碰撞过程也并非完全弹性碰撞。分子是由电子和原子核组成的复杂系统,分子之间的相互作用也很复杂。实际上 d 应该是两个分子质心靠近的最小距离的平均值,称为**分子的有效直径**。

例 4-8 氢分子的有效直径 $d=2.7\times10^{-10}$ m,摩尔质量 $M=2.02\times10^{-3}$ kg/mol。试求在标准状态下,氢分子的平均自由程和平均碰撞频率。

解 依题意 $T=273$ K,$p=1.013\times10^{5}$ Pa;$d=2.7\times10^{-10}$ m,$M=2.02\times10^{-3}$ kg/mol。根据式(4-26),平均自由程为

$$\bar{\lambda}=\frac{kT}{\sqrt{2}\pi d^{2}p}=\frac{1.38\times10^{-23}\times273}{\sqrt{2}\times3.14\times(2.7\times10^{-10})^{2}\times1.013\times10^{5}}=11.5\times10^{-8}\ \text{m}$$

这个值约为有效直径的400倍。

平均速率为

$$\bar{v}=1.59\sqrt{\frac{RT}{M}}=1.59\sqrt{\frac{8.31\times273}{2.02\times10^{-3}}}=1.69\times10^{3}\ \text{m/s}$$

根据式(4-25),碰撞频率为

$$\bar{Z}=\frac{\bar{v}}{\bar{\lambda}}=\frac{1.69\times10^{3}}{11.5\times10^{-8}}=1.47\times10^{10}\ \text{s}^{-1}$$

这个数量级意味着每个分子在1 s时间内要与其他分子碰147亿次。

习　题

4-1　容积为 1.0×10^{-2} m^{3} 的容器中,盛有温度为300 K的氧气。问:在温度不变的情况下,当瓶内压强由 2.5×10^{5} Pa降至 1.3×10^{5} Pa时,用去了多少氧气?

4-2　一容器内储有氧气0.120 kg,其压强为 1.013×10^{6} Pa,温度为320 K,因容器缓慢漏气,稍后测的压强减为 6.330×10^{5} Pa,温度降为300 K。求:

(1)容器的体积;

(2)在两次观测之间漏掉了多少氧气?

4-3　一容器中储有氧气,其压强为 1.013×10^{6} Pa,温度为27℃。试求:

(1)1 cm^{3} 中的分子数;

(2)分子间的平均距离,此距离是氧分子直径(3×10^{-10} m)的几倍?

4-4　一容器内储有某种理想气体,压强为1.33 Pa,温度为300 K。试求单

位体积的分子数及这些分子具有的总平均平动动能。

4-5　氢气分子的质量为 3.32×10^{-24} kg，如果每秒内有 1.0×10^{23} 个氢分子，以与墙面成 $45°$ 角的方向、1×10^{3} m/s 的速率撞击在面积为 2.0 cm^2 的墙面上，如图 4-10 所示。试求氢气作用在墙面上的压强。

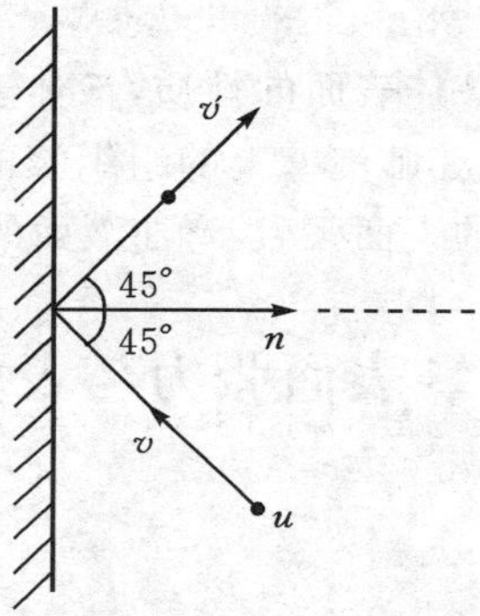

图 4-10　题 4-5 图

4-6　在容积为 30×10^{-3} m^3 的容器中，储有 20×10^{-3} kg 的气体，其压强为 50.7×10^{3} Pa。试求该气体分子的最概然速率、平均速率及方均根速率。

4-7　假定 N 个粒子的速率分布函数为

$$f(v)=\begin{cases}a & 0<v<v_0\\ 0 & v>v_0\end{cases}$$

(1)作出速率分布曲线；

(2)由 v_0 求常数 a；

(3)求粒子的平均速率。

4-8　试求 7℃时速率在 400～440 m/s 之间的空气分子数占总分子数的百分比。

4-9　某理想气体的温度 $T=273$ K、压强 $p=1.013\times10^{3}$ Pa、密度为 $\rho=1.24\times10^{-2}$ kg/m^3。试求：

(1)气体的摩尔质量，并确定是什么气体；

(2)气体的方均根速率；

(3)气体分子的平均平动动能和平均转动动能；

(4)单位体积内气体分子的总平动动能；

(5)若该气体有 0.3 mol，其内能是多少？

4-10　真空管的线度为 10^{-2} m，真空度为 1.333×10^{-3} Pa。设空气分子的有效直径为 3×10^{-10} m，求在 27℃时真空管中空气分子的数密度、平均碰撞频率和平均自由程。

第5章 液体的表面现象

液体的主要特征之一是液体表面的性质，液体表面张力及毛细现象与生物体的生命过程直接相关，如覆盖在肺泡壁上的组织液的表面张力在肺功能中就起着重要作用。本章将介绍液体的表面张力、弯曲液面的附加压强及毛细现象等内容。

5.1 表面张力与表面能

5.1.1 表面张力

液体的表面好像张紧的弹性薄膜，表现出使表面积收缩成最小的趋势，如荷叶上的露珠、玻璃板上的小水银滴都呈球形，说明沿着液体表面存在使液面收缩的张力，这种张力称为**表面张力**(surface tension)。

如图5-1所示，设想在液面上作一长为L的分界线MN，MN将液面分为两部分，这两部分相互作用有拉力，分别为$\boldsymbol{f}_1$和$\boldsymbol{f}_2$，它们大小相等、方向相反，都与液面相切，并且与分界线MN垂直，这就是液面上两部分表面相互作用的表面张力。由于$\boldsymbol{f}_1$和$\boldsymbol{f}_2$的大小相等，我们用F表示，分界线MN上的表面张力是均匀分布的，F的大小与MN的长度L成正比，即

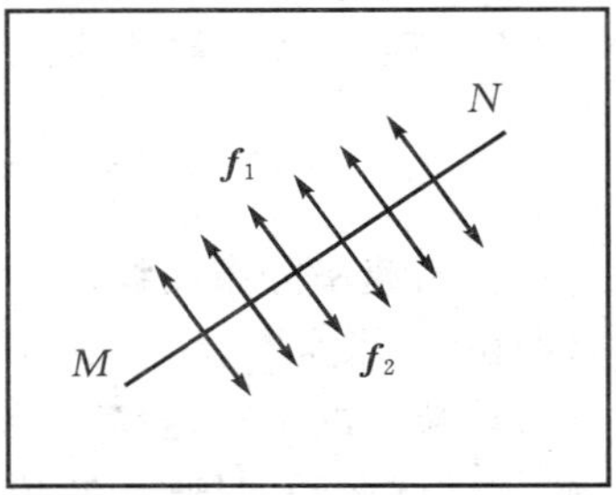

图5-1 表面张力

$$F = \alpha L \qquad (5-1)$$

式中的比例系数α称为**表面张力系数**，表面张力系数在数值上等于沿液体表面垂直于单位长度分界线上的表面张力。在国际单位制中，表面张力系数的单位为$N \cdot m^{-1}$。

液体的表面张力系数是反映液体表面性质的重要物理参数。表5-1给出了几种液体与气体接触界面的表面张力系数。从表5-1可以看出，表面张力系数的数值与温度有关，同一种液体的表面张力系数会随着温度的升高而减小。

表 5-1　几种液体与空气接触时的表面张力系数

液体	温度/℃	α/N·m^{-1}	液体	温度/℃	α/N·m^{-1}
水	100	0.0589	甘油	20	0.0634
水	50	0.0679	水银	20	0.465
水	20	0.0728	苯	20	0.0228
酒精	20	0.0227	肥皂液	20	0.025

5.1.2　表面能

下面讨论一个测量液体表面张力系数的实验。如图 5-2 所示，在金属线框 $ABCD$ 上放一根可以自由滑动的金属丝 CD，将金属线框浸入肥皂液后取出，在金属框上形成液膜，由于液体表面张力的作用，金属丝 CD 将向左滑动。若要使金属丝 CD 保持平衡，必须在 CD 右边施加一个与表面张力大小相等的拉力 F。因为金属线框上的肥皂液膜具有两个表面，所以作用在金属丝上的总表面张力等于 $F=2\alpha L$，测出拉力 F 和金属丝 CD 的长度 L，就可以求出表面张力系数。若用拉力 F 使金属丝 CD 匀速移动一段距离 Δx 到图中 $C'D'$ 位置，液体表面积增大了 $\Delta S=2L\Delta x$，在这一过程中拉力 F 所做的功为

$$\Delta A = F \cdot \Delta x = 2\alpha L \cdot \Delta x = \alpha \Delta S \tag{5-2}$$

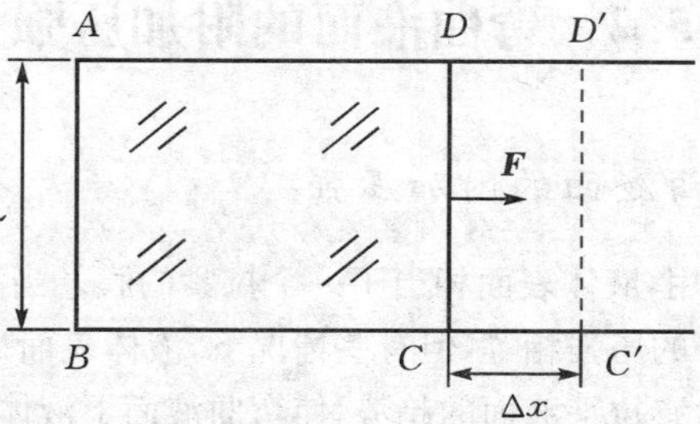

图 5-2　表面张力与表面能

按照能量转换规律，拉力所做的功应等于液体表面势能的增量，液体的表面势能称为**表面能**(surface energy)，用 ΔE 表示表面能的增量，则

$$\Delta E = \alpha \Delta S \tag{5-3}$$

因此表面张力系数在数值上也等于增加单位表面积时增加的表面能。

例 5-1　吹起半径为 1 cm 的肥皂液泡需做多少功？($\alpha_{肥皂}=0.025\ \mathrm{N \cdot m^{-1}}$)

解　表面张力系数在数值上也等于增加单位表面积时外力所做的功，所以

$$\Delta A = \alpha \Delta S = \alpha \cdot 2 \times 4\pi R^2 = 6.28 \times 10^{-5}\ \mathrm{J}$$

5.1.3 表面活性物质

溶液的表面张力系数通常都与加入的溶质有关,有的溶质使溶液的表面张力系数减小,有的则使其增大,前者称为该溶剂的**表面活性物质**,后者称为该溶剂的**表面非活性物质**。水的表面活性物质有胆盐、肥皂、蛋黄素、酚醛等;水的表面非活性物质有食盐、糖类、淀粉等。

表面活性物质进入溶剂后,由于溶剂分子之间的吸引力大于溶剂分子与溶质分子之间的吸引力,所以位于表面层中的溶剂分子受到液体内部的吸引力比溶质分子之间的吸引力大,结果使溶剂分子将尽可能地进入溶液的内部,表面层中溶质的浓度增大。由于表面活性物质在溶液中聚集于表面层,所以少量的表面活性物质就可以在很大程度上影响液体的表面性质,显著降低表面张力系数。若在溶剂中加入表面非活性物质,由于溶剂分子之间的吸引力小于溶剂分子与溶质分子之间的吸引力,表面非活性物质将尽可能地进入溶液的内部,结果使液体内部溶质的浓度大于表面层。

在某些情况下,表面层可以完全由表面活性物质组成,这种表面活性物质在溶液的表面层聚集并伸展成薄膜的现象称为**表面吸附**(surface adsorption)。水面上的油膜就是常见的表面吸附现象。

5.2 弯曲液面的附加压强

5.2.1 任意弯曲液面的附加压强

由于表面张力的作用,液体表面相当于一个拉紧的膜。当液面水平时,表面张力与液体表面平行,液面内外的压强相等,但有些情况下,液体表面是弯曲的,如肥皂泡的表面为球面,这时表面张力有拉平液面的趋势,使弯曲液面下液体的压强不同于水平液面下的液体压强,弯曲液面内外的压强差称为弯曲液面的**附加压强**(additive pressure)。

如图 5-3 所示,在液体表面选取一微小液面 AB,液面 AB 将受到三个力的作用:液面外大气压强 p_0 产生的压力、液面内液体压强 p 产生的压力和液面 AB 周边的液面对 AB 的表面张力。作用在 AB 上的表面张力方向与 AB 的周边界垂直,且沿周边界与液面相切。如图 5-3(a)所示,如果液面是平面,则表面张力也沿水平方向,沿 AB 周边界的表面张力恰好平衡,这时液面内外压强相等,即 $p=p_0$;如果液面是凸面,如图 5-3(b)所示,则表面张力将产生一个指向液体内部的正压力,液面将紧压液体产生一个正压强 p_S,平衡时 $p=p_0+p_S$,凸液面内部的压强大于外部的压强;如果液面是凹面,如图 5-3(c)所示,则表面张力将产生一个指向液体外部的负压力，使液面向外拉，液体也随液面受到一个向外拉的负压强 p_S，平衡时 $p = p_0 - p_S$，凹液面内部的压强小于外部的压强。

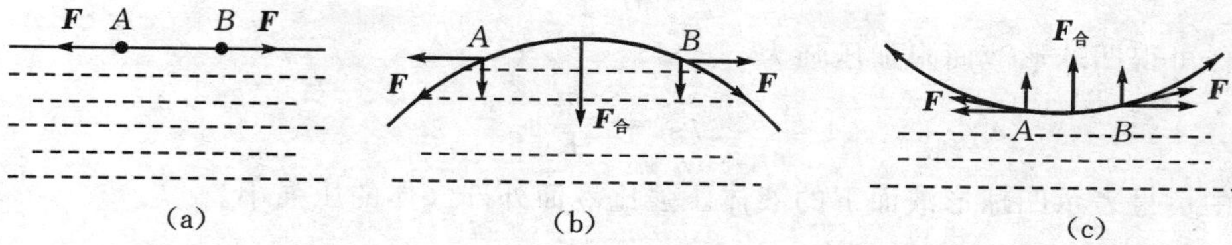

图 5 - 3　弯曲液面的附加压强

现在来分析半径为 R 的凸球形液面下的附加压强。如图 5 - 4 所示，设凸球形液面面积为 ΔS，其周界是半径为 r 的圆周。周界外面的液面作用于 ΔS 的表面张力处处与该周界垂直并且与球面相切。

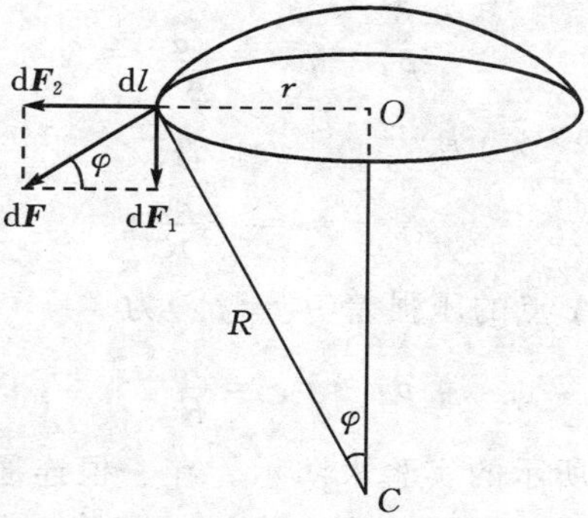

图 5 - 4　凸球形弯曲液面的附加压强

在液面 ΔS 的周界上任取一线元 $\mathrm{d}l$，作用在线元 $\mathrm{d}l$ 上的表面张力用 $\mathrm{d}\boldsymbol{F}$ 表示，$\mathrm{d}\boldsymbol{F}$ 垂直于 $\mathrm{d}l$ 且与球面相切，其大小为

$$\mathrm{d}F = \alpha \mathrm{d}l$$

式中，α 为液体的**表面张力系数**。将 $\mathrm{d}\boldsymbol{F}$ 分解为与轴线 OC 平行和垂直的两个分量 $\mathrm{d}\boldsymbol{F}_1$ 和 $\mathrm{d}\boldsymbol{F}_2$，沿液面 ΔS 周界线上所有线元上的分量 $\mathrm{d}\boldsymbol{F}_2$ 全部抵消，只有平行分量 $\mathrm{d}\boldsymbol{F}_1$，其大小为

$$\mathrm{d}F_1 = \mathrm{d}F\sin\varphi = \alpha \mathrm{d}l\sin\varphi$$

将上式沿周界积分，就可求出液面 ΔS 在竖直方向上所受的合力，即

$$F_1 = \int \mathrm{d}F_1 = \int_0^{2\pi r} \alpha\sin\varphi \mathrm{d}l = 2\pi r\alpha\sin\varphi$$

式中 $\sin\varphi = r/R$，因此

$$F_1 = \frac{2\pi r^2\alpha}{R}$$

由上式可得 F_1 形成的凸球形液面附加压强为

$$p_S = \frac{F_1}{\pi r^2} = \frac{2\alpha}{R} \tag{5-4}$$

同样可得凹球形液面附加压强为

$$p_S = -\frac{2\alpha}{R} \tag{5-5}$$

式中负号表示凹球形液面下的液体压强比液面外部气体的压强小。

5.2.2 球形液面的附加压强

对于一个球形液膜(如肥皂泡)而言,由于液膜具有内外两个表面且液膜很薄,内外两个表面的半径可看作是相等的,如图 5-5 所示。C 为液膜内一点,B 为液膜中一点,A 为液膜外一点,设内外两个表面的半径为 R,则 B 点与 A 点的压强差(p_B-p_A)为

$$p_B - p_A = \frac{2\alpha}{R}$$

B 点与 C 点的压强差(p_B-p_C)为

$$p_B - p_C = -\frac{2\alpha}{R}$$

由以上两式可知 C 点与 A 点的压强差(p_C-p_A)为

$$p_C - p_A = \frac{4\alpha}{R} \tag{5-6}$$

这一结论可通过图 5-6 所示的实验来演示。在一根连通管的两端吹出两个大小不等的肥皂泡,A 端为大泡,B 端为小泡,设大、小肥皂泡的半径分别为 R,r。由式(5-6)可知,由于 $R>r$,此时小泡内压强 $p_B>p_A$,当打开连通管中间的活塞使两泡相通时,气体会由压强大处流向压强小处,因此会看到小泡不断变小,大泡不断变大的现象。

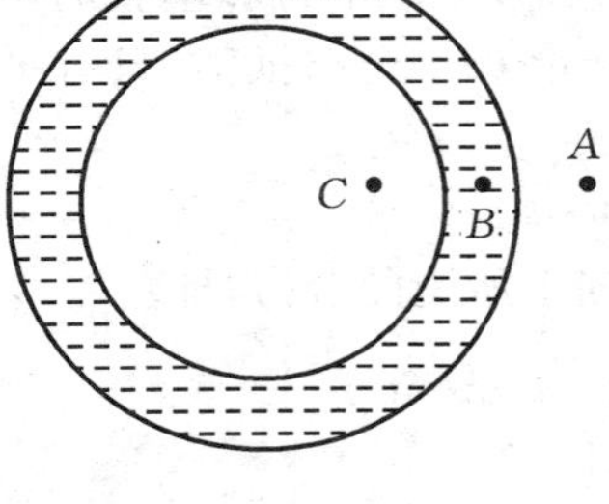

图 5-5 球形液膜的附加压强

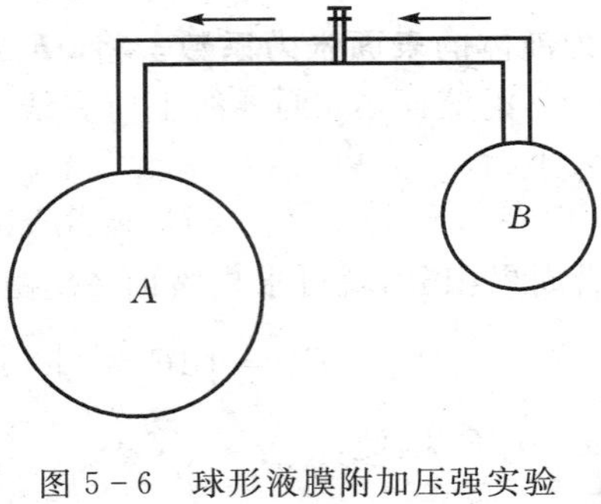

图 5-6 球形液膜附加压强实验

例 5-2　求一个恰在水面下的气泡内的空气压强。已知气泡的半径为 $R=5\times10^{-3}$ mm，水与空气界面的表面张力系数 $\alpha=0.072\ \mathrm{N\cdot m^{-1}}$。

解　设附加压强为 p_S，则

$$p_S=\frac{2\alpha}{R}=\frac{2\times0.072}{5\times10^{-6}}=2.88\times10^{4}\ \mathrm{Pa}$$

大气压强 $p_0=1.01\times10^{5}$ Pa，则气泡内的空气压强为

$$p=p_0+p_S=1.298\times10^{5}\ \mathrm{Pa}$$

5.2.3　肺泡的物理性质

肺位于胸腔内，支气管在肺内分成很多小支气管，小支气管越分越细，末端膨胀成囊状气室，每室又分成许多小气囊，称为**肺泡**。肺泡略似球形，大小不等且彼此相通，在肺内既有肺组织的弹性力，又有肺泡内壁表面液体层与肺泡内气体形成的液一气界面上的表面张力。对于肺充气过程来说，大部分压力是用来克服表面张力的。当表面张力系数一定时，每个肺泡的附加压强是与肺泡的半径成反比的，肺泡越小，附加压强越大。在吸气的时候，肺泡的半径越来越大，附加压强应越来越小；在呼气的时候，肺泡的半径越来越小，附加压强应越来越大；这将使肺泡趋于完全萎缩，另一方面，由于肺泡彼此连通，还会形成小肺泡完全萎缩、大肺泡不断膨胀的严重后果。事实上，在呼吸过程中并没有出现这些现象，这是因为肺泡分泌出一种表面活性物质覆盖在肺泡内壁表面，这种表面活性物质的浓度越大，液体表面张力系数越小；利用这种表面活性物质可调节和稳定肺泡的附加压强，使呼吸正常进行。

子宫内胎儿的肺泡被组织粘液所覆盖，附加压强使肺泡完全闭合。临产时，肺泡内壁分泌出表面活性物质，以减小表面张力，但新生儿仍需以大声啼哭的激烈动作进行第一次呼吸来克服肺泡的表面张力，以获得生存。肺泡表面活性物质缺乏时会引起呼吸窘迫、过度肺通气等病症。对肺泡表面活性物质的生理作用的研究在临床医学和生理学上有着重要的意义。

5.3　毛细现象

5.3.1　浸润现象

在洁净的玻璃板上加上一滴水，水会沿玻璃板表面向外扩展，附着在玻璃板上，这种现象称为**浸润现象**(wetting phenomenon)，即水能浸润玻璃；反之，将一滴水银置于玻璃板上，会发现水银近似缩成球形，能在玻璃板上滚动而不会附着，这

种现象称为**不浸润现象**,即水银不浸润玻璃。浸润和不浸润现象是液体与固体接触处的表面现象。为什么在与玻璃接触时水和水银表现出鲜明的差异呢?这是因为在液体与固体的接触面上,会有两个力的作用:一是固体分子与液体分子之间的相互吸引力,称为附着力;二是液体内部分子之间的相互吸引力,称为内聚力。我们把在液体与固体接触处,厚度等于分子作用半径的一层液体称为附着层,处于附着层的液体分子受力是不对称的。当附着力大于内聚力时,附着层内液体分子的密度增大而使附着层扩展,从而使液体浸润固体;反之,当附着力小于内聚力时,附着层内液体分子的密度减小而使附着层收缩,从而使液体不能浸润固体。

液体浸润固体的程度可用接触角的大小反映。如图 5-7 所示,液体表面的切面经过液体内部而与固体表面之间所成的夹角称为**接触角**(contact angle),用 θ 表示。接触角的数值介于 0°~180°之间,由附着力和内聚力的大小决定。若液体能浸润固体,接触角 $\theta<90°$,如图 5-7(a)所示;当 $\theta=0°$时,液体完全浸润固体。若液体不能浸润固体,接触角 $\theta>90°$,如图 5-7(b)所示;当 $\theta=180°$时,液体完全不浸润固体。水、酒精对玻璃的接触角几乎为零,水银对玻璃的接触角约为 140°,水银对石蜡的接触角约为 107°。

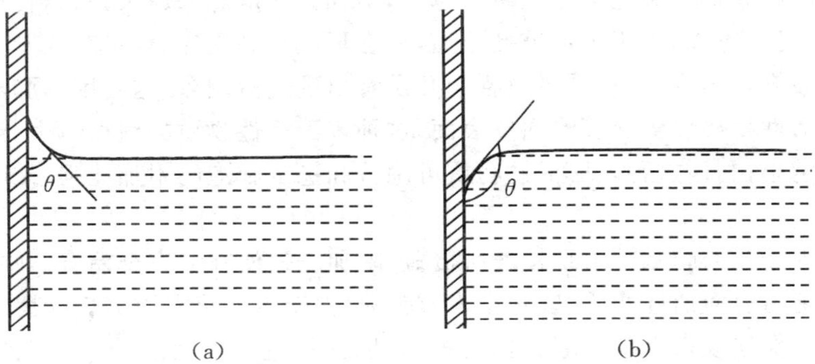

图 5-7 液体与固体的接触处的表面现象

5.3.2 毛细现象

内径很细的管称为**毛细管**。将毛细管插入液体中,液体能浸润管壁时,管内液面将会升高,液面呈凹面;若液体不能浸润管壁,管内液面将会下降,液面呈凸面。这种毛细管内外液面高度不同的现象称为**毛细现象**(capillary phenomenon)。

毛细现象是表面张力和浸润或不浸润现象共同作用的结果,下面我们来推导毛细现象的规律。如图 5-8 所示,考虑液体能浸润管壁、液面在毛细管内上升的情况。由于液体能浸润管壁,接触角为锐角,管内液面为凹面,附加压强向上,液面

内 C 点的压强低于大气压强，因此大气压强就会把毛细管外的液体压入毛细管内，使毛细管内的液面沿管壁上升，直到毛细管内与管外液面处于同一高度的 B 点压强等于大气压强为止，这时液体在毛细管内升高的液柱的压强等于凹液面的附加压强。由于毛细管很细，管内凹液面可看成球面的一部分。设毛细管的内径为 r，凹液面的曲率半径为 R，接触角为 θ，液体的表面张力系数为 α，由图 5－8 可知 $r=R\cos\theta$，由弯曲液面的附加压强公式可得

$$p_C - p_0 = -\frac{2\alpha}{R} = -\frac{2\alpha}{r}\cos\theta$$

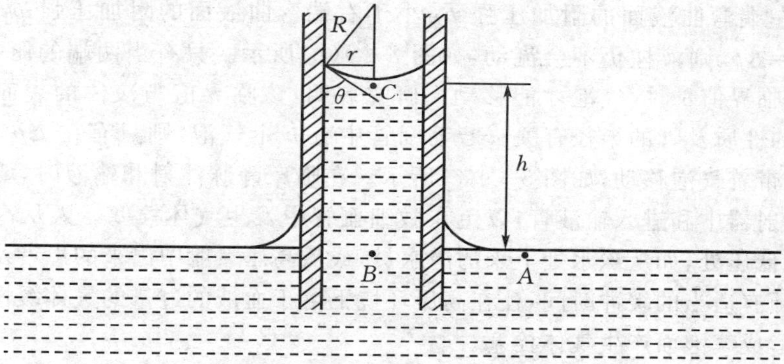

图 5－8　液体在毛细管内的升降

根据流体静力学原理，平衡时毛细管内液面下的 B 点与管外处于同一高度液面上的 A 点的压强相等，即

$$p_B = p_C + \rho g h = p_A = p_0$$

由以上两个关系式可得

$$h = \frac{2\alpha}{\rho g r}\cos\theta \qquad (5-7)$$

式中，h 为平衡时毛细管内外液面的高度差；ρ 为液体的密度。

此式表明，液体在毛细管中上升的高度与液体的表面张力系数成正比，与毛细管的内径成反比，毛细管越细，管内液面上升越高。

当液体不浸润管壁时，管内液面为凸面，附加压强向下，毛细管内液面将会下降，下降的高度仍可用式(5－7)计算。由于这时的接触角 $\theta>90°$，所以 h 为负值，表示液面下降。

毛细现象在日常生活和生命活动中有着重要的意义。液体透过多孔性物质、植物中养料的吸收和水分的输运以及血液在毛细血管中的流动等过程中，毛细现象都起着重要的作用。

5.3.3　气体栓塞

液体在细管中流动时，如果管内有气泡，液体的流动将受到阻碍，气泡多时可发生阻塞，使液体不能流动，这种现象称为**气体栓塞**(air embolism)。如图 5-9(a)所示的均匀毛细管中有一段液柱，液柱中间有一气泡。当气泡两侧的液体压强相等时，气泡两端的凹形液面有同样的曲率半径，且两个弯曲液面的附加压强大小相等、方向相反。这时，气泡只起到传递压强的作用，液柱不会流动。如果毛细管左端的压强增加 Δp，则气泡左端液面的曲率半径变大，气泡右端液面的曲率半径变小，使左端弯曲液面的附加压强 $p_{左}$ 小于右端弯曲液面的附加压强 $p_{右}$。如果 $p_{右}-p_{左}=\Delta p$，则液柱仍不会流动，如图 5-9(b)所示。只有当两端的压强差 Δp 超过某一临界值 δ 时，气泡才能移动。研究表明，该临界值与液体的表面张力系数、管壁的性质及管的半径有关。若毛细管中有 n 个气泡，则只有在 $\Delta p>n\delta$ 时，液体才能带着气泡移动，如图 5-9(c)所示。在临床静脉注射和输液时，要防止气泡留在注射器中和进入输液管，以免在微细血管中发生气体栓塞。人从高压处突然进入到低压处，如从深水处上来的潜水员，或从高压氧舱中出来的患者及工作人员，都必须有适当的缓冲时间，让在高压环境下溶于血液的过量的气体缓慢释放出来，避免形成气泡而产生气体栓塞。

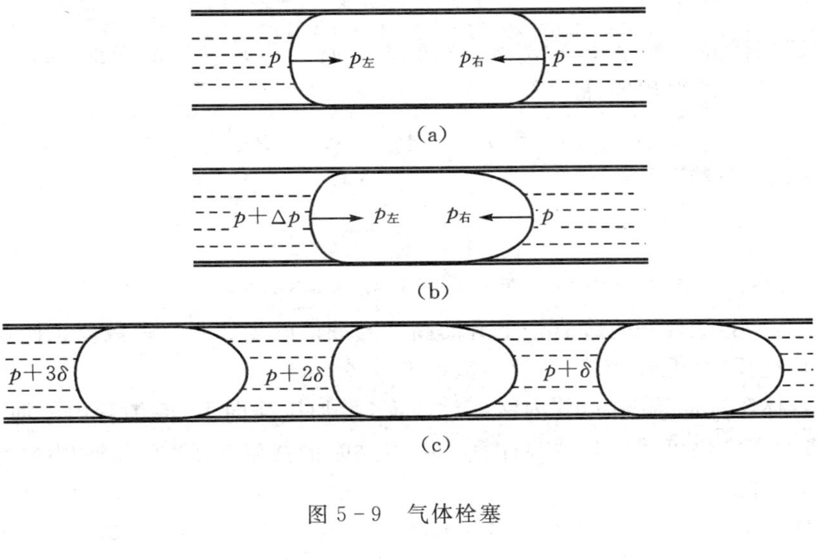

图 5-9　气体栓塞

习　题

5-1　半径为 1 mm 的大水滴在 20℃时的空气中分裂成 8 个相同的小水滴，试求液膜表面能的增量。

5-2　水银气压计玻璃管的内径为 2 mm，接触角为 180°。已知水银的表面张力系数为 $0.49\ N \cdot m^{-1}$，试求大气压强的测量偏差。

5-3　一 U 型玻璃管的两竖直管的直径分别为 1 mm 和 3 mm。试求两管内水面的高度差（水的表面张力系数为 $\alpha = 72.8 \times 10^{-3}\ N \cdot m^{-1}$）。

5-4　吹出一个表面积为 200 cm^2 的肥皂泡需要做多少功（$\alpha_{肥皂} = 0.04\ N \cdot m^{-1}$）？

5-5　一肥皂泡的直径为 5 cm，表面张力系数 $\alpha_{肥皂} = 0.025\ N \cdot m^{-1}$，泡内的压强比大气压强大多少？

第 6 章　静 电 场

一切电磁现象都是由于电荷的存在以及电荷的运动所产生的。一般来说运动电荷周围将同时存在电磁场,但是当所研究的电荷相对于观察者处于静止状态时,就只有电场而不涉及磁场。由静止电荷激发的电场称为静电场。本章首先从库仑定则出发,引入描述电场的两个重要物理量——电场强度和电势,导出静电场所遵循的基本规律——场强及电势叠加原理、高斯定理和环路定理。其次讨论静电场中放入导体和电介质后,它们之间相互作用和相互影响的规律。

6.1　库仑定则 电场强度

6.1.1　库仑定则

实验表明,两个静止的带电体之间存在相互作用力,称为静电力。带电体间的静电力不仅与带电体的电荷量和间距有关,而且还与带电体的大小、形状、电荷分布等因素有关。在实际问题中,当两个带电体的间距与带电体的几何线度相比大得多时,就可以把这样的带电体视为一个带电的"几何点",作为一个称为**点电荷**(point charge)的理想模型处理。

点电荷间相互作用的规律,于 1785 年由法国物理学家库仑通过实验总结得出:**处在静止状态的两个点电荷,在真空(空气)中的相互作用力的大小,与每个点电荷的电量成正比,与两个点电荷间距离的平方成反比,作用力的方向沿着两个点电荷的连线。**当两个点电荷带同号电荷时,它们之间是排斥力;带异号电荷时,它们之间是吸引力。这一结论称为**库仑定则**,其数学表达式形为

$$\boldsymbol{F} = k\frac{q_1 q_2}{r^2}\boldsymbol{r}^0 \tag{6-1}$$

式中,q_1,q_2 分别表示两个点电荷的电量;r 为它们之间的距离,若规定矢量 $\boldsymbol{r}$ 的方向是由施力电荷指向受力电荷,称为受力电荷相对于施力电荷的位置矢量,简称位矢,且 $\boldsymbol{r}^0$ 为 $\boldsymbol{r}$ 方向的单位矢量,那么 $\boldsymbol{F}$ 表示为受力电荷所受到的静电力;k 为比例系数,选用 SI 单位制时 $k=8.98755179\times10^9$ m/F(N · m^2 /C^2)。

为了使后面将要导出的更为常用的公式中不含无理数"4π"因子,令 $k=\dfrac{1}{4\pi\varepsilon_0}$,

式中 ε_0 是新引进的另一基本常数,称为**真空中的电容率**(介电常数),其精确值和单位是 $\varepsilon_0=8.85418782\times10^{-12}$ F/m。这样的处理方法称为单位制的有理化。

库仑定则是物理学中著名的平方反比定则之一,其二次方的实验精度已达 10^{-16} 量级。由于库仑定则和万有引力定则都遵循平方反比规律,因此与二者相关的一些物理规律在数学表达形式上是相似的,注意到这一点并进行对照学习是十分有利于掌握的。

例 6-1 假设一个质子和一电子相距为 r,试求它们之间的静电力与万有引力之比。

解 由库仑定则知,它们之间的静电力的大小为

$$F_e=\frac{1}{4\pi\varepsilon_0}\frac{e^2}{r^2}$$

由万有引力定则知,它们之间的万有引力的大小为

$$F_g=G\frac{m_p m_e}{r^2}$$

其静电力与万有引力之比为

$$\frac{F_e}{F_g}=\frac{1}{4\pi\varepsilon_0 G}\frac{e^2}{m_p m_e}=\frac{9\times10^9}{6.7\times10^{-11}}\times\frac{(1.6\times10^{-19})^2}{(1.7\times10^{-27})\times(9.1\times10^{-30})}\approx2\times10^{38}$$

可以看出二力都是与距离的平方成反比的力,所以比值中 r^2 被消去,也就是说,无论二者相隔多少距离,其比值都是一样的。万有引力比起静电力来说是太小了,所以在研究带电粒子的相互作用时,它们之间的万有引力通常都是忽略不计的。

当几个点电荷同时存在时,其中任意一个点电荷所受的其他点电荷作用的静电力等于其他各个点电荷单独存在时对该点电荷所施加静电力的矢量和。这一结论称为**静电力的叠加原理**。

将库仑定则和静电力的叠加原理结合,应用微积分的思想,理论上可以求出任意两个带电体之间的静电力。

6.1.2 电场强度

带电体间的静电作用力是通过存在于电荷周围空间的电场传递的,场观点认为,电荷在其周围产生电场,并通过电场对其中的其他电荷施以静电力的作用,因此,可以从力的角度研究电场,引入**电场强度**(electric field strength)$\boldsymbol{E}$ 来描述电场的性质。

设有一带电量为 Q 的电荷,在它周围空间产生电场,该电荷称为**场源电荷**。设想将一个带足够小量 q_0 的正点电荷,作为**试验电荷**(简称试验电荷 q_0)放到电场中去探测它在场中各点受到的电场力 $\boldsymbol{F}$。实验发现:q_0 一定时,$\boldsymbol{F}$ 仅取决于场点;

同一场点 $\boldsymbol{F}$ 一定,不同场点 $\boldsymbol{F}$ 不同;对给定电场中的确定场点 P 来说,试验电荷所受到的作用力 $\boldsymbol{F}$ 与试验电荷 q_0 的比值是一个确定的矢量,这个矢量只和给定电场中各确定场点的位置有关,而与试验电荷的大小、正负无关。因此,这个矢量反映了各确定场点电场本身的性质。我们把这个矢量称为电场中各确定场点的电场强度(有时简称为场强),用 $\boldsymbol{E}$ 来表示,即

$$\boldsymbol{E} = \frac{\boldsymbol{F}}{q_0} \tag{6-2}$$

由式(6-2)可知,**电场中某点的电场强度 $\boldsymbol{E}$ 的大小等于单位电荷在该点受力的大小,其方向为正电荷在该点受力的方向。**电场强度的单位是 N/C,它相当于把电量为 1 C 的试验电荷放到电场中某点受到的电场力正好等于 1 N 时该点的电场强度的大小。

6.1.3 点电荷场强公式

若电场是由一个点电荷 q 产生的,我们来计算与 q 相距为 r 处任一点 P 的电场强度。设想把一个试验电荷 q_0 放在 P 点,由库仑定则,q_0 受力为

$$\boldsymbol{F} = \frac{1}{4\pi\varepsilon_0}\frac{qq_0}{r^2}\boldsymbol{r}^0$$

根据电场强度的定义式(6-2),则 P 点的电场强度为

$$\boldsymbol{E} = \frac{\boldsymbol{F}}{q_0} = \frac{1}{4\pi\varepsilon_0}\frac{q}{r^2}\boldsymbol{r}^0 \tag{6-3}$$

这就是点电荷产生的**电场强度分布公式**。式中,$\boldsymbol{r}^0$ 是沿着位矢 $\boldsymbol{r}$ 的单位矢量,方向是由场源电荷 q 指向 P 点。当 q 是正电荷时,$\boldsymbol{E}$ 的方向与 $\boldsymbol{r}^0$ 的方向相同;当 q 为负电荷时,$\boldsymbol{E}$ 的方向与 $\boldsymbol{r}^0$ 方向相反。式(6-3)表明,点电荷产生的电场强度分布具有球对称性。

式(6-3)是一个非常重要的关系式,后面会看到,在计算复杂带电体的电场强度分布时,是以该式为基础,运用微积分的方法进行的。

6.1.4 电场强度叠加原理

若电场是由点电荷系 $q_1, q_2, \cdots, q_n$ 产生的。为求合电场的电场强度,设 P 点相对于各点电荷的位矢分别为 $\boldsymbol{r}_1, \boldsymbol{r}_2, \cdots, \boldsymbol{r}_n$,则各点电荷单独在 P 点产生的电场的电场强度分别为

$$\boldsymbol{E}_k = \frac{1}{4\pi\varepsilon_0}\frac{q_k}{r_k^2}\boldsymbol{r}_k^0 \quad (k = 1,2,3,\cdots,n)$$

实验表明,试验电荷受到点电荷系的作用力遵守力的叠加原理,所以点电荷系在 P 点产生的电场的合电场强度为

$$\boldsymbol{E}=\frac{\sum\limits_{k}\boldsymbol{F}_{k}}{q_{0}}=\sum_{k}\boldsymbol{E}_{k}=\sum_{k}\frac{1}{4\pi\varepsilon_{0}}\frac{q_{k}}{r_{k}^{2}}\boldsymbol{r}_{k}^{0} \tag{6-4}$$

即**点电荷系在某点 P 产生的电场强度等于各点电荷单独在该点产生的电场强度的矢量和**。这称为**电场强度叠加原理**。

若电场是由电荷连续分布的带电体产生的，求解空间各点的电场强度分布时，需要用微积分方法。设想把带电体分割成许多微小的电荷元 dq，每个电荷元都可视为点电荷，如图 6-1 所示。任一电荷元 dq 在 P 点产生的电场的电场强度为

$$d\boldsymbol{E}=\frac{1}{4\pi\varepsilon_{0}}\frac{dq}{r^{2}}\boldsymbol{r}^{0} \tag{6-5a}$$

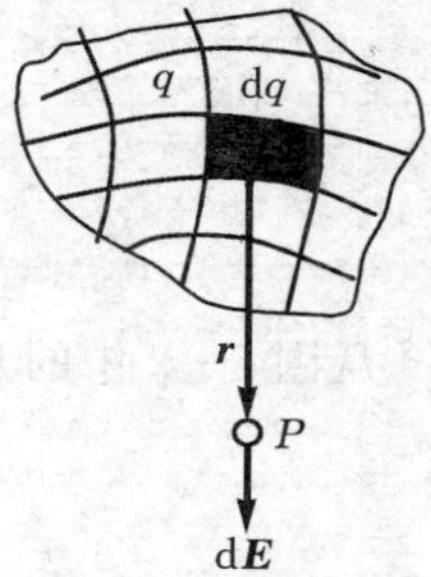

图 6-1　连续带电体的场强

整个带电体在 P 点产生的电场强度，等于所有电荷元产生的电场强度的矢量和。由于电荷是连续分布的，求和应用积分

$$\boldsymbol{E}=\int\frac{dq}{4\pi\varepsilon_{0}r^{2}}\boldsymbol{r}^{0} \tag{6-5b}$$

上式为矢量积分，在具体计算时，可以找出它在各坐标轴方向上的投影式，然后再分别求积分。

在计算带电体产生的电场强度时，常需要引入电荷密度的概念。若电荷连续分布在一条直线上，定义电荷线密度为 $\lambda(x)=\frac{dq}{dx}$，式中 dq 为线元 dx 所带的电量，则 $dq=\lambda(x)\cdot dx$；若电荷连续分布在一个面上，定义电荷面密度为 $\sigma(x,y)=\frac{dq}{dS}$，式中 dq 为面元 dS 所带的电量，则 $dq=\sigma(x,y)\cdot dS$；若电荷连续分布在一个体积内，定义电荷体密度为 $\rho(x,y,z)=\frac{dq}{dV}$，式中 dq 为体积元 dV 所带的电量，则 $dq=\rho(x,y,z)dV$。

例 6-2　半径为 R 的均匀带电细圆环，带电量为 q，如图 6-2 所示。试计算圆环轴线上任一点 P 的电场强度。

解　取坐标轴 X 如图所示，把细圆环分割成许多电荷元，任取一电荷元 dq，它在 P 点产生的电场强度为 $d\boldsymbol{E}$。设 P 点相对于电荷元 dq 的位矢为 $\boldsymbol{r}$，且 $OP=x$，则

$$d\boldsymbol{E}=\frac{1}{4\pi\varepsilon_{0}}\frac{dq}{r^{2}}\boldsymbol{r}^{0}$$

对圆环上所有电荷元在 P 点产生的电场强度求积分，即得 P 点的电场强度

$$\boldsymbol{E}=\int d\boldsymbol{E}=\int\frac{1}{4\pi\varepsilon_{0}}\frac{dq}{r^{2}}\boldsymbol{r}^{0}$$

这是一矢量积分。将 d$\boldsymbol{E}$ 向 X 轴和垂直于 X 轴的平面投影,得

$$\mathrm{d}E_x = \mathrm{d}E\cos\theta$$

$$\mathrm{d}E_\perp = \mathrm{d}E\sin\theta$$

因圆环上电荷分布关于 X 轴对称,故 $\mathrm{d}E_\perp$ 分量之和为零。因此,P 点的电场强度就等于分量 $\mathrm{d}E_x$ 之和,即

$$E = E_x = \int \mathrm{d}E_x = \frac{1}{4\pi\varepsilon_0}\int\frac{\mathrm{d}q}{r^2}\cos\theta$$

$$= \frac{1}{4\pi\varepsilon_0}\frac{\cos\theta}{r^2}\int\mathrm{d}q = \frac{1}{4\pi\varepsilon_0}\frac{q}{r^2}\cos\theta$$

从图 6-2 中的几何关系可知,$\cos\theta=\frac{x}{r}$,$r=(R^2+x^2)^{1/2}$,代入上式得

$$E = \frac{1}{4\pi\varepsilon_0}\frac{qx}{(R^2+x^2)^{3/2}}$$

若 q 为正电荷,$\boldsymbol{E}$ 的方向沿 X 轴正方向;若 q 为负电荷,则 $\boldsymbol{E}$ 的方向沿 X 轴负方向。

由以上的计算结果,还可以得到下面一些有用的近似结果。当 $x=0$(即 P 点在圆环中心处)时,$E=0$;当 $x\gg R$ 时,$(R^2+x^2)^{3/2}\approx x^3$,则 $E=\frac{1}{4\pi\varepsilon_0}\frac{q}{x^2}$,即在距圆环足够远处,可以把带电圆环视为一个点电荷,该点电荷位于圆环中心 O 处,其电量等于圆环所带的电量。

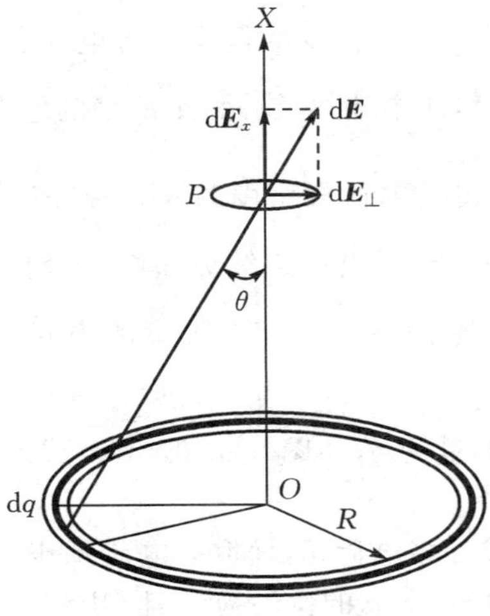

图 6-2　均匀带电圆环轴上的场强

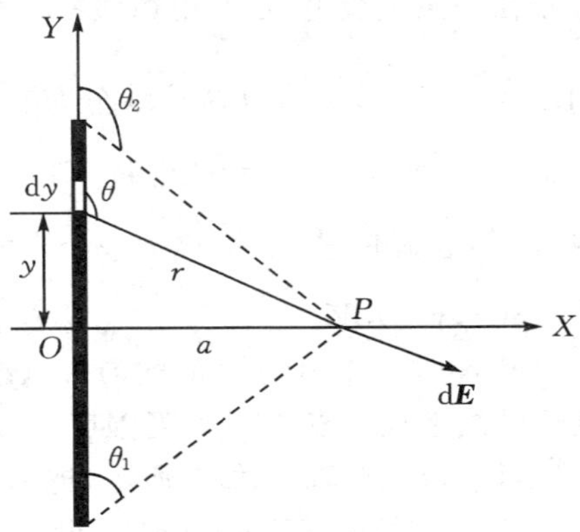

图 6-3　均匀带电直线段的场强

例 6-3　设有一均匀带电直线段,长为 L,带电量为 q。线外一点 P 到直线的垂直距离为 a,P 点与直线段两端连线与 Y 轴正方向的夹角分别为 θ_1 和 θ_2,如图 6-3所示。试求 P 点的电场强度。

解 取 P 点到直线段的垂足 O 为原点，坐标轴如图 6－3 所示。在带电直线段上距原点为 y 处，取线元 $\mathrm{d}y$，其上带电量为 $\mathrm{d}q=\lambda\mathrm{d}y$，其中 $\lambda=\frac{q}{L}$ 为电荷线密度。设 $\mathrm{d}y$ 到 P 点的距离为 r，则电荷元 $\mathrm{d}q$ 在 P 点产生的电场强度 $\mathrm{d}\boldsymbol{E}$ 的大小为

$$\mathrm{d}E=\frac{1}{4\pi\varepsilon_0}\frac{\lambda\mathrm{d}y}{r^2}$$

$\mathrm{d}\boldsymbol{E}$ 的方向如图 6－3 中所示，它与 Y 轴的夹角为 θ，$\mathrm{d}\boldsymbol{E}$ 沿 X，Y 轴的分量为

$$\mathrm{d}E_x=\mathrm{d}E\sin\theta,\quad \mathrm{d}E_y=\mathrm{d}E\cos\theta$$

由图上的几何关系可知

$$y=a\tan\left(\theta-\frac{\pi}{2}\right)=-a\mathrm{ctan}\theta,\quad \mathrm{d}y=a\csc^2\theta\mathrm{d}\theta$$

$$r^2=a^2+y^2=a^2\csc^2\theta$$

所以

$$\mathrm{d}E_x=\frac{\lambda}{4\pi\varepsilon_0 a}\sin\theta\mathrm{d}\theta,\quad \mathrm{d}E_y=\frac{\lambda}{4\pi\varepsilon_0 a}\cos\theta\mathrm{d}\theta$$

将以上两式积分，得

$$E_x=\int\mathrm{d}E_x=\int_{\theta_1}^{\theta_2}\frac{\lambda}{4\pi\varepsilon_0 a}\sin\theta\mathrm{d}\theta=\frac{\lambda}{4\pi\varepsilon_0 a}(\cos\theta_1-\cos\theta_2)$$

$$E_y=\int\mathrm{d}E_y=\int_{\theta_1}^{\theta_2}\frac{\lambda}{4\pi\varepsilon_0 a}\cos\theta\mathrm{d}\theta=\frac{\lambda}{4\pi\varepsilon_0 a}(\sin\theta_2-\sin\theta_1)$$

最后由 E_x 和 E_y 来确定 $\boldsymbol{E}$ 的大小和方向。

如果这一均匀带电直线为无限长，即 $\theta_1=0$，$\theta_2=\pi$，那么

$$E_x=\frac{\lambda}{4\pi\varepsilon_0 a},\quad E_y=0$$

可以看出，对于无限长的均匀带电直线，线外任一点 P 的电场强度大小与带电线密度 λ 成正比，与该点到直线的垂直距离 a 成反比。电场强度的方向垂直于带电直线，指向由 λ 的正负决定。

当这一均匀带电直线是"半无限长"时，即 $\theta_1=\frac{\pi}{2}$，$\theta_2=\pi$，则

$$E_x=\frac{\lambda}{4\pi\varepsilon_0 a},\quad E_y=-\frac{\lambda}{4\pi\varepsilon_0 a}$$

6.2 高斯定理

6.2.1 电场线(电力线)

在静电场中通常用电场线来形象地描绘电场中电场强度的分布。电场线是按

下述规定画出的一簇曲线:电场线上任一点的切线方向表示该点电场强度 $\boldsymbol{E}$ 的方向;任意场点处通过垂直于电场强度的单位面积上的电场线条数等于该点电场强度的大小。按这样的规定画出的电场线,密度大的地方,电场强度大;密度小的地方,电场强度也小。图 6-4 是几种典型带电系统产生的电场线分布图。

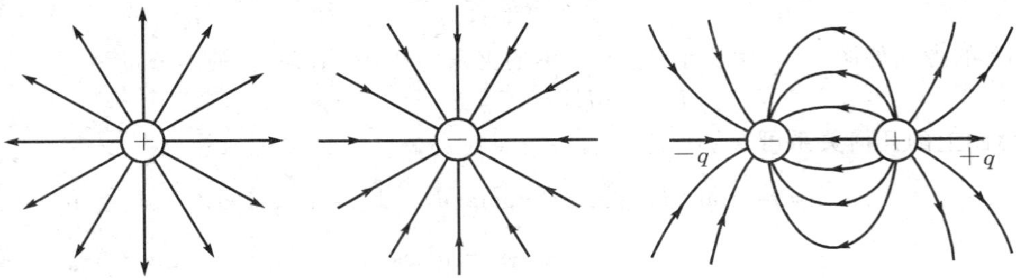

(a)正点电荷　　(b)负点电荷　　(c)对等量异号点电荷

图 6-4　几种带电体的电场线

静电场中的电场线有两条重要的性质:

(1)电场线总是起自正电荷,终止于负电荷(或从正电荷起伸向无限远,或来自无限远到负电荷止)。

(2)电场线不会自成闭合线,任意两条电场线也不会相交。

6.2.2　电通量

在电场中穿过任意曲面 S 的电场线条数称为穿过该面的**电通量**(electric flux),用 Φ_e 表示。由电场线的画法规则可知,对于均匀电场中的任意平面 S,如图 6-5 所示,穿过的电通量为 $\Phi_e = E \cdot S\cos\theta$,$\theta$ 为 $\boldsymbol{E}$ 与平面 S 法线 $\boldsymbol{n}$ 之间的夹角。若用矢量来表示面积,即 $\boldsymbol{S}=S\boldsymbol{n}$,其中 $\boldsymbol{n}$ 为面积 S 的法线方向,则有

$$\Phi_e = E \cdot S\cos\theta = \boldsymbol{E} \cdot \boldsymbol{S}$$

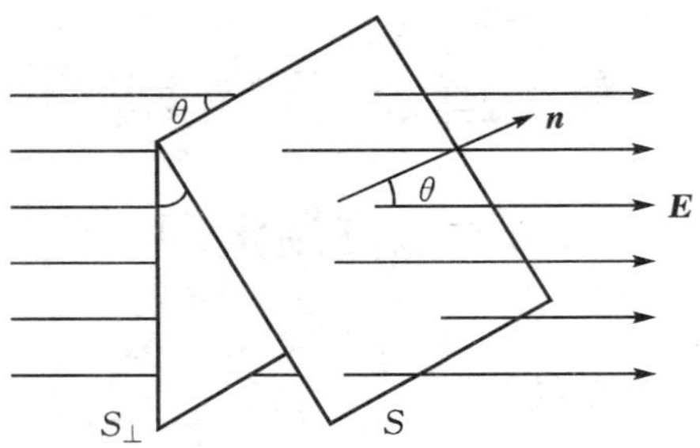

图 6-5　均匀电场中平面电通量

上式表明均匀电场中通过某一面积的电场线条数(电通量)等于该面积所在处的电场强度矢量与面积矢量的标积。

如图 6-6 所示，为了计算静电场中穿过任意曲面 S 的电通量，可将它分割为无限多个面积元。先计算穿过任一面积元 dS 的电通量 $d\Phi_e$。因为 dS 无限小，所以可视为平面，其上的电场强度 $\boldsymbol{E}$ 也可视为相同，则有

$$d\Phi_e = \boldsymbol{E} \cdot d\boldsymbol{S} \tag{6-6a}$$

其中 $d\boldsymbol{S}=dS\boldsymbol{n}$，$\boldsymbol{n}$ 为面元 dS 的法线方向。然后求出各面积元电通量的总和，可得穿过整个曲面 S 上的电通量，即

$$\Phi_e = \iint d\Phi_e = \iint_S \boldsymbol{E} \cdot d\boldsymbol{S} \tag{6-6b}$$

式中符号 $\iint_S$ 表示对整个曲面 S 的积分。

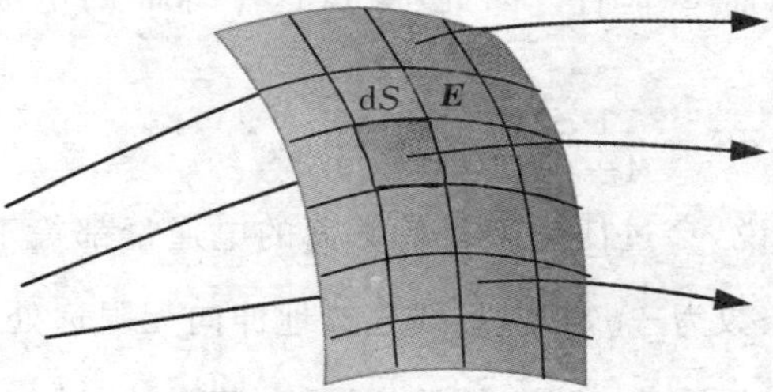

图 6-6　电场中曲面电通量

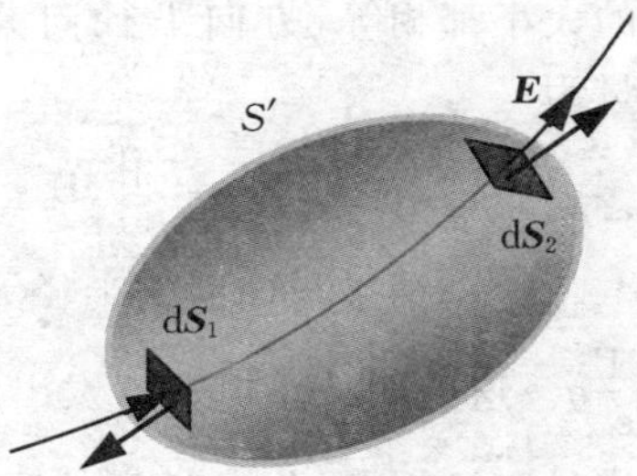

图 6-7　闭合曲面电通量

对于不闭合曲面，面上各处的法线正方向可以任意选取指向曲面的这一侧或那一侧。对于闭合曲面，因为它把整个空间分为内外两个部分，一般规定由内向外的方向为各面积元法线 $\boldsymbol{n}$ 的正方向。因此，当电场线由闭合曲面内部穿出时(见图 6-7)，dS_2 处，$0<\theta<\frac{\pi}{2}$，$d\Phi_e$ 为正；当电场线由闭合曲面外穿入闭合曲面时，在 dS_1 处，$\frac{\pi}{2}<\theta<\pi$，$d\Phi_e=E_n dS=EdS_{\perp}=E\cos\theta d\theta$ 为负。穿过整个闭合曲面的电通量为各面积元上电通量的代数和，即

$$\Phi_e = \oiint d\Phi_e = \oiint_S \boldsymbol{E} \cdot d\boldsymbol{S} \tag{6-6c}$$

式中符号 $\oiint_S$ 表示对整个闭合曲面的积分。

6.2.3　高斯定理

高斯定理给出了静电场中，穿过任一闭合曲面 S 的电通量与该闭合曲面内包

围的电量之间在量值上的关系。高斯定理可表述为:**真空中的任何静电场中,穿过任一曲面的电通量,在数值上等于该闭合曲面内包围的电量的代数和乘以$\frac{1}{\varepsilon_0}$**,即

$$\Phi_e = \oiint_S \boldsymbol{E}\cdot d\boldsymbol{S} = \frac{1}{\varepsilon_0}\sum_i q_i(\text{内}) \quad (\text{不连续分布的源电荷}) \tag{6-7a}$$

$$\Phi_e = \oiint_S \boldsymbol{E}\cdot d\boldsymbol{S} = \int_V \frac{1}{\varepsilon_0}\rho dV \quad (\text{连续分布的源电荷}) \tag{6-7b}$$

式中,ρ 为连续分布源电荷的体密度;V 为包围在闭合曲面内的体积。式(6-7)就是真空中静电场高斯定理的数学表示式。定理中的任一闭合曲面常称为**高斯面**。

高斯定理可以由库仑定则和电场叠加原理进行证明。如图 6-8(a)所示,在带电量为 q 的点电荷产生的电场中,设想以 q 所在处为中心,以任意半径 r 作一球面 S 为高斯面,它包围点电荷 q。从前面的讨论可知,球面上任一点的电场强度 $\boldsymbol{E}$ 的大小都相等,方向沿径向并处处与球面 S 垂直。因此,穿过这个球面的电通量为

$$\Phi_e = \oiint_S \boldsymbol{E}\cdot d\boldsymbol{S} = E\oiint_S dS = \frac{1}{4\pi\varepsilon_0}\frac{q}{r^2}4\pi r^2 = \frac{1}{\varepsilon_0}q$$

这一结果与球面的半径无关。亦即说,穿过任何半径的球面的电通量都等于$\frac{1}{\varepsilon_0}q$。这说明从正电荷 q 发出的电场线条数为$\frac{1}{\varepsilon_0}q$,其电场线连续地伸向无限远处。容易想象,如果作一任意的闭合曲面 S',如图 6-8(a)所示,只要电荷 q 被包围在闭合曲面之内,那么从 q 发出的全部电场线,必然都穿过该闭合曲面,因而穿过它们的电通量也等于$\frac{1}{\varepsilon_0}q$。至于电荷 q 在闭合曲面内的位置,对这一结果并无影响。如果闭合曲面内包围的是一个负的点电荷 q,那么必有等量的电场线穿入闭合曲面,因而穿过闭合曲面的电通量等于负的$\frac{1}{\varepsilon_0}q$。

如果高斯面内不包围电荷,电荷在高斯面的外面,如图 6-8(b)所示。在这种情况下,电场线或者不穿过高斯面,或者穿入的电场线必然要穿出,按照电通量计算的规定,穿入为负,穿出为正,其代数和为零,所以高斯面外面的电荷,对穿过高斯面的电通量并无贡献。因此在应用高斯定理时,高斯面外面的电荷不要计入。

设想任意闭合曲面 S 内包围两个正的点电荷 q_1 和 q_2,如图 6-8(c)所示。q_1 发出的电场线条数为$\frac{1}{\varepsilon_0}q_1$,$q_2$ 发出的电场线条数为$\frac{1}{\varepsilon_0}q_2$,它们发出的电场线都穿过了闭合曲面。因此,穿过闭合曲面的电通量为$\frac{1}{\varepsilon_0}(q_1+q_2)$。如果 q_1 为正电荷,q_2 为负电荷,则 q_1 发出的电场线条数为$\frac{1}{\varepsilon_0}q_1$,终止于 q_2 的电场线条数为$\frac{1}{\varepsilon_0}q_2$,因而净

穿入(或穿出)闭合曲面的电场线条数也为$\frac{1}{\varepsilon_0}(q_1+q_2)$，显然这时 q_1+q_2 应理解为代数和。这一结果不难推广到闭合曲面内包围许多个点电荷的情况。

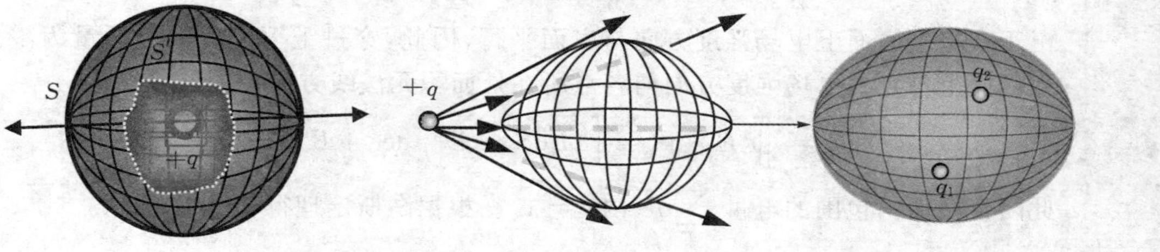

图 6-8　静电场中高斯定理证明

通过以上特例的讨论，可以看出与高斯定理所给出的结论是完全符合的。

一般地说，高斯定理说明静电场中电场强度对任意曲面的通量只取决于该闭合曲面内包围电荷的电量的代数和，与闭合曲面内电荷的分布及闭合曲面外的电荷无关。但是应该指出，虽然高斯定理中穿过闭合曲面的电通量只与曲面内包围的电荷有关，然而定理中涉及的电场强度却是所有(包括闭合曲面内、外)源电荷产生的总电场强度。

高斯定理的重要意义在于把电场与产生电场的源电荷联系起来了，它反映了静电场是有源电场这一基本的性质。凡是有正电荷的地方，必有电场线发出；凡是有负电荷的地方，必有电场线汇聚。正电荷是电场线的源头，负电荷是电场线的尾闾。

6.2.4　高斯定理应用于典型带电体场强的计算

高斯定理具有重要的理论意义和实际意义。如果电荷分布已给出，一般情况下应用高斯定理直接求出的只是某闭合面的电通量。但是，当电荷分布具有一定的对称性时，利用高斯定理可以很方便地求出场强，从而解决静电场中的很多实际问题。下面举几个典型例子，而这些特殊情况，在实际中还是很有用的。

例 6-4　已知无限长均匀带电直线的电荷线密度为$+\lambda$，求距直线 r 处一点 P 的电场强度。

解　根据电荷分布的特点，可以推知，这一均匀带电无限长直线产生的电场分布具有轴对称性。考虑离直线距离为 r 的一点 P 的电场强度，因为带电直线为无限长，且均匀带电，所以电荷分布相对于直线上下是对称的，因而 P 点的电场强度 $\boldsymbol{E}$ 垂直于带电直线而沿径向，如图 6-9 所示。与 P 点在同一圆柱面上的各点电场强度大小都相等，方向都沿径向。

过 P 点作一个以带电直线为轴,以 l 为高的圆柱形闭合曲面 S 作为高斯面,则通过闭合曲面 S 的电通量为

$$\Phi_e = \oiint_S \boldsymbol{E} \cdot \mathrm{d}\boldsymbol{S} = \int_{侧} \boldsymbol{E} \cdot \mathrm{d}\boldsymbol{S} + \int_{上底} \boldsymbol{E} \cdot \mathrm{d}\boldsymbol{S} + \int_{下底} \boldsymbol{E} \cdot \mathrm{d}\boldsymbol{S}$$

由于在上下底面上电场强度方向与底面平行,因此,穿过上下底面的电通量为零。而侧面上各点的电场强度方向与各点所在处面积元法线方向相同。所以

$$\Phi_e = \oiint_S \boldsymbol{E} \cdot \mathrm{d}\boldsymbol{S} = \int_{侧} E\mathrm{d}S = E\int_{侧} \mathrm{d}S = E \cdot 2\pi r \cdot l$$

此闭合曲面内包围的电量 $\sum_i q_i(内) = \lambda l$ 。根据高斯定理得

$$E \cdot 2\pi r \cdot l = \frac{1}{\varepsilon_0}\lambda l$$

由此得

$$E = \frac{\lambda}{2\pi\varepsilon_0 r}$$

可以看出电场强度的大小随 r 的一次方成反比地减小。

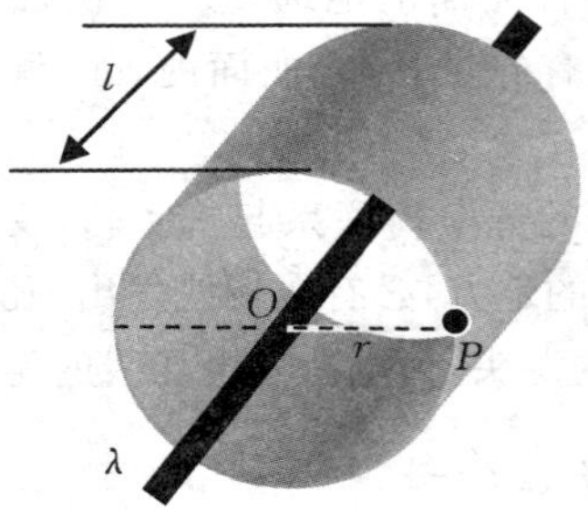

图 6-9 无限长均匀带电线外场强分布

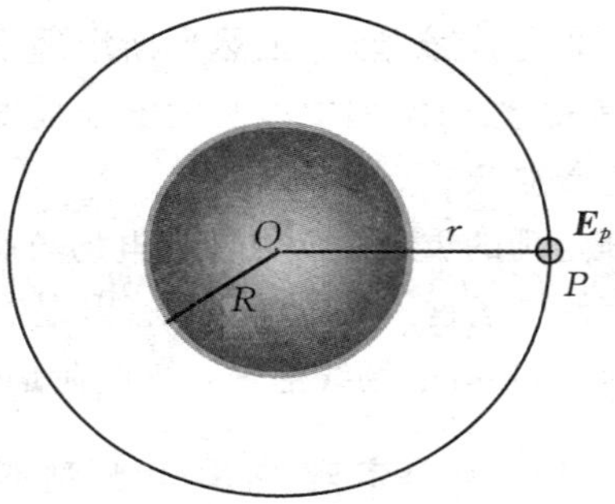

图 6-10 均匀带电球面场强分布

例 6-5 求均匀带电球面的电场强度分布。已知球面半径为 R,所带电量为 $+q$。

解 先求球面外任一点的电场强度。设球面外任一点 P 距球心 O 为 r,以 O 为球心,r 为半径作球面 S 为高斯面,如图 6-10 所示。由于电荷分布是球对称的,所以同一球面上各点电场强度的大小是相等的,方向都沿径向。穿过高斯面 S 的电通量为

$$\Phi_e = \oiint_S \boldsymbol{E} \cdot \mathrm{d}\boldsymbol{S} = \oiint_S E \cdot \mathrm{d}S$$

$$= E\oiint_S \mathrm{d}S = E \cdot 4\pi r^2$$

此高斯面内包围的电量 $\sum_i q_i(\text{内}) = q$。根据高斯定理，有

$$E \cdot 4\pi r^2 = \frac{q}{\varepsilon_0}$$

所以

$$E = \frac{1}{4\pi\varepsilon_0}\frac{q}{r^2} \quad (r > R)$$

考虑到 $\boldsymbol{E}$ 的方向，可用矢量式表示为

$$\boldsymbol{E} = \frac{1}{4\pi\varepsilon_0}\frac{q}{r^2}\boldsymbol{r}^0$$

可以看出，均匀带电球面外的电场强度分布，和球面上的电荷都集中在球心时形成的点电荷产生的电场强度分布一样。

对球面内部一点 P'。过 P' 点作一半径为 r' 的同心球面 S' 为高斯面。由于它内部没有包围电荷，因此

$$\Phi_e = \oiint_{S'} \boldsymbol{E} \cdot \mathrm{d}\boldsymbol{S} = 0$$

故

$$E = 0 \quad (r < R)$$

此结果表明，均匀带电球面内部的电场强度处处为零。

例 6-6　已知平面上带电面密度为 $+\sigma$，求"无限大"均匀带电平面的电场强度分布。

解　由于电荷均匀分布在"无限大"平面上，可知空间各点的电场强度分布具有面对称性，即离带电平面等距离远处各点电场强度 $\boldsymbol{E}$ 的大小相等，方向都与带电平面垂直，如图 6-11 所示。

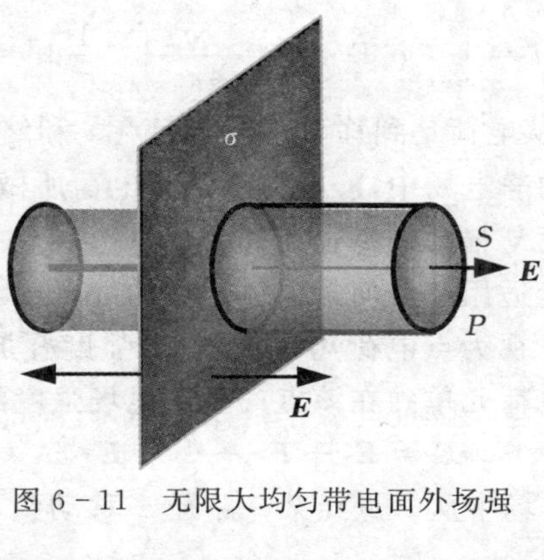

图 6-11　无限大均匀带电面外场强

选取一个圆柱形高斯面，使其轴线与带电平面垂直，并使两边对称，P 点位于一个底面上，底面的面积为 S，其上的电场强度大小为 E。由于圆柱侧面上各点的

电场强度与侧面平行,所以穿过侧面的电通量为零。于是穿过整个高斯面的电通量就等于两个底面上的电通量,即

$$\Phi_e = \oiint_S \boldsymbol{E} \cdot \mathrm{d}\boldsymbol{S} = \int_{侧} \boldsymbol{E} \cdot \mathrm{d}\boldsymbol{S} + \int_{左底} \boldsymbol{E} \cdot \mathrm{d}\boldsymbol{S} + \int_{右底} \boldsymbol{E} \cdot \mathrm{d}\boldsymbol{S} = 0 + ES + ES = 2ES$$

高斯面内包围的电量 $\sum_i q_i(内) = \sigma S$,根据高斯定理有

$$2ES = \frac{1}{\varepsilon_0}\sigma S$$

所以 $E=\dfrac{\sigma}{2\varepsilon_0}$,即“无限大”均匀带电平面两侧的电场是均匀场。

6.3　静电场的环路定理

6.3.1　静电力的功

前面从电荷在电场中受力的观点研究了静电场的性质,引入了电场强度的概念。本节将从电荷在静电场中移动时,静电力做功的角度来研究静电场的性质,引入电势的概念。先讨论点电荷产生的静电场。为叙述方便起见,均以正电荷为例。如图 6 - 12 所示,设一正的试验电荷 q_0 在静止的点电荷 q 产生的电场中,由 a 点经某一路径 L 移动到 b 点,则静电力对 q_0 做功为

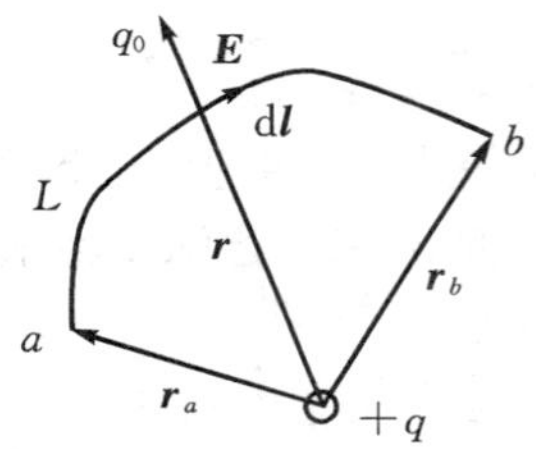

图 6 - 12　点电荷产生电场中静电力的功

$$A_{ab} = \int_{a(L)}^{b} \boldsymbol{F} \cdot \mathrm{d}\boldsymbol{l} = \int_{a(L)}^{b} q_0 \boldsymbol{E} \cdot \mathrm{d}\boldsymbol{l} = \frac{qq_0}{4\pi\varepsilon_0}\int_{r_a}^{r_b} \frac{1}{r^2}\mathrm{d}r = \frac{qq_0}{4\pi\varepsilon_0}\left(\frac{1}{r_a} - \frac{1}{r_b}\right)$$

式中,r_a 和 r_b 分别表示从电荷 q 到移动路径的起点 a 和终点 b 的距离。由此结果可以看出,在点电荷 q 的静电场中,静电力对试验电荷所做的功只取决于移动路径的起点和终点的位置,而与移动的路径无关。

可以证明,上述结论适用于任何带电体产生的静电场,因为对任何带电体都可将其分割成许多电荷元(视为点电荷)。根据电场强度叠加原理,带电体在某点产生的电场强度,等于各电荷元单独在该点产生的电场强度的矢量和,即

$$\boldsymbol{E} = \boldsymbol{E}_1 + \boldsymbol{E}_2 + \cdots + \boldsymbol{E}_n$$

当试验电荷 q_0 在这一电场中从 a 点经某一路径 L 移动到 b 点时,静电力做功为

$$A_{ab} = \int_{a(L)}^{b} \boldsymbol{F} \cdot \mathrm{d}\boldsymbol{l} = \int_{a(L)}^{b} q_0 \boldsymbol{E} \cdot \mathrm{d}\boldsymbol{l}$$

$$= \int_{a(L)}^{b} q_0(\boldsymbol{E}_1 + \boldsymbol{E}_2 + \cdots + \boldsymbol{E}_n) \cdot \mathrm{d}\boldsymbol{l}$$

$$= \int_{a(L)}^{b} q_0\boldsymbol{E}_1 \cdot \mathrm{d}\boldsymbol{l} + \int_{a(L)}^{b} q_0\boldsymbol{E}_2 \cdot \mathrm{d}\boldsymbol{l} + \cdots + \int_{a(L)}^{b} q_0\boldsymbol{E}_n \cdot \mathrm{d}\boldsymbol{l}$$

由于上式最后一个等号的右端每一项都与路径无关，因此各项之和也必然与路径无关。

综上所述，可以得出如下结论：**试验电荷在任意给定的静电场中移动时，静电力对试验电荷所做的功，只取决于试验电荷的电量和所经路径的起点及终点的位置，而与移动的具体路径无关。**这和力学中讨论过的万有引力、弹性力等保守力做功的特性类似，所以静电力也是保守力，静电场是保守场。

6.3.2 静电场的环路定理

静电力做功与路径无关的特性还可以用另一种形式来表示。设试验电荷 q_0 从电场中的 a 点沿路径 L 移动到 b 点，再沿路径 L' 返回 a 点，如图 6-13 所示。作用在试验电荷 q_0 上的静电力在整个闭合路径上所做的功为

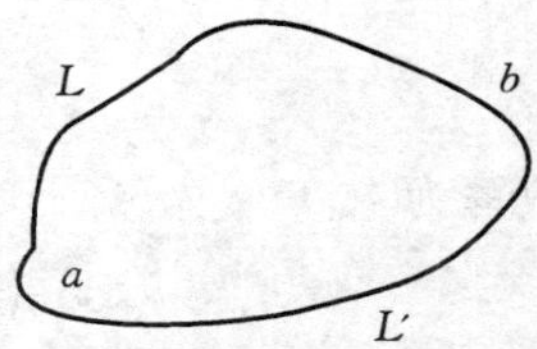

图 6-13 闭合路径

$$A_{ab} = \oint \boldsymbol{F} \cdot \mathrm{d}\boldsymbol{l} = \oint q_0\boldsymbol{E} \cdot \mathrm{d}\boldsymbol{l}$$

$$= \int_{a(L)}^{b} q_0\boldsymbol{E} \cdot \mathrm{d}\boldsymbol{l} + \int_{b(L')}^{a} q_0\boldsymbol{E} \cdot \mathrm{d}\boldsymbol{l}$$

$$= \int_{a(L)}^{b} q_0\boldsymbol{E} \cdot \mathrm{d}\boldsymbol{l} - \int_{a(L')}^{b} q_0\boldsymbol{E} \cdot \mathrm{d}\boldsymbol{l}$$

由于静电力做功与路径无关，因此有

$$\int_{a(L)}^{b} q_0\boldsymbol{E} \cdot \mathrm{d}\boldsymbol{l} = \int_{a(L')}^{b} q_0\boldsymbol{E} \cdot \mathrm{d}\boldsymbol{l}$$

将此式代入上式得

$$A_{ab} = \oint q_0\boldsymbol{E} \cdot \mathrm{d}\boldsymbol{l} = 0$$

因为试验电荷 q_0 不为零，所以

$$\oint \boldsymbol{E} \cdot \mathrm{d}\boldsymbol{l} = 0 \tag{6-8}$$

此式表明：**在静电场中，电场强度沿任一闭合路径的线积分（称为电场强度的环流）恒为零。**这称为**静电场的环路定理。**

静电场的环路定理表明，静电场的电场线不可能是闭合的（为什么？）。静电场是无旋场，静电场的这一性质，决定了在静电场中可以引入电势的概念。

6.4 电　　势

6.4.1 电势能

重力是保守力,重力场是保守场。物体在重力场中某一位置时具有一定的重力势能,重力所做的功可以作为重力势能差的量度。电场力是保守力,电场是保守场,电荷在电场中某一位置时也具有一定的电势能,电场力所做的功可以作为电势能差的量度。

设试验电荷 q_0 在电场中 a 点的电势能为 W_a,在 b 点的电势能为 W_b。由于把 q_0 从 a 点移动到 b 点,静电力做功与路径无关,因此,静电力做功 A_{ab} 就可以作为电荷 q_0 在 a,b 两点电势能改变量的量度,即

$$W_a - W_b = A_{ab} = \int_a^b q_0 \boldsymbol{E} \cdot \mathrm{d}\boldsymbol{l}$$

或改写为

$$A_{ab} = -(W_b - W_a) = \int_a^b q_0 \boldsymbol{E} \cdot \mathrm{d}\boldsymbol{l}$$

即在静电场中,将点电荷从 a 点移动到 b 点,静电力的功等于该点电荷电势能增量的负值。

重力势能是相对量,电势能也是相对量。若要确定电荷在某点的电势能的绝对数值,必须选定一个电势能为零的参考点。和力学中势能零参考点选取一样,电势能零参考点也是可以任意选取的。如选定电荷在 b 点的电势能为零,即规定 $W_b=0$,则

$$W_a = A_{a''0''} = \int_a^{''0''} q_0 \boldsymbol{E} \cdot \mathrm{d}\boldsymbol{l} \tag{6-9}$$

这就是说,电荷在电场中某点的电势能,在数值上等于把电荷从该点移动到电势能零参考点时,静电力所做的功。

6.4.2 电势

和从力的观点引入电场强度,用以描述电场性质相类似,人们希望从功能观点引入一个描述电场性质的物理量。显然,电势能不是这样的物理量,因为它不仅与电场的性质有关,而且还与引入电场中计算其电势能的电荷的电量大小及正负有关。但是人们发现,电荷在电场中某点的电势能与电量之比值与电量大小、正负无关,只与电场在那点的性质有关,因此,就把这一比值定义为电场在该点的**电势**,用 u 来表示。如电荷 q_0 在电场中某点 a 的电势能为 W_a,则电场在 a 点的电势 u_a 定义为

$$u_a = \frac{W_a}{q_0} \tag{6-10}$$

即电场中某点的电势，其数值等于单位正电荷在该点所具有的电势能。

根据式(6－9)，式(6－10)也可以写作

$$u_a = \frac{A_{a''0''}}{q_0} = \int_a^{''0''} \boldsymbol{E} \cdot \mathrm{d}\boldsymbol{l} \tag{6-11}$$

即电场中某点的电势，其数值也等于把单位正电荷从该点沿任意路径移动到电势能零参考点时，静电力所做的功。式(6－11)是电场强度和电势的积分关系。

电势也是相对量，电势为零的参考点称为电势零点。当电势零点选定时，电场中某一点的电势才唯一确定。电势零参考点的选取可以是任意的，但通常的原则是使得通过数学计算得到的电势表达式正确且简洁，同时还应使得电势在实际工作中便于测量。因此，在理论计算上，当电荷分布在有限空间时，一般选无穷远处为电势零点；而在实际应用时，往往选取地球为电势零点。

6.4.3　电势叠加原理

对于带电量 q 的点电荷产生的电场，电场强度的分布为

$$\boldsymbol{E} = \frac{1}{4\pi\varepsilon_0}\frac{q}{r^2}\boldsymbol{r}^0$$

根据电势的定义式(6－11)，选取无限远处为电势零参考点，则在带电量 q 的点电荷产生的电场中，某点 a 的电势为

$$u_a = \int_a^{\infty} \boldsymbol{E} \cdot \mathrm{d}\boldsymbol{l} = \int_r^{\infty} \frac{1}{4\pi\varepsilon_0}\frac{q}{r^2}\mathrm{d}r = \frac{1}{4\pi\varepsilon_0}\frac{q}{r} \tag{6-12}$$

式中，r 为 a 点到点电荷 q 所在处的距离。当 $q>0$ 时，把单位正电荷从 a 点移动到无限远处，静电力做正功，所以 a 点的电势为正；反之，当 $q<0$ 时，把单位正电荷从 a 点移动到无限远处，静电力做负功，所以 a 点的电势为负。

在带电量分别为 $q_1, q_2, \cdots, q_n$ 的点电荷系产生的电场中，某点 a 的电势

$$u_a = \int_a^{\infty} \boldsymbol{E} \cdot \mathrm{d}\boldsymbol{l}$$

式中，$\boldsymbol{E}$ 为点电荷系产生的合电场强度，即

$$\boldsymbol{E} = \boldsymbol{E}_1 + \boldsymbol{E}_2 + \cdots + \boldsymbol{E}_n = \sum_i \boldsymbol{E}_i$$

代入上式得

$$u_a = \int_a^{\infty} \sum_i \boldsymbol{E}_i \cdot \mathrm{d}\boldsymbol{l} = \sum_i \int_a^{\infty} \boldsymbol{E}_i \cdot \mathrm{d}\boldsymbol{l} = \sum_i u_i \tag{6-13}$$

式(6－13)说明，**在点电荷系产生的电场中，某点的电势是各个点电荷单独存在时，在该点产生的电势的代数和。**这称为**电势叠加原理。**

对于电量为 Q 的带电体产生的电场,可以设想把带电体分割为许多电荷元 $\mathrm{d}q$(视为点电荷),根据电势叠加原理,电场中某点 a 的电势就等于各电荷元 $\mathrm{d}q$ 在该点产生的电势之和,即

$$u_a = \int_Q \frac{1}{4\pi\varepsilon_0}\frac{\mathrm{d}q}{r} \tag{6-14}$$

上面的积分遍及于整个带电体。注意以上两式均是以无限远处为电势零参考点的。

6.4.4 电势的计算

计算电场中各点的电势,可以通过两种途径:一是根据已知的电荷分布,由点电势和电势叠加原理来计算;二是根据已知的电场强度分布,由电势与电场强度的积分关系来计算。

1)从电荷分布求电势

例 6-7 有一半径为 r,带电量为 $+q$ 的均匀带电圆环,如图 6-14 所示。试求圆环轴线上距环心 O 为 x 处一点 P 的电势。

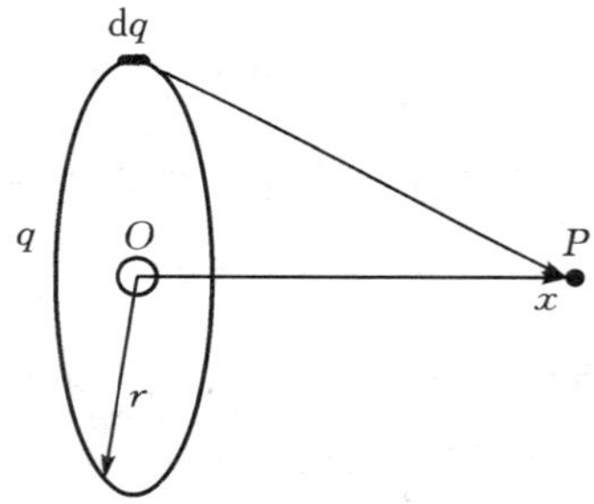

图 6-14 均匀带电圆环轴线上电势分布

解 把带电圆环分割成许多电荷元 $\mathrm{d}q$(可视为点电荷),$\mathrm{d}q=\lambda\mathrm{d}l$,$\lambda=\dfrac{q}{2\pi r}$为圆环带电的线密度。每个电荷元到 P 点的距离均为$(r^2+x^2)^{1/2}$。选无限远处为电势零参考点,根据电势叠加原理,整个带电圆环在 P 点产生的电势等于各个电荷元在 P 点产生的元电势 $\mathrm{d}u$ 的积分。

$$\begin{aligned} u_P &= \int \mathrm{d}u = \int \frac{1}{4\pi\varepsilon_0}\frac{\mathrm{d}q}{(r^2+x^2)^{1/2}} \\ &= \frac{1}{4\pi\varepsilon_0}\frac{1}{(r^2+x^2)^{1/2}}\int_q \mathrm{d}q \\ &= \frac{1}{4\pi\varepsilon_0}\frac{q}{(r^2+x^2)^{1/2}} \end{aligned}$$

当 $x=0$ 时,即圆环中心 O 处的电势为

$$u_0 = \frac{1}{4\pi\varepsilon_0}\frac{q}{r}$$

当 $x \gg r$ 时,因为$(r^2+x^2)^{1/2} \approx x$,所以

$$u_P = \frac{1}{4\pi\varepsilon_0}\frac{q}{x}$$

相当于把圆环所带电量集中在环心处的一个点电荷产生的电势。

2)从电场强度分布求电势

例 6-8 "无限长"均匀带电圆柱面的半径为 R,单位长度上带电量为 $+\lambda$。试求其电势分布。

解 由于电荷分布的轴对称性,应用高斯定理很容易求出电场强度分布为

$$E=\begin{cases}0 & (r<R)\\ \dfrac{\lambda}{2\pi\varepsilon_0 r} & (r>R)\end{cases}$$

电场强度方向垂直于带电圆柱面沿径向。

若本题仍选取无限远处为电势零参考点,则由 $\int_P^{\infty}\boldsymbol{E}\cdot \mathrm{d}\boldsymbol{l}$ 的积分结果,可知各点的电势为无限大,这是没有意义的。一般来说,当电荷分布延伸到无限远时,是不能选取无限远处为电势零参考点的。在本题中,可以选取某一距带电圆柱面轴线为 r_0 的 P_0 点为电势零参考点(见图 6-15),则相对轴线距离为 r 一点 P 处的电势为

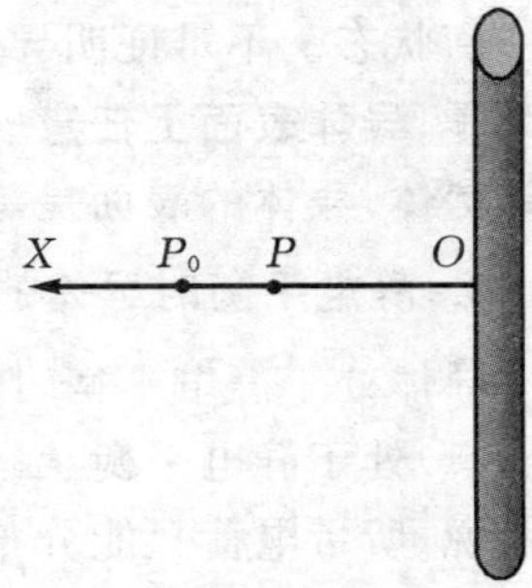

图 6-15 无限长均匀带电圆柱面电势分布

$$u_P=\int_P^{P_0}\boldsymbol{E}\cdot \mathrm{d}\boldsymbol{l}=\int_r^{r_0}\frac{\lambda}{2\pi\varepsilon_0 r}\mathrm{d}r$$

$$=-\frac{\lambda}{2\pi\varepsilon_0}\ln r+\frac{\lambda}{2\pi\varepsilon_0}\ln r_0$$

这一结果可以一般地表示为

$$u_P=-\frac{\lambda}{2\pi\varepsilon_0}\ln r+c$$

式中,$c=\dfrac{\lambda}{2\pi\varepsilon_0}\ln r_0$ 为与电势零参考点位置有关的常数。

当 $r<R$ 时,有

$$u_P=\int_r^R\boldsymbol{E}\cdot \mathrm{d}\boldsymbol{l}+\int_R^{r_0}\boldsymbol{E}\cdot \mathrm{d}\boldsymbol{l}=0+\int_R^{r_0}\frac{\lambda}{2\pi\varepsilon_0 r}\mathrm{d}r=-\frac{\lambda}{2\pi\varepsilon_0}\ln R+c$$

可以看出,圆柱面内的电势为一常量。

6.5 静电场中的导体和电解质

6.5.1 静电场中的导体

1. 导体的静电平衡

具有大量能够自由移动的带电粒子,因而能够很好地传导电流的物质称为导

体。常见的导体有两类:一类是依靠电子导电的,如金属等,称为第一类导体;另一类是依靠离子导电的,如酸、碱、盐的溶液等,称为第二类导体。我们主要讨论金属导体。

当导体不带电(指没有多余的正电荷或负电荷),也不受外电场的作用时,尽管自由电子在导体内不断地无规则热运动,但从整体上来看导体内自由电子所带负电荷与点阵所带正电荷的数量相等,导体呈电中性。自由电子的热运动不会在导体内形成宏观上的定向运动。一般地说,不论导体是否带电或者是否受外电场作用,如果导体内部和表面上任何一部分都没有宏观电荷运动,我们就说导体处于静电平衡状态。不难证明导体达到**静电平衡的条件**是:**导体内部任意一点的电场强度为零,导体表面上任意一点的电场强度方向垂直于导体表面**。或者说,**导体是一个等势体,导体的表面是等势面**。

2. 静电平衡时导体的电性质

导体处于静电平衡时具有以下性质:

(1)处于静电平衡状态的导体,无论是否带电,导体内部都不存在多余的电荷,或者说,所带电荷只能分布在导体表面上。

(2)处于静电平衡状态的导体,表面上一点(指表面外无限靠近表面的点)的电场强度和该点导体表面电荷的面密度成正比。

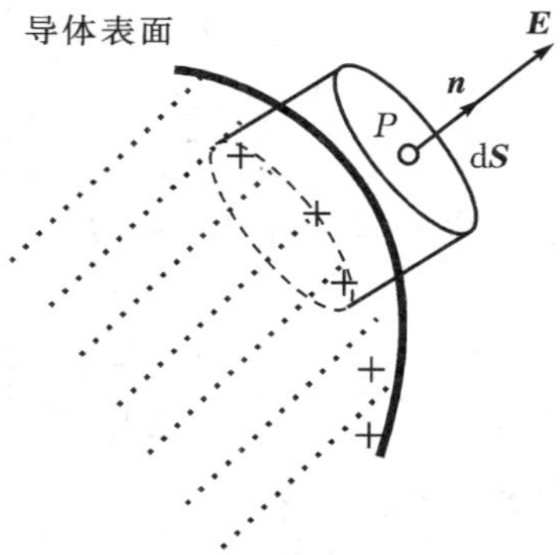

图 6 - 16 静电平衡导体表面的电荷面密度与场强的关系

从导体内部向外看,在导体表面处出现电场的突变。$\boldsymbol{E}$ 在内部为零,而在外部不为零,$\boldsymbol{E}$ 的这种不连续性是由于存在面密度为 σ 的表面电荷而引起的。可以用高斯定理把 $\boldsymbol{E}$ 和这个电荷面密度 σ 直接联系起来。如图 6 - 16 所示,设想过导体表面 P 点处作一微小的圆柱面,使其轴线与导体表面垂直,两端面和导体表面平行,并使上端面刚好在导体表面之外,下端面刚好在导体表面之内,端面面积为 $\mathrm{d}S$,圆柱面所包围的导体表面上带电量为 $\sigma\mathrm{d}S$。因为导体表面上的电场强度总是垂直于表面,而导体内部的电场强度处处为零,所以只有上端面有与之垂直的电场线穿过,其他部分上的电通量均为零。

对于闭合的圆柱面应用高斯定理有

$$\oiint_S \boldsymbol{E} \cdot \mathrm{d}\boldsymbol{S} = E\mathrm{d}S = \frac{\sigma \mathrm{d}S}{\varepsilon_0}$$

所以

$$E=\frac{\sigma}{\varepsilon_0}$$

$\boldsymbol{E}$ 的方向与导体表面法线 $\boldsymbol{n}$ 的方向相同还是相反，取决于 σ 的正负，考虑到方向的关系，上式可以写成

$$\boldsymbol{E}=\frac{\sigma}{\varepsilon_0}\boldsymbol{n} \tag{6-15}$$

(3)处于静电平衡状态的孤立导体，其表面上电荷面密度的大小与表面的曲率有关。

导体表面凸出的地方曲率较大，电荷就比较密集，即电荷面密度 σ 较大；导体表面较平坦的地方曲率较小，电荷就比较稀疏，电荷面密度 σ 较小；表面凹进去的地方，电荷面密度 σ 就更小。在导体表面有尖端凸出的部分，曲率特别大，电荷密度也特别大，因而尖端附近的电场特别强。当电场强度大到超过空气的击穿场强时，空气就被电离，这时与尖端上所带电荷符号相反的离子被吸引到尖端上去，和尖端上的电荷中和；与尖端上所带电荷符号相同的离子则被排斥，加速离开尖端，这种现象称为尖端放电。对于尖端放电，在实际中，有些地方要利用它，有些地方则要避免它。

3. 静电感应与静电屏蔽

把不带电的导体引入外电场中，导体内的自由电子就在电场力的作用下，沿着与场强相反的方向运动。它们不能移动到表面以外的地方去，只能在导体一端表面上堆积起来，导体的另一端表面，由于缺少了电子而呈现带正电，并且这两种符号的电荷数量相等。这种在电场作用下导体中出现的电荷重新分布的现象，称为**静电感应现象**，导体两端上出现的电荷称为**感应电荷**。随着导体两端面感应电荷的出现，在导体内将产生一个与外电场 $\boldsymbol{E}_0$ 方向相反的电场 $\boldsymbol{E}'$，它阻止自由电子继续运动。随着感应电荷的堆积，其电场强度 $\boldsymbol{E}'$ 也越来越强，最后达到与外电场完全抵消，即 $\boldsymbol{E}_0+\boldsymbol{E}'=0$，导体内部的电场强度为零，这时自由电荷的宏观运动便停止了，导体达到静电平衡状态。

把一个空心的导体(其空腔内无电荷)放入一均匀的外电场中时，由于导体的引进将使得原来的电场发生变化，达到静电平衡时，导体上及空腔内部的场强为零。用高斯定理可以证明感应电荷只分布在导体的外表面上，内表面上无电荷分布。空腔内任一点的电场强度为零，空腔内将不受外界电场的影响。通常把这种作用称为**静电屏蔽作用**。静电屏蔽在实际中有着广泛的应用。例如，为了使电子仪器不受外界的干扰，通常将仪器装在金属壳中。若要维持金属外壳的电势也不随外电场而变化，只要把金属外壳接地即可。再如，在超高压带电作业时，工人只要穿上金属丝织成的工作服，即可保障人身安全等。

如果导体空腔内包围有电荷(见图 6-17(a)),则由于静电感应而在空心导体的内外表面产生等量异号的感应电荷。当腔内电荷变化时,在空心导体外部空间的电场也要随之而变化。为使空腔内电场对空心导体外部空间不产生影响,也可以把空心导体表面接地(见图 6-17(b)),外表面电荷将全部导入地下,外表面上没有电场线发出,这样接地的导体外壳把内部的电场对外界的影响隔绝了。这也是一种屏蔽作用。

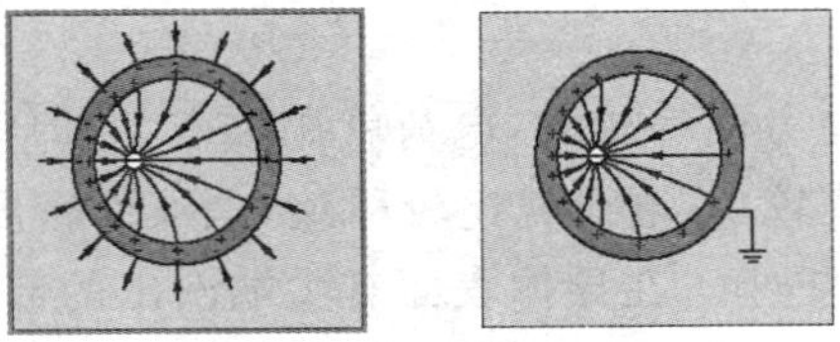

(a)无接地空腔导体　　(b)接地空腔导体

图 6-17　空腔导体的静电屏蔽

6.5.2　静电场中的电介质

电介质(dielectric)是指在通常条件下导电性能极差的物质,云母、橡胶、干木材等都是电介质,主要由蛋白质、脂肪和糖组成的有机体的致密组织也是电介质。与金属导体中存在着大量的自由电子不同,电介质分子中的电子受原子核电场的作用非常强,电子处于束缚状态,电介质中几乎没有自由电子。

1. 电介质分子的电结构

根据分子电结构的不同,可把电介质分为两类,一类为无极分子,另一类为有极分子。无极分子是指分子中负电荷对称地分布在正电荷周围,以致在无外电场作用时,分子的正负电荷中心重合,分子无电偶极矩。如 CH_4,H_2,N_2 等皆为无极分子。CH_4 的结构如图 6-18(a)所示,在无外电场作用时,由无极分子构成的电介质对外呈现电中性。有极分子是指在无外电场作用时,分子的正负电荷中心就不重合,如图 6-18(b)所示。这时等量的分子正负电荷形成电偶极子,具有电偶极矩 $\boldsymbol{P}$。在无外电场作用时,大量有极分子组成的电介质,由于分子的不规则热运动,各分子电偶极矩取向杂乱无章,因此宏观上对外也呈现电中性。

2. 电介质的极化 极化电荷

将有极分子电介质放在均匀外电场中时,各分子的电偶极子受到外电场力偶的作用,都要转向外电场方向有序地排列起来。但是,由于分子的热运动,这种分子电偶极子的排列不可能是整齐的。然而从总体来看,这种转向排列的结果,使电介质沿电场方向前后两个侧面分别呈现正、负电荷,如图 6-19(a)所示。这种不能在电介质内自由移动，也不能离开电介质表面的电荷，称为**束缚电荷**或**极化电荷**，相应地，能够在导体内自由移动，也可以离开导体表面的电荷称为**自由电荷**。在外电场作用下，电介质分子的电偶极子趋于外电场方向排列，结果在电介质的侧面出现极化电荷的现象称为电介质的**极化现象**。有极分子电介质的极化常称为**取向极化**。

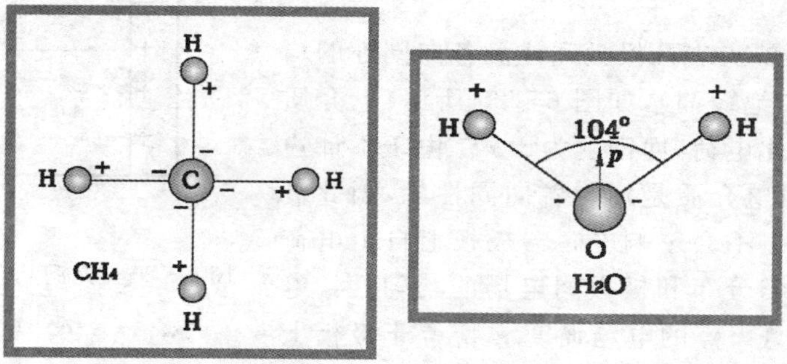

(a)无极分子 (b)有极分子

图 6－18 电介质分子

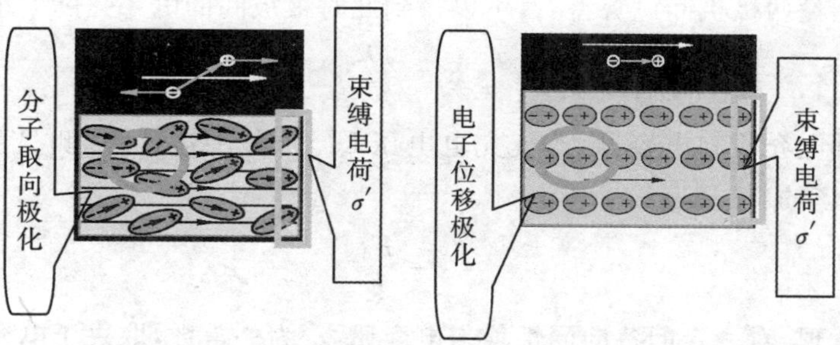

(a)有极分子的取向极化 (b)无极分子的位移极化

图 6－19 电介质分子的极化

将无极分子电介质放在外电场中时，由于分子中的正负电荷受到相反方向的电场力，因而正负电荷中心将发生微小的相对位移，从而形成电偶极子，其电偶极矩将沿外电场方向排列起来，如图 6－19(b)所示。这时，沿外电场方向电介质的前后两侧面也将分别出现正、负**极化电荷**，这也是一种电介质的极化现象。无极分子电介质的极化常称为**位移极化**。

3. 电介质内的电场强度

一般说来，要计算在外电场中电介质内部的电场强度是比较复杂的。为简单起见,以充满各向同性均匀电介质的平板电容器为例,来研究电介质内部的电场。

板间距为 d 的平行板电容器(边缘效应不计),充电后两极板间电势差为 U_0,极板上自由电荷面密度为 $\pm\sigma_0$,极板内部场强均匀,大小为

$$E_0=\frac{U_0}{d}$$

断开电源,并在两极板间注满各向同性的均匀电介质(如绝缘油),如图 6-20 所示,电介质表面出现极化电荷,面密度为 $\pm\sigma'$。由于不计边缘效应,同时电介质是均匀各向同性的,因此极化电荷的产生不会影响电容器极板上自由电荷面密度的均匀分布和极板间电场的均匀性。电介质内部任意一点的电场强度 $\boldsymbol{E}$ 应等于极板上自由电荷在该点产生的电场强度 $\boldsymbol{E}_0$ 与分布在电介质两平行端面上的极化电荷在该点产生的电场强度 $\boldsymbol{E}'$ 的矢量和,即

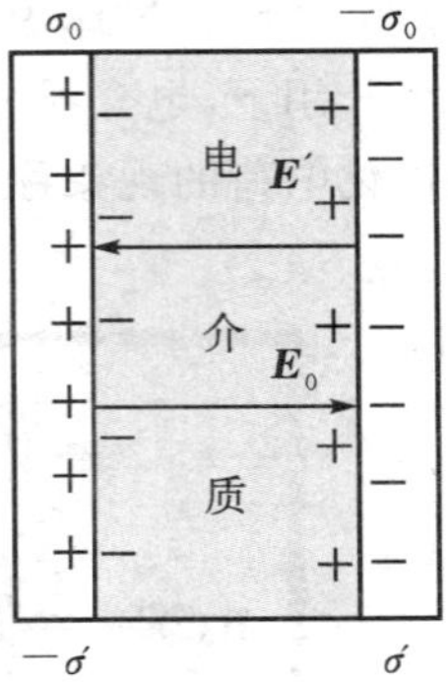

图 6-20　充满均匀电介质的平行板电容器的电场

$$\boldsymbol{E}=\boldsymbol{E}_0+\boldsymbol{E}'$$

通过测量两极板间电势差 U,可以得到此时极板间的电场强度大小为

$$E=\frac{U}{d}$$

用同种电介质和电容器,改变充电电压 U_0,重复上述过程,测量相应的 $\boldsymbol{E}$ 和 $\boldsymbol{E}_0$,计算相应的

$$\varepsilon_r=\frac{E_0}{E} \tag{6-16}$$

实验发现,对一定的各向同性均匀电介质,ε_r 为一常数,取决于电介质的性质,称为该介质的**相对电容率**(或相对介电常数),它是无量纲量,其值反映电解质在外电场中的极化程度及对外电场的影响程度。实验表明,除真空中 $\varepsilon_r=1$ 外,所有电介质的 ε_r 均大于 1。可以看出,在电介质内部,合电场强度 $\boldsymbol{E}$ 总是小于自由电荷产生的电场强度 $\boldsymbol{E}_0$。这一结论虽然是从特例得到的,但可以证明是普遍成立的。

应该指出,式(6-16)给出的关系式 $\varepsilon_r=\dfrac{E_0}{E}$,既是实验确认的,也可以从理论上导出,但它是有适用条件的。这个条件就是:各向同性的均匀电介质要充满电场所在的空间。进一步研究表明,一种各向同性均匀电介质虽未充满电场所在空间,但只要电介质的表面是等势面,或者多种各向同性均匀电介质虽未充满电场空间,但各种电介质的界面皆为等势面,在以上两种情况下,式(6-16)仍然是正确的。

4. 电介质中的高斯定理　电位移矢量 D

前面已讨论过真空中的高斯定理，它给出静电场场强和场源电荷的关系。现在将它推广到有电介质存在的静电场中去，从而可以得到电介质中的高斯定理。电介质中的电场强度由自由电荷和极化电荷共同产生，由于极化电荷不能直接测量，而往往由自由电荷的分布能够预知，因此，在电介质中希望找出静电场场强和自由电荷分布的关系，下面仍以充满各向同性均匀电介质的平行板电容器为例进行讨论。

如图 6 - 21 所示平板电容器中作一闭合圆柱形高斯面，使得面积为 ΔS 的两个圆端面平行于极板，且一个端面在导体极板上，另一个在电介质中。

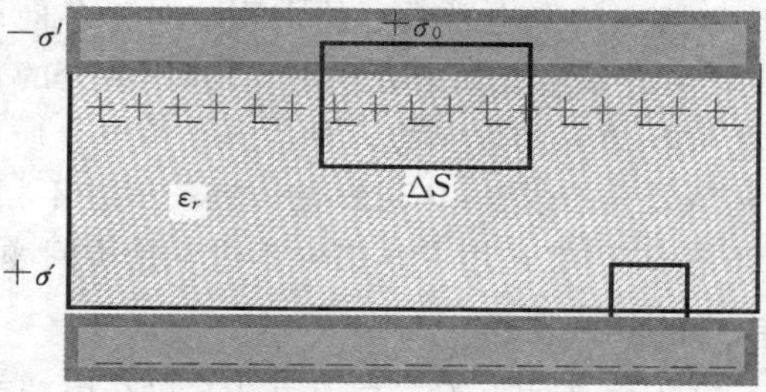

图 6 - 21　电介质中的高斯定理

设自由电荷和极化电荷的面密度分别 σ_0 和 σ'，对所作高斯面应用高斯定理，有

$$\oint\!\!\!\oint_S \boldsymbol{E}_0 \cdot \mathrm{d}\boldsymbol{S} = \frac{1}{\varepsilon_0}\sigma_0 \Delta S \tag{6-17}$$

式中，$\boldsymbol{E}_0$ 为自由电荷单独产生的电场强度。在充满均匀各向同性电介质中，将 $E=\dfrac{E_0}{\varepsilon_r}$ 代入式(6 - 17)，得

$$\oint\!\!\!\oint_S \varepsilon_r \boldsymbol{E} \cdot \mathrm{d}\boldsymbol{S} = \frac{1}{\varepsilon_0}\sigma_0 \Delta S$$

或写成

$$\oint\!\!\!\oint_S \varepsilon_0 \varepsilon_r \boldsymbol{E} \cdot \mathrm{d}\boldsymbol{S} = \sigma_0 \Delta S = q_0$$

令

$$\boldsymbol{D} = \varepsilon_0 \varepsilon_r \boldsymbol{E} = \varepsilon \boldsymbol{E} \tag{6-18}$$

式中，$\boldsymbol{D}$ 称为电位移矢量，其单位为 $\mathrm{C \cdot m^{-2}}$；$\varepsilon=\varepsilon_0\varepsilon_r$，称为**电介质的电容率**(或介电常数)。采用 $\boldsymbol{D}$ 矢量后，上式可写成

$$\oint\!\!\!\oint_S \boldsymbol{D} \cdot \mathrm{d}\boldsymbol{S} = q_0$$

更一般地写作

$$\oint\!\!\!\oint_S \boldsymbol{D} \cdot \mathrm{d}\boldsymbol{S} = \sum_i q_i \tag{6-19}$$

式中，$\sum_i q_i$ 为高斯面内包围的自由电荷量的代数和。仿照电通量的定义，式中 $\oiint_S \boldsymbol{D} \cdot \mathrm{d}\boldsymbol{S}$ 就是通过高斯面的电位移通量。式(6－19)表明，**通过在电介质中所作高斯面的电位移通量等于该高斯面所包围的自由电荷量的代数和，与极化电荷及高斯面外的电荷无关**。这就是电介质中的**高斯定理**。

式(6－19)虽然是从特例得到的，但理论研究证明，这一结论是普遍适用的。它的优点在于等式的右边没有出现极化电荷，这就给应用带来了很大的方便。

在电场不是太强时，各向同性电介质中任意一点的电位移矢量 $\boldsymbol{D}$，可定义为该点的电场强度矢量 $\boldsymbol{E}$ 与该点的介电常数 ε 的乘积。对于各向同性均匀电介质来说，ε 为决定于电介质种类的常量。如果介质不均匀，则各处的 ε 值一般不同，但只要是各向同性介质，$\boldsymbol{D}$ 与 $\boldsymbol{E}$ 总是同方向的。对各向异性电介质，ε 不再是一个普通常量，而是一个包括 9 个分量的张量，$\boldsymbol{D}$ 与 $\boldsymbol{E}$ 的方向一般并不相同，式(6－18)的关系也不再成立，但式(6－19)仍然适用。本书中不讨论这类问题。

5. 电介质中静电场的环路定理

有电介质存在时，产生电场的电荷有自由电荷和极化电荷两种，空间任一点的电场是自由电荷和极化电荷产生电场的叠加，即 $\boldsymbol{E}=\boldsymbol{E}_0+\boldsymbol{E}'$。因此，电场沿任意闭合环路的线积分

$$\oint_l \boldsymbol{E} \cdot \mathrm{d}\boldsymbol{l} = \oint_l (\boldsymbol{E}_0 + \boldsymbol{E}') \cdot \mathrm{d}\boldsymbol{l} = \oint_l \boldsymbol{E}_0 \cdot \mathrm{d}\boldsymbol{l} + \oint_l \boldsymbol{E}' \cdot \mathrm{d}\boldsymbol{l}$$

由于由电荷和极化电荷产生的电场都是保守场，分别有

$$\oint_l \boldsymbol{E}_0 \cdot \mathrm{d}\boldsymbol{l} = 0,\quad \oint_l \boldsymbol{E}' \cdot \mathrm{d}\boldsymbol{l} = 0$$

于是，有电介质存在时，电场强度沿任意闭合的环路的积分

$$\oint_l \boldsymbol{E} \cdot \mathrm{d}\boldsymbol{l} = 0$$

上式表明，**电介质中的静电场，电场强度沿任意闭合环路的线积分恒等于零**。这一结论称为**电介质中静电场的环路定理**。

6.6 电场能量

带电体在电场中运动时，其动能会发生变化，表明电场力对带电体做功，电场具有能量。电容器是一种储存电场能量的器件。本节先介绍电容器的概念，再讨论电场能量的形成过程，最后介绍电场能量的计算。

1. 孤立导体的电容

所谓孤立导体，是指在导体周围很大范围内没有其他物体存在的导体。一个带电量为 Q 的孤立导体，在静电平衡时，具有一定的电势 u。理论和实验都证明，当导体上所带的电量增加时，它的电势也随之而增加，两者成正比关系。这一比例关系可写作

$$C=\frac{Q}{u} \tag{6-20}$$

式中，C 为与 Q 和 u 无关的常量，其值仅取决于导体的大小、形状等因素。C 定义为孤立导体的电容。例如一个半径为 R 的孤立导体球，设它带有电量 Q，并选取无限远处为电势的零参考点，则此导体球的电势为

$$u=\frac{1}{4\pi\varepsilon_0}\frac{Q}{R}$$

根据式(6-20)，这个孤立导体球的电容为

$$C=\frac{Q}{u}=4\pi\varepsilon_0 R$$

可见 C 的大小与导体球的半径有关，与导体球带电与否无关。若导体球的半径 $R=1\ \text{m}$，则由上式求出它的电容

$$C=4\times3.14\times8.85\times10^{-12}\times1=1.11\times10^{-10}\text{F}$$

可见孤立导体的电容是很小的。如把地球视为孤立导体，它的电容只有 $7.09\times10^{-6}\text{F}$。

2. 电容器的电容

通常用彼此绝缘、而且靠得很近的两导体系统构成静电屏蔽装置，这样的导体系统称为电容器。组成电容器的这两个导体称为电容器的极板。当电容器充电时，电场相对集中在两极板之间的狭小空间内，这样，外界对两极板间的电势差的影响就会很小，以至可以忽略不计，以保证周围有其他物体存在时，电容器的电容保持不变。若电容器两极板上分别带电量为 $+q$ 和 $-q$，两极板间的电势差为 u_1-u_2，实验和理论都证明，带电量 q 与电势差 u_1-u_2 的比值对给定的电容器来说是一个常量，用 C 来表示，则

$$C=\frac{q}{u_1-u_2} \tag{6-21}$$

我们把 C 定义为电容器的电容。它只与组成电容器的极板的大小、形状、两极板的相对位置及其间所充的介质等因素有关。

电容器是重要的电器元件。按形状来分，有平行板电容器、柱形电容器和球形电容器等。由于电介质极化具有储存电场能量的作用，通常利用电容器极板间充

以电介质的方法来提高电容器的电容量。按极板间所充的介质来分,有空气电容器、云母电容器、陶瓷电容器和电解电容器等。

例 6-9　求平行板电容器的电容。

解　平行板电容器是由两块相距很近、平行放置的导体薄板组成的。设两极板的面积各为 S,其间的距离为 d,且 $S \gg d^2$,这样就可以忽略边缘效应的影响。当两极板上带电量分别为 $+q$ 和 $-q$ 时,电荷均匀分布在相对的两个表面上,其面密度为 $+\sigma$ 和 $-\sigma$。两平行极板间的电场强度为 $E=\frac{\sigma}{\varepsilon_0}$,两极板间的电势差 $u_1-u_2=Ed=\frac{\sigma}{\varepsilon_0}d=\frac{qd}{\varepsilon_0 S}$。根据式(6-21),有

$$C=\frac{q}{u_1-u_2}=\frac{\varepsilon_0 S}{d}$$

可以看出平行板电容器的电容与极板的面积成正比,与极板间的距离成反比。

例 6-10　求球形电容器的电容。

解　球形电容器是由两个同心的导体球面组成的。设两球面的半径分别为 R_1 和 R_2,带电量分别为 $+q$ 和 $-q$,如图 6-22 所示。

由高斯定理不难求出两球面间电场强度

$$E=\frac{1}{4\pi\varepsilon_0}\frac{q}{r^2}$$

方向沿着径向。因此,两球面间的电势差为

$$u_1-u_2=\int_1^2 \boldsymbol{E}\cdot \mathrm{d}\boldsymbol{l}=\int_{R_1}^{R_2}\frac{1}{4\pi\varepsilon_0}\frac{q}{r^2}\mathrm{d}r=\frac{q}{4\pi\varepsilon_0}\frac{R_2-R_1}{R_1R_2}$$

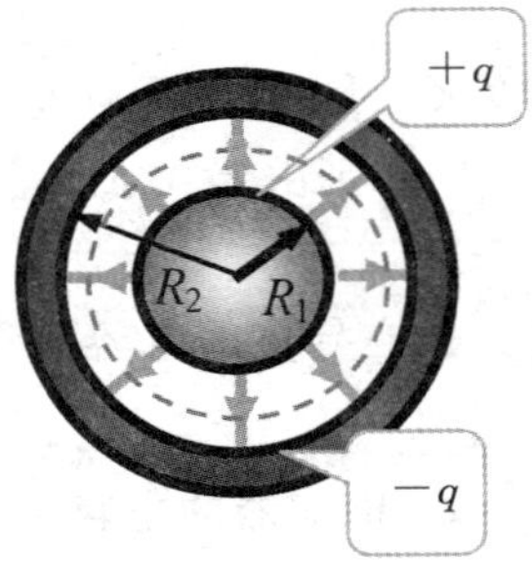

图 6-22　球形电容器的电容

根据式(6-21),有

$$C=\frac{q}{u_1-u_2}=\frac{4\pi\varepsilon_0 R_1R_2}{R_2-R_1}$$

可以看出球形电容器的电容与两球面的半径有关。

3. 电场的能量

如果给电容器充电,电容器中就有了电场,电场中储藏的能量等于充电时电源所做的功。这个功是由电源消耗其他形式的能量来完成的。如果让电容器放电,则储藏在电场中的能量又可以释放出来。下面以平行板电容器为例,来计算这种称为静电能的电场能量。

设充电时,在电源的作用下把正的电荷元 $\mathrm{d}q$ 不断地从 B 板上拉下来,再推到 A 板上去,如图 6-23 所示。若在时间 t 内,从 B 板向 A 板迁移了电荷 $q(t)$,这时

两极板间的电势差为

$$u(t)=\frac{q(t)}{C}$$

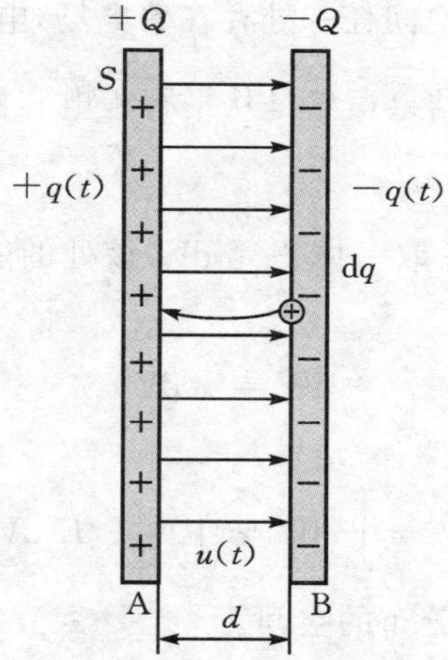

图 6-23　平行板电容器的静电能

此时若继续从 B 板迁移电荷元 dq 到 A 板，则必须做功

$$\mathrm{d}A=u(t)\mathrm{d}q=\frac{q(t)}{C}\mathrm{d}q$$

这样，从开始极板上无电荷直到极板上带电量为 Q 时，电源所做的功为

$$A=\int \mathrm{d}A=\int_0^Q \frac{q(t)}{C}\mathrm{d}q=\frac{Q^2}{2C} \tag{6-22}$$

由于 $Q=CU$，所以上式可以写作

$$A=\frac{1}{2}CU^2 \tag{6-23}$$

式中，U 为极板上带电量为 Q 时两极板间的电势差。此时，电容器中电场储藏的能量 W 的数值就等于这个功的数值，即

$$W=\frac{Q^2}{2C}=\frac{1}{2}CU^2=\frac{1}{2}QU \tag{6-24}$$

在平行板电容器中，如果忽略边缘效应，两极板间的电场是均匀的。因此，单位体积内储藏的能量，即能量密度 w 也应该是均匀的。把 $U=Ed$，$C=\frac{\varepsilon_0 S}{d}$ 代入式(6-24)，得

$$W=\frac{1}{2}\varepsilon_0 E^2 Sd=\frac{1}{2}\varepsilon_0 E^2 V$$

式中,V 为电容器中电场遍及的空间的体积。所以能量密度为

$$w = \frac{W}{V} = \frac{1}{2}\varepsilon_0 E^2 \tag{6-25}$$

从式(6-25)可以看出,只要空间任一处存在着电场,电场强度为 $\boldsymbol{E}$,该处单位体积就储藏着能量$\frac{1}{2}\varepsilon_0 E^2$。这个结果虽然是从平行板电容器中的均匀电场这个特例推出的,可以证明它是普遍成立的。

设想在不均匀电场中,任取一体积元 $\mathrm{d}V$,该处的能量密度为 w,则体积元 $\mathrm{d}V$ 中储藏的静电能为

$$\mathrm{d}W = w\mathrm{d}V$$

整个电场中储藏的静电能为

$$W = \int_V \mathrm{d}W = \int_V \frac{1}{2}\varepsilon_0 E^2 \mathrm{d}V \tag{6-26}$$

式中的积分遍及于整个电场分布的空间。

例 6-11　有一半径为 r、带电量为 q 的孤立金属球。试求它所产生的电场中储藏的静电能。

解　该带电金属球产生的电场具有球对称性,电场强度的方向沿着径向,其大小为

$$E = \frac{1}{4\pi\varepsilon_0}\frac{q}{r^2}$$

先计算半径为 r、厚度为 $\mathrm{d}r$ 的球壳层中储藏的静电能为

$$\mathrm{d}W = w\mathrm{d}V = \frac{1}{2}\varepsilon_0 E^2 \cdot 4\pi r^2 \cdot \mathrm{d}r$$

$$= \frac{1}{2}\varepsilon_0 \left(\frac{q}{4\pi\varepsilon_0 r^2}\right)^2 \cdot 4\pi r^2 \cdot \mathrm{d}r = \frac{q^2}{8\pi\varepsilon_0 r^2}\mathrm{d}r$$

则整个电场中储藏的静电能为

$$W = \int_V \mathrm{d}W = \int_a^\infty \frac{1}{8\pi\varepsilon_0}\frac{q^2}{r^2}\mathrm{d}r = \frac{q^2}{8\pi\varepsilon_0 a}$$

习　题

6-1　已知带电粒子 a,b,c,其所带电量分别为 $q_a = 3.0\ \mu\mathrm{C}$,$q_b = -6.0\ \mu\mathrm{C}$,$q_c = -2.0\ \mu\mathrm{C}$,如图 6-24 所示。试求带电粒子 a 和 b 对 c 的作用力。

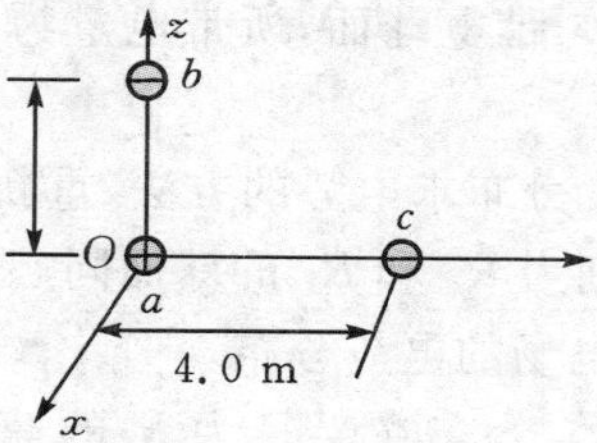

图 6-24 题 6-1 图

6-2 长为 l 的带电细导体棒，沿 X 轴放置，棒的一端在原点。设电荷的线密度为 $\lambda=A$，A 为常量。求 X 轴上坐标为 $x=l+b$ 处的电场强度大小。

6-3 计算半径为 R、均匀带电量为 q 的圆形平面板的轴线上任一点的电场强度。

6-4 求电偶极子在均匀电场中受到的力偶矩。设电偶极子的电偶极矩 $\boldsymbol{P}=q\boldsymbol{l}$，均匀电场的电场强度为 $\boldsymbol{E}$。

6-5 求均匀带电球体的电场强度分布。已知球体半径为 R，带电量为 q（电荷体密度为 ρ）。

6-6 两根相互平行的"无限长"直导线，其上均匀带电，电荷线密度分别为 λ_1 和 λ_2，两直导线间的距离为 d，求电场强度为零的点所连成的直线的位置。

6-7 氢原子是一个中心带正电 q_e 的原子核（可视为点电荷），外边是带负电的电子云。在正常状态时，电子云的电荷分布密度是球对称的，即

$$\rho_e=-\frac{q_e}{\pi a_0^3}\mathrm{e}^{-\frac{2r}{a_0}}$$

式中，a_0 为一常量（玻尔半径）。试求原子电场强度大小的分布。

6-8 求均匀电场中任一点的电势及任意两点间的电势差。

6-9 已知半径为 R 的均匀带电圆板，电荷面密度为 σ，如图 6-25 所示。试求轴线上任一点的电势。

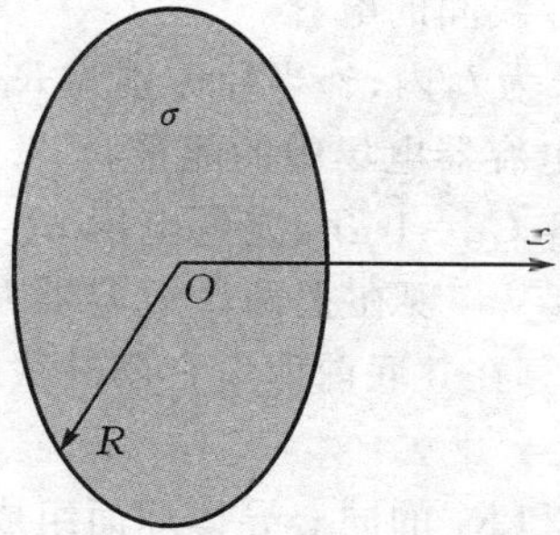

图 6-25 题 6-9 图

6-10 半径为 R 的均匀带电球面,所带电量为 $+q$,试求在球面外任一点产生的电势。

6-11 用已知电场强度分布求电势的方法,重新求解均匀带电球面的电势。

6-12 设两个半径分别为 R_1 和 R_2 的球面同心放置,所带电量分别为 Q_1 和 Q_2,皆为均匀分布。试求其电场的电势分布。

6-13 假想电荷 Q 均匀分布在半径为 R 的球体内,试计算球内任一点的电势。

6-14 两平行且面积相等的导体板,其面积比两板间的距离平方大得多,即 $S \gg d^2$,两板带电量分别为 q_A 和 q_B。试求静电平衡时两板各表面上电荷的面密度。

6-15 带电量为 $+q$ 的导体球和与它同心的带电量为 $-Q(Q>q)$ 的导体球壳组成一导体组,如图 6-26 所示。当它们达到静电平衡时,试求各表面上电荷分布。

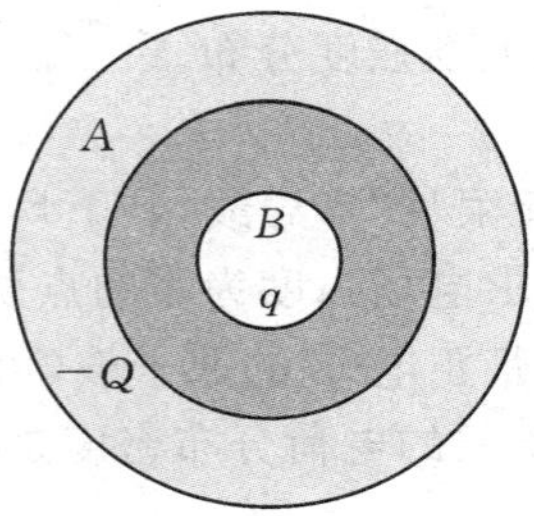

图 6-26 题 6-15 图

6-16 圆柱形电容器是由两个同轴的导体圆柱面组成的。设两圆柱面的半径分别为 R_1 和 R_2,长度为 L,且 $L \gg R_2 - R_1$。求圆柱形电容器的电容。

6-17 设有两根半径都是 a 的平行长直导线,它们轴线之间的距离为 d,且 $d \gg a$,试求单位长度平行直导线间的电容。

6-18 圆柱形电容器长为 l,内、外半径分别为 R_1 和 $R_2(R_1<R_2)$。两极上均匀带电为 $+Q$ 和 $-Q$。试求电容器电场中的能量。

6-19 一电容器的电容 $C_1 = 1\ \mu F$,充电电压 $u_1 = 100\ V$;另一电容器的电容 $C_2 = 2\ \mu F$,充电电压 $u_2 = 200\ V$。现在把两个电容器并联,且正极板与正极板、负极板与负被板相连接。试计算在并联前两电容器储藏的静电能和并联后电容器组所储藏的静电能。

6-20 半径分别为 R_1 和 R_3 的同心导体球面组成的球形电容器,中间充满相对介电常数分别为 ε_{r_1} 和 ε_{r_2} 的两层各向同性均匀电介质,它们的分界面为一半径

R_2 的同心球面，如图 6-27 所示。求此电容器的电容。

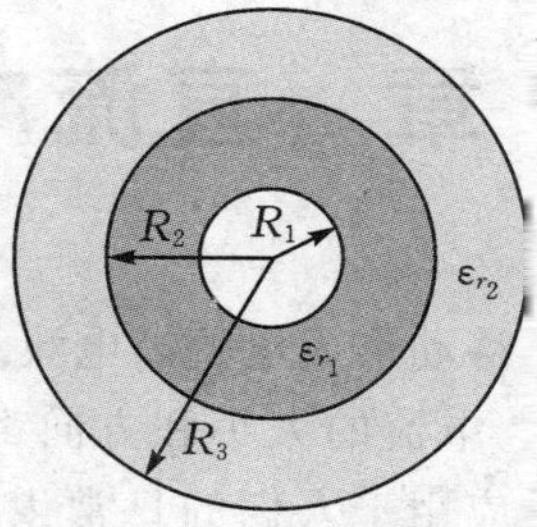

图 6-27　题 6-20 图

6-21　一平行板电容器，极板面积为 S，极板间距离为 d，其间充满相对介电常数为 ε_r 的电介质。其充电后，两极板间的电势差为 Δu。试求：

(1)电容器中电场的能量；

(2)如果切断充电电源，把电介质从电容器中抽出来，外界必须做多少功？

第 7 章　直流电路

电荷在电场作用下作定向移动形成电流。电流流过的回路称为电路。电路分为两种：直流电路和交流电路。电流的大小和方向都不随时间变化的电路称为直流电路。电流和电路不仅广泛应用于人们的日常生活中，而且在生命活动中起着非常重要的作用。本章将介绍直流电的一些概念、直流电路的基本规律以及医学应用。

7.1 直　流　电

7.1.1　电流强度

电荷作定向宏观移动的过程叫作**电流**(electric current)。电荷的携带者称为载流子，它可以是各种不同的粒子，如金属导体中载流子是自由电子，半导体中载流子是电子(或空穴)。为描述导体中电流的强弱引入**电流强度**(current intensity)这个物理量。若 $t \sim t+\Delta t$ 时间内通过导体内任意截面 ΔS 的电荷量为 ΔQ，则 $\frac{\Delta Q}{\Delta t}$ 称为 Δt 时间内的平均电流强度，用 $\bar{I}$ 表示，即

$$\bar{I} = \frac{\Delta Q}{\Delta t} \tag{7-1}$$

通常用 I 表示 t 时刻的瞬时电流强度，即

$$I = \lim_{\Delta t \to 0} \frac{\Delta Q}{\Delta t} = \frac{\mathrm{d}Q}{\mathrm{d}t} \tag{7-2}$$

式(7－2)表明，任意时刻的电流强度等于该时刻已知截面处电荷随时间的变化率。电流强度也可简称为电流。不随时间变化的电流称为直流电流。在国际单位制中，电流强度的单位是安培(A)。电流强度是标量，但对不同载流子有两种流向，一般规定正电荷的流动方向为电流方向。

在没有分支的直流电路中，电流强度是处处相等的，将此称为电流连续性原理。

7.1.2　电流密度

电流强度反映电荷流过某一截面时的整体特性。在一般导线中，只考虑通过

某一截面的总电流强度即可。但在容积导体内,不同处电荷运动的情况不同,即使在同一截面上,各处电荷流动的情况也可能不同,如人的躯干、四肢。为了描述导体中电流的分布情况,引入**电流密度**(electric current density)这一物理量,用 J 表示。设在通有电流的导体内 P 点处取任意面积元 ΔS,让 ΔS 的法线 n 的方向与它上面的场强 $\boldsymbol{E}$ 的方向一致。若通过 ΔS 的电流强度为 ΔI,则$\dfrac{\Delta I}{\Delta S}$叫做 ΔS 面上的平均电流密度,用 $\overline{J}$ 表示,即

$$\overline{J} = \frac{\Delta I}{\Delta S}$$

则其极限值就定义为 P 点处的电流密度大小,即

$$J = \lim_{\Delta S \to 0} \frac{\Delta I}{\Delta S} = \frac{\mathrm{d}I}{\mathrm{d}S} \tag{7-3}$$

式(7-3)表明,导体内任意点的电流密度的大小等于该点电流强度随截面积的变化率。电流密度是一矢量,其方向与该点场强的方向一致。

在国际单位制中,电流密度的单位为安培每平方米(A/m^2)。

电流密度与哪些因素有关呢?不同导体中不尽相同,以下分别讨论。

1. 金属导体导电

金属导体内的载流子是自由电子。设金属导体内自由电子的平均漂移速度为 v,在 $\mathrm{d}t$ 时间内通过 $\mathrm{d}S$ 的电荷量为 $\mathrm{d}Q$,如图 7-1 所示。

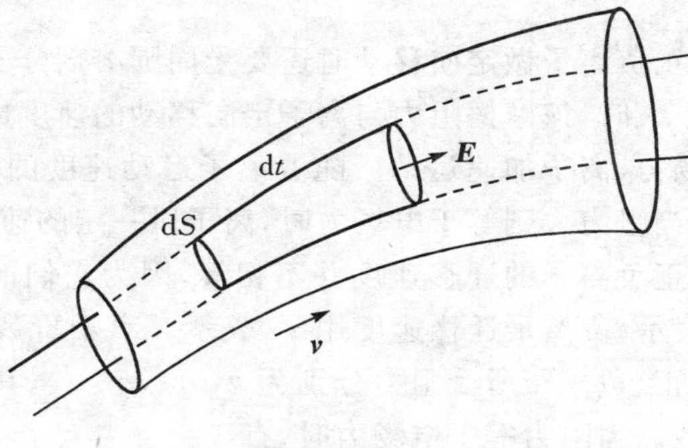

图 7-1　电流密度与电子漂移速度的关系

$\mathrm{d}Q$ 正好等于以 $\mathrm{d}S$ 为底、$v\mathrm{d}t$ 为高的圆柱体内全部自由电子的电荷量,即

$$\mathrm{d}Q = env\mathrm{d}t\mathrm{d}S$$

式中,e 为电子电量;n 是金属导体内自由电子的数密度。代入式(7-2),则通过 $\mathrm{d}S$ 面的电流强度为

$$dI = \frac{dQ}{dt} = \frac{env\,dt\,dS}{dt} = env\,dS$$

再根据电流密度的定义 $J=\frac{dI}{dS}$，得

$$J = env$$

若导体内载流子不是自由电子，上式变为

$$J = Zenv \tag{7-4}$$

式中，Ze 是一个载流子所带的电荷量；Z 是离子价数，与载流子种类有关。式(7-4)表明，导体内的电流密度与导体内的载流子数密度及载流子的漂移速度成正比。

这里需要注意区别载流子的漂移速度与电流在导体中的传播速度，两者完全不同。

如果导体内的载流子不止一种，则导体内各种载流子运动形成的电流密度的矢量和才是该导体内总的电流密度。

2. 电解质导电

由于人体内含有大量体液，体液是电解质，所以在人体内部的导电过程中电解质导电占有重要地位，有必要对电解质导电作一讨论。

电解质中的载流子是正离子和负离子。在无外电场的情况下，电解质溶液中的离子做杂乱无章的热运动，溶液中无电流。把电解质溶液置于外电场中，正负离子都受到电场力作用，正离子沿电场方向移动，负离子逆电场方向移动，从而形成电流。

电解质溶液中的正负离子做定向移动时还要受周围溶剂分子的摩擦阻力。实验表明，当离子速度不大时，该摩擦阻力与离子定向移动的速度成正比。当电场刚加上时，阻力小于电场力，离子加速运动。随着离子运动速度的增大，它们所受到的阻力也随之增大。当阻力大到等于电场力时，离子以一定的速度运动，该速度称为离子的迁移速度。正负离子的迁移速度并不相等，因为它们的质量不相同。正离子迁移速度用 v_+ 表示，负离子迁移速度用 v_- 表示。离子价数为 Z 的离子所受的电场力为 ZeE。而正、负离子所受阻力分别为 k_+v_+，k_-v_-，其中 k_+，k_- 分别为正、负离子的摩擦因数。当阻力等于电场力时，有

$$ZeE = k_+ v_+ = k_- v_-$$

则

$$v_+ = \frac{ZeE}{k_+} = \mu_+ E,\quad v_- = \frac{ZeE}{k_-} = \mu_- E$$

式中

$$\mu_+ = \frac{Ze}{k_+},\quad \mu_- = \frac{Ze}{k_-}$$

其中 μ_+，μ_- 分别称做正、负离子的**迁移率**(ionic mobility)。离子的迁移率在数值

上等于单位场强时离子的迁移速度。

由于电解质内的电流是由正、负离子迁移共同形成的，所以总电流密度等于正、负离子形成的电流密度的矢量和，即由式(7-4)知

$$\boldsymbol{J} = \boldsymbol{J}_+ + \boldsymbol{J}_- = Zen\boldsymbol{v}_+ + Zen\boldsymbol{v}_- = Zen(\boldsymbol{v}_+ + \boldsymbol{v}_-)$$

将 v_+，v_- 代入上式，得

$$\boldsymbol{J} = Zen(\mu_+ + \mu_-)\boldsymbol{E} \tag{7-5}$$

式中，n 是离子的数密度。在一定温度下，对某种电解质，Z，n，μ_+，μ_- 均为常量，令 $Zen(\mu_+ + \mu_-) = \sigma$，则式(7-5)变为

$$\boldsymbol{J} = \sigma\boldsymbol{E}$$

上式表明，电解质溶液内任意点处的电流密度与该点场强成正比，同时与该电解质的性质有关。

7.1.3　欧姆定律

1. 欧姆定律的积分形式

一段导体，若其电阻为 R，加在它两端的电压为 U，则通过该导体的电流强度 I 为

$$I = \frac{U}{R}$$

由于导体两端的电压即电势差为 $U = \int \boldsymbol{E} \cdot \mathrm{d}\boldsymbol{l}$，通过导体的电流强度为 $I = \int \boldsymbol{J} \cdot \mathrm{d}\boldsymbol{S}$，所以上式称为**欧姆定律的积分形式**。该式表明了形状规则、导电均匀的导体内电流强度与导体两端电压及导体的电阻之间的关系。

对于一段长为 l，截面积为 S 的规则导体，其电阻为

$$R = \rho\frac{l}{S}$$

式中，ρ 为导体的电阻率。电阻率的倒数称为导体的**电导率**(electric conductivity)，用 σ 表示，即 $\sigma = 1/\rho$。在国际单位制中，电导率的单位为西门子每米(S/m)。

若导体的形状不规则，导电不均匀，则电阻要通过积分求出，即 $R = \int \mathrm{d}R$。

2. 欧姆定律的微分形式

对形状不规则、导电不均匀的导体内电流的分布是怎样呢？

在一段通电导体中，取一轴线与电流平行的微小圆柱体，其长度为 $\mathrm{d}l$，横截面积为 $\mathrm{d}S$，圆柱体两端电势分别为 U 与 $U + \mathrm{d}U$，则垂直通过 $\mathrm{d}S$ 的电流强度为

$$dI = -\frac{dU}{dR}$$

由场强与电势的微分关系得两端电势差 $-dU = E dl$，而小圆柱体的电阻 $dR = \frac{dl}{\sigma dS}$，将该两式代入上式，又因为 $\frac{dI}{dS} = J$，而 $\boldsymbol{J}$ 与 $\boldsymbol{E}$ 方向相同，所以有

$$\boldsymbol{J} = \sigma \boldsymbol{E} \tag{7-6}$$

式(7-6)表明，导体内任意点处的电流密度的大小与该处的场强的大小成正比，而方向相同，这就是欧姆定律的微分形式。可见，在导体内任意点处电流密度由该点场强及导体的性质决定，而与导体的形状及大小无关。

7.2 电　动　势

7.2.1 电源电动势

在直流电路中，电流存在的条件是要在导体内建立并保持恒定的电场，即导体两端维持恒定的电势差。要维持恒定的电势差仅靠静电力是无法实现的。如图 7-2 所示的闭合电路中，假定 a 端带正电，b 端带负电，且 $U_a > U_b$，则电路在静电力作用下，有电流由 a 经外电路流向 b，致使 a 处正电荷减少，电势降低，而 b 处负电荷被正电荷中和，电势升高。a 和 b 两端电势差很快趋于零，电流为零。所以必须依靠某种与静电力本质上不同的非静电场力的作用，把流到 b 处的正电荷再搬回到 a 处，使 $U_a > U_b$，$U_a - U_b$ 恒定，即维持稳定的电势差，从而形成恒定的直流。提供这种非静电力的装置就是电源。每个电源都有两个电极，电势高的 a 端叫做电源的正极，电势低的 b 端叫做电源的负极。在电路中，电源内的电路叫做内电路，电源以外的电路叫做外电路，内电路和外电路构成一闭合电路。电源有不同类型，但本质都是把其他形式的能量转化为电能。设电源内非静电力相应的非静电场强为 E'。若电量为 Q 的正电荷通过电源内部由电源的负极移到正极的过程中，非静电力做功为 $W = \int_b^a \boldsymbol{E}' \cdot d\boldsymbol{l}$，定义 $\frac{W}{Q}$ 为**电源电动势**(electromotive force)，用符号 ε 表示，即

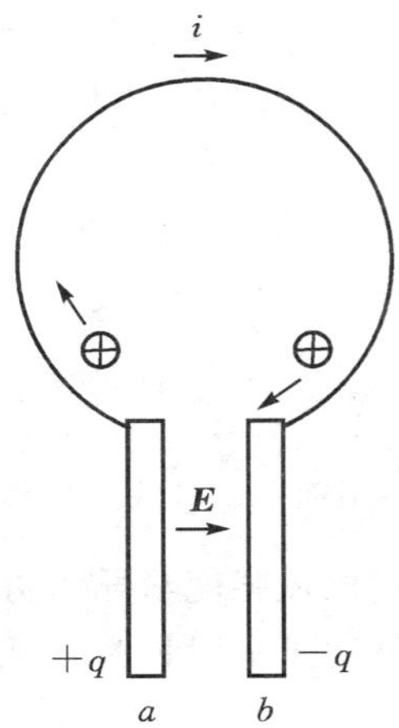

图 7-2　直流电源

$$\varepsilon = \frac{W}{Q} = \int_b^a \boldsymbol{E}' \cdot d\boldsymbol{l} \tag{7-7}$$

电源电动势是表征电源本身性质的物理量，它反映了电源内非静电力做功的本领，与外电路的性质以及是否接通均无关。电动势是标量，但为分析问题方便，给它标定一方向：电动势的方向由电源的负极经电源内部指向正极。

在国际单位中，电动势的单位是伏特(V)。

7.2.2　接触电动势

任意两种不同的金属相互接触时，在接触处一种金属中的电子将进入另一种金属中，使一种金属带正电而另一种金属带负电，于是两种金属之间形成一定的电势差。这种由于不同物体相互接触而产生的电势差称为**接触电动势**(contact-electromotive force)。接触电动势与相互接触的金属有关。

为什么会产生接触电动势呢？这与金属电子逸出功有关。什么是金属电子逸出功呢？

在常温下，金属中的自由电子做无规则热运动，但自由电子不会从金属表面逸出去，因为电子受到了一种阻力。阻力的产生是由于金属中相互靠得很近的晶体点阵的存在，金属内自由电子受晶体点阵的正离子的电场力作用具有一定负电势能。在金属外部，由于电子不受正离子的电场力作用，电势能为零。这样，金属内电子的电势能要比金属外电子的电势能低，因此金属内的电子难以逸出金属表面。即使有少数热运动能量较大的自由电子能逸出金属表面，它们在金属外表面附近形成一电子层，而金属内表面，由于缺少电子形成一正电荷层，这样在金属表面就形成一电偶层，它的厚度在 10^{-10} m 数量级，该电偶层形成的电场阻碍金属内的自由电子向外逸出，因此金属内的自由电子要逸出金属表面必须克服该电场力做功。将金属内的自由电子逸出金属表面所必须做的功称为金属的**电子逸出功**(electronic work function)，用 W 表示。不同金属，电子逸出功不同。电子逸出功常用单位为电子伏特(eV)。

在某些情况下，也常用逸出电势来衡量电子由金属中逸出的难易程度。由于电偶层的存在，金属表面层内的电势绝对值高于表面层外的电势。设表面层外的电势为零，表面层内的电势为 U，则电子逸出功为

$$W = eU \tag{7-8}$$

式中，e 为电子电量；U 是金属表面层内外的电势差，又叫逸出电势。逸出电势与金属性质有关，对于大多数纯金属，U 在 3～4.5 V。逸出电势越大的金属，电子越难逸出金属表面。

两种不同金属接触，之所以会有接触电动势，一是由于两种金属中自由电子数密度不同，电子由电子数密度较大的金属中扩散到电子数密度较小的金属中；二是由于两种金属的电子逸出功不同，电子从逸出功较小的金属中进入逸出功较大的

金属中。下面从经典电子论角度分析产生接触电动势的原因。

先假定 a,b 两金属温度相同，n_a,n_b 分别表示两金属中的自由电子数密度，并设 $n_a>n_b$。这时电子由金属 a 中向金属 b 中扩散，从而使金属 a 带正电，而 b 带负电，在两金属接触处产生一附加电场 E'，随着越来越多的电子从 a 扩散到 b 中，该电场也越来越强。当附加电场作用与扩散作用达到平衡时，两金属接触处形成一定的接触电动势 U'_{ab}，如图 7-3 所示。根据分子动理论可证明

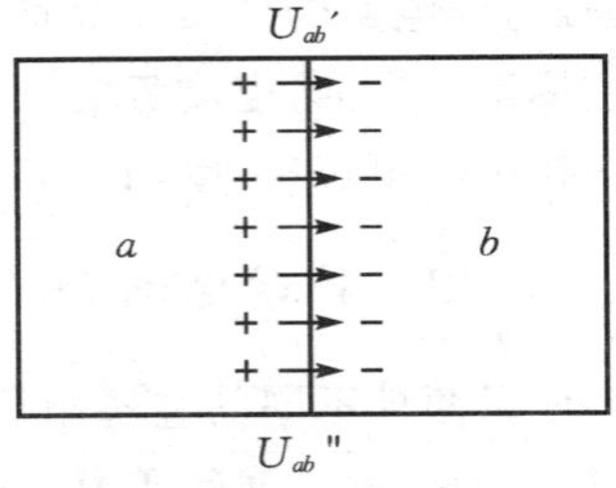

图 7-3　接触电动势

$$U'_{ab}=\frac{kT}{e}\ln\frac{n_a}{n_b}$$

式中，k 为玻尔兹曼常数；e 为电子电量；T 为热力学温度；U'_{ab} 称为内接触电动势。

下面再讨论产生接触电动势的另一原因。假设两种金属 a,b 的温度相同，电子数密度相同，但逸出功不同，金属 a 的逸出功为 W_a，金属 b 的逸出功为 W_b。当两种金属紧密接触时，由于 $W_a<W_b$，电子从 a 中逸出比从 b 中逸出容易，所以通过接触界面由 a 进入 b 的电子数要比由 b 进入 a 的电子数多，这样金属 b 中就出现多余的电子而带负电，金属 a 由于缺少电子而带正电，如图 7-3 所示。于是接触处也产生一附加电场，该电场对电子由 a 向 b 的扩散起阻碍作用，直到从金属 a 扩散到 b 的电子数与从金属 b 扩散到 a 的电子数相等，达到动态平衡，附加电场达某一定值。这时 a,b 两金属接触处建立起一定的接触电动势 U''_{ab}，即

$$U''_{ab}=\frac{W_a-W_b}{e}=U_b-U_a$$

式中，U_a,U_b 分别是两金属的逸出电势；U''_{ab} 叫做外接触电动势。

实际以上两因素是同时存在的，因此总接触电动势为

$$U_{ab}=U'_{ab}+U''_{ab}=\frac{kT}{e}\ln\frac{n_a}{n_b}+U_b-U_a \tag{7-9}$$

接触电动势不仅发生在两种不同金属接触处，同样也发生在金属与半导体、不同类型半导体和金属与电解质溶液的接触处。

7.2.3　温差电动势

当两种金属构成闭合回路，并使两接触点处在不同温度 T_1,T_2 时，闭合回路中将有电流通过，说明回路中产生了电动势。把由不同金属构成闭合回路，且两接头温度不等时，电路中产生的电动势称为**温差电动势**(thermo-electromotive *force*)，这种现象叫做温差电现象，产生温差电现象的装置称为**温差电偶**(thermocouple)或热电偶。

实验证明，当 $T_1 > T_2$ 时，温差电动势与温度的关系为

$$\varepsilon = \alpha(T_1 - T_2) + \frac{1}{2}\beta(T_1 - T_2)^2 \tag{7-10}$$

式中，α 和 β 是与两种金属有关的特征常量，称为温差电系数。一般金属的温差电系数 α 和 β 分别为 10^{-6} V/K 和 10^{-6} V/K^2。温差电偶主要用于测量温度，其原理如图 7-4 所示。把构成温差电偶的两金属的一个接头作为冷端，使其温度为 T_1，且保持恒定；另一个接头作为热端，即待测温度端，其温度为 T_2。用导线把电流计与其中一金属的两部分连接起来，构成回路。

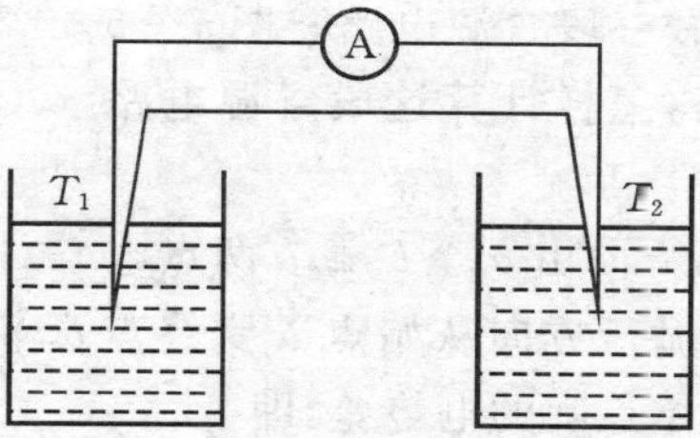

图 7-4 温差电偶测温装置图

由于两金属接头处温度不同，产生温差电动势，在回路中会有电流产生。如果电流与温度的关系已事先校准，就可以由电流计指针的偏转测定温度 T_2。医学上可利用温差电偶制作的温度计测皮肤温度、血液温度和肌肉温度。

实际温差电偶的电动势由两种不同金属的接触电动势和温差电动势两部分构成。

7.3 直流电路定律

7.3.1 闭合直流电路的欧姆定律

实际的闭合电路往往含有多个电源和多个电阻，用中学物理中学习过的全电路欧姆定律求解很困难。解决这类问题可利用下面的闭合电路欧姆定律的普遍形式。

$$I = \frac{\sum_i \varepsilon_i}{\sum_i R_i} \tag{7-11}$$

式中，$\sum_i \varepsilon_i$ 为电路中电源电动势的代数和；$\sum_i R_i$ 为电路中所有电阻之和。式(7－11)表明，**闭合电路的电流强度等于该闭合电路中各个电源电动势的代数和除以电路中所有电阻之和。**该结论称为**闭合电路的欧姆定律**(ohm law of closed circuit)。该定律在使用时需要先假定 I 的流向，再确定 $\sum_i \varepsilon_i$ 中 ε 的符号。当 ε 的方向与电流方向一致时取正号，相反时取负号。若计算结果 I 为正，表明实际电流的流向与假定的一致；I 为负，则实际电流的流向与假定的相反。

7.3.2　一段含源电路的欧姆定律

如果所研究的是整个电路的一段，且有一个或几个电源，这样的电路叫做一段含源电路。图 7－5 所示的就是一段含源电路，怎样计算这段含源电路两端点间的电势差呢？

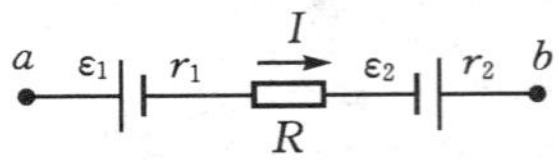

图 7－5　一段含源电路

已知电路中电流为 I，方向由 a 至 b，a，b 两点电势分别为 U_a，U_b。如选定循行方向从始点 a 到终点 b，沿此方向各元件上的电势增量的代数和即为终点和始点间的电势差，即

$$U_{终} - U_{始} = \sum_i \varepsilon + \sum_i IR_i \tag{7-12}$$

式(7－12)表明，**一段含源电路中任意两点间的电势差等于两点间所有电源电动势的代数和加上所有电阻上电势增量的代数和。**该结论就是**一段含源电路的欧姆定律**。应用式(7－12)时，始点与终点可任意选定，循行方向为由始点到终点。当电动势方向与循行方向一致时，该电动势值取正号，相反时取负号。$\sum_i IR_i$ 是这段电路中各电阻上的总电势增量。当循行方向与电阻中电流方向一致时，该电阻上的电势增量 IR 取负号，相反时取正号。例如图 7－5 中的 a，b 两点间的电势差为

$$U_b - U_a = \varepsilon_2 - \varepsilon_1 + [-I(R + r_1 + r_2)]$$

或

$$U_a - U_b = -\varepsilon_2 + \varepsilon_1 + I(R + r_1 + r_2)$$

例 7－1　图 7－6 所示的电路中 $\varepsilon_1 = 11\ \text{V}$，$r_1 = 0.2\ \Omega$，$\varepsilon_2 = 4\ \text{V}$，$r_2 = 0.1\ \Omega$，$R_1 = 2\ \Omega$，$R_2 = 2.5\ \Omega$，$R_3 = 2.2\ \Omega$。求：

(1)电路中的电流；

(2)b，c 两点间的电势差；

(3)若 c 点接地，a 点的电势。

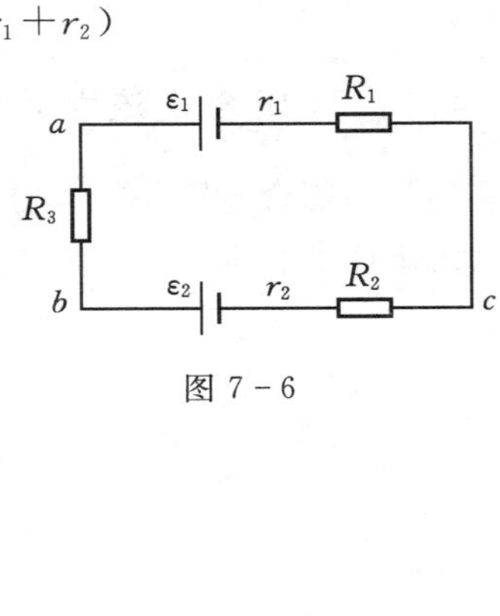

图 7－6

解　(1)设电流方向为顺时针方向，由闭合电

路的欧姆定律式(7 - 11),得电路中的电流为

$$I = \frac{\varepsilon_2 - \varepsilon_1}{R_1 + R_2 + R_3 + r_1 + r_2} = \frac{4 - 11}{2 + 2.5 + 2.2 + 0.2 + 0.1} = -1\ \text{A}$$

实际电流方向为逆时针流向。

(2)选 c 为始点,b 为终点,顺时针方向循行,由一段含源电路欧姆定律式(7 - 12)得

$$U_b - U_c = \varepsilon_2 + I(R_2 + r_2) = 4 + 1 \times (2.5 + 0.1) = 6.6\ \text{V}$$

若选逆时针方向绕行,可以得出相同结果。

(3)当 c 点接地时,选 c 为始点,a 为终点,逆时针方向循行,仍由一段含源电路欧姆定律得

$$U_a - U_c = U_a = \varepsilon_1 - I(R_1 + r_1) = 11 - 1 \times (2 + 0.2) = 8.8\ \text{V}$$

7.3.3　基尔霍夫定律及应用

欧姆定律能够解决简单电路的计算问题,而实际电路往往很复杂。由电源和(或)电阻串联而成的电流通路叫做支路,由支路构成的闭合通路叫做回路。如电路由几个回路组成,电源也不止一个,不能利用串、并联简化为单回路电路,这类由多个回路组成的电路称为多回路电路。多回路电路问题可以用基尔霍夫定律来求解。

1. 基尔霍夫第一定律

基尔霍夫第一定律是关于节点的电流方程,它阐明的是直流电路中任一节点处各电流之间的关系。在多回路电路中,3 条或 3 条以上支路的汇合点,叫做节点。如图 7 - 7 中的 a 点和 b 点,根据电流的连续性原理,在直流电路中,所有流入节点的电流之和,应该等于从节点流出的电流之和,即**汇合于节点处的各支路电流的代数和为零**,即

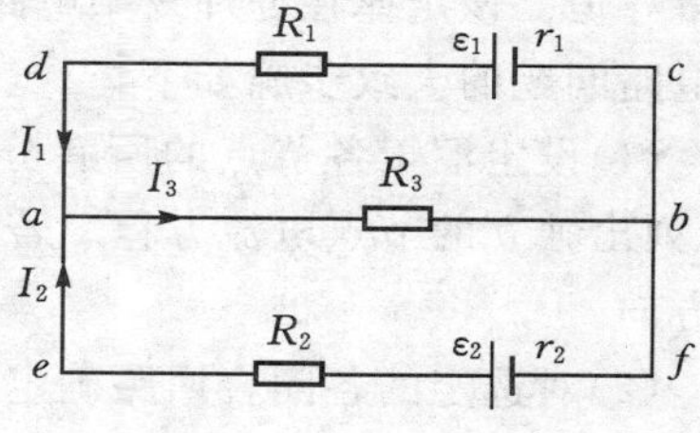

图 7 - 7　多回路电路

$$\sum_i I_i = 0 \tag{7 - 13}$$

式(7 - 13)称为**基尔霍夫第一定律**或节点电流定律。若规定流入节点的电流取正号,流出节点的电流取负号,对于图 7 - 7 电路中的节点 a,则有

$$I_1 + I_2 - I_3 = 0$$

对于节点 b,有

$$-I_1 - I_2 + I_3 = 0$$

显然这两个方程是相同的,说明这个电路只有一个独立的节点方程式。一般说来,如果电路中有 n 个节点,则可写出 n 个节点方程,但只有 $n-1$ 个方程是独立

的。在应用基尔霍夫第一定律时,如果各支路电流无法确定,可预先假定一个方向,最后由计算结果来确定它的实际方向。

2. 基尔霍夫第二定律

基尔霍夫第二定律是关于回路的电压方程,它阐明的是直流电路中任一回路上各部分电势差之间的关系。对于任意一含源回路都可以看成是始点和终点重合的一段含源电路,根据一段含源电路欧姆定律,得

$$\sum_i \varepsilon_i + \sum_i IR_i = 0 \tag{7-14}$$

式(7-14)称为**基尔霍夫第二定律**或回路电压定律。它表明,**沿任意回路绕行一周,电势增量的代数和为零。**式中,$\sum_i \varepsilon_i$ 是该回路中各电源电动势的代数和;$\sum_i IR_i$ 是所取回路中各电阻上的电势增量的代数和。电动势的正负号及各电阻上电势增量的正负号取法与一段含源电路欧姆定律的规定相同。

对于任意一回路,均可写出一个回路电压方程,但是它们并非都是独立的。选择每一个回路都应有一条原先选择的回路所没有的新支路,那么由这些回路列出的方程式彼此是独立的,这样的回路称为**独立回路**。

基尔霍夫第一定律阐明了电荷流动时的电量守恒;基尔霍夫第二定律阐明了能量守恒。该定律在处理复杂电路时起着非常重要的作用。应用基尔霍夫定律求解电路问题的大致步骤如下:

(1)设定汇于各节点的所有分支电路中的电流及方向,根据基尔霍夫第一定律,列出独立的节点电流方程。若某些支路电流方向无法确定,可事先任意标定一个方向。

(2)对选定的各闭合回路确定一循行方向,根据基尔霍夫第二定律,列出独立回路的电压方程。

(3)联立求解方程组。若求出的电流为负值,说明实际电流方向与设定的电流方向相反。

例 7-2　在图 7-7 所示电路中,若已知 $\varepsilon_1=12\ \text{V}$,$\varepsilon_2=8\ \text{V}$,$r_1=1.0\ \Omega$, $r_2=0.5\ \Omega$,$R_1=2\ \Omega$,$R_2=3.5\ \Omega$,$R_3=4\ \Omega$,求通过各支路的电流。

解　设各支路电流分别为 I_1,I_2,I_3,方向如图 7-7 所示。根据基尔霍夫第一定律,对节点 a 可得

$$I_1 + I_2 - I_3 = 0 \qquad ①$$

选定回路 $abcda$ 和 $aefba$,逆时针为循行方向,根据基尔霍夫第二定律,对回路 $abcda$ 可得

$$\varepsilon_1 - I_3R_3 - I_1(R_1 + r_1) = 0 \qquad ②$$

对回路 $aefba$ 可得

$$-\varepsilon_2 + I_2(R_2 + r_2) + I_3R_3 = 0 \quad ③$$

将已知数据代入上面 3 个方程并整理得

$$\left.\begin{aligned} I_1 + I_2 - I_3 &= 0 \\ 12 - 4I_3 - 3I_1 &= 0 \\ -8 + 4I_2 + 4I_3 &= 0 \end{aligned}\right\}$$

解此方程组得 $I_1 = 1.6$ A, $I_2 = 0.2$ A, $I_3 = 1.8$ A,各电流方向与设定相同。

3. 基尔霍夫定律的应用

(1)惠斯通电桥。惠斯通电桥是用比较法来测量电阻的仪器,其原理如图7-8所示。

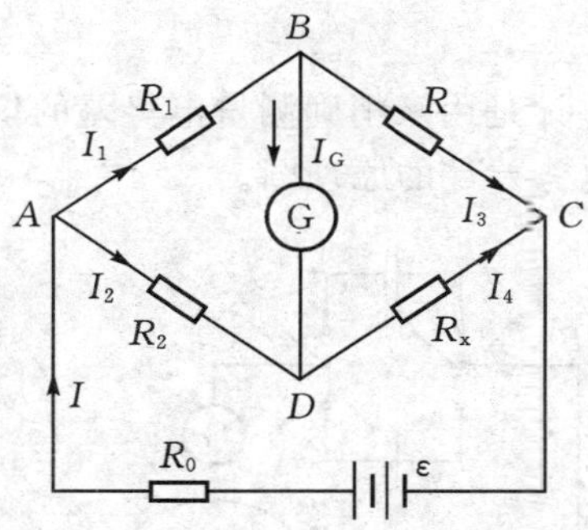

图 7-8　惠斯通电桥原理图

图中的标准电阻 R_1, R_2, R 和待测电阻 R_x 连接形成封闭的四边形 $ABCD$,每一边称作电桥的一个桥臂,对角点 A,C 与 B,D 分别接电源 ε 支路和检流计 G 支路。接有检流计的对角线 BD 被称作“桥”。设电源内阻很小可忽略不计。各分支电流方向如图所示。电路有 4 个节点 A,B,C,D,根据基尔霍夫第一定律,可列出 3 个独立的节点电流方程

$$\left.\begin{aligned} &\text{对节点 } A \quad & I - I_1 - I_2 &= 0 \\ &\text{对节点 } B \quad & I_1 - I_3 - I_G &= 0 \\ &\text{对节点 } D \quad & -I_4 + I_2 + I_G &= 0 \end{aligned}\right\} \quad ①$$

在电桥电路中取 $ABDA$,$BCDB$,$ADC\varepsilon A$ 三个独立回路,假定回路绕行方向为顺时针,根据基尔霍夫第二定律,可列出 3 个回路电压方程

$$\left.\begin{aligned} -I_1R_1 - I_GR_G + I_2R_2 &= 0 \\ -I_3R + I_4R_x + I_GR_G &= 0 \\ \varepsilon - I_2R_2 - I_4R_x - IR_0 &= 0 \end{aligned}\right\} \quad ②$$

若适当调节四个桥臂的电阻值,使检流计中无电流通过($I_G=0$),这时称为电桥平衡。

电桥平衡时,由方程组①得

$$I_1 = I_3, \quad I_2 = I_4 \tag{③}$$

同时由方程组②得

$$I_1R_1 = I_2R_2, \quad I_3R = I_4R_x \tag{④}$$

将式③代入式④可得

$$R_x = \frac{R_2}{R_1}R \tag{⑤}$$

式⑤就是电桥的平衡条件。式中的 R_2/R_1 称为比率。根据式⑤,若其中三个电阻的阻值已知,就可求出另一个电阻 R_x 的阻值。这就是惠斯通电桥测量电阻的原理。

(2)电势差计。电势差计是用来精确测量电势差的仪器,也常用来测量电源的电动势。图 7-9 所示为电势差计的原理图。

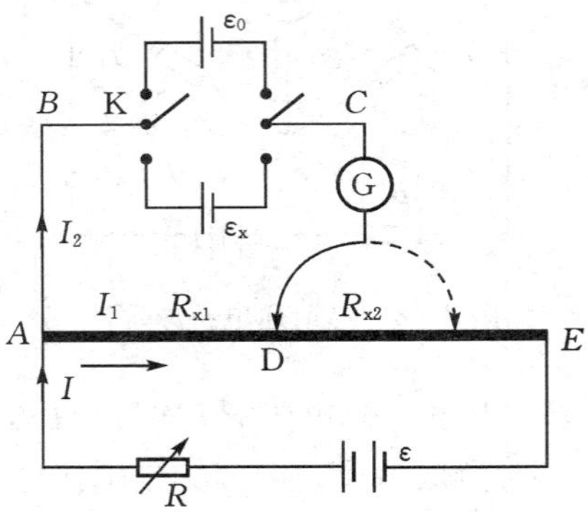

图 7-9

标准电池电动势为 ε_0,内阻为 r_0,待测电池电动势为 ε_x,AE 是截面均匀的电阻丝。D 点可在电阻丝上移动。先将转换开关 K 打向标准电池一侧,这时支路 AD,$DE\varepsilon A$ 及 $AB\varepsilon_0CD$ 的电流分别为 I_1,I 和 I_2。对节点 A 列出电流方程

$$I - I_1 - I_2 = 0$$

对回路 $AB\varepsilon_0CDA$,设定回路绕行方向为逆时针,列出电压方程

$$(r_0 + R_G)I_2 - R_{x1}I_1 + \varepsilon_0 = 0$$

将以上两式合并得

$$(r_0 + R_G)I_2 - R_{x1}(I - I_2) + \varepsilon_0 = 0$$

当移动点 D，使电流计 G 指示为 0，即 $I_2=0$ 时，上式变为

$$R_{x1}I_1=\varepsilon_0 \tag{①}$$

此时标准电池电动势与 AD 段上的电压降相等。之后将转换开关 K 打向待测电源 ε_x 一侧，按上述方法分析，得

$$R_{x2}I_1=\varepsilon_x \tag{②}$$

比较①②两式，得

$$\frac{\varepsilon_x}{\varepsilon_0}=\frac{R_{x2}}{R_{x1}} \tag{③}$$

由于 AE 是截面均匀的电阻丝，所以 R_{x2}/R_{x1} 是 AD 段电阻丝在以上两种情况下的长度比 l_2/l_1，所以式③可写成

$$\varepsilon_x=\frac{l_2}{l_1}\varepsilon_0 \tag{④}$$

其中标准电池电动势 ε_0 已知，l_2 和 l_1 可测，由此式即可求得待测电源电动势 ε_x。

7.4　RC 电路的充放电规律

电容器具有隔直流的作用，但是如果把一个未带电的电容器接在直流电源的两极上，刚接通的瞬间，有电流对电容器充电。随着时间的增加，电容器两端电势差增大，同时充电电流逐渐减小。当电容器两极板的电势差增大到等于电源电动势时，电流趋于零，充电结束，这就是电容器的充电过程。如果把已充电的电容器的两端接在一个电阻上，则电容器负极板上的负电荷将通过电阻流到电容器的正极板，直到正电荷完全被中和为止，这就是电容器的放电过程。在电容器的充放电过程中，都有暂时电流出现。通常将电阻 R 和电容 C 组成的电路简称 RC 电路。本节讨论 RC 电路充放电过程的规律。

7.4.1　RC 电路的充电规律

如图 7－10 所示的 RC 电路，将开关 K 打向 a，电源 ε 通过电阻 R 给电容 C 充电。假定在充电过程中的任意时刻，电路中的电流为 i_1，电容上的电量为 q，电势差为 u_C。虽然充电电流是随时间变化的，但在充电过程中的任意时刻，回路中的电流、电势差仍遵守基尔霍夫定律。根据基尔霍夫第二定律得

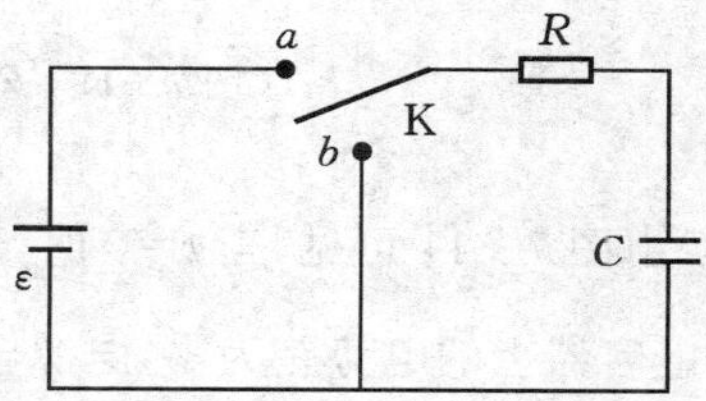

图 7－10　RC 电路

$$\varepsilon-i_1R-u_C=0$$

因为

$$i_1 = \frac{dq}{dt} = C\frac{du_C}{dt}$$

上式变为

$$\varepsilon - RC\frac{du_C}{dt} - u_C = 0$$

分离变量得

$$\frac{du_C}{\varepsilon - u_C} = \frac{dt}{RC}$$

两边积分,并考虑初始条件 $t=0$ 时,$u_C=0$,整理得电容器上电势差为

$$u_C = \varepsilon(1 - e^{-\frac{t}{RC}}) \tag{7-15}$$

电容器两极板上的电量

$$q = Cu_C = C\varepsilon(1 - e^{-\frac{t}{RC}})$$

式中,$C\varepsilon$ 为 $t\to\infty$ 时电容器上的电量,用 Q 表示,即

$$q = Q(1 - e^{-\frac{t}{RC}}) \tag{7-16}$$

充电电流为

$$i_1 = C\frac{du_C}{dt} = \frac{\varepsilon}{R}e^{-\frac{t}{RC}} \tag{7-17}$$

式(7-15)、式(7-16)、式(7-17)表明,在 RC 电路的充电过程中,电容器上的电势差和电量均随时间增长按指数规律增大;而充电电流则随时间增长按指数规律减小。图 7-11 为充电过程中电容器的电势差 u_C 和充电电流 i_1 的变化曲线。

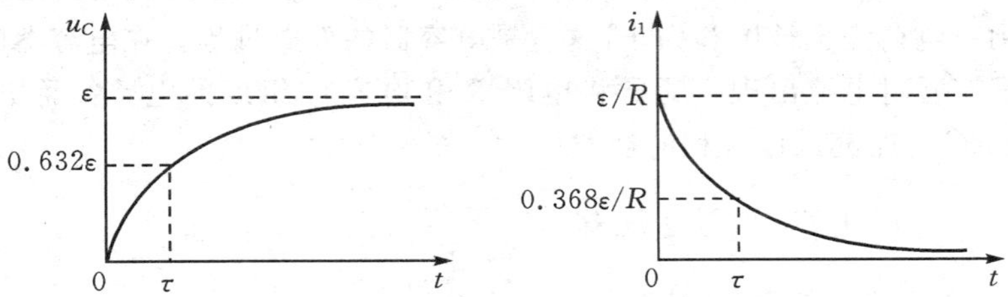

图 7-11　RC 电路充电过程 u_C,i_1 变化曲线

由图 7-11 可见,当 $t=0$ 时,$u_C=0$,$q=0$,充电电流最大,其值为$\frac{\varepsilon}{R}$,即充电开始时,电容器上的电势差为零,电源电动势全加在电阻上,所以充电电流最大;当 $t\to\infty$ 时,$u_C=\varepsilon$,$q=C\varepsilon$,充电电流最小,其值为 0,即当充电时间足够长时,电容器上的电势差最大,其值等于电源电动势 ε,电量最大,其值等于 $C\varepsilon$,充电电流为零。当 $t=RC$ 时,电容器上的电势差和电量分别达到最大值 ε 和 $C\varepsilon$ 的 0.632 倍(即 63.2%),而充

电电流降为最大值$\frac{\varepsilon}{R}$的0.368倍(即 36.8%),可见,决定充电过程快慢的是电阻和电容的乘积 RC,将其称为 RC 电路的充电**时间常数**(time constant),用 τ 表示,$\tau=RC$。τ 越大,充电过程越慢,反之越快。R 的单位用欧姆(Ω),C 用法拉(F)时,τ 的单位为秒(s)。当 $t=3\tau$ 时,$u_C=0.950\varepsilon$;当 $t=5\tau$ 时,$u_C=0.993\varepsilon$;当 $t>5\tau$ 时,电容器上的电势差基本接近最大值 ε,充电电流接近最小值零,因此,可以认为充电过程基本结束。

7.4.2 RC 电路的放电规律

在图 7-10 所示电路中,电容器充电完毕,将开关 K 打向 b,电容器 C 通过电阻 R 放电。假定在放电过程中的任意时刻,电路中的电流为 i_2,电容上的电势差为 u_C,根据基尔霍尔第二定律,有

$$u_C - i_2 R = 0$$

因

$$i_2 = -\frac{\mathrm{d}q}{\mathrm{d}t} = -C\frac{\mathrm{d}u_C}{\mathrm{d}t}$$

故上式变为

$$RC\frac{\mathrm{d}u_C}{\mathrm{d}t} + u_C = 0$$

解此微分方程,并考虑初始条件 $t=0$ 时,$u_C=\varepsilon$,得电容器上电势差为

$$u_C = \varepsilon \mathrm{e}^{-\frac{t}{RC}} \tag{7-18}$$

电容器两极板上的电量

$$q = Cu_C = C\varepsilon \mathrm{e}^{-\frac{t}{RC}}$$

式中,$C\varepsilon$ 为 $t=0$ 时电容器上的电量,用 Q 表示,即

$$q = Q\mathrm{e}^{-\frac{t}{RC}} \tag{7-19}$$

放电电流为

$$i_2 = -C\frac{\mathrm{d}u_C}{\mathrm{d}t} = -\frac{\varepsilon}{R}\mathrm{e}^{-\frac{t}{RC}} \tag{7-20}$$

式中负号表示放电电流与充电电流方向相反。式(7-18)、式(7-19)、式(7-20)表明,在 RC 电路的放电过程中,电容器上的电势差、电量和放电电流均各自从它们的最大值随时间增长按指数规律减小到零。放电的快慢同样由放电回路的时间常数 $\tau=RC$ 决定。τ 越大,放电过程越慢,反之越快。图 7-12 所示为放电过程中电容器上的电势差 u_C 和放电电流 i_2 的变化曲线。

由以上分析可知,不论在充电或放电过程中,电容器上的电势差都不能发生突变,而是按指数规律逐渐变化。由于 RC 电路的时间常数一般都很小,充、放电的这种状态变化进行得非常快,因此 RC 电路的充、放电过程只是一种暂态过程。RC 电路的这种特性在电子仪器中以及生命现象的研究中都有广泛的应用,如电

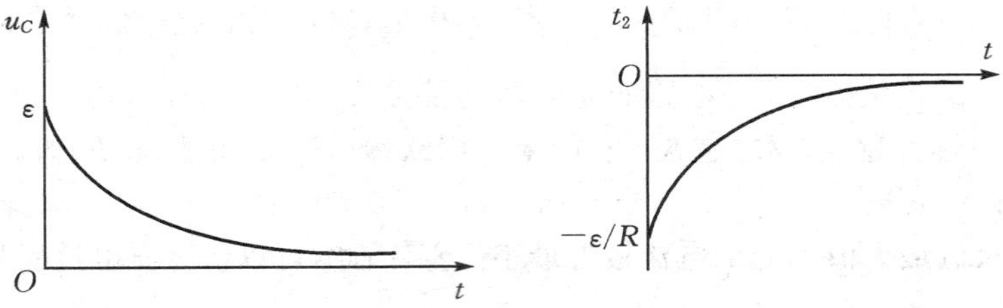

(a)　　　　(b)

图 7－12　RC 电路放电过程 u_C、i_2 变化曲线

子示波器中的锯齿波扫描电压就是利用 RC 电路的充放电产生的，还有人工心脏起搏器中的定时电路就是一个 RC 电路。

7.5　直流电路的医学应用

7.5.1　心脏除颤

心脏纤颤(包括心房或心室纤颤)是临床上常见的一种心律失常。各种快速心律失常是由于存在多源异位兴奋灶或心肌各部分的活动相位不一致造成的。心脏纤颤尤其是室颤，往往造成心室无整体收缩能力，心脏射血和血液循环中止。如不及时抢救，患者因脑部缺氧时间长而死亡。用交流或直流高能脉冲电流电击心脏，强迫心脏在通电瞬间停搏，而导致各兴奋灶相位一致，这样就有可能让自律性最高的窦房结重新成为心脏起搏点控制心搏，从而使心脏恢复正常心律。这种方法就称为电除颤，所用仪器称为**心脏除颤器**(defibrillator)。

电除颤是把电极直接放在心脏上通电或用大面积电极板放在胸廓上，经胸廓通电的方法实现的。所以，用电的剂量是决定除颤效果的一个重要因素。由于各人的胸廓电阻不同，以电流大小作为量度剂量是不合适的，所以，通常以除颤器所储电能多少为量度指标。

电除颤的方式以电极安放部位不同分为体外和体内两种，而按除颤供电形式不同分为交流和直流两种。目前，多数采用电容放电直流除颤法进行除颤，其工作原理如图 7－13 所示。

高压变压器输出的高压经整流变为直流高压电，当开关 K 打向 1 时，直流高压电对电容器 C 充电，电容器上储存的电能为

$$W = \frac{1}{2}CU^2 \tag{7-21}$$

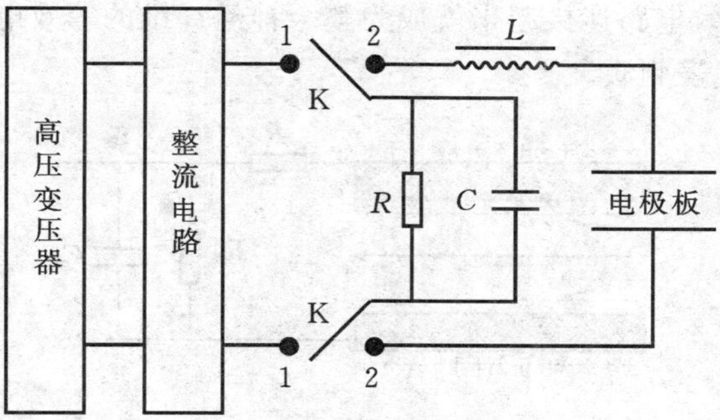

图 7-13　除颤工作原理

式中，U 为电容器两极板间的电压。把 K 打向 2 时，电容器储存的电能通过电感 L 和电极板对人体心脏放电，也就是电击。

在放电回路中串有电感 L 比单纯 RC 放电电流除颤效果好，且对人体组织损伤小。实验指出，放电时间一般在4～10 ms，除颤效果较好。适当选择 L 和 C 值，就可满足除颤的需要。实际应用中，体外除颤所用电能一般在 40～400 J 范围内，医学上常用瓦特·秒(W·s)来表示电能。如果电容器 C 的电容为 16 μF，就需要电能 400 W·s，根据式(7-21)计算得电容两端电压约 7 kV；若需要电能 100 W·s，则电容器两端电压在 3 kV 以上。除颤时加于人体这样高的直流电压，操作时应特别小心。给患者电击时，必须让电极板紧密接触身体，使之处于良好导电状态，否则放电时接触电阻增大，部分电能损耗在皮肤上，造成皮肤损伤，也达不到应有除颤效果。另外，对房颤、室性心动过速患者电击时刻必须避开心动周期的易损期，否则将引起室颤。为此需要一特别装置，使电击发生在心动周期的一个特定点上，保证电击不落在易损期上。该装置就是 R 波同步延迟触发放电电路，它的作用是使放电电击时刻总是与患者心电图的 R 波降支同步，称为同步除颤。

7.5.2　神经纤维的电学性质

通过对神经纤维电学性质的研究，发现它具有和电缆类似的性质，但其导电性能较差，外层包以绝缘不好的物质，电流可从许多地方泄漏出来。神经纤维可以认为是由圆柱面的细胞膜，内由电阻率较大的轴浆组成。电流能在轴浆中沿纤维方向传导，也能够通过细胞膜泄漏出去。

小段神经纤维的电学性质可以用图 7-14 所示的电路表示。沿着纤维传导的电流用 $i_{轴}$ 表示。导电的轴浆具有电阻，用 R 表示。细胞膜上单位面积泄漏电流 $i_{漏}$ 与其相应的电阻用 R_m 表示。细胞膜两侧聚积有电荷，相当于细胞膜具有电容的特性，其单位面积上的电容用 C_m 表示。对于神经纤维，每一小段都具有上述等效电路，将各段等效电路连接起来就成为整个神经纤维的等效电路，如图 7－15 所示。图中电源 ε 代表刺激。

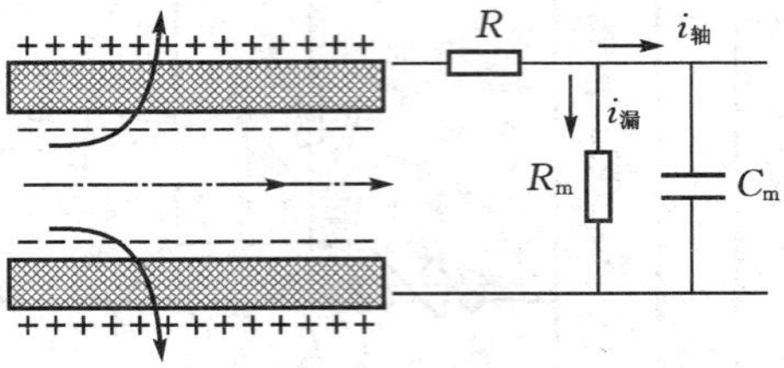

图 7－14　一小段神经纤维及等效电路

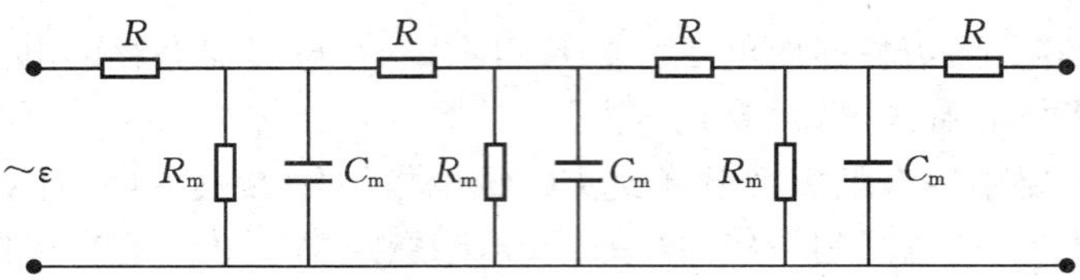

图 7－15　若干段神经纤维的等效电路

7.5.3　电泳

人体细胞内外均充满电解质溶液。悬浮或溶解在电解质溶液中的带电微粒(包括细胞、病毒、蛋白质分子或合成粒子)在外加电场作用下会发生迁移，这一现象称为**电泳**(electrophoresis)。电泳时，带电微粒移动的快慢主要决定于电场强度、粒子所带电量及体积、质量以及溶剂的粘度和介电常数等。所以，不同带电微粒在电场作用下的迁移速度一般是不同的，利用电泳的方法可将标本中的不同成分分开。如血浆中含有血清蛋白、球蛋白、纤维蛋白原等，电泳后，各种蛋白质被分开。目前这种方法已广泛应用于生物化学研究、制药及临床检验中。

习　题

7－1　一长 10 m 的铜棒，横截面积为 2 mm^2，两端电势差 1.75 V，已知铜的电阻率为 1.75×10^{-8} Ωm，自由电子数密度为 8.4×10^{22} 个/cm^3。求：

(1)铜棒中电流强度和电流密度；

(2)棒内电子的漂移速度；

(3)棒内的电场强度。

7-2　图 7-16 所示电路中，$\varepsilon_1=12\ V$，$\varepsilon_2=8\ V$，$\varepsilon_3=4\ V$，$r_1=r_3=0.2\ \Omega$，$r_2=0.3\ \Omega$，$R_1=3\ \Omega$，$R_2=2\ \Omega$，$R_3=5\ \Omega$，$I_1=0.5\ A$，$I_2=0.4\ A$，$I_3=0.9\ A$。分别计算 a，b 间和 b，d 间电势差。

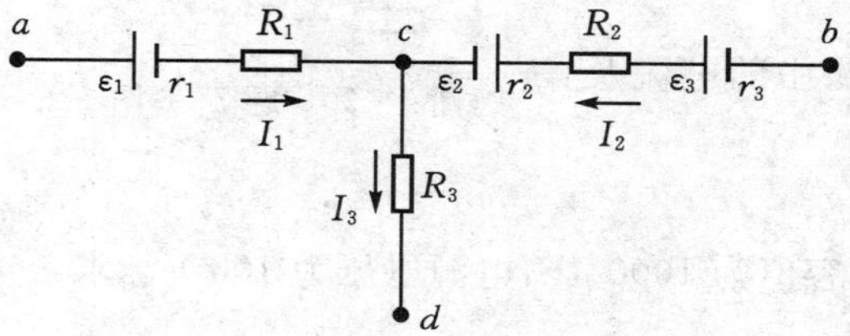

图 7-16　题 7-2 图

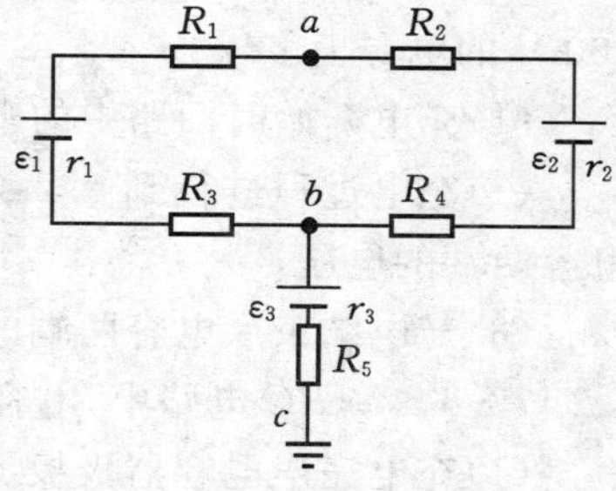

图 7-17　题 7-3 图

7-3　图 7-17 所示电路中，$\varepsilon_1=8\ V$，$\varepsilon_2=12.1\ V$，$\varepsilon_3=5\ V$，$r_1=r_2=r_3=0.1\ \Omega$，$R_1=R_2=R_3=R_4=R_5=2\ \Omega$。求：

(1)电路中的电流；

(2)a，b 两点间电势差及 a 点电势。

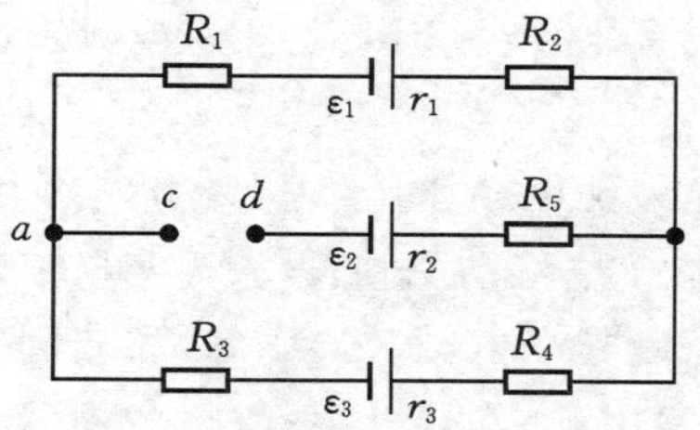

图 7-18　题 7-4 图

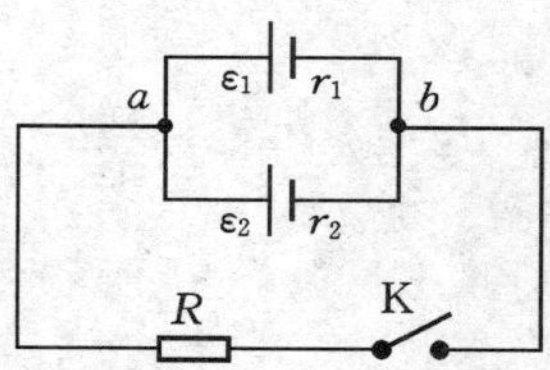

图 7-19　题 7-5 图

7-4　图 7-18 所示电路，已知 $\varepsilon_1=12\ V$，$\varepsilon_2=8\ V$，$\varepsilon_3=5\ V$，$r_1=r_2=r_3=1\ \Omega$，$R_1=R_2=R_3=R_4=3\ \Omega$，$R_5=5\ \Omega$。求：

(1)a，b 两点间的电势差；

(2)c，d 两点间电势差；

(3)当 c，d 两点短路时通过 R_5 的电流。

7-5　图 7-19 所示电路，已知 $\varepsilon_1=12\ V$，$\varepsilon_2=6\ V$，$r_1=2\ \Omega$，$r_2=1\ \Omega$，$R=10\ \Omega$。求：

(1)当开关断开时，各电源支路中电流和 a，b 两点间电势差；

(2)当开关合上时，各电源支路中电流和 a，b 两点间电势差。

7 - 6　电路如图 7 - 20 所示,设 $\varepsilon_1=6\ \text{V}$,$\varepsilon_2=5\ \text{V}$,$\varepsilon_3=4\ \text{V}$(内阻均不计),$R_1=6\ \Omega$,$R_2=5\ \Omega$。求每个电阻上的电流及 a,b 两点间电势差。

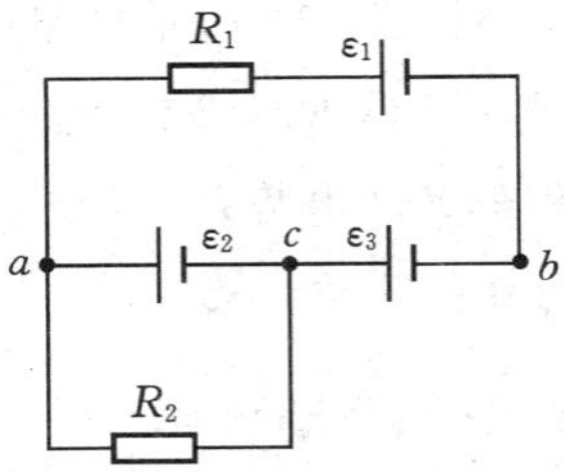

图 7 - 20　题 7 - 6 图

7 - 7　500 Ω 的电阻和 400 μF 的电容串接到 100 V 的电源上。求:

(1)充电开始时回路中的电流;

(2)充电过程进行到 0.2 s 时,回路中的电流及电容两端的电压;

(3)充电结束后电容两端的电压。

7 - 8　一 RC 电路中,电容器的电容值为 1000 μF,电源电压为 100 V。求:

(1)充电完毕电容器极板上的电量;

(2)当放电过程进行到 10 ms 时,电容器极板上的电量是放电前的 36.8%,求放电电阻;

(3)放电进行到 1.0 ms 时电路中的电流。

第 8 章　电流的磁场

磁场在空间的分布不随时间变化的磁场为恒定磁场。本章首先研究由恒定电流产生的恒定磁场的性质和规律，介绍描述磁场强弱和方向的磁感应强度 $\boldsymbol{B}$、毕奥-萨伐尔定则，以及计算电流产生的磁感应强度 $\boldsymbol{B}$ 的方法，磁场高斯定理和安培环路定理，磁场对电流、运动电荷和磁介质作用所遵从的规律；接着介绍空间分布随时间变化的磁场，内容包括电磁感应现象、电磁感应定则、感应电动势产生的机制及其计算方法和电感；最后介绍磁场的能量。

8.1　磁场和磁感应强度 B

实验证实，**电流(运动电荷)在其周围产生磁场，磁场对处于场中的电流施以作用力。磁场力是通过磁场传递的。磁场也是一种物质。**

类似于静电场，磁场也可以用运动电荷、电流等在磁场中受力引入描述磁场强弱和方向的物理量——磁感应强度 $\boldsymbol{B}$。实验发现，当电荷在磁场中运动时，有磁场力作用在运动电荷上，这个磁场力的大小和方向，不仅与磁场中各点的性质有关，还与电荷运动的速度有关。由于导体中的电流是由电荷定向运动形成的，因此，可以通过电流在磁场中受力，引入磁感应强度 $\boldsymbol{B}$。

仿照定义电场强度 $\boldsymbol{E}$ 时引入点电荷概念的方法，引入电流元 $I\mathrm{d}\boldsymbol{l}$(见图 8－1)，其中 I 为导线回路中的恒定电流，$\mathrm{d}\boldsymbol{l}$ 为导线回路中沿着电流方向所取的矢量线元。为了准确反映场点的性质，要求电流元 $I\mathrm{d}\boldsymbol{l}$ 取得足够小。

当电流元 $I\mathrm{d}\boldsymbol{l}$ 处在给定的磁场中时，将受到磁场力的作用，这个力具有以下性质：

(1)一般说来，在磁场中的不同场点，电流元 $I\mathrm{d}\boldsymbol{l}$ 受到的磁场力是不同的。不仅如此，就是在同一场点，$I\mathrm{d}\boldsymbol{l}$ 的取向不同，它受到的磁场力也不同。然而，在任一场点，总可以找到一个方向，当 $I\mathrm{d}\boldsymbol{l}$ 的取向与这个方向一致或相反时，$I\mathrm{d}\boldsymbol{l}$ 受到的磁场力恒为零，如图 8－2 所示。我们将这个特殊的方向定义为该场点磁感应强度 $\boldsymbol{B}$ 的方向。

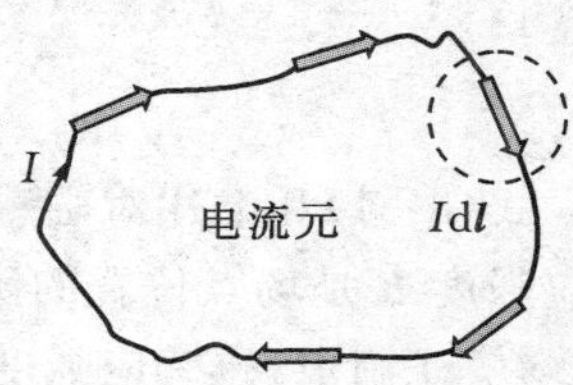

图 8－1　电流由电流元组成

(2)当电流元 $I\mathrm{d}\boldsymbol{l}$ 在某场点的取向与上面定义的这一场点的磁感应强度 $\boldsymbol{B}$ 方向垂直时，受到的磁场力与 $I\mathrm{d}\boldsymbol{l}$ 在这一场点其他各种可能取向时受到的磁场力相比为最大,用 $\mathrm{d}\boldsymbol{F}_{max}$ 表示最大磁场力,如图 8-3 所示。$\mathrm{d}\boldsymbol{F}_{max}$ 与 $I\mathrm{d}\boldsymbol{l}$ 的大小成正比,并与各点磁场的性质有关。将 $\mathrm{d}\boldsymbol{F}_{max}$ 与 $I\mathrm{d}\boldsymbol{l}$ 大小的比值定义为该场点磁感应强度 $\boldsymbol{B}$ 的大小,即

$$B = \frac{\mathrm{d}F_{max}}{I\mathrm{d}l} \tag{8-1}$$

恒定磁场中各点处的磁感应强度 $\boldsymbol{B}$ 都具有确定的量值。它由磁场本身性质所决定,与电流元 $I\mathrm{d}\boldsymbol{l}$ 的大小无关。

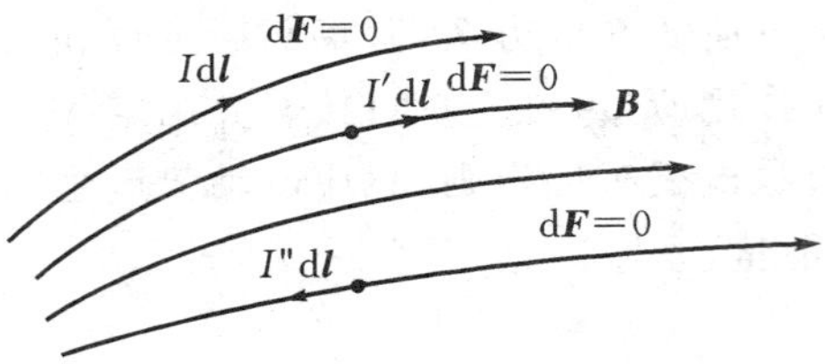

图 8-2 磁感应强度的方向

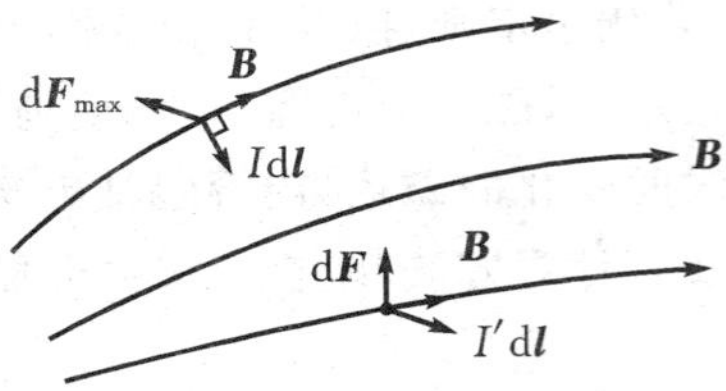

图 8-3 磁感应强度的大小

(3)再来确定磁感应强度 $\boldsymbol{B}$ 的指向。实验表明,磁场力 $\mathrm{d}\boldsymbol{F}_{max}$ 的方向总是垂直于电流元 $I\mathrm{d}\boldsymbol{l}$ 和磁感应强度 $\boldsymbol{B}$ 所组成的平面,而且这三者相互垂直。由于 $\mathrm{d}\boldsymbol{F}_{max}$ 与 $I\mathrm{d}\boldsymbol{l}$ 的方向原则上都可通过实验测定,可将其作为已知因素。于是,按右螺旋法则可唯一地确定 $\boldsymbol{B}$ 的指向。具体方法是,右手四指由 $I\mathrm{d}\boldsymbol{l}$ 的方向经小于 π 角转向 $\boldsymbol{B}$ 的方向,右螺旋前进的方向即为 $\mathrm{d}\boldsymbol{F}_{max}$ 的方向,如图 8-4 所示。

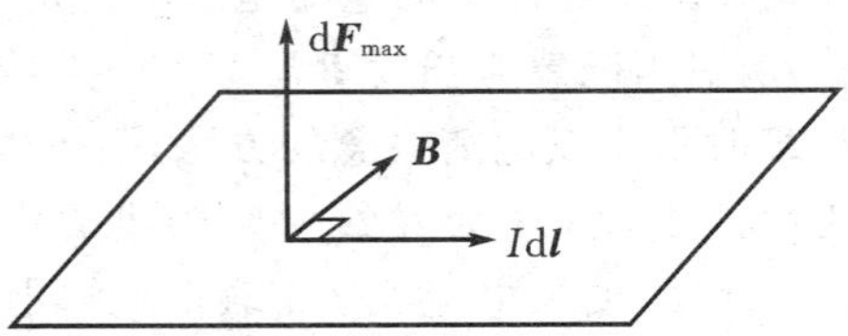

图 8-4 电流元受的安培力

式(8-1)和上述对磁感应强度方向的规定一起构成磁感应强度 $\boldsymbol{B}$ 的定义。磁感应强度 $\boldsymbol{B}$ 是场点位置的函数。若一磁场中各场点的 $\boldsymbol{B}$ 都相同,则称其为**匀强磁场**。在 SI 制中,磁感应强度 $\boldsymbol{B}$ 的单位为特斯拉(T)。

$$1\ \mathrm{T} = 1\ \mathrm{N/A \cdot m}$$

(4)当电流元 $I\mathrm{d}\boldsymbol{l}$ 与磁感应强度 $\boldsymbol{B}$ 间的夹角为 θ 时,$I\mathrm{d}\boldsymbol{l}$ 受到磁场力 $\mathrm{d}\boldsymbol{F}$ 的大小为

$$\mathrm{d}F = BI\mathrm{d}l\sin\theta \tag{8-2}$$

方向仍满足右螺旋法则。根据矢量矢积的定义,式(8-2)可写为矢量式

$$\mathrm{d}\boldsymbol{F} = I\mathrm{d}\boldsymbol{l} \times \boldsymbol{B} \tag{8-3}$$

通常 d$\boldsymbol{F}$ 称为安培力，式(8－3)称为安培力公式。它概括了上面(1)，(2)和(3)所述的情况。显然，同电场力相比，磁场力的情况要复杂得多，其原因在于磁场力 d$\boldsymbol{F}$ 的大小和方向，不仅与磁感应强度 $\boldsymbol{B}$ 的大小和方向、电流元 $I\mathrm{d}\boldsymbol{l}$ 的大小和方向有关，而且还与两者间的夹角 θ 有关。

8.2　毕奥-萨伐尔定则

8.2.1　毕奥-萨伐尔定则

求解静电场中 P 点电场强度 $\boldsymbol{E}$ 的基本方法是，把带电体看成是由无限多个电荷元 dq(可看作点电荷)所组成的，利用已知点电荷的电场强度公式，先求出 dq 在场点 P 产生的电场强度 d$\boldsymbol{E}$，再根据场叠加原理，通过矢量求和或矢量积分，求出整个带电体在场点 P 产生的电场强度 $\boldsymbol{E}$。实验表明，磁场和电场一样遵从场叠加原理，所以，运用相同的物理思想和分析方法，可以求得各种载流导体在某场点 P 产生的磁感应强度 $\boldsymbol{B}$。

任何载流导体都可分成为无限多个无限小的电流元 $I\mathrm{d}\boldsymbol{l}$，每个电流元在它周围的每一场点上对磁感应强度都将作出贡献。因此，可先求出一个电流元在空间某场点产生的磁感应强度 d$\boldsymbol{B}$，再根据场叠加原理，求得整个载流导体在该场点产生的磁感应强度 $\boldsymbol{B}$，即

$$\boldsymbol{B}=\int \mathrm{d}\boldsymbol{B} \tag{8-4}$$

19 世纪 20 年代，法国物理学家毕奥、萨伐尔等人对载流导体产生磁场作了大量的实验研究，并在法国数学家拉普拉斯的帮助下，总结出描述电流元产生的磁感应强度的数学表达式，称为**毕奥-萨伐尔定则**。其内容如下：

如图 8－5 所示，在一段载流为 I 的导线上取电流元 $I\mathrm{d}\boldsymbol{l}$，它在某场点 P 处产生的磁感应强度 d$\boldsymbol{B}$ 的大小与电流元 $I\mathrm{d}l$ 的大小成正比，与电流元 $I\mathrm{d}\boldsymbol{l}$ 所在处到场点 P 的位矢 $\boldsymbol{r}$ 和电流元 $I\mathrm{d}l$ 间夹角 θ 的正弦 $\sin\theta$ 成正比，而与位矢 $\boldsymbol{r}$ 大小的平方成反比，用数学式表示为

$$\mathrm{d}B=\frac{\mu_0}{4\pi}\frac{I\mathrm{d}l\sin\theta}{r^2} \tag{8-5}$$

式中，$\mu_0=4\pi\times10^{-7}$ N/A^2，称为**真空中的磁导率**。

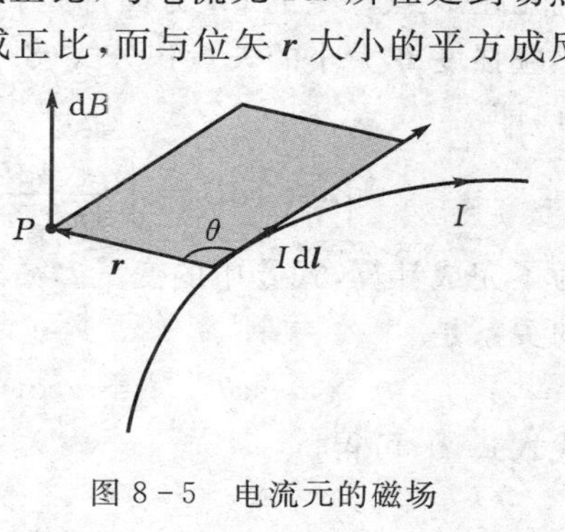

图 8－5　电流元的磁场

磁感应强度 d$\boldsymbol{B}$ 的方向垂直于电流元 $I\mathrm{d}\boldsymbol{l}$ 和位矢 $\boldsymbol{r}$ 组成的平面，指向用右手螺旋定则确定，即右手四指由 d$\boldsymbol{l}$ 经小于 π 的角转

向位矢 $\boldsymbol{r}$ 时,大拇指的指向即为 $\mathrm{d}\boldsymbol{B}$ 的方向。

综上所述,磁感应强度 $\mathrm{d}\boldsymbol{B}$ 的矢量表示式为

$$\mathrm{d}\boldsymbol{B}=\frac{\mu_0}{4\pi}\frac{I\mathrm{d}\boldsymbol{l}\times\boldsymbol{r}}{r^3} \tag{8-6}$$

这就是**毕奥-萨伐尔定则**(简称毕-萨定则)。

为求整个载流导线在场点 P 处产生的磁感应强度,可通过矢量积分式

$$\boldsymbol{B}=\int\mathrm{d}\boldsymbol{B}=\int\frac{\mu_0}{4\pi}\frac{I\mathrm{d}\boldsymbol{l}\times\boldsymbol{r}}{r^3} \tag{8-7}$$

获得。

毕-萨定则的正确性是不能用实验直接验证的,因为实验并不能测量电流元产生的磁感应强度。它的正确性是通过用毕-萨定则,计算载流导体在场点产生的磁感应强度与实验测定结果相符合而证明的。

8.2.2　毕-萨定则的应用

原则上,利用毕-萨定则,可以计算任意载流导体和电流回路产生的磁感应强度 $\boldsymbol{B}$。下面,我们应用毕-萨定则计算几种简单几何形状、但具有典型意义的载流导体产生的磁感应强度 $\boldsymbol{B}$。

例 8-1　如图 8-6 所示,在长为 L 的一段载流直导线中,通有恒定电流 I,试求距离载流直导线为 a 处一点 P 的磁感应强度 $\boldsymbol{B}$。

解　在载流直导线上任取一电流元 $I\mathrm{d}\boldsymbol{l}$,它在场点 P 处产生的磁感应强度 $\mathrm{d}\boldsymbol{B}$ 的大小为

$$\mathrm{d}\boldsymbol{B}=\frac{\mu_0}{4\pi}\frac{I\mathrm{d}l\sin\theta}{r^2} \qquad ①$$

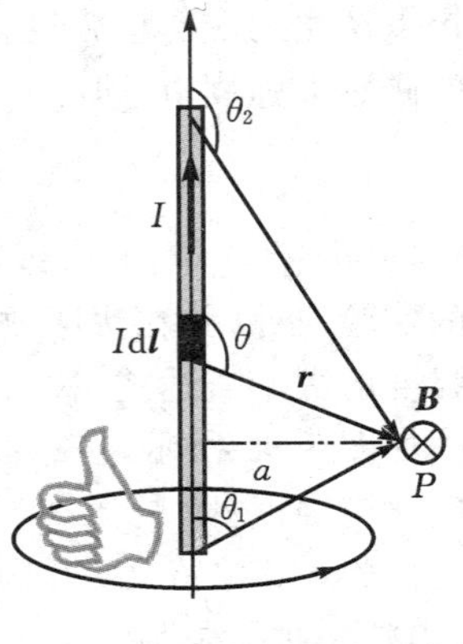

图 8-6　载流直导线的磁场

$\mathrm{d}\boldsymbol{B}$ 的方向垂直于纸面向里。不难看出,导线上各电流元在 P 点产生的 $\mathrm{d}\boldsymbol{B}$ 方向都是相同的,因此,求磁感应强度 $\boldsymbol{B}$ 大小的矢量积分式(8-7)变成为标量积分,即

$$B=\int\mathrm{d}B=\int\frac{\mu_0}{4\pi}\frac{I\mathrm{d}l\sin\theta}{r^2} \qquad ②$$

为了完成计算,式②中的变量 l,r,θ 应化为统一的变量。由图 8-6 可知,它们之间的关系是

$$r=a\csc\theta,\quad l=a\cot(\pi-\theta)=-a\cot\theta,\quad \mathrm{d}l=a\csc^2\theta\mathrm{d}\theta$$

代入式②,可得

$$B=\frac{\mu_0 I}{4\pi a}\int_{\theta_1}^{\theta_2}\sin\theta\mathrm{d}\theta=\frac{\mu_0 I}{4\pi a}(\cos\theta_1-\cos\theta_2) \qquad ③$$

积分限(θ_1,θ_2)分别为载流直导线两端的电流元与其到 P 点位矢 $\boldsymbol{r}$ 间的夹角,如图 8-6 所示。

若载流直导线可视为无限长,则上式的积分限为 $\theta_1\approx0$,$\theta_2\approx\pi$,这时式③变为

$$B=\frac{\mu_0 I}{2\pi a} \qquad ④$$

例 8-2　设有一半径为 R 的圆线圈,通有电流 I,试求在通过圆心、垂直圆平面的轴线上,与圆心相距为 x 处一点 P 的磁感应强度 $\boldsymbol{B}$。

解　如图 8-7(a)所示,在载流圆线圈上任一点处取一电流元 $I\mathrm{d}\boldsymbol{l}$,都和它到 P 点的位矢 $\boldsymbol{r}$ 垂直,因此,$I\mathrm{d}\boldsymbol{l}$ 在 P 点产生的磁感应强度 $\mathrm{d}\boldsymbol{B}$ 的大小为

$$\mathrm{d}B=\frac{\mu_0}{4\pi}\frac{I\mathrm{d}l}{r^2} \qquad ①$$

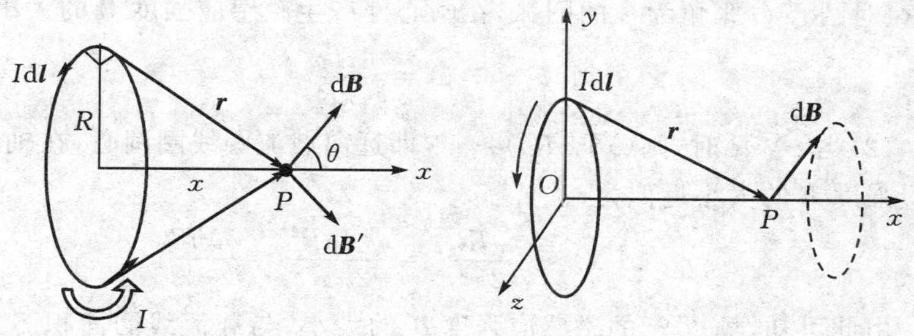

(a)一对电流元的磁场　　(b)圆线流轴线上的磁场

图 8-7　载流圆线圈轴线上的磁场

$\mathrm{d}\boldsymbol{B}$ 的方向垂直于 $I\mathrm{d}\boldsymbol{l}$ 和位矢 $\boldsymbol{r}$ 组成的平面,指向用右手螺旋定则确定。由于载流圆线圈对 x 轴的对称性,圆线圈上各电流元在 P 点产生的磁感应强度 $\mathrm{d}\boldsymbol{B}$ 的方向,分布在以 OP 为轴,P 点为顶点的一个圆锥面上,如图 8-7(b)所示。所以,各磁感应强度 $\mathrm{d}\boldsymbol{B}$ 在与 OP 轴垂直方向的分量 $\mathrm{d}\boldsymbol{B}_\perp$ 总和为零,而沿 OP 轴的分量 $\mathrm{d}\boldsymbol{B}_x$ 互相加强。磁感应强度 $\boldsymbol{B}$ 的大小实际上为各电流元 $I\mathrm{d}\boldsymbol{l}$ 产生的磁感应强度 $\mathrm{d}\boldsymbol{B}_x$ 的和,即

$$B=\int\mathrm{d}B_x=\int\mathrm{d}B\cos\theta=\int\frac{\mu_0}{4\pi}\frac{I\mathrm{d}l}{r^2}\cos\theta \qquad ②$$

因为

$$\cos\theta=\frac{R}{r}=\frac{R}{(R^2+x^2)^{1/2}}$$

所以

$$B = \frac{\mu_0 IR^2}{2(R^2 + x^2)^{3/2}} \qquad ③$$

磁感应强度 $\boldsymbol{B}$ 的方向沿 x 轴正向,与载流圆线圈的环绕方向呈右手螺旋定则关系,如图 8-7(b)所示。如果载流圆线圈由紧靠在一起、载流为 I 的 N 匝圆线圈组成,那么,轴线上某场点处的磁感应强度 $\boldsymbol{B}$ 的大小为

$$B = \frac{\mu_0 NIR^2}{2(R^2 + x^2)^{3/2}} \qquad ④$$

根据式③,可以分析载流圆线圈两种特殊位置的磁感应强度 $\boldsymbol{B}$:

(1)当 $x=0$ 时,即在载流圆线圈的圆心处,磁感应强度 $\boldsymbol{B}$ 的大小为

$$B = \frac{\mu_0 I}{2R} \qquad ⑤$$

$\boldsymbol{B}$ 的方向仍由右手螺旋定则确定。读者可由上式推导出一段载流为 I、半径为 R、对圆心 O 张角为 φ 的圆弧,在圆心处产生磁感应强度 $\boldsymbol{B}$ 的大小为

$$B = \frac{\mu_0 I\varphi}{4\pi R} \qquad ⑥$$

(2)当 $x \gg R$ 时,则 $(x^2 + R^2) \approx x^2$,即远离载流圆线圈圆心,在轴线上一点的磁感应强度 $\boldsymbol{B}$ 的大小近似为

$$B \approx \frac{\mu_0 IR^2}{2x^3} = \frac{\mu_0 I\pi R^2}{2\pi x^3} = \frac{\mu_0 IS}{2\pi x^3} \qquad ⑦$$

由此可知,场点 P 的磁感应强度 $\boldsymbol{B}$ 的大小,与载流线圈面积 S 和电流 I 的乘积有关。令

$$\boldsymbol{p}_{\mathrm{m}} = IS\boldsymbol{n} \qquad (8-8)$$

称为载流线圈的磁矩;$\boldsymbol{n}$ 为载流线圈平面正法线方向上的单位矢量,其正方向与线圈电流绕行的方向满足右手螺旋定则,如图 8-8 所示。于是,式⑦也可用磁矩表示为

$$\boldsymbol{B} = \frac{\mu_0}{2\pi}\frac{\boldsymbol{p}_{\mathrm{m}}}{x^3} \qquad ⑧$$

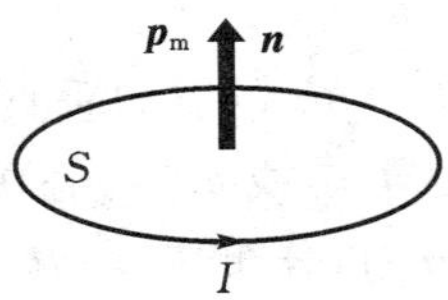

图 8-8 磁矩

同样,对于载流圆线圈圆心处的磁感应强度也可表示为

$$\boldsymbol{B} = \frac{\mu_0}{2\pi}\frac{\boldsymbol{p}_{\mathrm{m}}}{R^3} \qquad ⑨$$

与电偶极子产生的电场,以及电偶极子在电场中受到的力和力矩可用电偶极子的电矩表示一样,一个载流线圈产生的磁场和它在磁场中受到的力和力矩也可用它的磁矩来表示。磁矩 $\boldsymbol{p}_{\mathrm{m}}$ 是一个重要的物理量,在研究物质的磁性,以及在分子、原子及原子核物理学中都经常用到。后面还将专门对它进行讨论。

例 8-3　绕在圆柱面上的螺线形线圈称为**螺线管**。设有一均匀密绕的螺线管，半径为 R，每单位长度上的匝数为 n，螺线管通有电流 I，试求载流螺线管轴线上一点 P 的磁感应强度 $\boldsymbol{B}$。

解　均匀密绕螺线管，可以视为由许多半径相同的同轴圆线圈组成，如图 8-9(a)所示。因此，载流螺线管轴线上任一点磁感应强度的大小，等于各载流圆线圈在该点产生的磁感应强度的叠加。

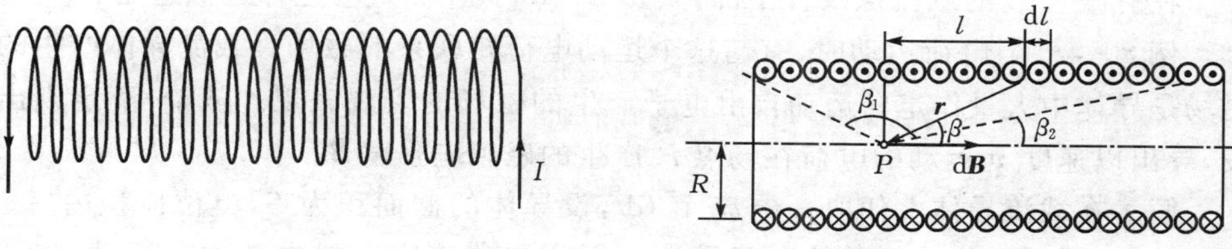

图 8-9　载流长直螺线管的磁场

在螺线管长度方向上取一小段 $\mathrm{d}l$，这小段上有 $n\mathrm{d}l$ 匝线圈，相当于一个通有电流 $\mathrm{d}I'=In\mathrm{d}l$ 的载流圆线圈，由例 8-2 中式③的结果可知，它在 P 点处产生磁感应强度的大小为

$$\mathrm{d}B=\frac{\mu_0 R^2\mathrm{d}I'}{2\,(R^2+l^2)^{3/2}}=\frac{\mu_0 R^2 In\mathrm{d}l}{2\,(R^2+l^2)^{3/2}} \qquad ①$$

为了便于积分运算，引入一个新变量 β。由图 8-9(b)可知

$$l=R\cot\beta,\quad \mathrm{d}l=-R\csc^2\beta\mathrm{d}\beta,\quad R^2+l^2=R^2\csc^2\beta$$

将其代入上式，可得

$$\mathrm{d}B=-\frac{\mu_0}{2}nI\sin\beta\mathrm{d}\beta \qquad ②$$

由于各线圈在 P 点产生的磁感应强度方向都相同，因此，求整个螺线管在 P 点产生的磁感应强度，只要对变量 β 积分即可。设 β_1 和 β_2 分别表示螺线管两端的 β 值，如图 8-9(b)所示，则

$$B=\int_{\beta_1}^{\beta_2}-\frac{\mu_0}{2}nI\sin\beta\mathrm{d}\beta=\frac{\mu_0 nI}{2}(\cos\beta_2-\cos\beta_1) \qquad ③$$

由式③，可分析两种特殊情况下的磁感应强度：

(1)如果载流螺线管可以近似认为是“无限长”的，即当 $L\gg R$ 时，有 $\beta_1\to\pi$，$\beta_2\to 0$，则由式③可知

$$B=\mu_0 nI \qquad ④$$

这一结果表明，“无限长”载流螺线管轴线上磁感应强度 $\boldsymbol{B}$ 的大小与场点位置无

关,即管内轴线上的磁场是均匀的。

(2)在"半无限长"载流螺线管轴线上的端点处,相当于$\beta_1 \to \pi/2$,$\beta_2 \to 0$,或$\beta_1 \to \pi$,$\beta_2 \to \pi/2$,则有

$$B = \mu_0 nI/2 \quad ⑤$$

即在"半无限长"载流螺线管一端点处的磁感应强度恰好等于螺线管内部磁感应强度的一半。

在有限长L的载流螺线管中部,只要$L \gg R$,式④和式⑤也都近似适用。

例 8-4 当电荷运动时,有与这个运动电荷相联系的磁场。载流导体产生的磁场是导体中大量作定向运动自由电子产生的磁场的宏观表现。从毕-萨定则出发,导出以速度$\boldsymbol{v}$运动的电荷在场点P产生的磁感应强度$\boldsymbol{B}$。

解 在载流导体上任取一电流元$I\mathrm{d}\boldsymbol{l}$,设导体的截面积为$S$,单位体积内有$n$个带正电的粒子,每个粒子的电荷量为$q$,并以平均速度$\boldsymbol{v}$沿电流方向运动,如图8-10所示。

在单位时间内通过截面S的电荷量为$nqvS$,即电流$I=nqvS$,代入式(8-6)中得

$$\mathrm{d}\boldsymbol{B} = \frac{\mu_0}{4\pi}\frac{(nqS)\mathrm{d}\boldsymbol{l}\times\boldsymbol{r}}{r^3}$$

因带电粒子运动速度$\boldsymbol{v}$的方向与电流元$I\mathrm{d}\boldsymbol{l}$的方向相同,故有

$$I\mathrm{d}\boldsymbol{l} = nq\boldsymbol{v}S\mathrm{d}l = q\boldsymbol{v}\mathrm{d}N$$

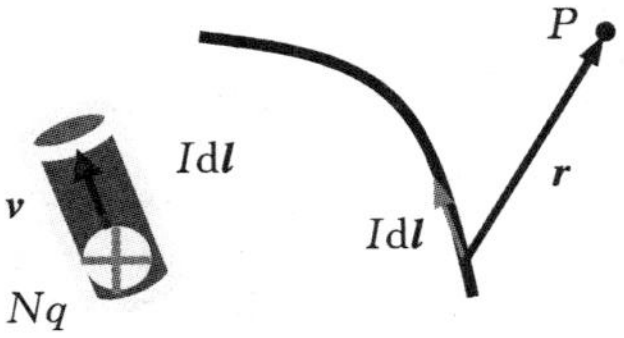

图 8-10 电流元中带电粒子的定向运动

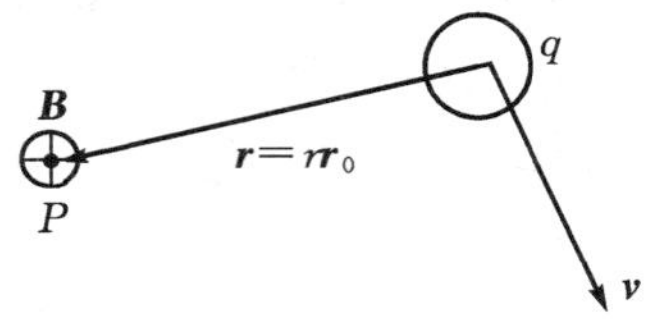

图 8-11 运动电荷的磁场

其中,$\mathrm{d}N=nS\mathrm{d}l$为电流元中的带电粒子数。因此,上式又可写为

$$\mathrm{d}\boldsymbol{B} = \frac{\mu_0}{4\pi}\frac{\mathrm{d}Nq\boldsymbol{v}\times\boldsymbol{r}}{r^3}$$

这个结果表明,电流元$I\mathrm{d}\boldsymbol{l}$产生的$\mathrm{d}\boldsymbol{B}$,就是电流元中$\mathrm{d}N$个带电粒子分别产生磁感应强度的叠加。这样,单个电荷量为q、以速度$\boldsymbol{v}$运动的带电粒子,在场点P产生的磁感应强度为

$$\boldsymbol{B} = \frac{\mathrm{d}\boldsymbol{B}}{\mathrm{d}N} = \frac{\mu_0}{4\pi}\frac{q\boldsymbol{v}\times\boldsymbol{r}}{r^3} \quad (8-9)$$

式中，$\boldsymbol{r}$ 为带电粒子到场点 P 的位矢。这就是运动电荷在场点 P 产生的磁感应强度的数学表达式。磁感应强度 $\boldsymbol{B}$ 的方向垂直于电荷运动速度 $\boldsymbol{v}$ 和位矢 $\boldsymbol{r}$ 组成的平面，指向由右螺旋法则确定，如图 8-11 所示。应当指出，式(8-9)只适用于运动电荷的速度 v 比光速 c 小得多的情况。

8.3　磁场高斯定理

8.3.1　磁通量

仿照前面所讲的用电场线描述静电场的方法，可以引入磁场线(也称磁感应线，该概念是由法拉第创立的)来形象地描述恒定磁场。规定：①磁场线为一些有向曲线，其上各点的切线方向与该点处的磁感应强度 $\boldsymbol{B}$ 方向一致；②在磁场中某点处，垂直于该点磁感应强度 $\boldsymbol{B}$ 的面积 $\mathrm{d}S_{\perp}$ 上，穿过的磁场线条数 $\mathrm{d}N$ 等于该场点处 $\boldsymbol{B}$ 的大小，即 $B=\dfrac{\mathrm{d}N}{\mathrm{d}S_{\perp}}$。根据这样的规定，在磁场线分布图中，磁场线密集的地方，表示磁感应强度 B 较大，而在磁场线稀疏的地方，表示磁感应强度 B 较小。

如图 8-12 所示是根据实验描绘出的无限长载流直导线、载流圆线圈、长直螺线管等几种典型磁场的磁场线图。从图中可以看到，磁场线都是环绕电流，既无起点又无终点的闭合曲线(包括两头伸向无限远的曲线)。同时，磁场线的环绕方向与电流方向间遵从右螺旋法则。

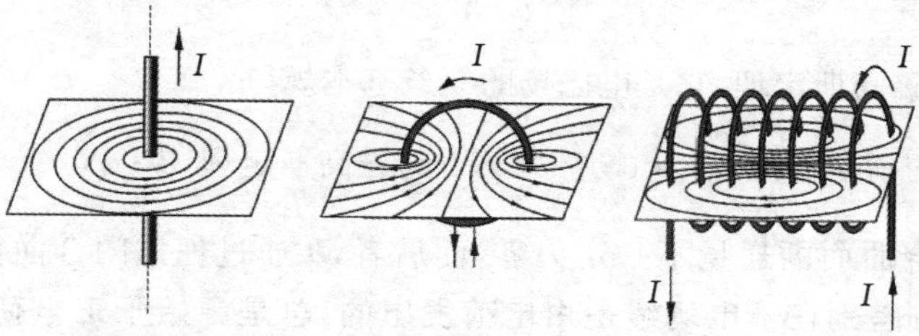

(a)直线电流　　(b)圆电流　　(c)螺线管电流

图 8-12　几种电流磁场线的空间分布

在磁场中穿过任意曲面 S 的磁场线数称为穿过该面的磁通量，用 φ_{m} 表示，如图 8-13 所示。为求得穿过磁场中任意曲面 S 的磁通量，将曲面 S 分割为无限多个面积元，并根据上述磁场线定义，在磁场中穿过任一面积元 $\mathrm{d}S$ 的磁通量为

$$\mathrm{d}\varphi_{\mathrm{m}}=B\mathrm{d}S_{\perp}=B\cos\theta\mathrm{d}S$$

式中，θ 是面积元 $\mathrm{d}S$ 的法线 $\boldsymbol{n}$ 和磁感应强度 $\boldsymbol{B}$ 间的夹角。

面积元 dS 的磁通量用矢量标积的形式表示为

$$d\varphi_m = \boldsymbol{B} \cdot d\boldsymbol{S} \quad (8-10)$$

式中,d$\boldsymbol{S}$=d$S\boldsymbol{n}$ 为面积元矢量。

通过积分,便可得到穿过整个曲面 S 的磁通量

$$\varphi_m = \int_S \boldsymbol{B} \cdot d\boldsymbol{S} \quad (8-11)$$

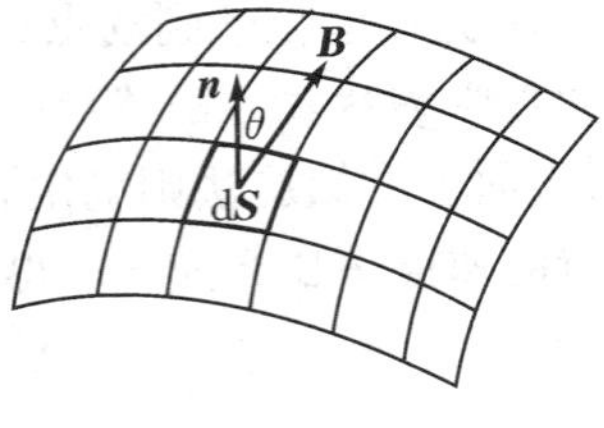

图 8-13　曲面的磁通量

如果 S 为任意闭合曲面,则在磁场中穿过 S 的磁通量为

$$\varphi_m = \oint_S \boldsymbol{B} \cdot d\boldsymbol{S} \quad (8-12)$$

对于闭合曲面 S 来说,仍取曲面的法线 $\boldsymbol{n}$ 向外为正,反之为负。当磁场线由闭合曲面穿出时,$\boldsymbol{B}$ 与法线 $\boldsymbol{n}$ 间的夹角 θ 为 $0 \leqslant \theta \leqslant \pi/2$,相应的磁通量为正;当磁场线穿入任意闭合曲面时,$\boldsymbol{B}$ 与法线 $\boldsymbol{n}$ 间的夹角 θ 为 $\pi/2 \leqslant \theta \leqslant \pi$,相应的磁通量为负。因此,磁通量为代数量。在 SI 中,磁通量的单位是韦伯(Wb)。

8.3.2　磁场高斯定理

由于磁场线都是闭合曲线,因此,从一个闭合曲面 S 某处穿进的磁场线必定要从该闭合曲面的另一处穿出。所以,通过磁场中任意闭合曲面 S 的净磁通量恒等于零,即

$$\oint_S \boldsymbol{B} \cdot d\boldsymbol{S} = 0 \quad (8-13)$$

式(8-13)称为磁高斯定理,它是电磁场的一条基本规律。

将静电场的高斯定理 $\oint_S \boldsymbol{E} \cdot d\boldsymbol{S} = \sum_S \frac{q_i}{\varepsilon_0}$ 与磁高斯定理 $\oint_S \boldsymbol{B} \cdot d\boldsymbol{S} = 0$ 相比较,前者,$\boldsymbol{E}$ 通过任意闭合曲面的通量不一定为零,而后者,$\boldsymbol{B}$ 通过任意闭合曲面的通量恒为零。**两者的原则差别在于电场线是由电荷发出的,总是源始于正电荷,终止于负电荷,因此,静电场是有源场;而磁场线都是环绕电流的、无头无尾的闭合曲线,因此,磁场是无源场。磁场没有与正、负电荷相对应的分立的正、负"磁荷"(磁单极子)。**

8.4　安培环路定理

8.4.1　安培环路定理

在静电场中,电场强度 $\boldsymbol{E}$ 沿任一闭合路径 L 的线积分(称为 $\boldsymbol{E}$ 的环流)恒等于

零，即$\oint_L \boldsymbol{E} \cdot \mathrm{d}\boldsymbol{l} = 0$，它反映了静电场是保守场这一基本性质。那么，在恒定磁场中$\boldsymbol{B}$矢量沿任一闭合路径L的线积分$\oint_L \boldsymbol{B} \cdot \mathrm{d}\boldsymbol{l}$（称为$\boldsymbol{B}$的环流）又如何呢？下面用无限长载流直导线产生的磁场，来研究$\oint_L \boldsymbol{B} \cdot \mathrm{d}\boldsymbol{l}$遵从的规律，从而归纳出它反映的恒定磁场的基本性质。

如前所述，无限长载流直导线周围的磁场线是一系列在垂直于导线的平面内、圆心在导线上的同心圆。在垂直于导线的平面内，作一包围无限长载流直导线的任意闭合路径L，如图 8-14(a)所示。在位矢为$\boldsymbol{r}$的任一场点K处，磁感应强度$\boldsymbol{B}$的大小为

$$B = \frac{\mu_0 I}{2\pi r}$$

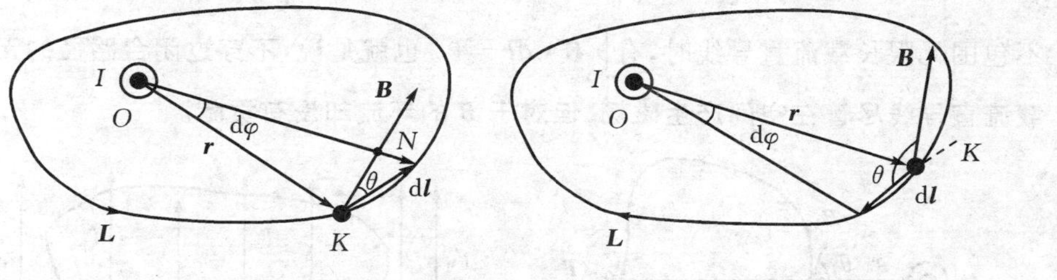

图 8-14　环路内电流对磁场环流的贡献

磁感应强度$\boldsymbol{B}$的方向与位矢$\boldsymbol{r}$垂直，指向由右手螺旋法则确定。在场点K处取一线元$\mathrm{d}\boldsymbol{l}$，若取闭合路径环绕方向与电流方向满足右螺旋法则，如图 8-14(a)所示，$\mathrm{d}\boldsymbol{l}$与$\boldsymbol{B}$间的夹角为θ，有$\mathrm{d}l\cos\theta \approx KN = r\mathrm{d}\varphi$，$\mathrm{d}\varphi$是$\mathrm{d}\boldsymbol{l}$对圆心$O$点所张的角，将上式代入磁感应强度$\boldsymbol{B}$的环流公式，得

$$\oint_L \boldsymbol{B} \cdot \mathrm{d}\boldsymbol{l} = \oint \frac{\mu_0 I}{2\pi r}\cos\theta \mathrm{d}l = \frac{\mu_0 I}{2\pi}\int_0^{2\pi} \mathrm{d}\varphi = \mu_0 I \tag{8-14}$$

如果闭合路径反向绕行，即绕行方向与电流方向间不再满足右手螺旋法则，如图8-14(b)所示。这时，$\mathrm{d}\boldsymbol{l}$与$\boldsymbol{B}$间的夹角为$\pi-\theta$，$\mathrm{d}l\cos(\pi-\theta) = -r\mathrm{d}\varphi$，则有

$$\oint_L \boldsymbol{B} \cdot \mathrm{d}\boldsymbol{l} = -\mu_0 I = \mu_0(-I) \tag{8-15}$$

积分结果为负。根据以上讨论，可以看出：①磁场中磁感应强度$\boldsymbol{B}$沿闭合路径的线积分与闭合路径的形状及大小无关，只和闭合路径包围的无限长载流直导线的电流有关；②当电流的方向与闭合路径绕行方向间满足右手螺旋法则时，在式(8-14)中，电流I取正值，反之，I取负值。

在磁场中取不包围无限长载流直导线的任意一个平面闭合路径 L，如图 8－15 所示。这时，可以从无限长载流直导线出发作许多条射线，将环路 L 分割为成对的线元，$\mathrm{d}\boldsymbol{l}_1$ 和 $\mathrm{d}\boldsymbol{l}_2$ 就是其中任意一对，它们对无限长载流直导线张有同一圆心角 $\mathrm{d}\varphi$。设 $\mathrm{d}\boldsymbol{l}_1$ 和 $\mathrm{d}\boldsymbol{l}_2$ 分别与导线相距 r_1 和 r_2，则有

$$\boldsymbol{B}_1\cdot\mathrm{d}\boldsymbol{l}_1=B_1\mathrm{d}l_1\cos\theta_1=-B_1r_1\mathrm{d}\varphi=-\frac{\mu_0 I}{2\pi}\mathrm{d}\varphi$$

$$\boldsymbol{B}_2\cdot\mathrm{d}\boldsymbol{l}_2=B_2\mathrm{d}l_2\cos\theta_2=B_2r_2\mathrm{d}\varphi=\frac{\mu_0 I}{2\pi}\mathrm{d}\varphi$$

于是，对于每一对线元 $\mathrm{d}\boldsymbol{l}_1$ 和 $\mathrm{d}\boldsymbol{l}_2$，都有

$$\boldsymbol{B}_1\cdot\mathrm{d}\boldsymbol{l}_1+\boldsymbol{B}_2\cdot\mathrm{d}\boldsymbol{l}_2=0$$

这个结果表明，每一对线元对 $\oint_L\boldsymbol{B}\cdot\mathrm{d}\boldsymbol{l}$ 的贡献互相抵消，因此，当闭合积分路径 L 中不包围无限长载流直导线时，有 $\oint_L\boldsymbol{B}\cdot\mathrm{d}\boldsymbol{l}=0$。也就是说，**不穿过闭合路径的无限长载流直导线尽管在空间产生磁场，但对于 $\boldsymbol{B}$ 的环流却没有贡献。**

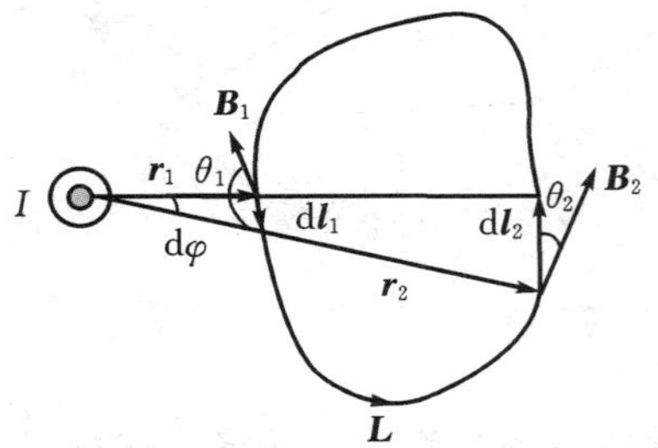

图 8－15　环路外电流对磁场环流的贡献

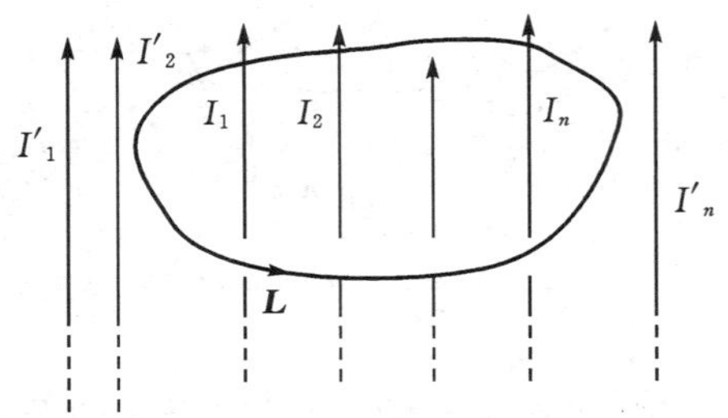

图 8－16　磁场的安培环路定理

以上的讨论，虽然是以一根无限长载流直导线和垂直于导线平面积分路径进行的，但可以证明，所得结论对任意闭合积分路径 L，包围有多根载有大小不相同、方向也不相同的恒定电流情况（见图 8－16），式（8－14）和式（8－15）仍然是正确的，即

$$\oint_L\boldsymbol{B}\cdot\mathrm{d}\boldsymbol{l}=\mu_0\sum_L I_i \tag{8-16}$$

式中，等号右端的电流是闭合路径 L 包围电流的代数和，等号左端的 $\boldsymbol{B}$ 则是所有电流（其中也包括未包围在 L 中的电流）分别产生的磁感应强度的矢量和。式（8－16）表明，**恒定磁场的磁感应强度 $\boldsymbol{B}$ 沿闭合路径 $\boldsymbol{L}$ 的积分，等于 μ_0 乘以穿过 $\boldsymbol{L}$ 所有电流的代数和**。这就是恒定磁场的**安培环路定理**。一般地说，式（8－16）对于任何磁场分布、任何电流组态和任何积分路径，都是正确的。

在矢量分析中，把矢量环流等于零的场称为**无旋场**，反之称为**有旋场**（也称涡旋场）。因此，静电场为无旋场，恒定磁场为有旋场。

8.4.2　安培环路定理的应用

在载流导体具有某些对称性时，利用安培环路定理可以很方便地计算电流磁场的磁感应强度 $\boldsymbol{B}$。就对称性的要求来说，应用安培环路定理计算 $\boldsymbol{B}$ 和应用静电场高斯定理计算 $\boldsymbol{E}$ 是很相似的。

例 8-5　设无限长均匀载流圆柱导体的截面半径为 R，电流 I 沿轴线方向流动，试求载流圆柱导体内、外的磁感应强度 $\boldsymbol{B}$。

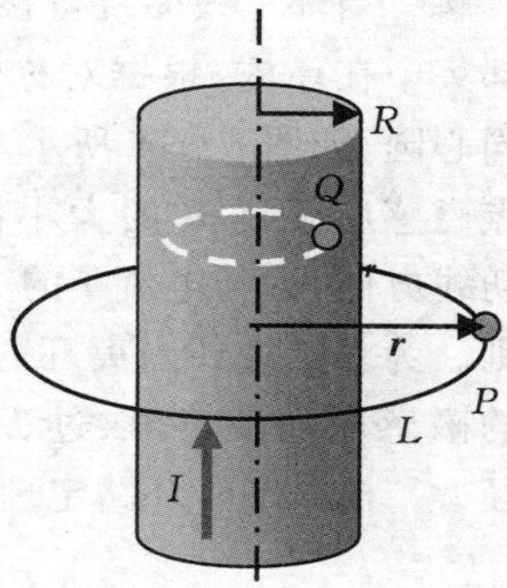

图 8-17　长直电流外的磁场分布

解　因为在圆柱导体截面上的电流均匀分布，而且圆柱导体为无限长，所以，磁场以圆柱导体轴线为对称轴，磁场线是在垂直于轴线平面内，并以该类平面与轴线交点为中心的同心圆，如图 8-17所示。为求解无限长均匀载流圆柱导体外、距离轴线为 r 处一点 P 的磁感应强度，可取通过 P 点的磁场线作为积分路径 L，并使电流方向与积分路径环绕方向间满足右手螺旋法则，则有 $\boldsymbol{B}\cdot d\boldsymbol{l}=Bdl$，且 B 为一常量。应用安培环路定理，有

$$\oint_L \boldsymbol{B}\cdot d\boldsymbol{l} = B2\pi r = \mu_0 I \qquad ①$$

可得

$$B = \frac{\mu_0 I}{2\pi r}(r > R) \qquad ②$$

即在圆柱导体外部，$\boldsymbol{B}$ 的大小与该点到轴线距离 r 成反比。这一结果与全部电流 I 集中在圆柱导体轴线上的一根无限长载流直导线所产生的磁场相同。

对圆柱导体内一点 Q 来说，可用同样的方法求解磁感应强度。以过 Q 点的磁场线为积分路径 L，如图 8-17 所示。这时，闭合积分路径包围的电流只是总电流 I 的一部分，设其为 I'，在电流均匀分布的情况下，由于电流密度 $j=\frac{I}{\pi R^2}$，所以

$$I' = j\pi r^2 = I\frac{r^2}{R^2}$$

于是，有

$$\oint_L \boldsymbol{B}\cdot d\boldsymbol{l} = B2\pi r = \mu_0 I' = \frac{\mu_0 r^2 I}{R^2} \qquad ③$$

$$B = \frac{\mu_0 I r}{2\pi R^2} \quad (r < R) \tag{④}$$

这一结果表明,在无限长均匀载流圆柱导体内,$\boldsymbol{B}$ 的大小与该点到轴线距离 r 成正比。

例 8-6　设一螺绕环的总匝数为 N,螺绕环中通有电流 I,环的平均半径为 $\bar{r}$,试求载流螺绕环内轴线上一点 P 的磁感应强度 $\boldsymbol{B}$。

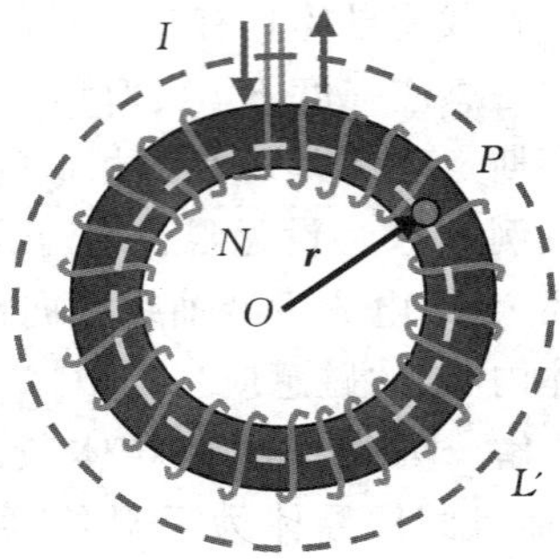

图 8-18　载流螺绕环内的磁场

解　当环上线圈绕得很密时,则其磁场几乎全部集中在环内,根据对称性,环内的磁力线都是同心圆,如图 8-18 所示。在同一条磁场线上各点磁感应强度 $\boldsymbol{B}$ 的大小都相等,方向沿着圆的切线方向,且与电流 I 的方向间满足右手螺旋法则。为求螺绕环内离环心 O 距离为 r 一点 P 处的磁感应强度,可取过 P 点的磁场线为积分路径 L。根据安培环路定理,有

$$\oint_L \boldsymbol{B} \cdot \mathrm{d}\boldsymbol{l} = B\oint_L \mathrm{d}l = B2\pi r = \mu_0 NI \tag{①}$$

可得

$$B = \frac{\mu_0 NI}{2\pi r} \tag{②}$$

由此可见,在载流螺绕环横截面上各点 $\boldsymbol{B}$ 的大小不同,它随 r 的变化而变化。

如果载流螺绕环的截面积很小,这时式②中的 r 可认为是螺绕环的平均半径 $(r=\bar{r})$,取 $n=\dfrac{N}{2\pi\bar{r}}$ 为单位长度的匝数,故载流螺绕环内任一点的磁感应强度大小为

$$B = \mu_0 nI \tag{③}$$

这时,载流螺绕环内各点的磁感应强度可近似认为是相等的,即螺绕环内为匀强磁场。这个结果与无限长载流螺线管内的磁感应强度相同。实际上,当螺绕环半径趋于无限大,并维持螺绕环单位长度上线圈的匝数不变时,载流螺绕环就过渡到无限长载流螺线管的情况。

求载流螺绕环外一点的磁感应强度 $\boldsymbol{B}$ 时,可用同样的方法,过该点取以环心为圆心的圆为积分路径 L',这时 L' 包围电流的代数和 $\sum I_i = 0$,故得

$$B = 0 \tag{④}$$

8.5 磁场对电流的作用

8.5.1 安培定则

放置在磁场中的载流导线将受到磁场力(安培力)的作用,这是由安培首先发现并进行了一系列实验研究后,给出了著名的安培力公式。为了计算磁场对载流导线的安培力,可由式(8-3)先确定电流元 $I\mathrm{d}\boldsymbol{l}$ 所受到的安培力 $\mathrm{d}\boldsymbol{F}$,然后通过积分计算出整个载流导线所受的安培力,即

$$\boldsymbol{F}=\int_L \mathrm{d}\boldsymbol{F}=\int_L I\mathrm{d}\boldsymbol{l}\times\boldsymbol{B} \tag{8-17}$$

式中,$\boldsymbol{B}$ 为载流导线上各电流元所在处的磁感应强度。

例 8-7 两根无限长平行直导线相距 a,分别通有电流 I_1 和 I_2,试求两导线间的作用力。

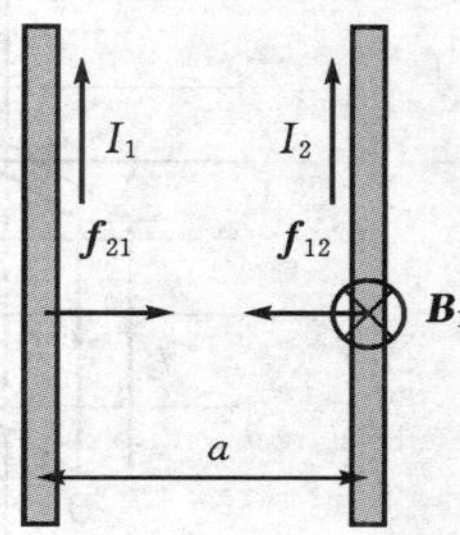

图 8-19 无限长电流的作用力

解 如图 8-19 所示,用安培环路定理可得,电流 I_1 在导线 l_2 处产生的磁感应强度大小为

$$B_1=\frac{\mu_0 I_1}{2\pi a}$$

由安培定则,导线 l_2 上的任意电流元 $I_2\mathrm{d}\boldsymbol{l}_2$ 所受的电流 I_1 产生磁场的元安培力

$$\mathrm{d}\boldsymbol{F}_{21}=I_2\mathrm{d}\boldsymbol{l}_2\times\boldsymbol{B}_1$$

方向指向导线 l_1,其大小

$$\mathrm{d}F_{21}=I_2\mathrm{d}l_2B_1=\frac{\mu_0 I_1 I_2}{2\pi a}\mathrm{d}l_2$$

由于导线 l_2 上各个电流元安培力的大小及方向都相同,所以单位长度的导线 l_2 所受电流 I_1 产生磁场的安培力方向指向导线 l_1,大小为

$$f_{12}=\frac{\mathrm{d}F_{21}}{\mathrm{d}l_2}=\frac{\mu_0 I_1 I_2}{2\pi a}$$

同理,单位长度的导线 l_1 所受电流 I_2 产生磁场的安培力方向指向导线 l_2,大小为

$$f_{21}=\frac{\mu_0 I_1 I_2}{2\pi a}$$

结果表示:两无限长平行通电直导线中,单位长度导线间相互作用力的大小相等。两电流方向相同,两导线相互吸引;两电流方向相反,两导线相互排斥。

8.5.2 磁场对载流线圈的作用,线圈的磁矩

各种发电机、电动机以及各种电磁式仪表都涉及平面载流线圈在磁场中的运

动。因此,研究平面载流线圈在磁场中受到的安培力具有重要的实际意义。

设在磁感应强度为 $\boldsymbol{B}$ 的匀强磁场中,有一刚性矩形平面载流线圈 $ABCDA$,边长分别为 l_1 和 l_2,线圈中的电流为 I,方向如图 8-20(a)所示。磁感应强度 $\boldsymbol{B}$ 沿水平方向,线圈可以绕垂直于磁场的轴 OO' 自由转动,$\boldsymbol{B}$ 与线圈平面间的夹角为 θ。现分别分析磁场对载流线圈四条边的作用力及线圈的运动。

根据式(8-17),可确定磁场作用在线圈导线 BC 和 DA 上安培力的大小,分别为

$$F_{BC} = BIl_1\sin\theta$$

$$F_{DA} = BIl_1\sin(\pi-\theta) = -BIl_1\sin\theta$$

这两个力大小相等,方向相反,作用在一条直线上,因此,它们对改变平面载流线圈的运动状态不起作用。

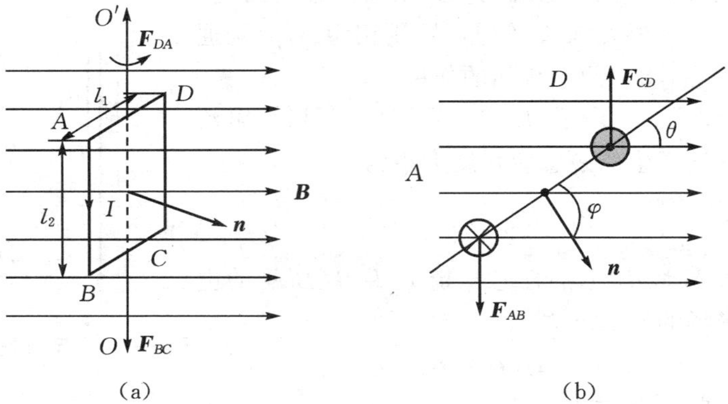

图 8-20 矩形载流平面线圈在均匀磁场中所受的力矩

同样,可以计算线圈导线 AB 和 CD 所受的安培力,因其上的电流与磁场垂直,故安培力的大小分别为

$$F_{AB} = F_{CD} = BIl_2$$

这表明它们也是大小相等,方向相反(见图 8-20(b))。但是,它们的作用线却不在一条直线上,于是形成力偶。从图 8-20(b)上看出,磁场作用于平面载流线圈的磁力矩 M 的大小为

$$M = F_{AB}l_1\sin\varphi = BIl_2l_1\sin\varphi = BIS\sin\varphi$$

式中,$S=l_1l_2$ 是平面载流线圈的面积;φ 是平面载流线圈的正法线 $\boldsymbol{n}$(按电流方向用右手螺旋法则可确定 $\boldsymbol{n}$ 的方向)与 $\boldsymbol{B}$ 间的夹角。由于平面载流线圈的磁矩 $\boldsymbol{p}_\mathrm{m}=IS\boldsymbol{n}$,因此磁力矩可写成矢量形式,即

$$\boldsymbol{M} = \boldsymbol{p}_\mathrm{m} \times \boldsymbol{B} \tag{8-18}$$

如果线圈有 N 匝，则平面载流线圈受到的磁力矩为

$$\boldsymbol{M} = N\boldsymbol{p}_{\mathrm{m}} \times \boldsymbol{B} \tag{8-19}$$

从上述结果可以看出，**匀强磁场对平面载流线圈的磁力矩 $\boldsymbol{M}$ 不仅与线圈中的电流 I、线圈面积 S 以及磁感应强度 $\boldsymbol{B}$ 有关，还与线圈平面与磁感应强度 $\boldsymbol{B}$ 间的夹角有关。**式(8-18)虽然是从矩形平面载流线圈中导出的，但可以证明，它适用于在匀强磁场中任意形状的平面载流线圈。

由式(8-18)可知，当 $\varphi=\pi/2$(即线圈平面与磁感应强度平行)时，磁力矩 $\boldsymbol{M}$ 达到最大值 $M_{\max}=BIS$，该磁力矩有使 φ 减小的趋势。当 $\varphi=0$(即线圈平面与磁感应强度垂直)时，$M=0$，载流线圈不受磁力矩作用，这时线圈处于一稳定平衡状态。当载流线圈处于这种状态时，受到一微小扰动后，它能够自动返回原来的平衡状态。当 $\varphi=\pi$ 时，$M=0$，此时磁力矩虽也等于零，但这时载流线圈处于一非稳定平衡状态，即当线圈受到一微小扰动后，它并不能够自动回到原来的平衡状态。

由此可见，**磁场对平面载流线圈所作用的磁力矩，总是要使线圈转到其磁矩方向与磁感应强度方向相同的稳定平衡位置处。**从磁通量角度分析，当 $\varphi=0$，$M=0$ 时，穿过载流线圈所围面积的磁通量最大；而当 $\varphi=\pi/2$，$M_{\max}=BIS$ 时，磁通量最小。因此，也可以得出结论，**在磁力矩的作用下，平面载流线圈总是要向着磁通量增加的方向转动。**

8.5.3　磁场对运动电荷的作用

1. 洛伦兹力

载流导线在磁场中所受到的安培力就其微观本质来讲，应归结为运动电荷所受磁场力(也称洛伦兹力)的宏观表现。因此，可以直接从安培力公式来确定洛伦兹力。

已知任意电流元在磁场中受到的安培力为 $\mathrm{d}\boldsymbol{F}=I\mathrm{d}\boldsymbol{l}\times\boldsymbol{B}$，载流导线中的电流为 $I=nqvS$。由于运动电荷 q 速度 $\boldsymbol{v}$ 的方向与电流元 $I\mathrm{d}\boldsymbol{l}$ 的方向相同，所以，安培力也可写为

$$\mathrm{d}\boldsymbol{F} = nqvS\mathrm{d}\boldsymbol{l} \times \boldsymbol{B} = nqS\mathrm{d}l\boldsymbol{v} \times \boldsymbol{B} = \mathrm{d}Nq\boldsymbol{v} \times \boldsymbol{B}$$

则以速度 $\boldsymbol{v}$ 运动的单个带电粒子 q 在磁场中受到的磁场力 $\boldsymbol{f}$ 可表示为

$$\boldsymbol{f} = \frac{\mathrm{d}\boldsymbol{F}}{\mathrm{d}N} = q\boldsymbol{v} \times \boldsymbol{B} \tag{8-20}$$

这称为洛伦兹力公式。洛伦兹力 $\boldsymbol{f}$ 的大小为

$$|\boldsymbol{f}| = |q|vB\sin\theta \tag{8-21}$$

式中，θ 为粒子运动速度 $\boldsymbol{v}$ 和磁感应强度 $\boldsymbol{B}$ 间的夹角，$\boldsymbol{v}$，$\boldsymbol{B}$ 和 $\boldsymbol{f}$ 之间满足右手螺旋定则，如图 8-21 所示。显然，**洛伦兹力 $\boldsymbol{f}=q\boldsymbol{v}\times\boldsymbol{B}$ 始**

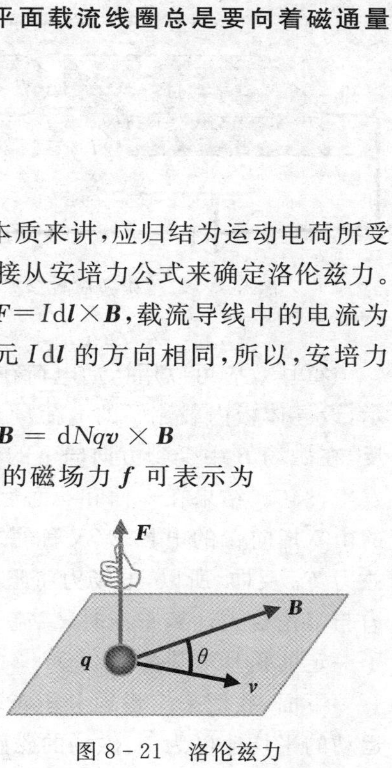

图 8-21　洛伦兹力

终垂直于带电粒子的运动速度 $\boldsymbol{v}$ 和磁感应强度 $\boldsymbol{B}$。因此,洛伦兹力对带电粒子所做的功恒等于零。也就是说,洛伦兹力只改变带电粒子的运动方向,不改变带电粒子运动速度的大小。

2. 霍耳效应

1879 年,美国物理学家霍耳发现将一块通有电流 I 的导体板,放在磁感应强度为 $\boldsymbol{B}$ 的匀强磁场中,当磁场方向与电流方向垂直时(见图 8-22),则在导体板的 a,b 两个侧面之间出现微弱的电势差 U_{ab}。这一现象称为**霍耳效应**,U_{ab} 称为**霍耳电势差**。实验证明,霍耳电势差 U_{ab} 与通过导体板的电流 I 和磁感应强度 $\boldsymbol{B}$ 的大小成正比,与板的厚度 d 成反比,即

$$U_{ab} = K\frac{IB}{d} \tag{8-22}$$

式中的比例系数 K 称为**霍耳系数**。

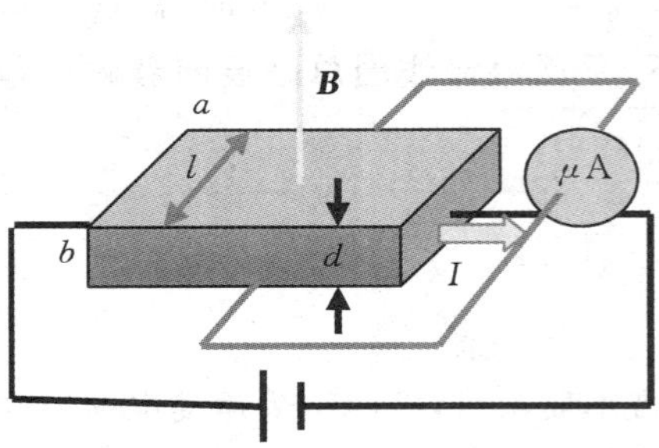

图 8-22 霍尔效应

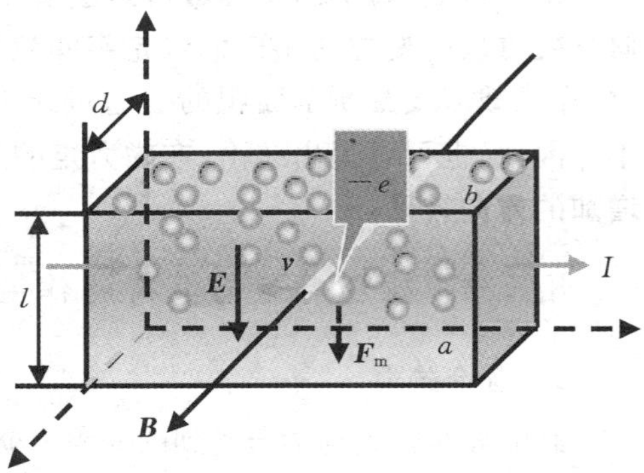

图 8-23 霍尔效应解释

霍耳效应可以用运动电荷在磁场中受洛伦兹力的作用来解释。如图 8-23 所示,设导体板内载流子的电荷量 q 为负(例如电子 $-e$),其运动方向与电流方向相反,在磁场 $\boldsymbol{B}$ 中受到方向向下的洛伦兹力 $\boldsymbol{F}_m$ 作用,该作用力使导体板内的载流子发生偏转。结果在 a 面和 b 面上分别聚集了异号电荷,并在导体内形成不断增大的由 b 指向 a 的电场 $\boldsymbol{E}$(又称霍耳电场)。由于载流子 q 受到的电场力 $\boldsymbol{F}_e$ 与洛伦兹力 $\boldsymbol{F}_m$ 反向,所以,电场力将阻碍载流子继续向 a 面聚集。当载流子受到的电场力与洛伦兹力达到平衡时,载流子将不再作侧向运动。这样,在 a,b 两面间便形成了一定的霍耳电势差 U_{ab}。

下面,我们来定量地分析霍耳效应。设导体板内载流子的电荷量为 q,作定向运动的平均速度为 $\overline{v}$,磁场的磁感应强度为 $\boldsymbol{B}$,当电场力与磁场力达到平衡时,有

$$q(\boldsymbol{E}+\overline{\boldsymbol{v}}\times\boldsymbol{B})=\boldsymbol{0}$$

则可知霍耳电场的大小为

$$E=\overline{v}B$$

若导体板的宽度为 l，于是，霍耳电势差为

$$U_{ab}=El=\overline{v}Bl$$

设导体板中的载流子浓度，即导体板中单位体积内的载流子数为 n，根据电流的定义

$$I=nq\overline{v}S$$

式中，$S=ld$，为导体板的横截面积。从以上两式中消去 $\overline{v}$，可得

$$U_{ab}=\frac{IB}{nqd}$$

与式(8－22)比较可知，霍耳系数为

$$K=\frac{1}{nq}\tag{8-23}$$

式(8－23)表明：

(1)**霍耳系数 K 与载流子浓度 n 成反比。**因此，通过霍耳系数 K 的测量，可以确定导体载流子的浓度。

(2)**霍耳系数 K 的正负取决于载流子电荷的正负。**通过测定霍耳电势差的正负，可确定载流子是正的还是负的。

8.6　磁场中的磁介质

8.6.1　物质磁性的分类

在磁场作用下能被磁化并反过来影响磁场的物质称为磁介质。任何实物在磁场作用下都或多或少地发生磁化并反过来影响原来的磁场，因此，任何实物都是磁介质。不同物质对磁场的影响差异很大，设真空中原来磁场的磁感应强度为 $\boldsymbol{B}_0$，引入各向同性均匀磁介质后，介质内的磁感应强度为 $\boldsymbol{B}$，实验表明

$$\mu_r=\frac{B}{B_0}\tag{8-24}$$

式中，μ_r 取决于介质的磁性，称为**磁介质的相对磁导率**(relative permeability)。μ_r 能够反映磁化的磁介质对原磁场的影响程度。根据实验分析，磁介质可分为三类：

(1)顺磁质。其 $\mu_r>1$，铝、铬、铀、锰、钛、氧等物质都属于顺磁质。

(2)抗磁质。其 $\mu_r<1$，铋、金、银、铜、硫、氢、氮等物质都属于抗磁质。

实验测量表明，对顺磁质和抗磁质来说，$\mu_r\approx1$，它们对磁场的影响都极其微

弱，因此，常把它们称为弱磁性物质。

(3)铁磁质。其 $\mu_r \gg 1$，以 Fe，Co，Ni 为代表，常被称为强磁性物质。

8.6.2 物质磁性的微观解释

物质的磁性可以用分子电流理论予以解释。

任何物质都是由分子或原子构成的，它们所包含的每一个电子都具有绕原子核的轨道运动，可等效为一个圆形电流，具有一定的轨道磁矩；另外，电子和原子核都有自旋，相应地有自旋磁矩。一个分子中轨道磁矩和自旋磁矩的矢量和，统称为分子固有磁矩（也称分子磁矩），用 $\boldsymbol{P}_m$ 表示，等效的圆电流 i_m 称为分子电流。

研究表明，在没有磁场 $\boldsymbol{B}_0$ 作用时，抗磁质的分子固有磁矩 $\boldsymbol{P}_m$ 为零，而顺磁质的分子固有磁矩 $\boldsymbol{P}_m$ 不为零。

顺磁质在没有磁场 $\boldsymbol{B}_0$ 作用时，虽然分子磁矩 $\boldsymbol{P}_m$ 不为零，但是由于分子的热运动，各分子磁矩的取向杂乱无章，因此，在无磁场 $\boldsymbol{B}_0$ 作用时，不论是顺磁质还是抗磁质，宏观上对外都不显磁性。

当顺磁质放在磁场 $\boldsymbol{B}_0$ 中，由于分子固有磁矩不为零，将受到磁场 $\boldsymbol{B}_0$ 的力矩作用，而转向磁场 $\boldsymbol{B}_0$ 方向的宏观定向排列，在介质的分界面产生相应的**磁化电流**。由于这种电流不能被引出进行直接测量，只束缚在介质的分界面，也叫**束缚电流**。相应地由电荷定向运动形成的，可以被引出进行直接测量的电流，叫**传导电流**。磁化电流将沿磁场 $\boldsymbol{B}_0$ 方向产生一附加磁场 $\boldsymbol{B}'$，附加磁场 $\boldsymbol{B}'$ 使得原来磁场加强。这就是产生顺磁性的微观机理。

抗磁质放在磁场 $\boldsymbol{B}_0$ 中，由于抗磁质的分子固有磁矩 $\boldsymbol{P}_m$ 为零，分子磁矩的转向效应不存在，但电子受到洛伦兹力的作用，而电子轨道半径不变，轨道运动速度发生变化，相应的轨道磁矩发生变化。理论分析表明，不论磁场 $\boldsymbol{B}_0$ 的方向与电子磁矩 $\boldsymbol{P}_m$ 方向相同或相反，加上磁场 $\boldsymbol{B}_0$ 后，总要产生一个与 $\boldsymbol{P}_m$ 方向相反的附加分子磁矩 $\Delta\boldsymbol{P}'_m$，即产生一个与 $\boldsymbol{B}_0$ 方向相反的附加磁场 $\boldsymbol{B}'$，使得原来磁场减弱。这就是产生抗磁性的微观机理。

以上就是用经典理论对于顺磁质的顺磁性和抗磁质的抗磁性的解释，对于铁磁质强磁性本书不作介绍。

8.6.3 有磁介质时的磁高斯定理和安培环路定理

1. 有磁介质时的磁高斯定理

在有磁介质存在时，总磁场 $\boldsymbol{B}$ 为传导电流所产生的磁场 $\boldsymbol{B}_0$ 和磁介质磁化后产生的附加磁场 $\boldsymbol{B}'$ 的矢量和，即

$$\boldsymbol{B} = \boldsymbol{B}_0 + \boldsymbol{B}'$$

理论研究表明，不论是磁场 $\boldsymbol{B}_0$ 还是附加磁场 $\boldsymbol{B}'$，其磁场线都是一些闭合曲线。因此，对于磁场中的任何闭合曲面 S，均有

$$\oint \boldsymbol{B}_0 \cdot \mathrm{d}\boldsymbol{S} = 0, \quad \oint \boldsymbol{B}' \cdot \mathrm{d}\boldsymbol{S} = 0$$

于是，对于有磁介质存在的总磁场 $\boldsymbol{B}$ 来说，有

$$\oint \boldsymbol{B} \cdot \mathrm{d}\boldsymbol{S} = \oint (\boldsymbol{B}_0 + \boldsymbol{B}') \cdot \mathrm{d}\boldsymbol{S} = 0 \tag{8-25}$$

这就是有磁介质存在时的磁高斯定理。这一结论表明，不论是否存在磁介质，磁高斯定理都是普遍成立的。

2. 有磁介质时的安培环路定理

磁介质中的磁场是由传导电流 I 和磁化电流 I_S 共同产生的。如果知道传导电流和磁化电流的分布，就可以求出传导电流产生的磁场 $\boldsymbol{B}_0$ 和磁化电流产生的磁场 $\boldsymbol{B}'$，然后根据磁场叠加原理，磁介质中的磁场 $\boldsymbol{B}=\boldsymbol{B}_0+\boldsymbol{B}'$。然而，由于磁化电流不像传导电流那样可以测量，给研究磁介质中的磁场带来了困难。仿照在静电场中引入电位移矢量的方法，避开磁化电流，引入一个新的物理量——磁场强度 $\boldsymbol{H}$。

实验表明，在各向同性均匀磁介质中，$\boldsymbol{B}$ 和 $\boldsymbol{H}$ 成正比，真空中仅有传导电流产生磁场，$\boldsymbol{B}_0=\mu_0\boldsymbol{H}$。磁介质中若令 $\boldsymbol{B}'=\mu_0\chi_m\boldsymbol{H}$，式中 χ_m 称为**磁介质的磁化率**，则有 $\boldsymbol{B}=\mu_0(1+\chi_m)\boldsymbol{H}$。

$$\oint_L \boldsymbol{B} \cdot \mathrm{d}\boldsymbol{l} = \mu_0 \sum_i I_i$$

式中，$\sum\limits_i I_i$ 则是穿过积分路径 L 的传导电流和磁化电流的代数和。

$$\oint_L \boldsymbol{B}' \cdot \mathrm{d}\boldsymbol{l} = \mu_0 \sum I_s$$

式中，$\sum I_s$ 则是穿过积分路径 L 的磁化电流的代数和

$$\oint_L \boldsymbol{B}_0 \cdot \mathrm{d}\boldsymbol{l} = \mu_0 \sum I_0$$

式中，$\sum I_0$ 则是穿过积分路径 L 的传导电流的代数和。

$$\oint_L \left(\frac{\boldsymbol{B}}{\mu_0} - \frac{\boldsymbol{B}'}{\mu_0}\right) \cdot \mathrm{d}\boldsymbol{l} = \sum I_0$$

即

$$\oint_L \left(\frac{\mu_0(1+\chi_m)}{\mu_0} - \frac{\mu_0\chi_m}{\mu_0}\right)\boldsymbol{H} \cdot \mathrm{d}\boldsymbol{l} = \oint_L \boldsymbol{H} \cdot \mathrm{d}\boldsymbol{l} = \sum I_0$$

上式最后可写为

$$\oint_L \boldsymbol{H} \cdot \mathrm{d}\boldsymbol{l} = \sum_L I_{0i} \tag{8-26}$$

式(8-26)就是存在磁介质时的安培环路定理。该式表明,**磁介质内磁场强度 $\boldsymbol{H}$ 沿所选闭合路径的环流等于闭合积分路径包围的所有传导电流的代数和。**

8.7 电磁感应

8.7.1 法拉第电磁感应定则

1820 年奥斯特通过实验发现电流的磁效应后,人们提出了能否利用磁效应产生电流的问题。法拉第经过多年反复实验和研究,于 1831 年发现,**只要使穿过闭合导体回路的磁通量发生变化,回路中就会有电流产生,**这一现象称为**电磁感应现象。**

电磁感应现象表明,当穿过导体回路的磁通量发生变化时,回路中就有了感应电流,而回路中有感应电流就说明回路中一定有电动势。回路中的这种电动势称为**感应电动势**(induction electromotive force)。

法拉第通过大量实验总结归纳指出,**导体回路中产生的感应电动势 ε 的大小与穿过回路的磁通量变化率 $\frac{\mathrm{d}\Phi_{\mathrm{m}}}{\mathrm{d}t}$ 成正比。**这一结论称为**法拉第电磁感应定则**。在国际单位制中,法拉第电磁感应定则的的数学表述为

$$\varepsilon = -\frac{\mathrm{d}\Phi_{\mathrm{m}}}{\mathrm{d}t} \tag{8-27}$$

式中"—"号用于确定感应电动势 ε 的方向。具体方法是:先设定回路 l 绕行的方向(见图 8-24),再按右手螺旋法则确定回路所包围面积的法线正方向 $\boldsymbol{n}$,然后计算穿过回路面积的磁通量 Φ_{m},得到 $\frac{\mathrm{d}\Phi_{\mathrm{m}}}{\mathrm{d}t}$ 的正负。

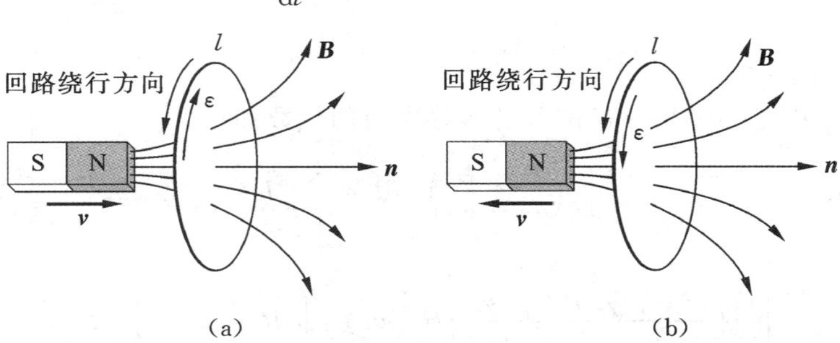

图 8-24 由 $\varepsilon = -\frac{\mathrm{d}\Phi_{\mathrm{m}}}{\mathrm{d}t}$ 判别感应电动势的方向

若$\frac{d\Phi_m}{dt}>0$，由式(8-27)，则$\varepsilon<0$，这时感应电动势ε的方向与所设定的回路绕行方向相反，如图 8-24(a)所示。若$\frac{d\Phi_m}{dt}<0$，则$\varepsilon>0$，感应电动势ε的方向如图 8-24(b)所示，与所设定的回路绕行方向一致。

若回路由 N 匝线圈串联而成，式(8-27)中的 Φ_m 应为**全磁通量** $\psi_m=\sum_{i=1}^{N}\Phi_{mi}$，式中 $\Phi_{m1},\Phi_{m2},\cdots,\Phi_{mi}\cdots,\Phi_{mN}$ 分别为穿过各匝线圈的磁通量。如果穿过每匝线圈的磁通量 Φ_m 相等，则穿过回路的全磁通量 $\Psi_m=N\Phi_m$，称为**磁通链**，此时

$$\varepsilon=-\frac{d\psi_m}{dt}=-N\frac{d\Phi_m}{dt} \tag{8-28}$$

8.7.2　楞次定则

由于电磁感应导体回路中产生的电流称为**感应电流**。感应电流的方向取决于导体回路的感应电动势的方向，而感应电流又将在导体回路中产生磁场和磁通量。将感应电动势的方向与感应电流的磁场在回路中产生的磁通量联系起来考虑，楞次通过大量实验总结指出，感应电动势方向的规律可以表述为：**闭合回路中，感应电流的方向总是使得感应电流所产生的磁通量反抗引起感应电流的磁通量的变化**，这一规律称为**楞次定则**(Lenz law)。

如图 8-25(a)所示，磁铁的插入使通过线圈的磁通量增加。由楞次定则可知，线圈中感应电流产生的磁场应反抗这种增加，因此，线圈中感应电流产生磁场的方向应如图中虚线所示，再由右手定则确定感应电流的方向。若磁铁如图 8-25(b)拔出，则感应电流反向。需要强调的是在楞次定则的表达中，用来确定感应电流方向的关键词是“反抗”，与式(8-27)中的“-”号所表示的意义一致，其实质是能量守恒定则在电磁感应中的具体表现。

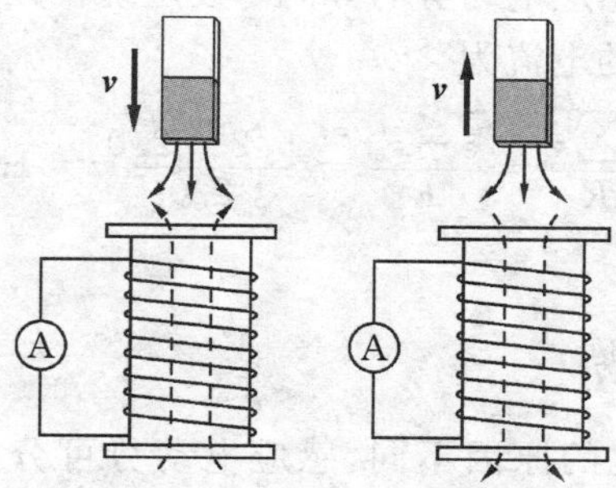

(a)　　(b)

图 8-25　用楞次定则判别感应电动势方向

如图 8－25 中所示，当磁铁插入或拔出线圈时，必须有外力克服磁力做机械功，同时线圈中产生感应电流，从而将其它形式的能量转换成电能。因此，对闭合回路用法拉第电磁感应定则和用楞次定则确定感应电动势的方向是完全一致的。

例 8－8　如图 8－26 所示，半径 $r=0.20\ \text{m}$ 的半圆形导线和直导线组成一回路。半圆形导线处在均匀磁场 $B=4.0t^2+2.0t+3.0$(SI)中，回路的电阻 $R=2.0\ \Omega$，电源的电动势 $\varepsilon_0=2.0\ \text{V}$。试求 $t=10\ \text{s}$ 时回路中的感应电流。

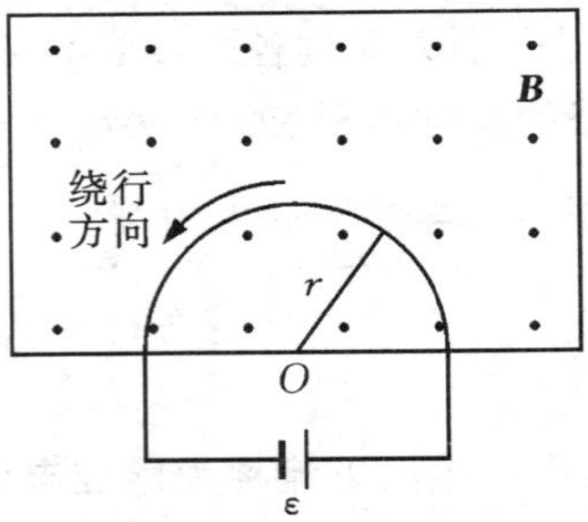

图 8－26　导体回路中磁场变化引起的感应电流计算

解　取半圆绕行方向如图 8－26 所示，回路中磁通量为

$$\Phi_m=\boldsymbol{B}\cdot\boldsymbol{S}=\frac{1}{2}\pi r^2(4.0t^2+2.0t+3.0)$$

由法拉第电磁感应定则，当 $t=10\ \text{s}$ 时回路中的感应电动势为

$$\begin{aligned}\varepsilon&=-\frac{\mathrm{d}\Phi_m}{\mathrm{d}t}=-\frac{1}{2}\pi r^2(8.0t+2.0)\\&=-\frac{1}{2}\times3.14\times0.20^2\times(8.0\times10+2.0)\\&=-5.2\ \text{V}\end{aligned}$$

感应电动势值为负，表示感应电动势的方向与设定绕行方向相反，为顺时针方向。

当 $t=10\ \text{s}$ 时回路中的电流为

$$i=\frac{\sum\varepsilon}{R}=\frac{\varepsilon-\varepsilon_0}{R}=\frac{5.2-2.0}{2.0}=1.6\ \text{A}$$

电流方向为顺时针方向。

8.7.3　感应电动势

按照磁通量发生变化的原因不同，感应电动势可分为动生电动势和感生电动势。

1. 动生电动势

磁场不变化，而导体或导体回路在磁场中运动，导体或导体回路中产生的感应电动势称为**动生电动势**(motional electromotive force)。

如图 8 - 27 所示，一矩形导体回路中，长为 l 的导体棒 ab 在恒定的均匀磁场 $\boldsymbol{B}$ 中以速度 $\boldsymbol{v}$ 沿垂直磁场 $\boldsymbol{B}$ 的方向运动。某一时刻，穿过回路面积的磁通量

$$\Phi_{\mathrm{m}} = BS = Blx$$

回路中的动生电动势的大小为

$$\varepsilon = \frac{\mathrm{d}\Phi_{\mathrm{m}}}{\mathrm{d}t} = \frac{\mathrm{d}}{\mathrm{d}t}(Blx) = Blv$$

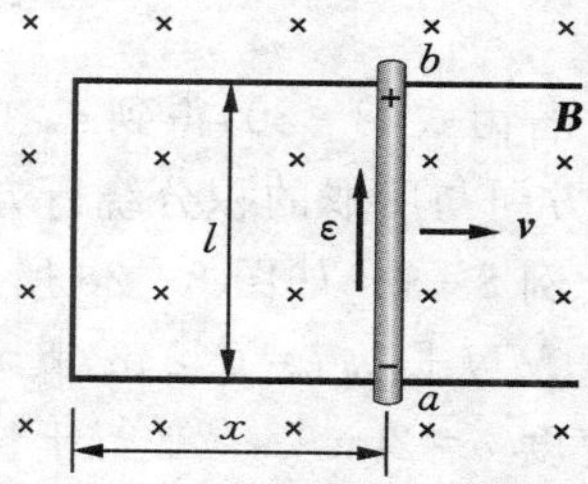

图 8 - 27　均匀磁场中运动导体棒的动生电动势

由于导体回路的其它边未动，所以动生电动势是由于 ab 棒的运动产生的。动生电动势的方向用楞次定则判定为逆时针方向，即由 a 到 b。

我们知道，电动势是非静电力作用的结果，那么，产生动生电动势的非静电力是什么力呢？随着导体棒的运动，棒中的自由电子将随棒一起以速度 $\boldsymbol{v}$ 在恒定磁场 $\boldsymbol{B}$ 中运动，因而每个自由电子都受到洛伦兹力 $\boldsymbol{F}_{\mathrm{m}}$ 的作用，洛伦兹力是引起动生电动势的非静电力，其大小为

$$\boldsymbol{F}_{\mathrm{m}} = -e(\boldsymbol{v} \times \boldsymbol{B})$$

相应非静电场强为

$$\boldsymbol{E}_{\mathrm{k}} = -\frac{\boldsymbol{F}_{\mathrm{m}}}{e} = (\boldsymbol{v} \times \boldsymbol{B})$$

由电动势的定义，导体棒 ab 上的动生电动势也可表示为

$$\varepsilon = \int_a^b \boldsymbol{E}_{\mathrm{k}} \cdot \mathrm{d}\boldsymbol{l} = \int_a^b (\boldsymbol{v} \times \boldsymbol{B}) \cdot \mathrm{d}\boldsymbol{l} \tag{8-29}$$

图 8 - 27 棒中动生电动势的大小与电磁感应定则得到的相同，为 $\varepsilon = \int_a^b Bv\mathrm{d}l = Bvl$。动生电动势的方向则根据选定的从下限到上限积分路径的方向，由式(8 - 29)得到 ε 的正、负决定。若 $\varepsilon > 0$，则表明积分路径是沿着非静电性场强 $\boldsymbol{E}_{\mathrm{k}}$ 的方向进行的，因此 a 点的电势比 b 点的电势低；若 $\varepsilon < 0$，则 a 点电势比 b 点电势高。例如，在图 8 - 27 中，当积分路径由 a 到 b 时，由式(8 - 29)得到 ab 棒上的动生电动势

$$\varepsilon = \int_a^b (\boldsymbol{v} \times \boldsymbol{B}) \cdot \mathrm{d}\boldsymbol{l} = \int_a^b Bv\mathrm{d}l = Bvl$$

即 $\varepsilon > 0$，说明 a 点电势比 b 点的电势低，与用楞次定则判别得到的结果相同。

虽然式(8－29)是由直导体棒在均匀磁场中运动这一特例导出的,但是可以证明,式(8－29)也适用一段任意形状的导线在恒定的非均匀磁场中运动时的情况。

如果闭合导体回路 l 在恒定磁场 $\boldsymbol{B}$ 中运动,则闭合回路内的动生电动势为

$$\varepsilon=\oint_{l}\mathrm{d}\varepsilon=\oint_{l}(\boldsymbol{v}\times\boldsymbol{B})\cdot\mathrm{d}\boldsymbol{l} \tag{8-30}$$

若由式(8－30)得到 $\varepsilon>0$,则 ε 的方向与所取的积分绕行方向一致;若 $\varepsilon<0$,则 ε 的方向与所取的积分绕行方向相反。

例 8－9 如图 8－28 所示,通有电流 $I=10\ \mathrm{A}$ 的长直导线旁,与其共面的金属杆 MN 长为 $l=0.2\ \mathrm{m}$,其 M 端到直导线距离 $a=0.1\ \mathrm{m}$,杆与长直导线垂直。杆以速度 $v=2\ \mathrm{m\cdot s^{-1}}$ 平行于长直导线向上运动,试求杆中的动生电动势。

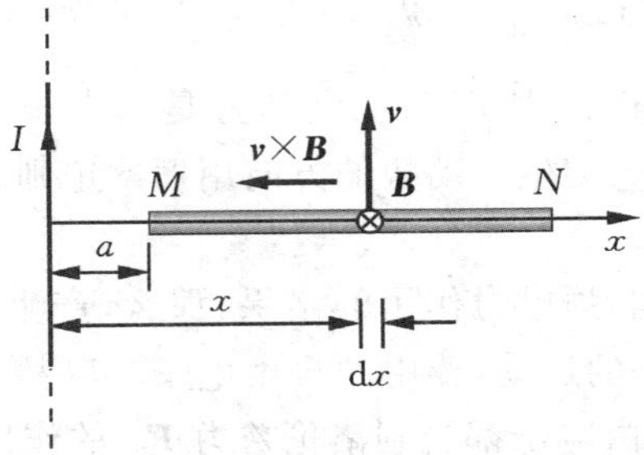

图 8－28 导体动生电动势计算

解 在杆上距直导线 x 处取线元 $\mathrm{d}x$,该处的 $B=\dfrac{\mu_0 I}{2\pi x}$,且 $\boldsymbol{v}\times\boldsymbol{B}$ 与线元 $\mathrm{d}x\boldsymbol{i}$ 的夹角为 π,所以线元 $\mathrm{d}x\boldsymbol{i}$ 上的元动生电动势为

$$\mathrm{d}\varepsilon=(\boldsymbol{v}\times\boldsymbol{B})\cdot\mathrm{d}x\boldsymbol{i}=-vB\mathrm{d}x=-\frac{\mu_0 Iv}{2\pi}\frac{\mathrm{d}x}{x}$$

整个导线上的动生电动势为

$$\begin{aligned}\varepsilon&=\int\mathrm{d}\varepsilon=\int_{a}^{a+l}-\frac{\mu_0 Iv}{2\pi}\frac{\mathrm{d}x}{x}=-\frac{\mu_0 Iv}{2\pi}\ln\frac{a+l}{a}\\&=-\frac{4\times10^{-7}\times10}{2\pi}\times2\times\ln3=-4.4\times10^{-6}\ \mathrm{V}\end{aligned}$$

$\varepsilon<0$,电动势 ε 的方向与积分方向相反,即由 N 指向 M。

2. 感生电动势

导体或导体回路不动,而磁场随时间变化,导体或导体回路中产生的感应电动势称为**感生电动势**(induced electromotive force)。

产生感生电动势的非静电力是什么力呢?由于导体回路未动,导体中的电荷

无宏观运动，所以它不可能像在动生电动势中那样是洛伦兹力。但它对静止的电荷有作用力，类似于电场力，推测其非静电性场强也类似于电场。显然这种电场不是由静止电荷产生，它到底由什么产生呢？麦克斯韦分析和研究了这类电磁感应现象后提出假设：**不论有无导体或导体回路，变化的磁场都将在其周围空间产生具有闭合电场线的电场**，这种电场称为**感生电场**(induced electric field)，感生电场的存在已为实验所证实。

根据麦克斯韦的假设，感生电场就是产生感生电动势的非静电场，用 $\boldsymbol{E}_{\mathrm{V}}$ 表示。按照电动势的定义，由于磁场的变化，在导体回路 l 中产生的感生电动势应为

$$\varepsilon=\oint \boldsymbol{E}_{\mathrm{V}}\cdot \mathrm{d}\boldsymbol{l}$$

按照法拉第电磁感应定则，应有

$$\oint_l \boldsymbol{E}_{\mathrm{V}}\cdot \mathrm{d}\boldsymbol{l}=-\frac{\mathrm{d}\Phi_{\mathrm{m}}}{\mathrm{d}t} \tag{8-31}$$

法拉第当时只着眼于导体回路中感应电动势的产生，而麦克斯韦则更着重于电场和磁场的关系的研究，从而提出感生电场的假设，并指出感生电场沿任何闭合路径的环路积分满足式(8－31)表示的关系。用磁感应强度表示磁通量，则式(8－31)可以用下面的形式更明显地表示出电场和磁场的关系：

$$\varepsilon=\oint_l \boldsymbol{E}_{\mathrm{V}}\cdot \mathrm{d}\boldsymbol{l}=-\frac{\mathrm{d}}{\mathrm{d}t}\iint_S \boldsymbol{B}\cdot \mathrm{d}\boldsymbol{S} \tag{8-32}$$

当回路固定不动，磁通量 Φ_{m} 的变化仅来自磁场的变化时，式(8－32)可改写为

$$\varepsilon=\oint_l \boldsymbol{E}_{\mathrm{V}}\cdot \mathrm{d}\boldsymbol{l}=-\iint_S \frac{\partial \boldsymbol{B}}{\partial t}\cdot \mathrm{d}\boldsymbol{S} \tag{8-33}$$

式中，面积分的区间 S 是以闭合路径 l 为周界的平面或曲面。式(8－33)表明，**在变化的磁场中，感生电场强度对任意闭合路径 l 的线积分等于这一闭合路径所包围面积上磁通量的变化率**。

由于感生电场的环路积分不等于零，所以感生电场不同于静电场(无旋电场)，因此，感生电场又称为**有旋电场**或**涡旋电场**。

有旋电场和静电场有一些共同的性质，如都对场中的电荷有力的作用，都具有能量等。但是，它们也有重要的区别：静电场是由电荷激发的，其电场线由正电荷出发，终止于负电荷，其电场强度 $\boldsymbol{E}$ 的环流为零，因而静电场是保守场，可以定义电势；而有旋电场是由变化的磁场所激发的，其电场线是无头无尾的闭合曲线，其环流不为零，即 $\oint \boldsymbol{E}_{\mathrm{V}}\cdot \mathrm{d}\boldsymbol{l}\neq 0$，因而有旋电场是非保守场，也不能定义电势。有旋电场对电荷的作用力是非静电力，正是这种力使固定的导体回路中产生感应电动势。

使闭合路径 l 的积分绕行正方向与其所包围面积的法线正方向满足右手螺旋法则,则由式(8-33)可知,$\boldsymbol{E}_{\mathrm{V}}$ 线的方向与$\dfrac{\partial \boldsymbol{B}}{\partial t}$的方向之间满足左手螺旋法则。

如图 8-29 所示,若积分路径是一个闭合导体回路,则导体回路内会产生感应电流;其方向与 ε 的方向(即 $\boldsymbol{E}_{\mathrm{V}}$ 线的方向)相同,为顺时针方向。此感应电流会产生方向向下的磁场去反抗向上的变化磁场,这是符合楞次定则的。

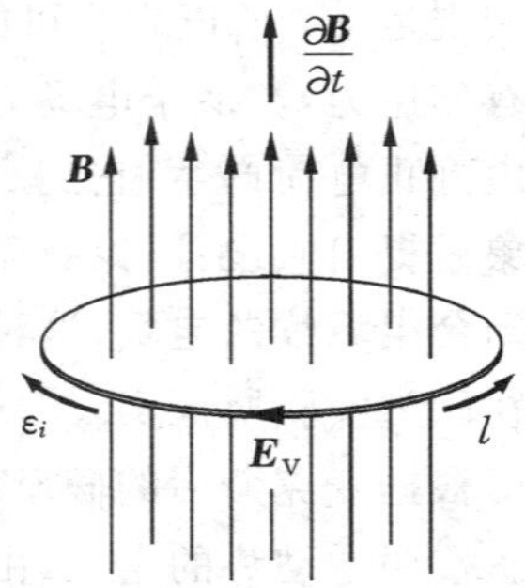

图 8-29　变化磁场产生涡旋电场

例 8-10　半径为 R 的长直螺线管中载有变化的电流。在管内产生的匀强磁场的一个横截面如图 8-30 所示。当磁感应强度的变化率$\dfrac{\partial \boldsymbol{B}}{\partial t}$以恒定的速率增加时,试求管内外感生电场的分布。

解　一般情况下,计算感生电场是比较困难的。本题中磁场分布具有对称性,因此螺线管内、外的感生电场线都是以螺线管轴线为圆心的同心圆线,如图 8-30 所示,且同一个同心圆线上各点 $\boldsymbol{E}_{\mathrm{V}}$ 的大小相等。

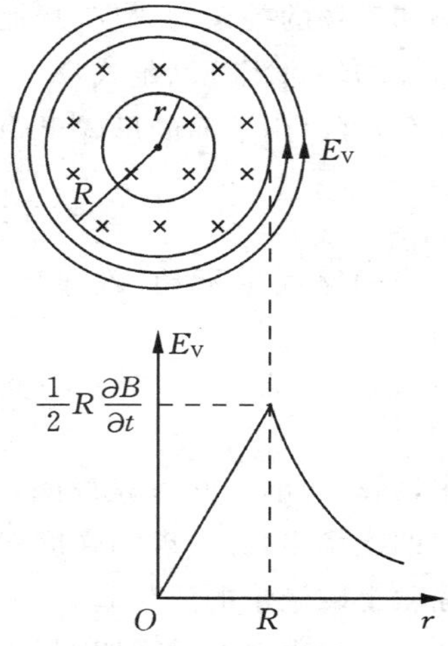

图 8-30　通恒定变化电流长直螺线管中的涡旋电场

在管内,即取 $r<R$。以 r 为半径取圆形闭合路径沿逆时针方向积分,有

$$2\pi r E_{\mathrm{V}}=-\frac{\partial B}{\partial t}\pi r^{2}$$

由此得

$$E_{\mathrm{V}}=-\frac{r}{2}\frac{\partial B}{\partial t}$$

$\boldsymbol{E}_{\mathrm{V}}$ 方向沿逆时针方向。

在管外,即取 $r>R$,注意到在此区域 $B=0$,$\dfrac{\partial B}{\partial t}=0$。由式(8-33)沿圆形路径积分有

$$2\pi r E_{\mathrm{V}}=-\frac{\partial B}{\partial t}\pi R^{2}$$

由此得

$$E_{\mathrm{V}}=-\frac{R^{2}}{2r}\frac{\partial B}{\partial t}$$

式中"—"号表示 $\boldsymbol{E}_{\mathrm{V}}$ 的方向沿逆时针方向,E_{V} 随 r 的变化关系如图 8-30 所示。

8.7.4　自感和互感

在实际电路中，磁场的变化常常是由于电流的变化引起的，因此，把感生电动势直接和电流的变化联系起来是有重要实际意义的。自感和互感现象的研究就是要找出这方面的规律。

1. 自感现象

当一个电流回路的电流随时间变化时，通过回路自身的全磁通也会发生变化，因而回路自身也产生感生电动势。这一现象称为**自感现象**(self-induced phenomena)。自感现象产生的电动势称为**自感电动势**(self-induced electromotive force)。

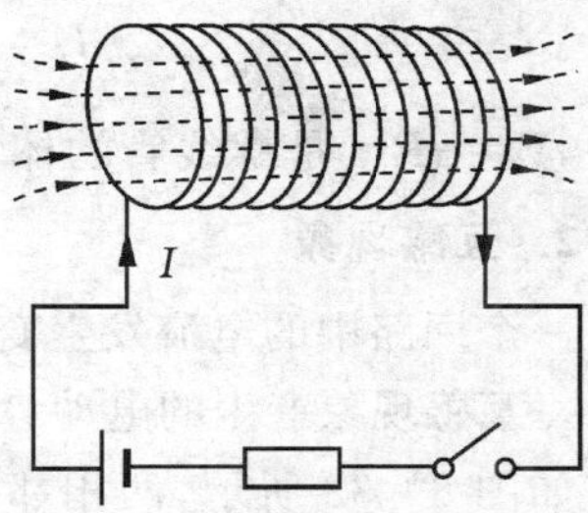

图 8-31　自感现象

如图 8-31 所示，设回路中电流为 I，则穿过该回路全磁通 ψ_m 与 I 成正比，即

$$\psi_m = LI \tag{8-34}$$

式中比例系数 L 称为该回路的**自感系数**，简称**自感**。实验表明，如果回路周围不存在铁磁质，自感 L 仅由回路的匝数、几何形状和大小以及周围介质的磁导率决定，而与电流 I 无关。

根据电磁感应定则，自感电动势为

$$\varepsilon_L = -\frac{d\psi_m}{dt} = -\left(L\frac{dI}{dt} + I\frac{dL}{dt}\right)$$

若回路的匝数、几何形状和大小以及周围介质的磁导率都不随时间变化，则 L 为常数，因而

$$\varepsilon_L = -L\frac{dI}{dt} \tag{8-35}$$

式中"—"号反映自感电动势 ε_L 的方向总是阻碍回路中电流 I 的变化。

根据式(8-35)，对于不同的回路在电流变化率$\frac{dI}{dt}$相同的条件下，回路的 L 越大，产生的 ε_L 越大，电流越不容易变化。换言之，自感作用越强的回路，保持其回路中电流不变的性质越强。

自感通常由实验测定。只有在一些典型的、简单的情况下，才能利用式(8-34)或式(8-35)来计算 L 的值。

例 8-11　一实心单层密绕长直螺线管，管中介质的相对磁导率为 μ_r，总匝数为 N，长为 l，半径为 R，且 $l \gg R$。试求螺线管的自感。

解　设螺线管中通有电流 I。由于 $l \gg R$，对于长直螺线管，管内各处的磁场可

近似为均匀,由磁介质中的安培环路定理,可得磁感应强度的大小为

$$B = \mu_r \mu_0 nI = \mu \frac{N}{l} I$$

全磁通为

$$\psi_m = NBS = \mu_0 \mu_r \frac{N^2 I}{l} \pi R^2$$

根据式(8-34),可得螺线管的自感为

$$L = \frac{\psi_m}{I} = \frac{\mu N^2 \pi R^2}{l} = \mu_r \mu_0 n^2 V$$

式中,$V=\pi R^2 l$ 是螺线管的体积。可见 L 与 I 无关,仅由 n,μ_r 和 V 决定。

2. 互感现象

一个回路中的电流发生变化,在另一个回路中产生感应电动势的现象称为**互感现象**。互感现象产生的电动势称为**互感电动势**(mutual-induced electromotive force)。

如图 8-32 所示,两相邻回路 1 和 2。当两个回路的结构、相对位置及周围介质的磁导率不变时,回路 1 中的电流 I_1 产生的磁场在回路 2 中的全磁通 ψ_{21} 与 I_1 成正比,即

$$\psi_{21} = M_{21} I_1 \tag{8-36a}$$

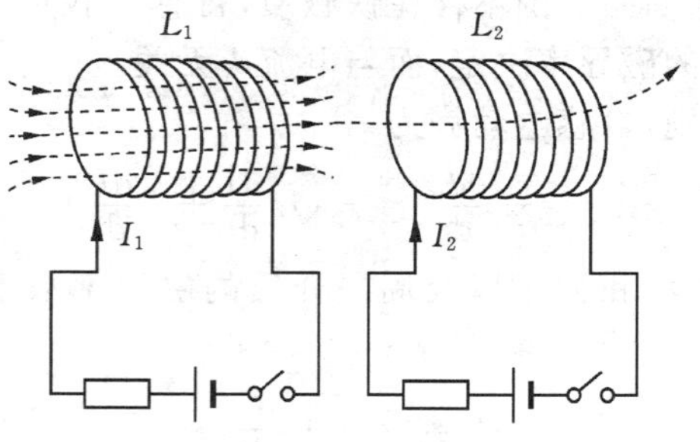

图 8-32 互感现象

同理,回路 2 中的电流 I_2 产生的磁场在回路 1 中的全磁通 ψ_{12} 与 I_2 成正比,即

$$\psi_{12} = M_{12} I_2 \tag{8-36b}$$

系数 M_{21} 称为回路 1 对回路 2 的互感系数,M_{12} 称为回路 2 对回路 1 的互感系数。理论和实验都表明,M_{21} 与 M_{12} 相等,用 M 表示,即

$$M = M_{21} = M_{12} \tag{8-37}$$

M 为两个回路间的**互感系数**,简称**互感**(mutual-inductor),其值由回路的几何形状、尺寸、匝数和周围介质的磁导率以及回路的相对位置决定,与回路中的电流无关。如果回路周围有铁磁质存在,互感就与回路中的电流有关了。

当 M 不变时，应用电磁感应定则和式（8－36a），可以得出由于电流 I_1 的变化在回路 2 中产生的互感电动势

$$\varepsilon_{21}=-\frac{\mathrm{d}\psi_{21}}{\mathrm{d}t}=-M\frac{\mathrm{d}I_1}{\mathrm{d}t}$$

同理，由于电流 I_2 的变化在回路 1 中产生的互感电动势

$$\varepsilon_{12}=-\frac{\mathrm{d}\psi_{12}}{\mathrm{d}t}=-M\frac{\mathrm{d}I_2}{\mathrm{d}t}$$

以上两式可统一表示为

$$\varepsilon_M=-M\frac{\mathrm{d}I}{\mathrm{d}t} \tag{8-38}$$

互感是描述两个回路之间的相互影响、耦合程度或互感能力的物理量，M 的值越大，两回路之间的互感作用就越强。

例 8－12　如图 8－33 所示，矩形截面螺绕环由 N 匝细导线密绕而成。在螺绕环的轴线上另有无限长直导线，螺绕环内通以交变电流 $i=I_0\cos\omega t$。试求它们的互感和长直导线中的互感电动势。

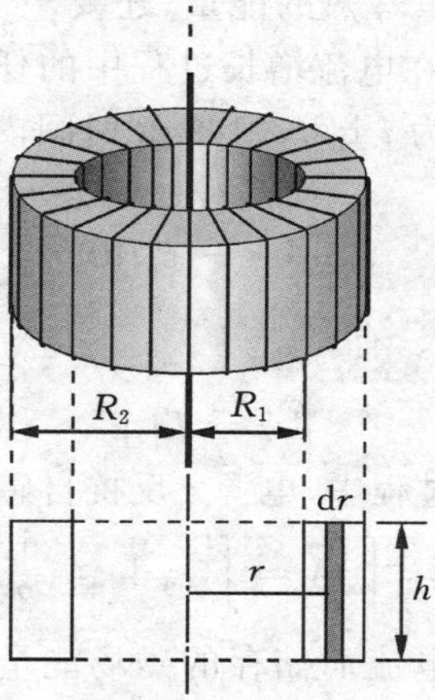

图 8－33　密螺绕环与同轴长直导线间互感电动势

解　设直导线中通电流 I，在螺绕环中产生的磁感应强度为

$$B=\frac{\mu_0 I}{2\pi r}$$

螺绕环中一匝的磁通为

$$\Phi_{\mathrm{m}}=\int B\mathrm{d}S=\int_{R_1}^{R_2}\frac{\mu_0 I}{2\pi r}h\,\mathrm{d}r=\frac{\mu_0 Ih}{2\pi r}\ln\frac{R_2}{R_1}$$

互感系数

$$M=\frac{\Psi_{\mathrm{m}}}{I}=\frac{N\Phi_{\mathrm{m}}}{I}=\frac{\mu_0 Nh}{2\pi}\ln\frac{R_2}{R_1}$$

直导线中的互感电动势

$$\varepsilon_M = -M\frac{\mathrm{d}i}{\mathrm{d}t} = \frac{\mu_0 NhI_0\omega}{2\pi}\ln\frac{R_2}{R_1}\sin\omega t$$

8.8 磁场的能量

磁场力具有做功的本领表明磁场具有能量。自感为 L 的线圈中通有一定的电流时,线圈就储存着一定的磁场能量。因此,磁场能量可以用在线圈中电流的建立过程中外力反抗自感电动势所做的功计算。

如图 8-34 所示,由电阻 R、自感线圈 L 和电源 ε 组成的电路,在开关 K 接通后,由于自感现象,电路中的电流随时间逐渐增长。在电流增长过程中,由于反向自感电动势的存在,电源 ε 不仅要供给电路中电阻产生焦耳热的能量,还要反抗自感电动势 ε_L 做功。设在电流增长过程中的任意时刻 t,电路中的电流为 i,在 $t+\mathrm{d}t$ 时刻,电路中的电流为 $i+\mathrm{d}i$,则在 $\mathrm{d}t$ 时间内使电流增长 $\mathrm{d}i$ 电源 ε 必须反抗自感电动势 ε_L 做的元功为

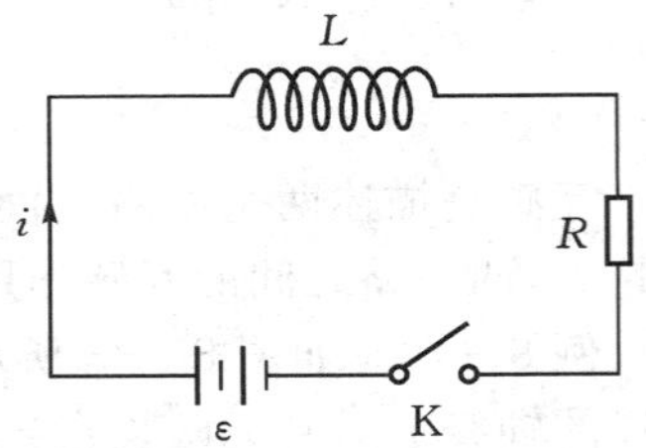

图 8-34 自感线圈的贮能

$$\mathrm{d}A = -\varepsilon_L i\,\mathrm{d}t$$

将自感电动势 $\varepsilon_L = -L\dfrac{\mathrm{d}i}{\mathrm{d}t}$代入,有

$$\mathrm{d}A = Li\,\mathrm{d}i$$

在整个电流自零增长至 I 的过程中,电源 ε 反抗自感电动势 ε_L 做功

$$A = \int \mathrm{d}A = \int_0^I Li\,\mathrm{d}i = \frac{1}{2}LI^2$$

此功转变为线圈中由于通有电流而储存的磁场能量 W_m。因此,自感为 L 的线圈中通有电流 I 时储存的磁场能量为

$$W_m = \frac{1}{2}LI^2 \tag{8-39}$$

式(8-39)表明:**通电线圈储存的磁场能量与线圈的自感以及线圈中电流的平方成正比,而与磁场产生的过程无关。**

在磁场建立后,外界以电源做功的形式提供的磁场能量便分布在磁场中了。为了描述磁场能量的分布,可以引入能量密度的概念。下面我们用特例导出磁场能量密度公式。

考虑通有电流为 I 的长直螺线管,设长直螺线管单位长度上匝数为 n、体积为 V,其内充以相对磁导率为 μ_r 的均匀磁介质。将自感 $L=\mu_0\mu_r n^2 V$ 代入式(8-39),可得

$$W_m = \frac{1}{2}LI^2 = \frac{1}{2}\mu_0\mu_r n^2 I^2 V$$

由于长直螺线管的磁场集中于管内，且分布均匀，用磁介质中的安培环路定理，可以求得管内均匀磁场强度的大小为 $H=nI$，磁感应强度的大小为 $B=\mu_0\mu_r H=\mu_0\mu_r nI$。于是有

$$W_m = \frac{1}{2}BHV$$

又由于 $\boldsymbol{H}$ 和 $\boldsymbol{B}$ 方向相同，磁场的能量可以表示为

$$W_m = \frac{1}{2}(\boldsymbol{B}\cdot\boldsymbol{H})V$$

单位体积的磁场能量称为**磁场能量密度**(energy density of magnetic field)，用 w_m 表示。长直螺线管内磁场能量密度为

$$w_m = \frac{W_m}{V} = \frac{1}{2}\boldsymbol{B}\cdot\boldsymbol{H} \tag{8-40}$$

式(8-40)虽然是从通电长直螺线管产生的均匀恒定磁场这一特例得到的，但是可以证明它对磁场普遍有效。

在国际单位制中，磁场能量密度的单位为焦耳每立方米($J\cdot m^{-3}$)。

非均匀磁场中各点 $\boldsymbol{B}$ 和 $\boldsymbol{H}$ 不同，因而各点的磁场能量密度不同。磁场分布的空间可以看作由无穷多个体积元组成，任意体积元 dV 内的元磁场能量为

$$dW_m = w_m dV = \frac{1}{2}(\boldsymbol{B}\cdot\boldsymbol{H})dV$$

上式对整个磁场分布的空间积分，便可得磁场的总能量

$$W_m = \int_V dW_m = \int_V W_m dV = \int_V \frac{1}{2}(\boldsymbol{B}\cdot\boldsymbol{H})dV \tag{8-41}$$

例 8-13　如图 8-35 所示，同轴电缆中金属芯线的半径为 R_1，共轴金属圆筒的半径为 R_2，中间充以相对磁导率为 μ_r 的磁介质，将芯线与圆筒分别和电池两极相接，芯线与圆筒上的电流大小相等、方向相反。忽略金属芯线内的磁场。试求此同轴电缆芯线与圆筒之间单位长度上的磁场能量。

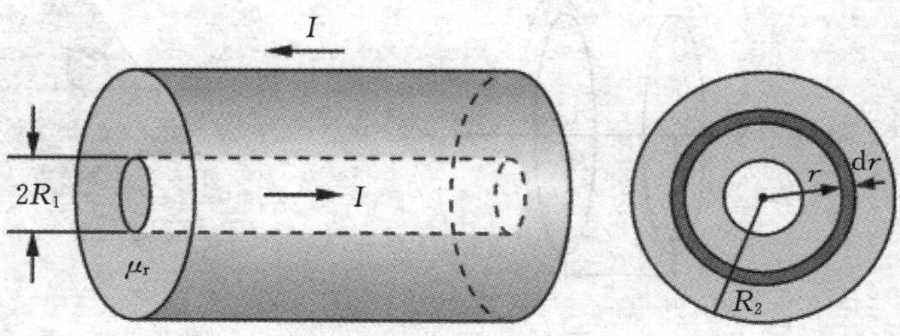

图 8-35　通电流同轴电缆中的磁能计算

解 依题意和安培环路定理,同轴电缆产生的磁场只存在于芯线与圆筒之间。由磁介质中的安培环路定理,可以求得电缆内距轴线为 r 处的磁场强度为

$$H=\frac{I}{2\pi r}$$

磁感应强度的大小为

$$B=\mu_0\mu_r H=\mu_0\mu_r\frac{I}{2\pi r}$$

r 处单位长度薄圆筒形体积元 $\mathrm{d}V=2\pi r\mathrm{d}r$ 内的元磁场能量为

$$\mathrm{d}W_m=w_m\mathrm{d}V=\frac{1}{2}BH\times 2\pi r\mathrm{d}r=\frac{\mu_0\mu_r I^2}{4\pi}\frac{\mathrm{d}r}{r}$$

单位长度同轴电缆所储存的磁场能量为

$$W_m=\int\mathrm{d}W_m=\int_{R_1}^{R_2}\frac{\mu_0\mu_r I^2}{4\pi}\frac{\mathrm{d}r}{r}=\frac{\mu_0\mu_r I^2}{4\pi}\ln\frac{R_2}{R_1}$$

习　题

8-1　亥姆霍兹线圈由一对半径为 R、N 匝密绕的同轴载流圆线圈组成。两线圈之间的距离等于它们的半径 R,如图 8-36 所示。设两圆线圈中的电流均为 I,流向相同,以左边圆线圈的圆心 O_1 为 X 坐标轴的原点,两线圈中心的连线 O_1O_2 为 X 轴。试求:

(1)在两圆线圈之间轴线上任一场点 P 的磁感应强度 $\boldsymbol{B}$;

(2)在 $x=\frac{R}{2},\frac{R}{4},\frac{3R}{4},\frac{R}{8},0$ 处,各点的磁感应强度 $\boldsymbol{B}$。

8-2　设有一块无限长的金属平板,其宽度为 b,厚度可忽略不计,其上均匀地通有电流 I。坐标系的选择如图 8-37 所示。试求无限长载流平板中线正上方垂直距离为 y 处 P 点的磁感应强度 $\boldsymbol{B}$。

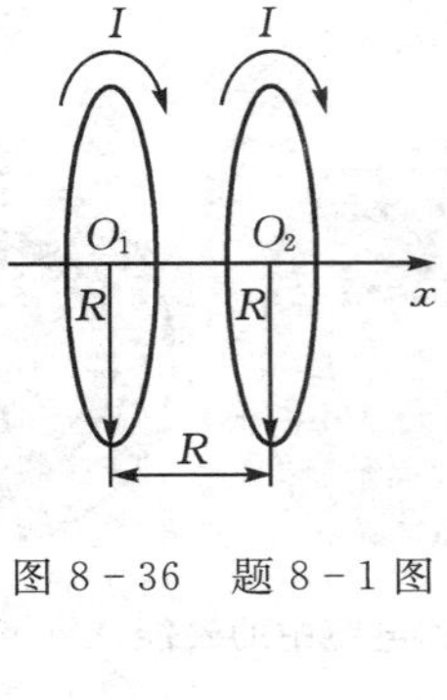

图 8-36　题 8-1 图

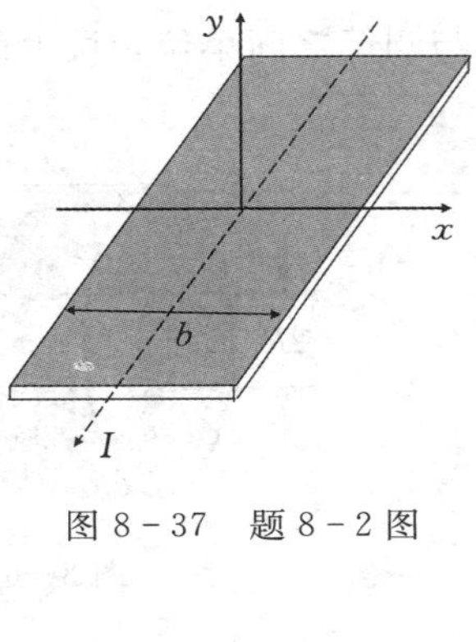

图 8-37　题 8-2 图

8 - 3　半径为 R 的均匀带电圆盘，带电量为 $+q$，圆盘以角速度 $\boldsymbol{\omega}$ 绕通过圆心垂直于圆盘的轴转动，如图 8 - 38 所示。试求：

(1)绕轴旋转带电圆盘轴线上任意一点的磁感应强度 $\boldsymbol{B}$；

(2)绕轴旋转带电圆盘的磁矩 $\boldsymbol{p}_{\mathrm{m}}$。

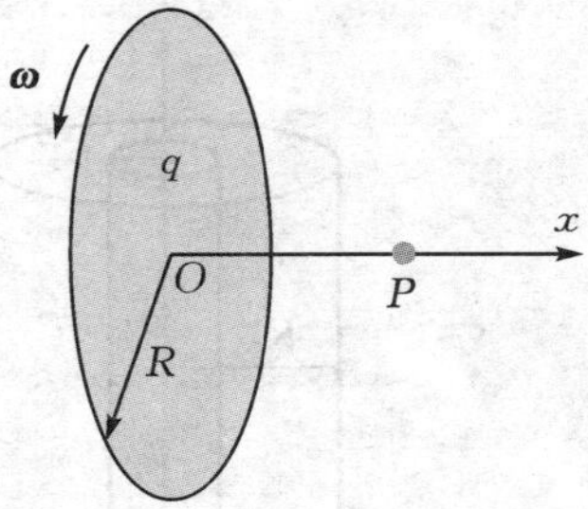

图 8 - 38　题 8 - 3 图

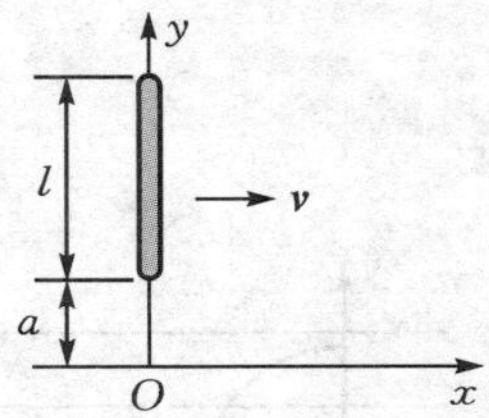

图 8 - 39　题 8 - 4 图

8 - 4　一长为 $l=0.1\ \mathrm{m}$，带电量为 $q=1\times10^{-10}\mathrm{C}$ 的均匀带电细棒，以速度 $v=1\ \mathrm{m/s}$ 沿 X 轴正方向运动。当细棒运动到与 Y 轴重合时，细棒的下端与坐标原点 O 的距离 $a=0.1\ \mathrm{m}$，如图 8 - 39 所示。试求此时坐标原点 O 处磁感应强度 $\boldsymbol{B}$ 的大小。

8 - 5　设无限长载流螺线管中通有电流 I，单位长度上的匝数为 n，试求载流螺线管内外的磁感应强度 $\boldsymbol{B}$。

8 - 6　一"无限大"导体平板，其厚度可忽略不计，设单位宽度上通有恒定电流 I，如图 8 - 40 所示。试求无限大载流薄平板周围的磁感应强度 $\boldsymbol{B}$。

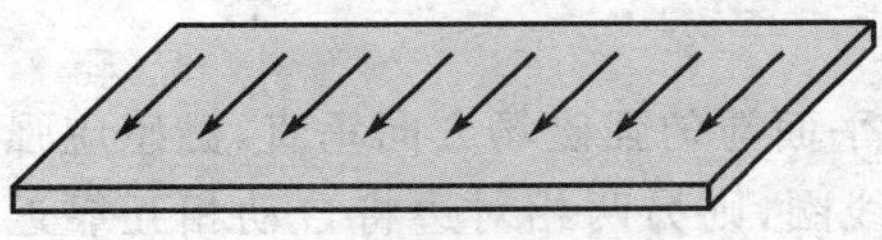

图 8 - 40　题 8 - 6 图

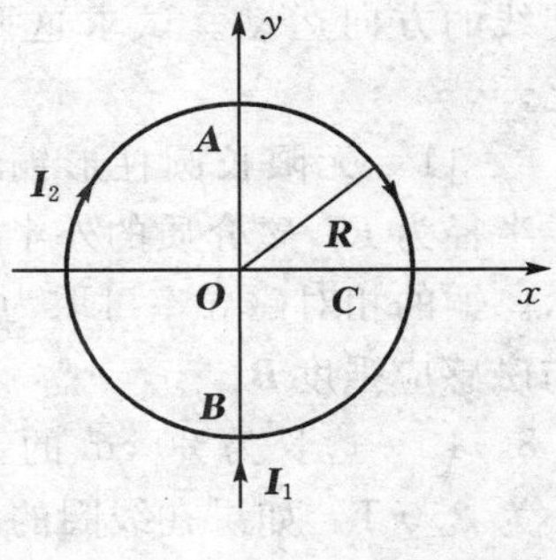

图 8 - 41　题 8 - 7 图

8 - 7　如图 8 - 41 所示，载有电流 I_1 的无限长直导线，沿一半径为 R 的圆形电流 I_2 的直径 AB 放置，方向如图 8 - 41 所示。试求：

(1)半圆弧 ACB 所受安培力的大小和方向；

(2)整个圆形电流所受安培力的大小和方向。

8-8 在匀强磁场中,有一半径为 R 的半圆形平面载流线圈,通有电流 I,磁感应强度 $\boldsymbol{B}$ 的方向与该线圈平面平行,如图 8-42 所示。试求:

(1)线圈所受安培力对 y 轴之矩 $\boldsymbol{M}$;

(2)线圈平面转过 $\pi/2$ 时,磁力矩 $\boldsymbol{M}$ 所做的功。

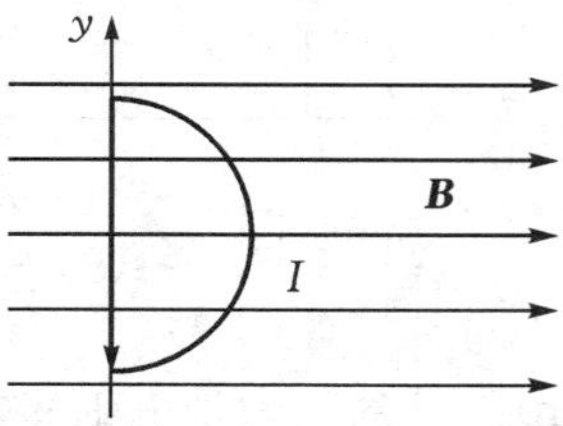

图 8-42 题 8-8 图

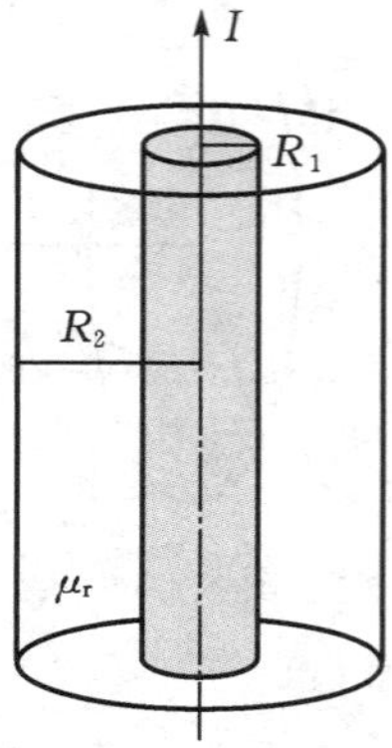

图 8-43 题 8-11 图

8-9 一个绕有 N 匝的圆线圈,其半径为 R,载有电流 I。试求把这个载流圆线圈在磁场中由 θ 等于零的位置,旋转到 θ 等于 180°位置时,磁场力对该线圈所做的功 A。已知 $N=100$ 匝,$R=0.05$ m,$I=0.10$ A,$B=1.5$ T。

8-10 两个带电量分别为 q_1 和 q_2 的粒子,相距为 r,以相同速度垂直于两粒子连线的方向运动。试求这两个运动带电粒子间的洛伦兹力 F_m 和库仑力 F_e 之比。

8-11 无限长圆柱形铜线,外面包一层相对磁导率为 μ_r 的圆筒形磁介质。导线半径为 R_1,磁介质的外半径为 R_2,铜线内通有均匀分布的电流 I,如图 8-43 所示。铜的相对磁导率可取为 1,试求无限长圆柱形铜线和介质内外的磁场强度 $\boldsymbol{H}$ 与磁感应强度 $\boldsymbol{B}$。

8-12 边长为 20 cm 的正方形线圈,平面与匀强磁场方向垂直,磁感应强度大小为 2.0 T。如果在线圈的相对两边拉线圈,则另两相对边将自动相互靠近以致线圈面积逐渐减小。设线圈面积在 0.20 s 时间内减小到零。试求:

(1)线圈中的平均感应电动势;

(2)在 0.2 s 时间内线圈中的平均感应电流。

8-13 如图 8-44 所示,在磁感应强度为 $B=0.70$ T 的匀强磁场中,长 $l=0.20$ m的铜棒 OA 绕其一端 O 在垂直磁场的平面内转动,角速度为 50 rad·s^{-1},试求棒两端的动生电动势之差。

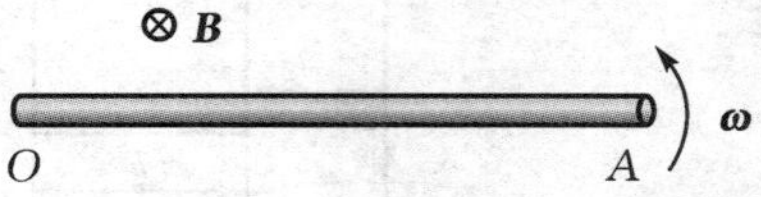

图 8 - 44　题 8 - 13 图

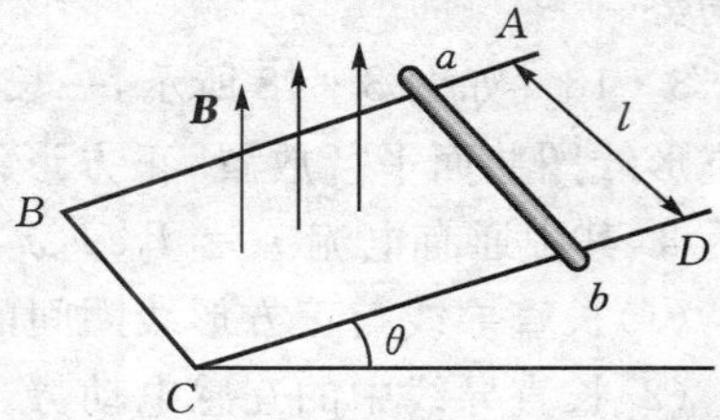

图 8 - 45　题 8 - 14 图

8 - 14　如图 8 - 45 所示，质量为 M、长为 l 的金属棒 ab 自静止开始沿倾斜的绝缘框架下滑。已知回路的电阻为 R，磁场竖直向上，摩擦可忽略不计。试求棒内的动生电动势与时间的函数关系。

8 - 15　如图 8 - 46 所示，通有电流 I 的长直导线与长为 l 的导体棒 OM 共面，棒以角速度 ω 绕端点 O 转动，导线至 O 点的距离为 r_0。试求棒转至与导线平行时棒中的动生电动势。

8 - 16　如图 8 - 47 所示，半径 $R_1=20.0\ \text{cm}$ 的圆形区域 S_1 中，磁感应强度的大小 $B_1=50.0\ \text{mT}$，方向垂直纸面向里；半径 $R_2=30.0\ \text{cm}$ 的圆形区域 S_2 中，磁感应强度的大小 $B_2=75.0\ \text{mT}$，方向垂直纸面向外。设两磁场按同一速率 $8.5\ \text{mT}\cdot\text{s}^{-1}$ 减小，不考虑边缘效应，试分别对三条路径 l_1，l_2 和 l_3 求 $\oint \boldsymbol{E}\cdot \text{d}\boldsymbol{l}$。

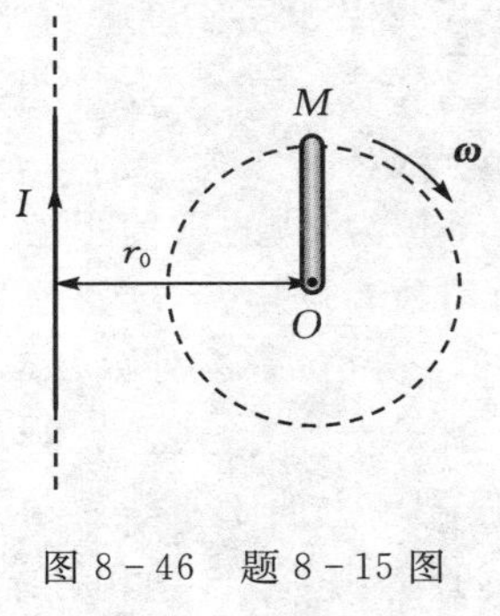

图 8 - 46　题 8 - 15 图

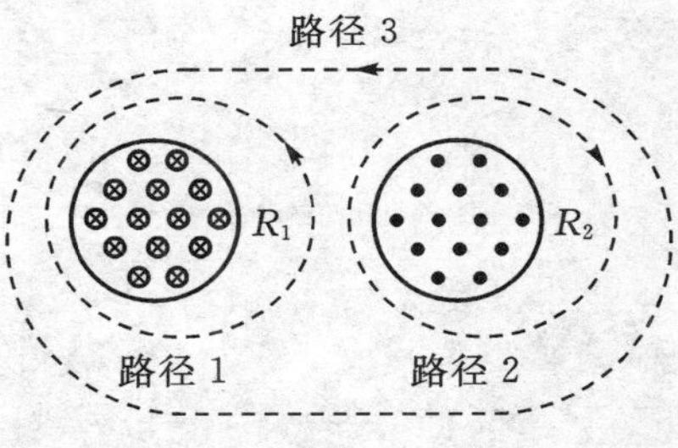

图 8 - 47　题 8 - 16 图

8 - 17　真空中，将面积为 $4.0\ \text{cm}^2$ 的圆形小线圈放在半径为 20 cm 的圆形大线圈的中心，两线圈同轴。小线圈由 50 匝表面绝缘的细导线绕成，大线圈由 100 匝表面绝缘的细导线绕成。

(1)试求两线圈的互感系数；

(2)当大线圈中的电流以 $0.5\ \text{A}\cdot\text{s}^{-1}$ 的变化率减小时，试求小线圈中的感应电动势。

8－18　如图 8－48 所示,一长直导线与一边长为 l 的正方形线圈共面平行放置,正方形线圈近边与直导线的距离为 a,其中通有电流 $i = I_0\cos\omega t$。试求:

(1)长直导线与正方形线圈间的互感;

(2)长直导线中的互感电动势。

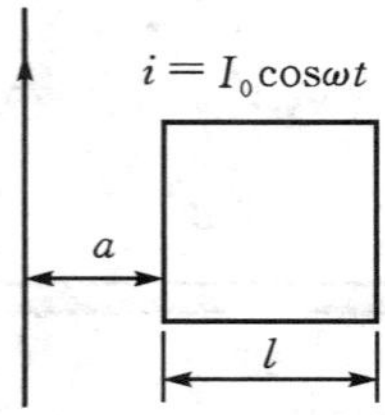

图 8－48　题 8－18 图

8－19　地球磁场的磁感应强度的大小为 50 μT。设地球表面附近与地球半径相比较小的距离范围内,地球磁场能量密度为常数,试求在地面与距地面16 km空间中的磁场能量。

第 9 章　波动光学

人们很早以前就已经认识到了光的反射和折射等现象，但关于光的本质问题，直到 17 世纪才开始研究。19 世纪以前，人们普遍认为光是一种微观粒子流，粒子流来自于发光物体或出自于观察者的眼睛。牛顿是光粒子理论的主要创建者，但惠更斯则认为光是一种波动。惠更斯运用他的波动理论中的子波原理，同样可以解释光的反射和折射定律。光的波动学说并没有得到当时人们的普遍认可。直到 19 世纪初，托马斯·杨和菲涅耳等人观察到了光的干涉和衍射现象，马吕斯得出了有关光偏振的理论，从而确认了光是一种波。

19 世纪 60 年代，麦克斯韦建立了光的电磁波理论，确认可见光是频率(或波长)在一定范围内的电磁波。20 世纪初，爱因斯坦在解释光电效应现象时指出，光具有波动性，同时也具有粒子性，认为光是具有一定能量和动量的粒子流，这种粒子称为光子，从而确认光具有波动和粒子两重性质，即光具有波粒二象性。

干涉和衍射现象是波动过程的基本特征，偏振是横波的特性。利用干涉和衍射现象可以验证物质的波动性，利用偏振现象可以验证波动是横波还是纵波。干涉、衍射和偏振在现代科学技术中都有着广泛的应用。本章通过观察光在传播过程中产生干涉、衍射以及偏振等现象，利用干涉理论进行分析，来获得干涉、衍射和偏振的规律。

9.1　光的相干性

9.1.1　普通光源的发光机理

任何发光的物体都可以称为光源，太阳、白织灯、日光灯、水银灯、蜡烛等都是人们日常生活中熟悉的光源。如果将光源发出的光通过三棱镜或某些特定装置，使光波中不同频率的光分开，便形成光谱。光谱中每一波长(或频率)成分所对应的光线称为光谱线(简称谱线)，谱线所对应的一定频率宽度称为谱线宽度(简称线宽)。实验结果表明，不同物质发射的光具有各自特有的光谱结构，它反映这种物质内在的微观结构和化学成分。

近代物理理论和实验都表明,原子或分子的能量具有不连续的一系列分立值,这些分立值称为能级。原子或分子通常总是趋于处在能量最低的基态,如果它们受到外界的某种激励,就会吸收一定的能量从基态跃迁到能量较高的激发态。处在激发态的原子或分子是不稳定的,它们会自发地跃迁回到基态或较低能量的激发态。在这个过程中每个分子或原子将向外辐射电磁波,或者说辐射出光子发出了光。这种现象称为自发辐射。普通光源的发光以自发辐射为主。

原子从高能级到低能级的跃迁过程经历的时间是很短的,约为 10^{-8} s,这可以看作是一个原子一次发光所持续的时间。一个原子一次发光只能发出一段长度有限、频率一定、振动方向一定的光波,这一段在时间上很短、在空间上也是有限长的光波称为一个波列。由于每个原子或分子发光都是断断续续的,即有间歇性,因此上述任意一列光波的发射都是偶然的,无相互联系,其频率、相位、振动方向也各不相同,因此普通光源的发光具有随机性。

9.1.2　光的相干性

实验测得,光在真空中的传播速度为

$$c = 299\ 792\ 458 \pm 1.2\ \text{m/s}$$

这一结论与电磁波在真空中传播速率的理论值符合得很好。光和电磁波在两种介质分界面上都发生反射和折射,都表现出波动现象特有的规律,并且都具有横波才具有的偏振特性。以上事实及利用电磁波理论研究光学现象的结果都表明,**光是电磁波**。

电磁波按波长或频率的排列称为电磁波谱,如图 9-1 所示。电磁波中能够引起人视觉的狭窄波段称为可见光。可见光的波长范围为 400～760 nm,其频率范围为 $7.5\times10^{14}\sim3.9\times10^{14}$ Hz。不同波长的可见光使人产生不同颜色的感觉,波长从长到短,相应的颜色从红到紫。表 9-1 给出了可见光七种颜色的波长和频率范围。可见,光波也是交变的电场和磁场在空间的传播。实验表明,引起视觉和感光作用的是电磁波中的电场强度 $\boldsymbol{E}$。因此,$\boldsymbol{E}$ 称为**光矢量**。

与相干波定义相同,振动方向一致、频率相同且相位差恒定的光称为**相干光**。当相干光在空间相遇时,在叠加区域内,合成光的强度在空间形成强弱相间且稳定分布的现象称为**光的干涉**(interference of light)。相干光的叠加称为**相干叠加**。不满足相干条件的光称为非相干光,非相干光在空间相遇时,在叠加区域内,合成光强等于分光强之和,不产生干涉现象。非相干光的叠加称为**非相干叠加**。

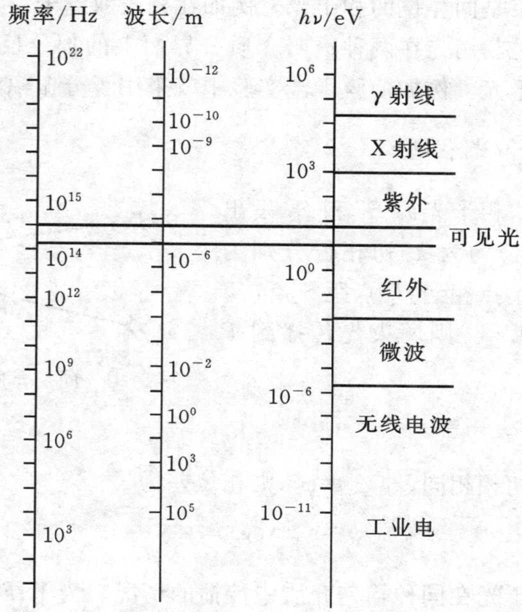

图 9－1　电磁波谱

表 9－1　可见光七种颜色的波长和频率

颜色	波长/nm	频率/Hz	中心波长/nm	中心频率/Hz
红	760～622	3.9×10^{14}～4.8×10^{14}	660	4.5×10^{14}
橙	622～597	4.8×10^{14}～5.0×10^{14}	610	4.9×10^{14}
黄	597～577	5.0×10^{14}～5.4×10^{14}	570	5.3×10^{14}
绿	577～492	5.4×10^{14}～6.1×10^{14}	540	5.5×10^{14}
青	492～470	6.1×10^{14}～6.4×10^{14}	480	6.3×10^{14}
蓝	470～455	6.4×10^{14}～6.6×10^{14}	460	6.5×10^{14}
紫	455～400	6.6×10^{14}～7.5×10^{14}	430	7.0×10^{14}

普通光源物质的各个原子或分子的辐射发光过程彼此独立、随机且是间歇性的。同一瞬间不同原子或同一原子先后发射的电磁波，其频率、振动方向和初相位不可能完全相同。因此，两个普通光源所发出的光或同一光源不同部分发出的光都不是相干光。将普通光源发出的光，通过某些装置进行分束后，便能获得相干光。通常有两种方法从普通光源发出的光中得到相干光：分波前法和分振幅法。分波前法是从同一波面上分离出两束光。从一点光源发出的光波波面上并列放置几个小孔或狭缝，这些小孔或狭缝可视为具有同相位的发射子波的波源，通过小孔

或狭缝分离出的光束是同相位的相干光。例如在杨氏双缝干涉实验中就采用了分波前法。分振幅法是利用光在两种透明介质分界面上的部分反射和部分折射,将一束光分为若干相干光。例如薄膜干涉实验中就采用了分振幅法。

9.1.3 光程和光程差

如图 9-2 所示,相干光源 S_1 和 S_2 发出的两束相干光的波长均为 λ,初相位分别为 φ_1 和 φ_2,两束光在 P 点相遇,P 点距 S_1 和 S_2 的距离分别为 r_1 和 r_2。则两束光传播到 P 点产生的相位差

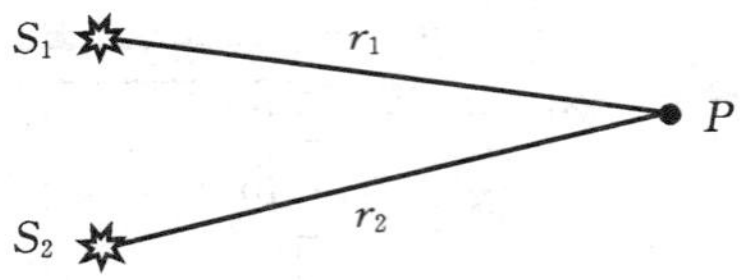

图 9-2 同一介质中相位差的计算

$$\Delta\varphi = \varphi_1 - \varphi_2 + \frac{2\pi}{\lambda}(r_2 - r_1)$$

若两个相干光源的初相相同,即 $\varphi_1 = \varphi_2$,则相位差为

$$\Delta\varphi = \frac{2\pi}{\lambda}(r_2 - r_1)$$

以上讨论适用于光在同种均匀介质中传播的情况。为了便于计算相干光在不同介质中传播相遇时的相位差,引入光程的概念。我们知道,在不同介质中,光速是不同的。在折射率为 n 的介质中,光速 $u=\frac{c}{n}$。因此,在相同的时间 t 内,光波在不同介质中传播的路程是不同的。若 t 时间内光在介质中传播的路程为 r,则光在真空中传播的路程应为

$$x = ct = c\,\frac{r}{u} = nr$$

可见,在相同时间内,光在介质中传播的路程 r 可折合为光在真空中传播的路程 nr。介质的折射率乘以光在介质中传播的路程称为**光程**,即

$$光程 = nr \tag{9-1}$$

当一束光连续经过几种介质时,则

$$光程 = \sum_i n_i r_i$$

另一方面,频率为 ν 的单色光在介质中的波长为

$$\lambda' = \frac{u}{\nu} = \frac{c}{n\nu} = \frac{\lambda}{n}$$

式中,λ 为真空中光的波长。显然,在不同介质中,同一频率的光的波长是不同的。如图 9-3 所示,相干光源 S_1 和 S_2 发出的

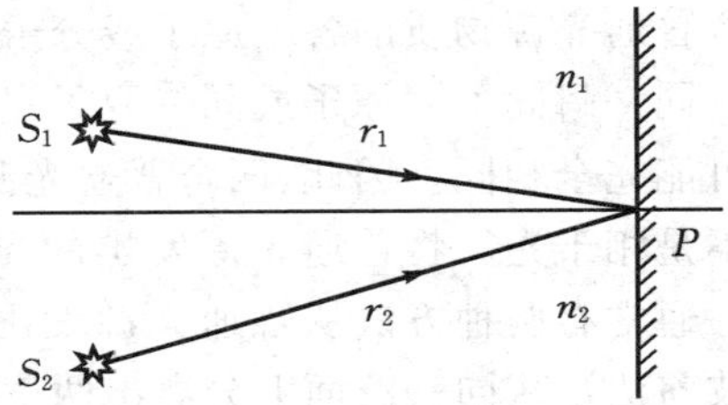

图 9-3 不同介质中相位差的计算

两束相干光，初相位为 φ_1 和 φ_2，分别在折射率为 n_1 和 n_2 的介质中传播 r_1 和 r_2 距离，并在 P 点相遇，则相位差为

$$\Delta\varphi = \varphi_1 - \varphi_2 + \frac{2\pi}{\lambda'_2}r_2 - \frac{2\pi}{\lambda'_1}r_1$$

$$= \varphi_1 - \varphi_2 + \frac{2\pi}{\lambda}(n_2 r_2 - n_1 r_1)$$

式中，$n_2 r_2 - n_1 r_1$ 称为两束光在到达 P 点的传播过程中的**光程差**(optical path length difference)，用 δ 表示，即 $\delta = n_2 r_2 - n_1 r_1$；$\lambda$ 为真空中的波长。因此，两束相干光的相位差为

$$\Delta\varphi = \varphi_1 - \varphi_2 + \frac{2\pi}{\lambda}\delta \tag{9-2}$$

注意式中的 λ 为真空中的波长。

根据相干波的干涉条件，当

$$\Delta\varphi = \varphi_1 - \varphi_2 + \frac{2\pi}{\lambda}\delta = \pm 2k\pi, \quad k = 0,1,2,\cdots \tag{9-3a}$$

时，P 点的振动最强，称为**干涉加强**(或**干涉相长**)。

若两波源的初相相同，即 $\varphi_1 = \varphi_2$，则相位差 $\Delta\varphi$ 只取决于光程差 δ，干涉加强的条件可简化为

$$\delta = r_2 - r_1 = \pm 2k\frac{\lambda}{2}, \; k = 0,1,2,\cdots \tag{9-3b}$$

当

$$\Delta\varphi = \varphi_1 - \varphi_2 + \frac{2\pi}{\lambda}\delta = \pm(2k+1)\pi, \; k = 0,1,2,\cdots \tag{9-4a}$$

时，P 点的振动最弱，称为**干涉减弱**(或**干涉相消**)。

若两波源的初相相同，即 $\varphi_1 = \varphi_2$，则相位差 $\Delta\varphi$ 只取决于光程差 δ，干涉减弱的条件可简化为

$$\delta = r_2 - r_1 = \pm(2k+1)\frac{\lambda}{2}, \; k = 0,1,2,\cdots \tag{9-4b}$$

例 9-1　如图 9-4 所示，空气中，初相差 $\varphi_1 - \varphi_2 = \pi$ 的两相干光源 S_1 和 S_2，发出波长均为 500 nm 的单色光。P 点距 S_1，S_2 的距离均为 d。设在 S_2 到 P 的光路上放置一厚度 $x = 0.100$ mm，折射率 $n = 1.5$ 的玻璃片，试求两相干光到 P 点的相位差。

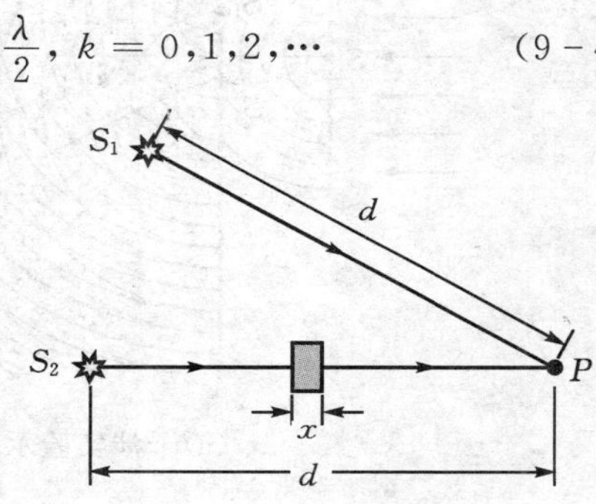

图 9-4　例 9-1 图

解　设空气的折射率为 n_0，则 $n_0 = 1$。两光波在 P 点的光程差

$$\delta = [(d-x)n_0 + nx] - dn_0 = (n-n_0)x = (n-1)x$$

则两光波在 P 点的相位差

$$\Delta\varphi = \varphi_1 - \varphi_2 + \frac{2\pi}{\lambda}\delta = \pi + \frac{2\pi}{\lambda}(n-1)x$$

$$= \pi + \frac{2\pi}{500\times10^{-9}} \times (1.5-1) \times 0.100 \times 10^{-3} = 201\pi \text{ rad}$$

9.2 光的干涉

9.2.1 双缝干涉

光照射在双缝上产生的干涉现象称为**双缝干涉**(two-slitinterference)。1801年,托马斯·杨以他巧妙的构思创造性地设计出双缝干涉实验装置,首次用实验的方法观察到了光的干涉现象,使光的波动理论得以证实。

双缝干涉实验装置如图 9-5(a)所示,S,S_1 和 S_2 分别为三个相互平行的狭缝。S_1,S_2 离得很近,并且与 S 距离相等。E 是像屏。用光源照射狭缝 S,S 相当于一个光源。S 发出的光入射到狭缝 S_1 和 S_2 上。S_1 和 S_2 位于 S 发出光的同一波面上。根据惠更斯原理,S_1 和 S_2 就是从同一光源得到的两个线光源。由于 S,S_1 和 S_2 对称,S_1,S_2 发出的两束光是同相的,满足相干条件,在叠加区内相干叠加形成干涉条纹,在像屏 E 上,就可以观察到如图 9-5(b)所示的明暗相间的直条状干涉条纹。

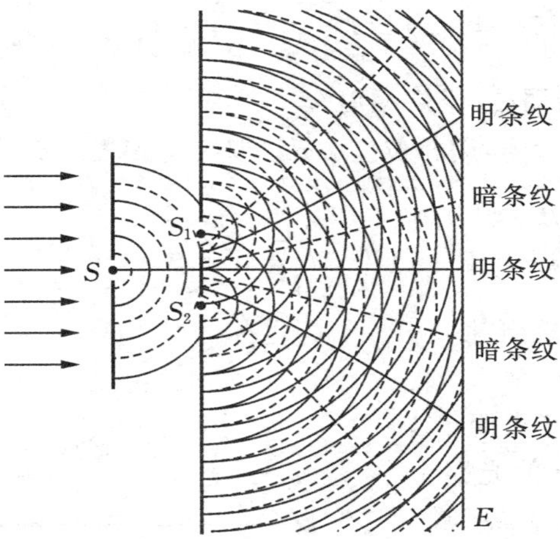

(a)干涉实验示意图

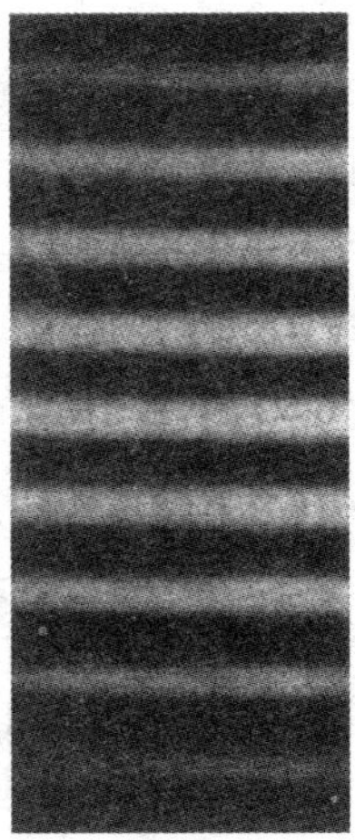

(b)干涉条纹

图 9-5 双缝干涉

双缝干涉条纹是如何形成的呢？如图 9-6 所示，设双缝 S_1 和 S_2 的间距为 a，双缝到像屏 E 的距离为 D。O 为像屏与 S_1，S_2 连线中垂线的交点，双缝到像屏上任意点 P 的距离分别为 r_1 和 r_2，P 点到 O 点的距离为 x。由同相光源 S_1 和 S_2 发出的两束光到 P 点的光程差仅由两束光的路程差决定。由图中的几何关系可知

$$r_1^2 = D^2 + \left(x - \frac{a}{2}\right)^2,\quad r_2^2 = D^2 + \left(x + \frac{a}{2}\right)^2$$

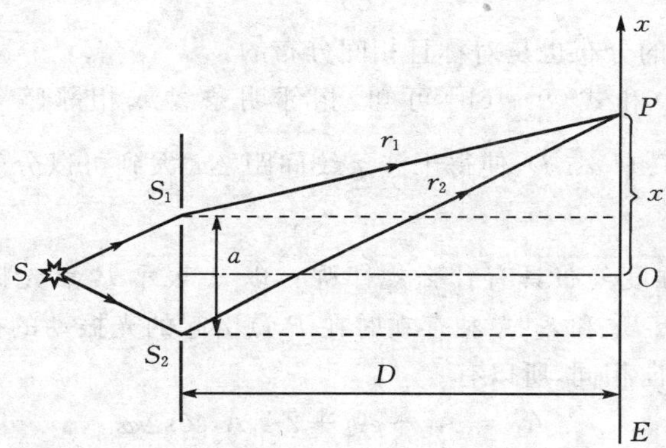

图 9-6　双缝干涉条纹位置的计算

两式相减，可得

$$r_2^2 - r_1^2 = 2xa$$

又有 $r_2^2 - r_1^2 = (r_2 + r_1)(r_2 - r_1)$，于是有

$$\delta = r_2 - r_1 = \frac{2a}{r_2 + r_1}x$$

由于 $a \ll D$，且在实验中只在 O 点两侧很有限的范围内观测到干涉条纹，亦即 $x \ll D$，近似有 $r_2 + r_1 = 2D$。因此，两束光的光程差为

$$\delta = \frac{a}{D}x$$

当

$$\delta = \frac{a}{D}x = \pm k\lambda,\quad k = 0,1,2,\cdots \tag{9-5a}$$

时干涉相长。明条纹的位置为

$$x = \pm k\frac{D}{a}\lambda,\quad k = 0,1,2\cdots \tag{9-5b}$$

其中，k 为明纹级次。当 $k=0$ 时，$x=0$，即在 O 点出现明条纹，称为**零级明条纹**或**中央明条纹**。当 $k=1$ 时，在 $x=\pm\frac{D}{a}\lambda$ 处出现明条纹，称为 ±1 级明条纹；依次类

推。可见,除中央明条纹外,其他各级明条纹在中央明条纹两侧对称且相间分布。

当

$$\delta = \frac{a}{D}x = \pm(2k+1)\frac{\lambda}{2},\quad k = 0,1,2,\cdots \tag{9-6a}$$

时干涉相消。暗条纹的位置为

$$x = \pm(2k+1)\frac{D}{2a}\lambda,\quad k = 0,1,2,\cdots \tag{9-6b}$$

由此可见,暗条纹的分布也是对称且相间分布的。

由式(9－5b)和式(9－6b)可知,相邻明条纹或相邻暗条纹的间距均为 $\Delta x = \frac{D}{a}\lambda$。可见,只有 $a \ll D$,使得干涉条纹间距 Δx 大到可以分辨,才会观察到干涉条纹。

干涉条纹的强度分布具有什么规律呢？以 A 表示 P 点光振动的合振幅,以 A_1 和 A_2 分别表示 S_1 和 S_2 单独存在时在 P 点引起的光振动的振幅,由于两振动频率相同、振动方向相同,所以有

$$A^2 = A_1^2 + A_2^2 + 2A_1A_2\cos\Delta\varphi$$

式中,$\Delta\varphi$ 为两分振动的相位差。由于光强正比于光矢量振幅的平方,所以 P 点的光强为

$$I = I_1 + I_2 + 2\sqrt{I_1 I_2}\cos\Delta\varphi \tag{9-7}$$

式中,I_1,I_2 分别为 S_1,S_2 单独存在时 P 点的光强。

当 $I_1 = I_2 = I_0$ 时,明条纹最亮处的光强为 $I_{max} = 4I_0$,暗条纹最暗处的光强为 $I_{min} = 0$,如图 9－7 所示。

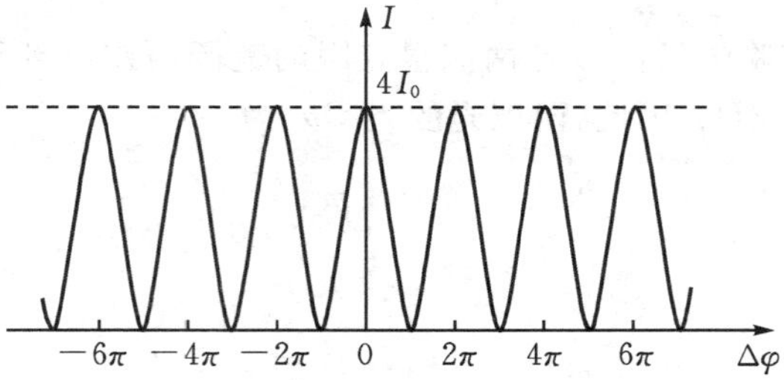

图 9－7　双缝干涉条纹强度分布

综上所述,杨氏双缝干涉条纹具有如下特点:

(1)由于 Δx 与 k 无关,且明条纹处光强均为 $I = 4I_0$,因此干涉条纹为平行于狭缝的等亮度、等间距的明暗相间直条纹。

(2)若入射波长 λ 一定，由于 $\Delta x \propto \frac{D}{a}$，即两缝相距越近，相邻干涉条纹间距越大；像屏与缝相距越远，相邻干涉条纹间距越大。故只有在 $a \ll D$ 的条件下，才能清晰观察到干涉条纹。

(3)若 a 与 D 保持不变，由于 $\Delta x \propto \lambda$，因此波长长的相邻干涉条纹间距大，波长短的相邻干涉条纹间距小。若用白光照射双缝，则除中央明条纹为白色外，其余明条纹为内紫外红的光谱，高级次的干涉条纹光谱可能会重叠。

例 9-2　用平行单色光垂直照射一双缝。双缝间距 $a=2.0\times10^{-4}$ m，缝与像屏的间距 $D=2.0$ m，测得中央明条纹两侧的正、负第 10 级明条纹中心的距离 $L=0.11$ m。

(1)试求入射光的波长；

(2)若用一厚度 $e=7.0\times10^{-6}$ m、折射率 $n=1.58$ 的云母片覆盖在上面的缝上，中央明条纹向何方移动？移到原来第几级明条纹附近？

解　(1)由于正、负第 10 级明条纹中心间的距离为 20 个条纹宽度，所以有

$$\Delta x = \frac{L}{20} = \frac{D}{a}\lambda$$

解得入射光的波长

$$\lambda = \frac{La}{20D} = \frac{0.11\times2.0\times10^{-4}}{20\times2.0} = 5.5\times10^{-7}\ \mathrm{m} = 550\ \mathrm{nm}$$

(2)如图 9-8 所示，当上面的缝被云母片覆盖时，光程差为零的中央明条纹应向上移动。设移动到原来的第 k 级明条纹处，则未盖云母片前有

$$r_2 - r_1 = k\lambda$$

覆盖云母片后，根据光程差的概念，中央明条纹的条件为

$$r_2 - (r_1 - e + ne) = 0$$

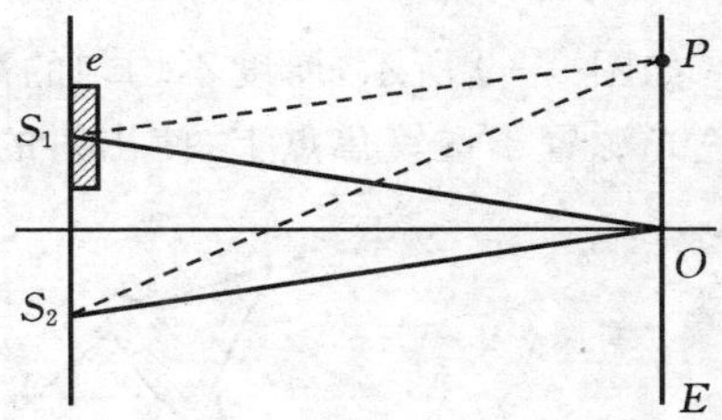

图 9-8　例 9-2 图

联立以上两式解得

$$k = \left[\frac{(n-1)e}{\lambda}\right] = \left[\frac{(1.58-1)\times7.0\times10^{-6}}{5.5\times10^{-7}}\right] = [7.4] = 7$$

即中央明条纹将向上移到原第 7 级明条纹附近。

例 9-3　白光垂直照射在缝间距为 a 的双缝上，像屏与缝的间距为 D。试求能观察到的清晰可见光谱的级次。

解　白光波长在 400～760 nm 之间，明条纹条件为

$$\delta = \frac{a}{D}x = \pm k\lambda,\quad k=0,1,2,\cdots$$

当 $k=0$ 时,各种波长的光的光程差均为零,所以各种波长的中央明条纹在像屏上 $x=0$ 处重叠,形成中央白色明条纹。在中央明条纹两侧,各种波长的光的同一级次的明条纹,由于波长不同 x 值不同,因而彼此错开,从内向外,由紫到红,并产生不同级次明条纹的重叠。最先出现重叠的是某一级的红光与高一级的紫光。因此,能观察到清晰光谱的级次 k 应满足

$$k\lambda_{红} = (k+1)\lambda_{紫}$$

因而,能观察到的清晰可见光谱的级次为

$$k = \frac{\lambda_{紫}}{\lambda_{红} - \lambda_{紫}} = \frac{400}{760 - 400} = 1.1$$

由于 k 只能取整数,因此清晰可见光谱只有一级。

9.2.2 薄膜干涉

厚度很小的透明介质层称为薄膜。光照射在薄膜上产生的干涉现象称为**薄膜干涉**(film interference)。薄膜干涉是日常生活中常见的光学现象。例如,肥皂泡或水面上的油膜上、蝴蝶、蜻蜓等昆虫的翅膀在阳光下会呈现绚丽的彩色条纹等。很多精密测量和检验也都用到薄膜干涉的原理。对薄膜干涉现象的详细分析比较复杂,在本课程中着重介绍比较简单但实际用途很广的薄膜等厚干涉和等倾干涉。

1. 等厚干涉

如图 9-9 所示,厚度不均匀的薄膜,折射率为 n_2,置于折射率为 n_1 的介质中,单色光源置于透镜焦点上,使出射的平行光束入射到薄膜表面上。

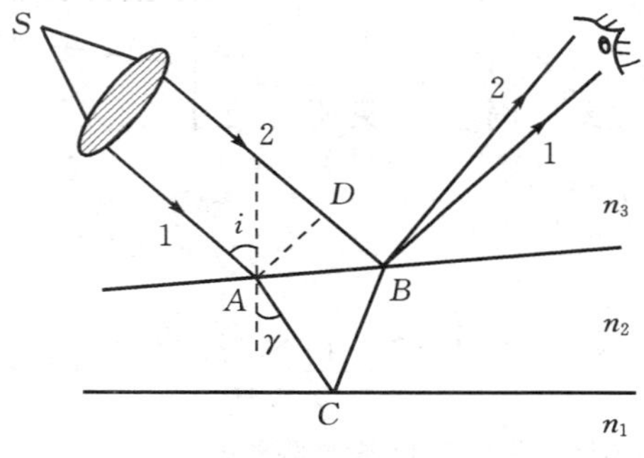

图 9-9 等厚干涉

现考虑两条特定的光线 1 和 2,光线 1 入射于薄膜面 A 点,并折入薄膜内,再从膜下表面 C 点反射,最后从膜面 B 点射出;光线 2 直接入射到膜面 B 点,并在该处反射回原介质。在交点 B,这两条光线的光程差为

$$\delta = n_2(AC + CB) - n_1 DB$$

因膜很薄,A 点与 B 点距离很近,故可认为 AC 近似等于 CB,并在这一区域内薄膜的厚度可看作相等,设为 e,可得

$$AC = CB = \frac{e}{\cos\gamma}$$

$$DB = AB\sin i = 2e\tan\gamma\sin i$$

再由折射定律 $n_1\sin i = n_2\sin\gamma$,可得

$$\delta = 2n_2\frac{e}{\cos\gamma} - 2n_1 e\tan\gamma\sin i = \frac{2n_2 e}{\cos\gamma}(1 - \sin^2\gamma)$$

$$= 2n_2 e\cos\gamma = 2e\sqrt{n_2^2 - n_1^2\sin^2 i} \tag{9-8}$$

与机械波一样,光波也有半波损失问题,还应当考虑半波损失对干涉产生的影响。我们知道,当波由波疏介质到波密介质时,在分界面反射时存在半波损失。折射率 n 值大的介质密度较大,而折射率 n 值小的介质密度较小,因此,在上述薄膜干涉装置中,不论 $n_1 < n_2$,还是 $n_1 > n_2$,1,2 两条光线总有一条存在半波损失出现。因此,光线 1 和光线 2 之间的光程差应为

$$\delta = 2e\sqrt{n_2^2 - n_1^2\sin^2 i} + \frac{\lambda}{2} \tag{9-9}$$

当

$$\delta = 2e\sqrt{n_2^2 - n_1^2\sin i} + \frac{\lambda}{2} = k\lambda, \quad k = 1,2,3,\cdots \tag{9-10a}$$

时,满足干涉相长的条件,形成明条纹。可见,明条纹对称且相间分布。

若光线垂直入射,即 $i=\gamma=0$,则上式可写为

$$\delta = 2n^2 e + \frac{\lambda}{2} = k\lambda, \quad k = 1,2,3,\cdots \tag{9-10b}$$

当

$$\delta = 2e\sqrt{n_2^2 - n_1^2\sin i} + \frac{\lambda}{2} = (2k+1)\frac{\lambda}{2}, \quad k = 0,1,2,\cdots \tag{9-11a}$$

时干涉相消,形成暗条纹。可见,暗条纹对称且相间分布。

若光线垂直入射,即 $i=\gamma=0$,则上式可写为

$$\delta = 2n^2 e + \frac{\lambda}{2} = (2k+1)\frac{\lambda}{2}, \quad k = 0,1,2,\cdots \tag{9-11b}$$

在薄膜表面上干涉相长处光强大,因而亮;在干涉相消处光强小,因而暗,形成干涉图样。由式(9-9)可以看出,两条光线在相遇点的光程差只决定于该处薄膜的厚度 e,因此干涉图样中同一干涉条纹对应于薄膜上厚度相同点的连线,这种条纹称为**等厚干涉**条纹。

劈尖和牛顿环是等厚干涉的两个典型实例,下面分别进行讨论。

1)劈尖干涉

两块平面玻璃片,一端相叠合,另一端用一微小物体垫起,两玻璃片之间形成的劈形空气薄膜称为**空气劈尖**。光照射在劈尖上产生的干涉现象称为**劈尖干涉**。劈尖干涉的实验装置如图 9-10(a)所示,W 为空气劈尖,M 是一个半反射玻璃片,T 为显微镜,点光源 S 位于透镜 L 的焦平面上。光源 S 发出的光经透镜 L 后成为平行光,再经半反射玻璃片 M 反射后垂直入射到劈尖 W 上。由劈尖上、下表面反射的光束,部分地通过玻璃片 M,相干叠加形成干涉条纹,在显微镜 T 中,就可以观察到如图 9-10(b)所示的明暗相间的直条状干涉条纹。

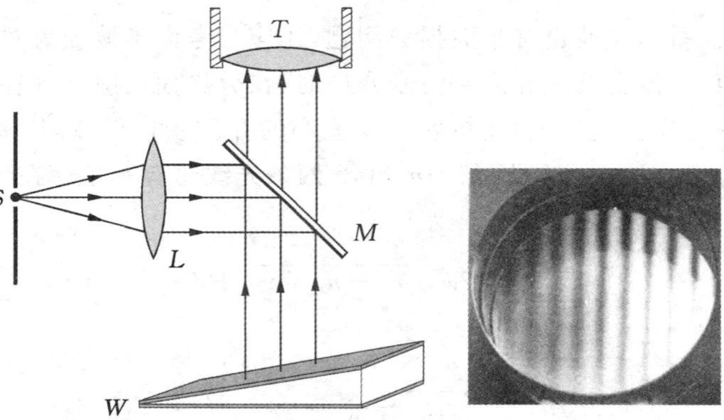

(a)实验示意图　　(b)干涉条纹

图 9-10　劈尖干涉

以下分析劈尖干涉条纹的形成规律。如图 9-11 所示(图中三条光线分开画是为了读者能够看得清楚),一束平行光自上而下垂直照射一劈尖。由于劈尖的夹角 θ 非常小,因此可以近似地认为光线既垂直于劈尖的上表面,又垂直于下表面。空气劈尖上、下的介质都是玻璃,光在劈尖的下表面反射时,由于 $n_0<n$,即光是从光疏介质空气入射到光密介质玻璃上,反射波存在半波损失,需要加上半个波长的附加光程差$\dfrac{\lambda}{2}$。厚度为 e 处,上、下表面反射的 b,c 两光束的光程差为几何路程引起的光程差 nr 和附加光程差$\dfrac{\lambda}{2}$两部分。因空气的折射率 $n_0=1$,故 $nr=2e$。因此,b,c 两光束的光程差为

$$\delta = 2e + \frac{\lambda}{2}$$

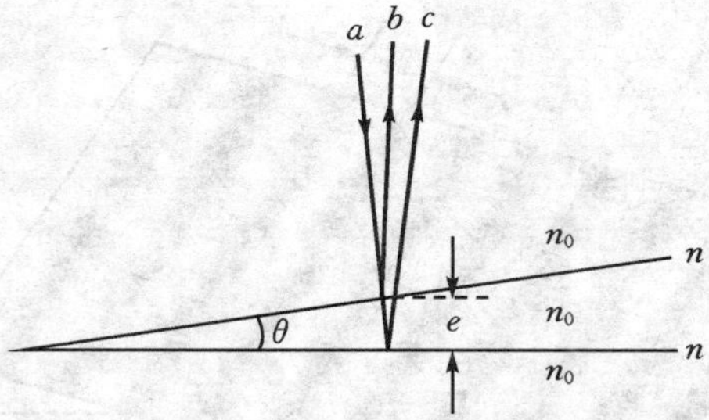

图 9-11　劈尖干涉条纹形成规律示意图

当

$$\delta = 2e + \frac{\lambda}{2} = k\lambda,\quad k = 1,2,3,\cdots \tag{9-12a}$$

时干涉相长,形成明条纹。

当

$$\delta = 2e + \frac{\lambda}{2} = (2k+1)\frac{\lambda}{2},\quad k = 0,1,2,\cdots \tag{9-12b}$$

时干涉相消,形成暗条纹。可见,明暗条纹相间分布。

同一级明条纹(或暗条纹)对应的空气层的厚度相同的干涉称为等厚干涉。劈尖干涉就是一种等厚干涉。

同理可知,干涉条纹是一组与棱边相平行的明暗相间的直线条纹,在棱边处,$e=0$,两条反射光线的光程差仅取决于半波损失而引起的附加光称差$\frac{\lambda}{2}$。由式(9-12b)可知,棱边为暗条纹。

由式(9-12a)或式(9-12b),可求得相邻明条纹(或暗条纹)对应的厚度差均为

$$\Delta e = e_{k+1} - e_k = \frac{\lambda}{2}$$

如图 9-12 所示,相邻明条纹(或暗条纹)的间距应满足关系

$$\Delta x \sin\theta = \Delta e = \frac{\lambda}{2}$$

考虑到劈尖夹角 θ 一般比较小,近似有 $\sin\theta=\theta$。相邻明条纹(或暗条纹)的间距可近似表示为

$$\Delta x = \frac{\lambda}{2\sin\theta} = \frac{\lambda}{2\theta} \tag{9-13}$$

可见,劈尖夹角 θ 越小,条纹分布越疏,干涉现象越显著,反之亦然。θ 大到一定程度,干涉条纹将密得无法分辨,这时将观察不到干涉现象。

由式(9-13)还可看出,如果已知夹角 θ,通过测量条纹间距 Δx,可以求得入射光的波长 λ;如果已知入射光的波长 λ,通过测量条纹间距 Δx,可求得微小角度 θ。

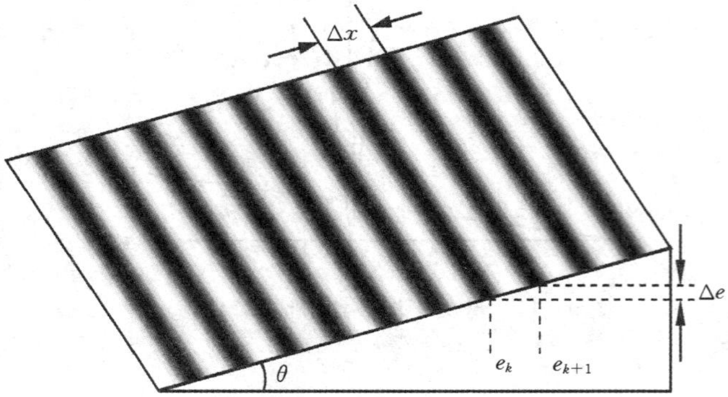

图 9-12　劈尖干涉条纹间距

利用劈尖干涉的规律,还可以检验精密加工工件表面的平整度。如图 9-13(a)所示,把待测工件放在显微镜工作台上,用一块平玻璃放在工件上,使其一端与工件接触,另一端用薄纸片垫起,形成一空气劈尖。用平行单色光垂直照射空气劈尖,通过眼睛或显微镜就可以观察干涉条纹。如果工件表面平整,干涉条纹是一组平行于棱边的直线,如图 9-13(b)所示;如果工件表面不平整,则干涉条纹是弯曲的,如图 9-13(c)所示。根据干涉条纹弯曲的情况,可判断工件表面存在凹痕还是凸痕,以及痕的深浅。

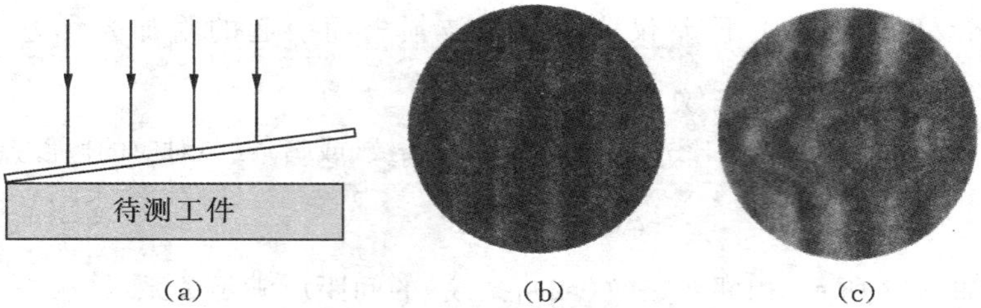

图 9-13　用劈尖干涉条纹检验表面质量

例 9-4　在半导体元件生产中,需要预先在基底硅片(Si)上镀一层二氧化硅(SiO_2)薄膜,常用劈尖干涉测定硅片上 SiO_2 薄膜的厚度。其方法是将薄膜的一端腐蚀成劈尖状,如图 9-14 阴影所示。已知 SiO_2 的折射率 $n=1.46$,空气的折射率 $n_1=1$,硅的折射率为 $n_2=3.42$。若用波长 $\lambda=546$ nm 的绿光垂直照射 SiO_2 劈尖膜,劈尖斜坡顶端 M 处恰好为第 7 条暗条纹,试求 SiO_2 薄膜的厚度。

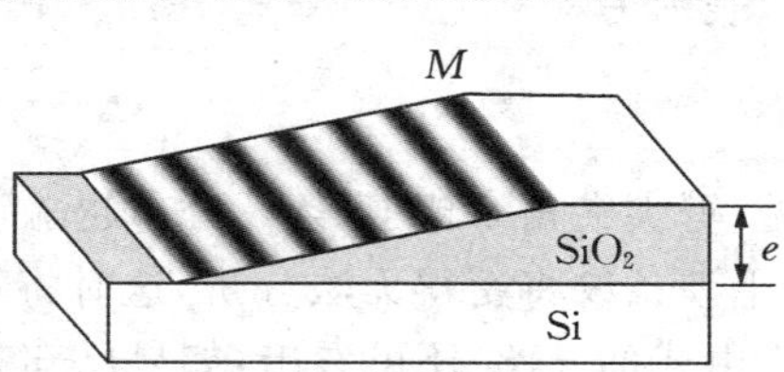

图 9-14　例 9-4 图

解　由于 $n_1<n<n_2$，光线在 SiO_2 膜的上、下表面反射时，均为由光疏介质入射到光密介质，都有半波损失，产生的附加光程差相互抵消。因此在厚度为 e 处，上、下表面反射光线的光程差为

$$\delta = 2ne$$

暗条纹条件为

$$\delta = 2ne = (2k+1)\frac{\lambda}{2},\quad k = 0,1,2,\cdots$$

第 7 条暗条纹对应 $k=6$（想一想，为什么？），由此可得 SiO_2 薄膜的厚度

$$e = \frac{(2k+1)}{4n}\lambda = \frac{(2\times 6+1)}{4\times 1.46}\times 546\times 10^{-9} = 1.22\times 10^{-6}\,\text{m} = 1.22\ \mu\text{m}$$

2）牛顿环干涉

光照射在牛顿环上产生的干涉现象称为**牛顿环干涉**。牛顿环干涉实验装置如图 9-15(a)所示，一块平板玻璃 A 上是一个曲率半径 R 较大的平凸透镜 B，两者之间形成一层凸球面形的空气薄层。当平行光自上而下垂直照射时，由平凸透镜球面反射的光线与从平板玻璃上表面反射的光线发生干涉，在显微镜 T 中，就可以观察到如图 9-15(b)所示的明暗相间的环状干涉条纹，称为**牛顿环**。

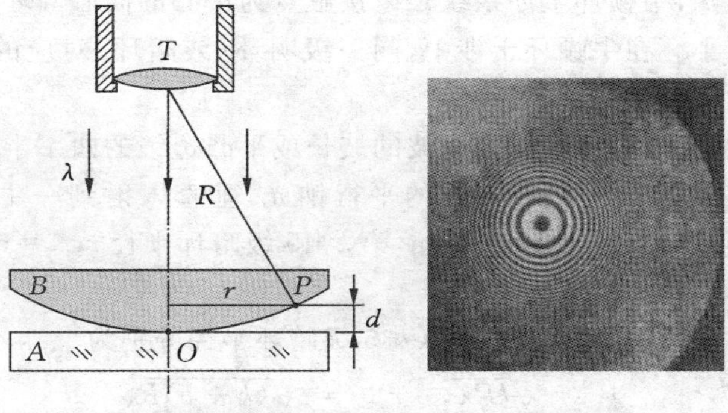

(a)牛顿环实验示意图　　(b)干涉条纹

图 9-15　牛顿环

设入射光的波长为 λ，牛顿环处空气层的厚度为 e，由于光在下表面反射时存在半波损失，因此，从平凸透镜球面反射的光线与从平板玻璃上表面反射的两条光线的光程差为

$$\delta = 2e + \frac{\lambda}{2}$$

当

$$\delta = 2e + \frac{\lambda}{2} = k\lambda, \quad k = 1,2,3,\cdots \tag{9-14a}$$

时干涉相长,形成明环。$k=1$ 的明环称为第一级明环;依次类推。

由图 9-15(a)的几何关系可知,明环半径 r 与透镜的曲率半径 R 及空气层厚度 e 之间的关系为

$$R^2 = r^2 + (R-e)^2 = r^2 + R^2 - 2Re + e^2$$

由于 $R \gg e$,高次项 e^2 可略去,近似有 $e \approx \frac{r^2}{2R}$。代入式(9-14a),可得明环的半径

$$r = \sqrt{\frac{(2k-1)}{2}R\lambda}, \quad k = 1,2,3,\cdots \tag{9-14b}$$

同理,当

$$\delta = 2e + \frac{\lambda}{2} = (2k+1)\frac{\lambda}{2}, \quad k = 0,1,2\cdots \tag{9-15a}$$

时干涉相消,形成暗环。$k=0$ 的暗环称为第零级暗环;依次类推。

同理可得暗环的半径

$$r = \sqrt{kR\lambda}, \quad k = 0,1,2\cdots \tag{9-15b}$$

以上讨论可知,牛顿环干涉条纹是以接触点为中心的同心圆环,条纹间距从中心到边缘越来越小。在牛顿环干涉中,同一级明环(或暗环)对应的空气层的厚度相同,因此,牛顿环也是一种等厚干涉。

在实验室中,常用牛顿环测定光波的波长或平凸透镜的曲率半径。

例 9-5 用波长 $\lambda=589.3$ nm 的平行钠光,垂直入射到一牛顿环实验装置上,测得第 k 级暗环半径 $r_k=4.00$ mm,第 $k+5$ 级暗环半径 $r_{k+5}=6.00$ mm。试求平凸透镜的曲率半径和暗环的 k 值。

解 由式(9-15b),第 k 级和第 $k+5$ 级暗环半径分别为

$$r_k = \sqrt{kR\lambda}, \quad r_{k+5} = \sqrt{(k+5)R\lambda}$$

从以上两式消去 k,可得透镜曲率半径

$$R = \frac{r_{k+5}^2 - r_k^2}{5\lambda} = \frac{(6.00\times10^{-3})^2 - (4.00\times10^{-3})^2}{5\times589.3\times10^{-9}} = 6.79 \text{ m}$$

由第 k 级暗条纹公式 $r_k=\sqrt{kR\lambda}$,可得暗环的级数

$$k = \frac{r_k^2}{R\lambda} = \frac{(4.00\times10^{-3})^2}{6.79\times589.3\times10^{-9}} = 4$$

在光学元件的生产中,常用牛顿环检测透镜的质量。其方法是将标准件覆盖在待测透镜上,如两者完全密合,即达到标准要求,则不出现牛顿环,如图9-16(a)所示。若被测透镜曲率半径小于或大于标准值,如图 9-16(b)和 9-16(c)所示,

则产生牛顿环。圈数越多，误差越大。若牛顿环形状偏离圆形，表明待测透镜表面存在不规则起伏，曲率半径不均匀。此时用手均匀轻压标准件，牛顿环各处空气层的厚度必然减小，相应的光程差也就减小，条纹发生移动。若条纹向边缘扩展，说明零级条纹在中心，待测透镜曲率半径小于标准值，如图 9－16(b)所示；若条纹向中心收缩，说明零级条纹在边缘，待测透镜曲率半径大于标准件，如图9－16(c)所示。这样，通过现场检测判断，可对透镜进行相应精加工，直致合乎标准要求。

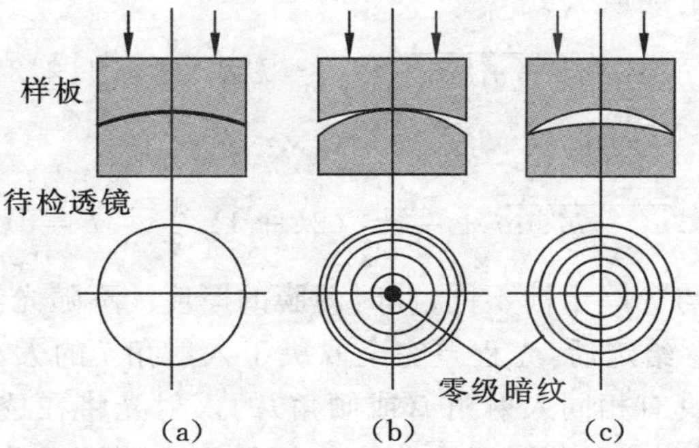

图 9－16　用牛顿环条纹检验透镜质量

2. 等倾干涉

与等厚干涉情况不同，等倾干涉是厚度均匀的平行透明介质膜的反射光所产生的干涉现象。如图 9－17 所示，折射率为 n_2、厚度为 e 的薄膜处在折射率为 n_1 的介质中。S 是光源，像屏 E 位于透镜 L 的焦平面上。当光源 S 发出的光入射到薄膜的上表面时，自上表面反射的和从下表面反射的两束光相干叠加形成干涉条纹，在像屏 E 上就可以观察到干涉条纹。

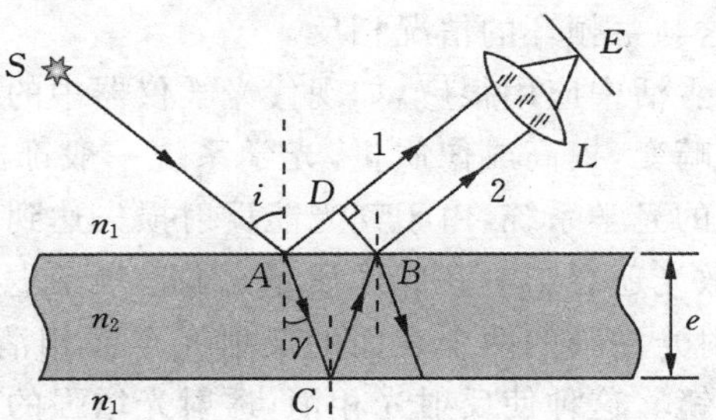

图 9－17　等倾干涉

现在我们来讨论等倾干涉条纹的形成及其规律。设光源 S 发出波长为 λ 的单色光，以入射角 i 入射到薄膜的上表面。入射光在 A 处分为两部分，一部分反射成为光线 1,另一部分以折射角 γ 进入薄膜,并在薄膜的下表面 C 处反射,再由上表面 B 处折射形成光线 2。光线 1 和光线 2 是由同一入射光分成的两部分,是两束相干光。经透镜 L 会聚后,在像屏 E 上相干叠加形成干涉条纹。类似等厚干涉的分析,可得反射光 1 与反射光 2 的光程差与式(9-9)相同,即为

$$\delta = 2e\sqrt{n_2^2 - n_1^2\sin^2 i} + \frac{\lambda}{2}$$

同理可得等倾干涉的明纹公式

$$\delta = 2e\sqrt{n_2^2 - n_1^2\sin i} + \frac{\lambda}{2} = k\lambda, \quad k = 1,2,3,\cdots \tag{9-16}$$

和暗纹公式

$$\delta = 2e\sqrt{n_2^2 - n_1^2\sin i} + \frac{\lambda}{2} = (2k+1)\frac{\lambda}{2}, \quad k = 0,1,2,\cdots \tag{9-17}$$

值得注意的是与等厚干涉不同,此时薄膜的厚度 e 不随光波入射点而变,是一个常量。当 n_1 和 n_2 给定后,光程差完全取决于入射角 i 的大小。也就是说,一旦 n_1,n_2 和 e 确定后,具有相同入射角 i(或倾角)的入射光将在透镜的焦平面上构成同一条干涉条纹,因此这种薄膜干涉称为**等倾干涉**。等倾干涉图样的定域与等厚干涉也不同,等倾干涉条纹不在薄膜表面上,而是在无穷远处,若用透镜进行观察,在透镜像方焦平面的屏幕 E 上,可观察到干涉图样。

如图 9-18(a)所示是等倾干涉实验装置,面光源 S 发出的光经半反射板射向等厚的薄膜表面上,经薄膜上下表面反射的两光线,透过半反射板后在透镜像方焦平面的屏上得到等倾干涉条纹。凡是以相同入射角 i 入射到薄膜的光线,在透镜的像方焦平面上,位于以透镜像方焦点 O' 为中心的圆周上,即在屏幕上的等倾干涉条纹是以 O' 为圆心的同心圆环,如图 9-18(b)所示。显然,由式(9-16)可以看出,入射角 i 越小的光线(半径也越小)所形成的圆纹的级次越高,即内圆纹的级次比外圆纹的级次高,这与牛顿环的情况相反。

薄膜干涉在日常生活中应用很广,如现代光学仪器中的光学系统都比较复杂,为了消除各种像差和畸变,提高成像质量,光学系统一般都由多个透镜组合而成。例如由六个透镜组成的光学系统,由于其光能反射损失达到整个入射光能的一半,同时,反射造成的杂散光还会影响其成像质量,因此,常在透镜表面镀一层厚度均匀的透明薄膜,使入射光在膜的两个表面的反射光干涉相消,于是,入射光就几乎不反射而完全透过透镜。这种使反射光相消,透射光增强的薄膜称为**增透膜**。

同理,为了提高反光镜对某种波长光的反射能力,常在反光镜上镀一层薄,使这种波长的光反射增强而透射减弱,这样的薄膜称为**增反膜**。如在玻璃平板表面上镀一层硫化锌(ZnS)介质膜,选择适当的薄膜厚度,就可使在硫化锌薄膜上下表面的反射光干涉相长,从而使反射光增强。有些太阳镜片就是这样处理的。

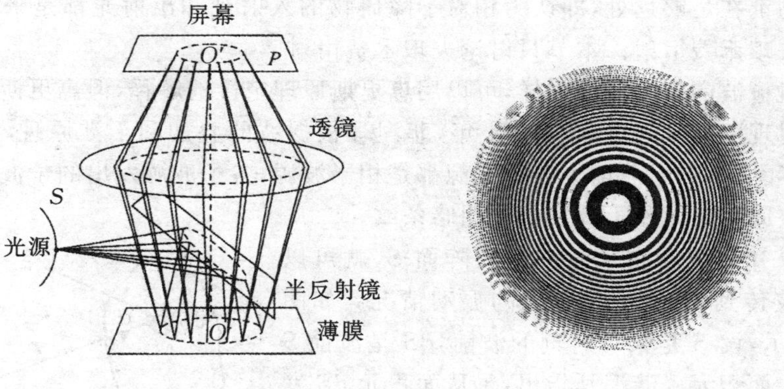

(a)实验装置　(b)干涉条纹

图 9-18　等倾干涉实验装置

例 9-6　波长为 550 nm 的黄绿色光对人眼和照相底片最敏感，要使照相机对此波长的光透射最强，可在照相机镜头上镀一层氟化镁（MgF_2）薄膜。已知氟化镁的折射率 $n=1.38$，玻璃的折射率为 1.50。试求氟化镁增透薄膜的最小厚度。

解　如图 9-19 所示，设光线垂直入射。因氟化镁的折射率介于空气与玻璃之间，故光在氟化镁薄膜上下表面反射时均有半波损失。因此，两反射光的光程差为 $2nd$。当

$$2nd = (2k+1)\frac{\lambda}{2},\quad k=0,1,2,\cdots$$

时，反射光因干涉而减弱，而透射光加强。取 $k=0$，对应氟化镁薄膜的厚度最小，其值为

$$d=\frac{\lambda}{4n}=\frac{550}{4\times 1.38}=99.64\ \text{nm}$$

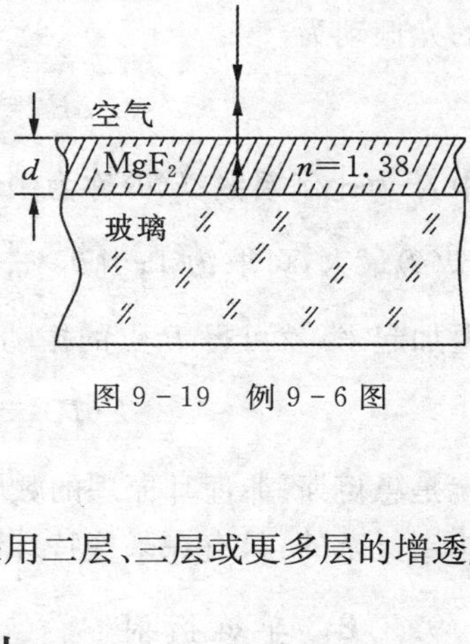

图 9-19　例 9-6 图

一般情况下，为了达到良好的增透效果，需要采用二层、三层或更多层的增透膜。

9.3　光的衍射

9.3.1　光的衍射现象

光绕过障碍物传播的现象称为**光的衍射**（film interference）。通常按照观察方式将光的衍射现象分为两类：一类是光源 S 和接收像屏（或二者之一）相对于障碍物在有限远处所形成的衍射现象称为**菲涅耳衍射**；另一类是光源和接收像屏距

离障碍物都在足够远处,即认为相对于障碍物的入射光和出射光都是平行光的衍射称为**夫琅禾费衍射**。本节只讨论夫琅禾费衍射。

同机械波的衍射现象一样,可以用惠更斯原理定性地解释,但惠更斯原理无法解释衍射现象的具体规律。1814 年,菲涅耳根据波的叠加和干涉原理,对惠更斯原理做了补充,提出波前上各子波源都是相干波源,各子波源发出的子波在传播过程中在空间相遇时相干叠加产生明暗条纹。

如果知道波动在某时刻的波阵面 S,就可以计算出波传到 S 前面某点 P 的振动情况。如图 9-20所示,设 S 是某一时刻的波前,dS 是波前 S 上的任一面积元。菲涅耳指出:①从面积元 dS 发出的子波在空间 P 点引起的光振动振幅与 dS 成正比,与 dS 到 P 点的距离成反比;②P 点的振幅与位置矢量 $\boldsymbol{r}$ 和 dS 的法线方向的夹角 θ 有关,θ 越大,P 点的振幅越小,当 $\theta \geqslant \frac{\pi}{2}$ 时,振幅为零;③子波在 P 点的振动相位取决于 dS 到 P 的光程。设 $t=0$ 时刻,波前 S 上各点的相位为零,则面积元 dS 在 P 点引起的光振动为

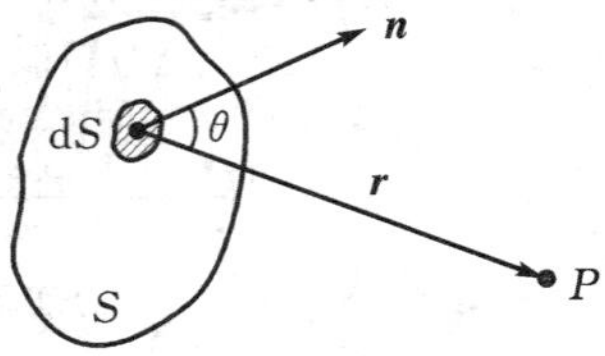

图 9-20　菲涅耳假设图示

$$dE = ck(\theta)\frac{dS}{r}\cos(\omega t - \frac{2\pi}{\lambda}r)$$

式中,c 为比例系数;$k(\theta)$称为倾斜因子,是 θ 的函数,随 θ 的增大而减小。当 $\theta=0$ 时,$k(\theta)$最大,可取为 1;当 $\theta \geqslant \frac{\pi}{2}$时,$k(\theta)=0$。将 S 面上所有子波在 P 点引起的振动叠加起来,就可得 P 点的振动,即

$$E(P) = \int_S (\frac{k(\theta)}{r}\cos(\omega t - \frac{2\pi}{\lambda}r)dx \tag{9-18}$$

这就是惠更斯-菲涅耳原理的数学表达式。对一般的衍射问题,式(9-18)的积分是相当复杂的,只有在某些特殊情况下才可以直接算出积分结果。

9.3.2　单缝衍射

光照射在单缝上产生的干涉现象称为**单缝衍射**(single slit diffraction)。单缝夫琅禾费衍射实验装置如图 9-21(a)所示,AB 为单缝,点光源 S 位于透镜 L_1 的焦平面上,像屏 E 位于透镜 L_2 的焦平面上。S 发出的光,经透镜 L_1 后成为平行光,入射到单缝上,由单缝衍射后的光线经过透镜 L_2 在像屏 E 上相干叠加形成衍射条纹,衍射条纹如图 9-21(b)所示。可见像屏 E 上呈现的是明暗相间的直条状衍射条纹。

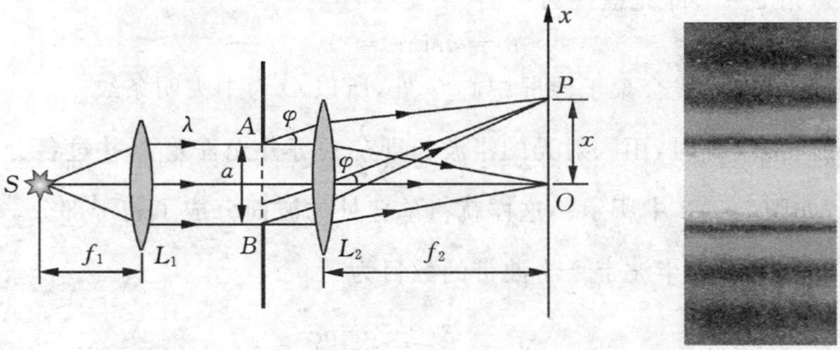

(a)单缝衍射实验示意图　　(b)衍射条纹

图 9－21　单缝衍射

由于式(9－18)的积分是相当复杂的，下面根据惠更斯-菲涅耳原理，运用菲涅耳半波带法来分析单缝衍射图样的形成及其规律。

如图 9－22 所示，光源 S 发出波长为 λ 的平行单色光，垂直入射到宽度为 a 的单缝 AB 上。设透过缝的与入射方向成 φ 角（称为衍射角）方向传播的光线，经透镜会聚于像屏上的 P 点。自 A 做垂直于衍射角为 φ 光线的的平面 AC，则单缝两边缘处衍射光线的光程差为

$$\delta = BC = a\sin\varphi$$

P 点是明还是暗取决于光程差 δ。

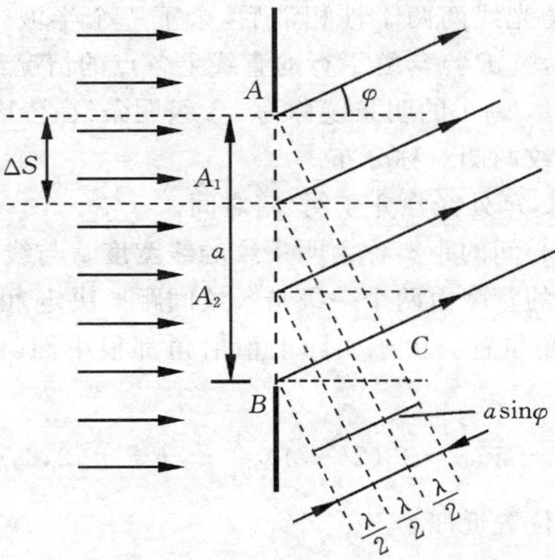

图 9－22　菲涅耳半波带

当衍射角 $\varphi=0$,即光程差为

$$\delta = a\sin\varphi = 0 \tag{9-19}$$

时,透过缝的所有光线会聚于像屏中心 O 处,所以 O 为中央明条纹。

当衍射角 $\varphi\neq 0$ 时,用入射光的半波长即$\frac{\lambda}{2}$去等分光程差 δ,并过各分点做 AC 的平行线,如图 9-22 中所示。这样就将单缝处的波面分成了若干部分,光程差为$\frac{\lambda}{2}$的一部分称为一个半波带。半波带的数目为

$$N = \frac{\delta}{\lambda/2} = \frac{a\sin\varphi}{\lambda/2}$$

若 N 为偶数,即光程差为

$$\delta = a\sin\varphi = \pm k\lambda, k = 1,2,3,\cdots \tag{9-20a}$$

时,相邻半波带各点对应的光线的光程差都是$\frac{\lambda}{2}$,即相位差为 π,相邻半波带发出的光线两两干涉相消,两相邻半波带的光线在 P 点都干涉相消,因此 P 点是暗的。过 P 点与缝平行的直线上各点的情况都与 P 点相同,因此,沿此直线为一暗条纹。$k=1$ 的暗条纹称为±1 级暗条纹;依次类推。可见,其他各级暗条纹在中央明条纹两侧对称分布。

若 N 为奇数,即光程差为

$$\delta = a\sin\varphi = \pm(2k+1)\frac{\lambda}{2}, k = 1,2,3,\cdots \tag{9-20b}$$

时,相邻半波带发出的光线两两干涉相消后,余下一个半波带发出的光线未被抵消,因此,P 点是明的,过 P 点与缝平行的直线上各点的情况都与 P 点相同,因此,沿此直线为一明条纹。$k=1$ 的明条纹称为±1 级明条纹;依次类推。可见,其他各级明条纹在中央明条纹两侧对称分布。

当 N 不是整数时,P 处光强介于明、暗之间。

相邻两暗条纹中心间的距离称为明条纹的**线宽度**。与线宽度对应的夹角称为**角宽度**。中央明条纹的宽度由两个一级暗条纹间距离决定,由式(9-19)可知,$\varphi=0$ 处为中央明条纹的角位置。由于实际上衍射角都很小,其他各级明条纹的角位置近似为

$$\varphi = \sin\varphi = \pm(2k+1)\frac{\lambda}{2a}, \quad k = 1,2,3,\cdots \tag{9-21a}$$

其他各级暗条纹的角位置近似为

$$\varphi = \sin\varphi = \pm k\frac{\lambda}{a}, \quad k = 1,2,3,\cdots \tag{9-21b}$$

由此可得，中央明条纹的角宽度为

$$\Delta\varphi_0 = \frac{\lambda}{a} - \left(-\frac{\lambda}{a}\right) = 2\,\frac{\lambda}{a} \tag{9-22a}$$

其他各级明条纹的角宽度为

$$\Delta\varphi = (k+1)\,\frac{\lambda}{a} - k\,\frac{\lambda}{a} = \frac{\lambda}{a} \tag{9-22b}$$

可见，其他各级明条纹的角宽度相等，都等于中央明条纹角宽度的一半。

由图 9 - 21 可知，以长度表示条纹位置 x 与衍射角 φ 的关系时，近似有 $x = f\tan\varphi = f\sin\varphi$。因此，中央明条纹的线位置为 $x=0$。其他明条纹的线位置为

$$x = f\sin\varphi = \pm(2k+1)f\,\frac{\lambda}{2a},\quad k = 1,2,3,\cdots \tag{9-23a}$$

其他暗条纹的线位置为

$$x = f\sin\varphi = \pm kf\,\frac{\lambda}{a},\quad k = 1,2,3,\cdots \tag{9-23b}$$

可得中央明条纹的线宽度为

$$\Delta x_0 = 2f\,\frac{\lambda}{a} \tag{9-24a}$$

其他各级明条纹的线宽度为

$$\Delta x = f\,\frac{\lambda}{a} \tag{9-24b}$$

可见，其他各级明条纹的线宽度相等，都等于中央明条纹线宽度的一半。

由以上讨论可知，对于一定波长的平行单色光，缝宽 a 越小，衍射角 φ 越大，各级明条纹的线宽度 Δx 也就越大，衍射效果越显著；反之，缝宽 a 越大，φ 也就越小，Δx 也就越小，即衍射效果不显著。当 $a \gg \lambda$ 时，各级衍射条纹向中央靠拢，只显示一条明条纹，衍射现象消失。

当缝宽 a 一定时，如果用白光作为光源，波长 λ 越大，衍射角 φ 越大，各级明条纹的线宽度 Δx 也就越大，不同波长的光所形成的衍射条纹中，除了中央明条纹外其余明条纹将彼此错开。所以，观察到的中央明条纹的中心仍为白色，其他各级的同一级明条纹将按波长逐次排开，靠近中心为紫色，远离中心为红色，形成彩色的衍射光谱。

由菲涅耳半波带法可知，单缝衍射光强实际上是连续分布的，中央明条纹中心处，各衍射光强互相加强，所以光强最大。在其他各级明条纹处，明条纹级次越高，衍射角 φ 也越大，半波带数 N 也就越大，每个半波带的面积就越小。由于偶数个半波带中的光线总是干涉相消的，只有余下一个半波带中的光线叠加形成明条纹，所以明条纹的光强随级数的增加而减少。事实上，中央明条纹处集中了绝大部分

能量,其他明条纹光强迅速下降,如图 9－23 所示。因此,在实际应用中,只有低级次条纹才有意义。

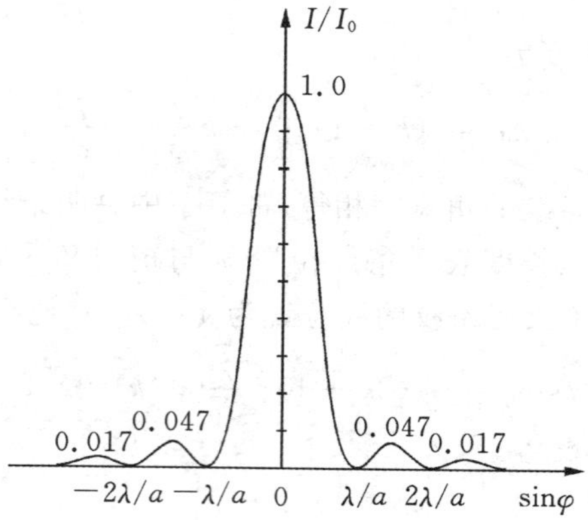

图 9－23　单缝衍射光强分布

例 9－7　钠黄光垂直入射到宽度 $b=0.308$ mm 的单缝上,在缝后126.2 mm 的像屏上形成衍射条纹。测得中央明条纹两侧第 5 级暗条纹间相距2.414 mm。试求钠黄光的波长。

解　由单缝衍射暗条纹的位置式(9－23b),可得两侧第 k 级暗条纹的间距为

$$\Delta x = kf\frac{\lambda}{a} - \left(-kf\frac{\lambda}{a}\right) = 2kf\frac{\lambda}{a}$$

解得钠黄光的波长

$$\begin{aligned}\lambda &= \frac{a}{2kf}\Delta x \\ &= \frac{0.308\times10^{-3}}{2\times5\times126.2\times10^{-3}}\times2.414\times10^{-3} \\ &= 5.89\times10^{-7}\,\text{m} = 589\ \text{nm}\end{aligned}$$

例 9－8　用波长为 500 nm 的平行单色光,垂直入射到宽度为 0.50 mm 的单缝上形成衍射条纹。透镜的焦距为 0.50 m。试求:

(1)第一级暗条纹与中心点 O 的距离;

(2)中央明条纹的宽度;

(3)其他各级明条纹的宽度。

解　(1)由式(9－23b),第一级暗条纹与中心点 O 的距离

$$x = f\frac{\lambda}{a} = 0.50\times\frac{500\times10^{-9}}{0.50\times10^{-3}} = 0.50\times10^{-3}\ \text{m} = 0.50\ \text{mm}$$

(2)由式(9－24a),中央明条纹的宽度

$$\Delta x_0 = 2f\frac{\lambda}{a} = 2\times 0.50\times\frac{500\times 10^{-9}}{0.50\times 10^{-3}} = 1.0\times 10^{-3}\ \text{m} = 1.0\ \text{mm}$$

(3)由式(9－23b)，其他各级明条纹的宽度

$$\Delta x = f\frac{\lambda}{a} = 0.50\times\frac{500\times 10^{-9}}{0.50\times 10^{-3}} = 0.50\times 10^{-3}\ \text{m} = 0.50\ \text{mm}$$

例 9－9　用白光垂直照射宽度为 a 的单缝。

(1)波长为 650 nm 的红光的第一级暗条纹的衍射角 $\varphi=30°$，试求单缝的宽度；

(2)波长为 λ' 的光的第一级明条纹中心的衍射角 $\varphi=30°$，试求此光的波长。

解　(1)由第一级暗条纹应满足的条件 $a\sin\varphi_1=\lambda$，可得单缝的宽度

$$a = \frac{\lambda}{\sin\varphi_1} = \frac{650\times 10^{-9}}{\sin 30°} = 1.3\times 10^{-6}\ \text{m}$$

(2)第一级明条纹应满足的条件为

$$a\sin\varphi_1 = (2k+1)\frac{\lambda}{2} = (2+1)\frac{\lambda}{2} = \frac{3}{2}\lambda$$

此光的波长为

$$\lambda' = \frac{a\sin\varphi_1}{1.5} = \frac{1.3\times 10^{-6}\times\sin 30°}{1.5} = 4.33\times 10^{-7}\ \text{m} = 433\ \text{nm}$$

9.3.3　圆孔衍射

光照射在圆孔上产生的衍射现象称为**圆孔衍射**(circular hole diffraction)。圆孔的夫琅禾费衍射装置如图 9－24(a)所示，光源 S 位于透镜 L_1 的焦平面上，B 为开有圆孔的屏，圆孔后置有透镜 L_2，像屏 E 位于透镜 L_2 的焦平面上。

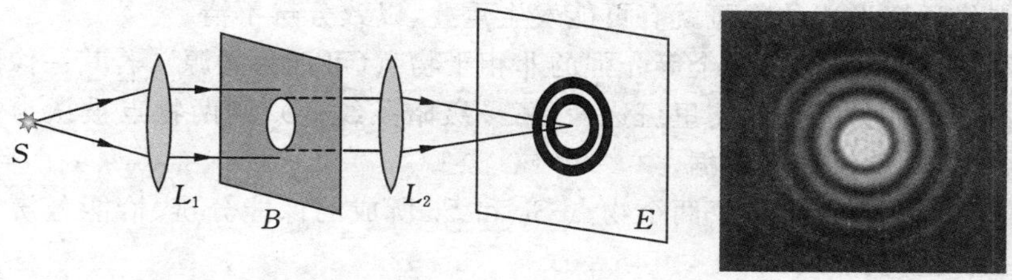

(a)圆孔衍射实验示意图　　(b)衍射条纹

图 9－24　圆孔衍射

光源 S 发出的光入射到透镜 L_1 上成为平行光。平行光入射到屏 B 圆孔上，经圆孔衍射后的光经透镜 L_2 会聚在其焦平面处的像屏上。在像屏 E 上出现中央为一个亮斑，周围明暗相间的同心环状条纹，如图 9－24(b)所示。

理论计算可得圆孔衍射条纹的强度分布曲线如图 9-25 所示。由第一级暗条纹所围成的中央亮斑称为**艾里斑**。艾里斑集中了大约 84%的衍射能量,而周围的环纹强度相对很弱。假设光源 S 发出波长为 λ 的平行单色光垂直入射到直径为 D 的圆孔上,艾里斑的直径为 d,艾里斑对透镜光心的张角为 2θ,如图 9-26 所示。θ 称为艾里斑的角半径,也称半角宽度。理论计算表明,艾里斑的角半径为

$$\theta = 1.22\frac{\lambda}{D} \tag{9-25}$$

式(9-25)表明,**圆孔直径越小,则艾里斑越大,衍射效果越明显。**

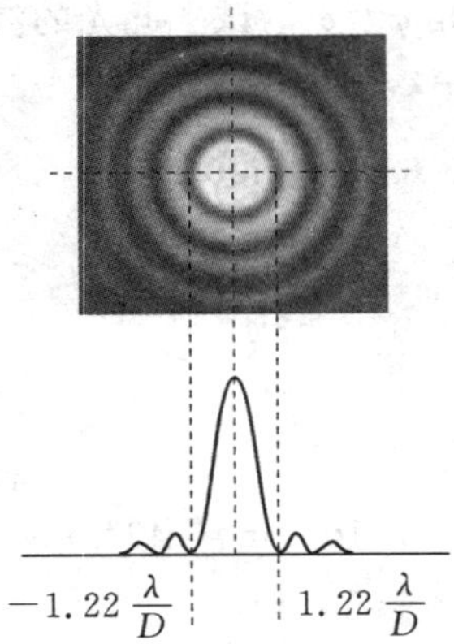

图 9-25　圆孔衍射条纹强度分布

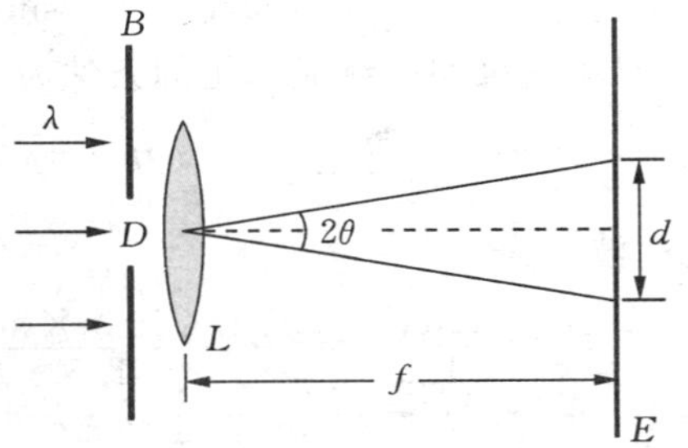

图 9-26　艾里斑半角宽度

显微镜、望远镜、照像机等光学仪器的物镜就相当于一个小圆孔,对每个物点所成的像实际上都是衍射图样,因此衍射效应将直接影响到仪器的成像质量。两相近物点经透镜形成的像斑就有可能发生重叠,以致分辨不清。

瑞利通过研究指出,两个等光强的非相干物点(可视为光源),若其一像的艾里斑中心恰好落在另一像的艾里斑边缘(第一级暗条纹处),则两物点被认为是恰能分辨,这一条件称为**瑞利判据**。

如图 9-27 所示给出了两个物点 S_1 和 S_2 所成的像能分辨、恰能分辨和不能分辨的三种情况。

两物点恰能被光学仪器分辨时,两像的艾里斑中心角距离称为**最小分辨角**,用 δ_φ 表示。由瑞利判据,光学仪器的最小分辨角即为艾里斑的半角宽度,亦即

$$\delta_\varphi = \theta = 1.22\frac{\lambda}{D} \tag{9-26}$$

最小分辨角的倒数称为光学仪器的**分辨本领**或**分辨率**,用 R 表示,即

$$R = \frac{1}{\delta_\varphi} = \frac{D}{1.22\lambda} \tag{9-27}$$

可见，当入射光波长 λ 一定时，物镜的直径 D 越大，R 越大，即光学仪器的分辨本领越高，如天文望远镜物镜的直径可达几米；而当物镜直径 D 一定时，入射光波长 λ 越小，R 越大，光学仪器的分辨本领也越高，如电子显微镜要比一般光学显微镜分辨本领大。必须指出，瑞利判据只是一个基本标准，实际上影响分辨本领的因素很多，如光源与周围环境的相对亮度，空气的干扰以及观察者的视觉功能的差异等。

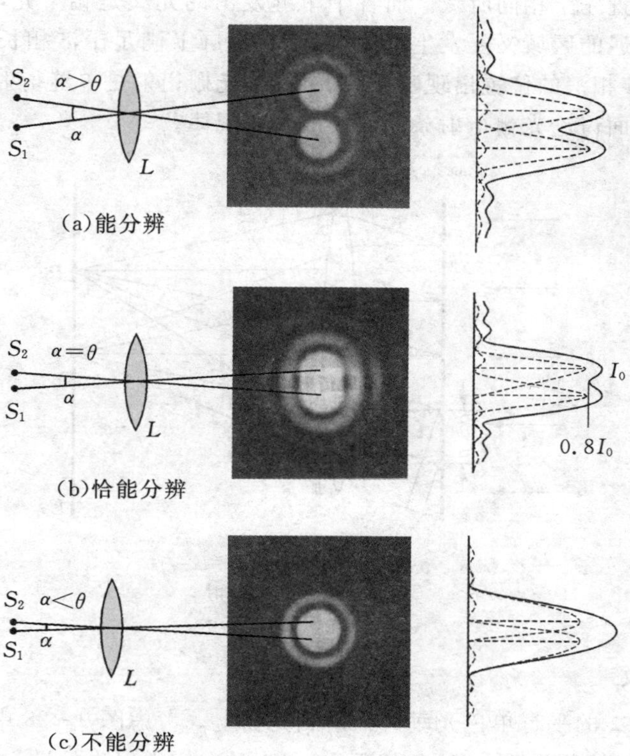

图 9-27　瑞利判据

9.3.4　光栅衍射

由大量等宽度、等间距的平行狭缝（或反射面）构成的光学元件称为**光栅**。在一块玻璃上刻有大量相互平行的等宽度、等间距的刻痕就形成了光栅。在刻痕处入射光向各方向散射，不易透过，而两刻痕之间的平滑部分为透光部分，相当于一条狭缝。设光栅不透光部分的宽度为 b、透光缝宽度为 a,，则 $a+b$ 称为**光栅常数**。

通常光栅常数很小,数量级为 $10^{-6}\sim10^{-5}$ m。

光照射在光栅上产生的衍射现象称为**光栅衍射**(grating diffraction)。光栅衍射的实验装置如图 9-28 所示,在光栅常数为 $a+b$ 的光栅后放一透镜 L,像屏 E 位于透镜的焦平面上。平行光入射到光栅上时,通过各个狭缝向不同方向射出的光经透镜聚焦在像屏的不同位置。在光栅衍射中,每个单缝都发生衍射,而且每个缝的衍射条纹在像屏上完全重合,这是因为由各狭缝射出的同一方向的光束,通过透镜后聚焦位置完全相同所致。而各个单缝发出的光又是相干光,通过光栅不同狭缝的光在相遇的区域又要发生干涉,因此在像屏上满足干涉相长的位置出现明条纹,满足干涉相消的位置出现暗条纹。可见,光栅衍射是单缝衍射和多缝干涉的综合结果。下面讨论光栅衍射条纹的形成及其规律。

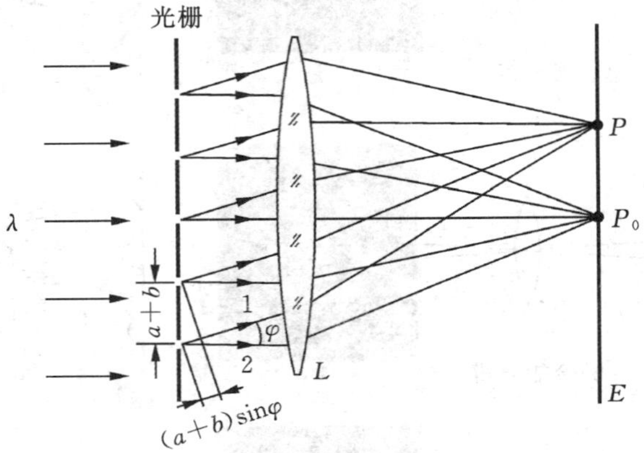

图 9-28　光栅衍射

1. 明条纹

设波长为 λ 的平行单色光垂直入射到光栅上。考虑图 9-28 中衍射角为 φ 的光线,在所有相邻的狭缝中,彼此相距为 $a+b$ 的对应点射出的沿 φ 方向的光线,其光程差均为 $(a+b)\sin\varphi$。由式(9-5a)可知,当光程差为入射波长 λ 的整数倍时,各缝射出的聚焦于像屏上 P 点的光因相干叠加后干涉相长,形成明条纹。因此,光栅衍射明条纹的条件为

$$(a+b)\sin\varphi=\pm k\lambda,\quad k=0,1,2,\cdots \tag{9-28}$$

式(9-28)称为**光栅方程**(grating equation)。满足光栅方程的明条纹称为主极大或光谱线,k 就是主极大的级数。$k=0$ 时,$\varphi=0$,为中央明条纹,$k=1,2,3\cdots$分别对应正、负第一级,正、负第二级,……主极大。各级主极大对称地分布在中央明条纹的两侧。

从光栅方程还可以看出，光栅常数 $a+b$ 越小，各级明条纹的衍射角 φ 越大，即各级明条纹分得越开。对于给定的光栅常数，入射光波波长 λ 越大，各级明条纹的衍射角也就越大。各级明条纹的强度几乎相等。光栅上的狭缝数越多，明条纹越亮。

2. 光栅光谱

由光栅方程可知，在光栅常数 $(a+b)$ 一定的情况下，如果用复色光入射，则由于各成分色光的 λ 不同，除中央明条纹外，其他同级明条纹将在不同的衍射角出现。同级的不同颜色的明条纹将按波长顺序排列形成**光栅光谱**，这就是光栅的色散分光作用。当用白光垂直入射时，中央明条纹仍为白色，在中央明条纹的两侧对称地分布着由紫到红的彩色光谱，但从第二级光谱开始，各级光谱发生重叠。不同物质发出的光谱是不同的，测定其光栅光谱中各光谱的波长及相对强度，可以确定发光物质的成分和含量。在固体物理中，利用光栅衍射测定物质光谱线的精细结构，可以使人们对物质微观结构有更深入的了解。在天文学中，可以通过把某种物质的光谱与各种元素的特征光谱线进行比较来确定物质的成分，从而分析遥远的恒星或星云的化学成分。

9.4　光的偏振

9.4.1　自然光和偏振光

电磁波理论表明光是电磁波，而电磁波是变化的电场和变化的磁场相互激发形成的。在电磁波的传播过程中，电场强度矢量 $\boldsymbol{E}$ 与磁场强度矢量 $\boldsymbol{H}$ 始终相互垂直，并与波的传播速度 $\boldsymbol{u}$ 垂直。如图 9-29 所示，$\boldsymbol{E}$，$\boldsymbol{H}$ 和 $\boldsymbol{u}$ 三者构成右螺旋关系，这表明电磁波是横波。$\boldsymbol{E}$ 和 $\boldsymbol{H}$ 各自与波的传播方向构成的平面称为 $\boldsymbol{E}$ 的振动面和 $\boldsymbol{H}$ 的振动面，$\boldsymbol{E}$ 和 $\boldsymbol{H}$ 分别在各自的振动面内振动，即光波具有**偏振性**。偏振性是横波的特性，所以光波是横波。

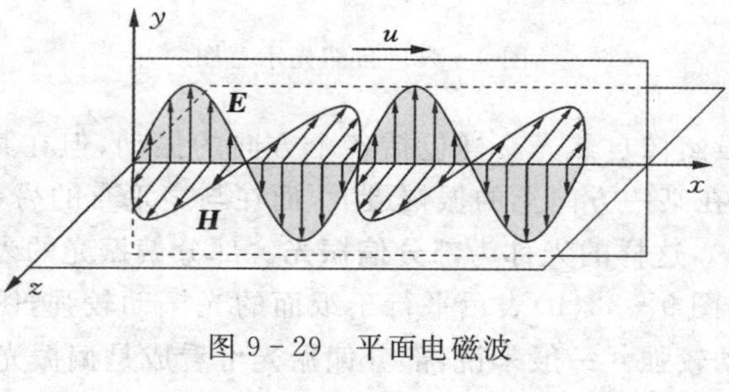

图 9-29　平面电磁波

就可见光而言,能够引起人眼视觉和感光材料感光的是电场强度矢量 $\boldsymbol{E}$,所以通常把 $\boldsymbol{E}$ 振动称为光振动,把 $\boldsymbol{E}$ 矢量称为**光矢量**。光矢量只在垂直于光传播方向的平面内,沿一固定方向振动的光称为**线偏振光**,简称**偏振光**(polarized light)。如图 9-29 所示,光矢量 $\boldsymbol{E}$ 只沿 y 方向振动。又由于光振动限制在 xy 平面内,故偏振光又称**平面偏振光**。平面 xy 为 $\boldsymbol{E}$ 的振动面。如图 9-30(a)所示光振动垂直纸面,自左向右传播的偏振光;如图 9-30(b)所示光振动在纸面内,自左向右传播的的偏振光。

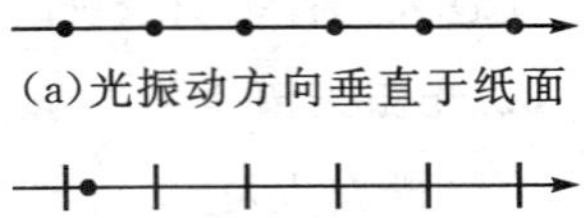

(a)光振动方向垂直于纸面

(b)光振动方向平行于纸面

图 9-30 线偏振光示意图

太阳、白炽灯以及钠光灯等普通光源的发光机理主要是大量分子、原子的自发辐射。由于所辐射的各个光波列的振动方向、频率和相位不尽相同,且光振动方向完全是无规则的,因此,在垂直于光传播方向的平面上看,光矢量可以在任何方向振动,无论哪个方向都不比其他方向更占优势,所以,各个方向上光振动的振幅相等。这种各个方向上光振动振幅相等的光称为**自然光**。自然光如图 9-31(a)所示。

自然光中任何一个方向上的光振动,都可以分解为相互垂直方向的两个分振动。虽然在各个方向上的分振动的平均值相等,但由于这两个分振动是相互独立的,没有固定的相位关系,所以不能合成偏振光。通常把自然光用两个相互独立的、振动方向垂直且振幅相等的偏振光来表示,如图 9-31(b)所示。这两个偏振光的强度各等于自然光强度的一半。

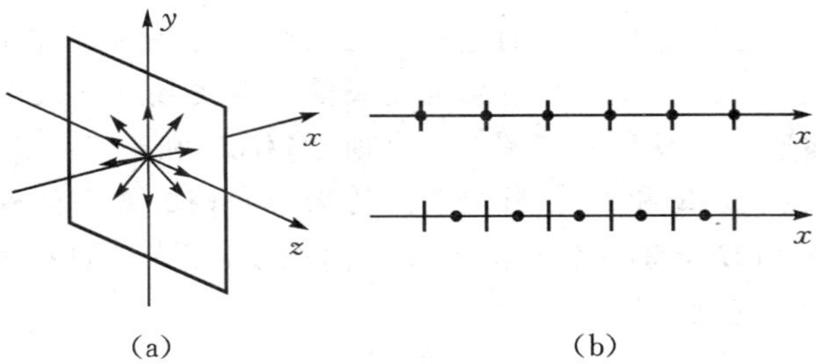

(a) (b)

图 9-31 自然光示意图

如果光波中虽然像自然光一样包括各个方向的振动,但在某特定方向上的振动占有优势,例如在某一方向上的振幅最大,而在与之垂直的另一方向上的振幅最小(见图 9-32(a)),这样的光称为**部分偏振光**。部分偏振光的表示如图 9-32(b)和 9-32(c)所示,图 9-32(b)表示平行于纸面的光振动较强,图 9-32(c)表示垂直于纸面的光振动较强。一般来说,部分偏振光可看成是偏振光和自然光的组合。

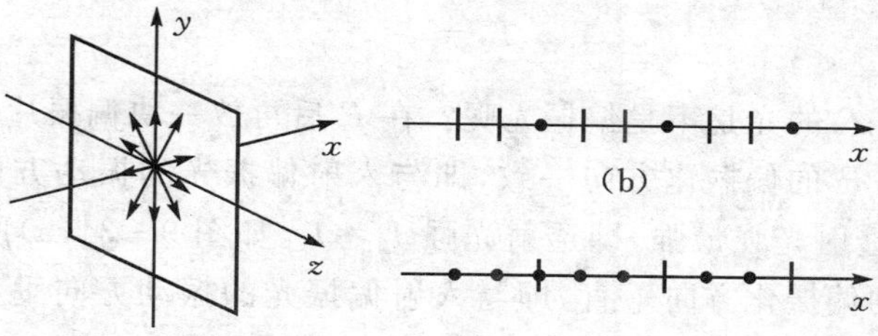

图 9-32　部分偏振光示意图

如果偏振光的光振动方向随时间变化，光矢量在垂直于传播方向的平面内以一定的角速度旋转(左旋或右旋)，光矢量末端的轨迹是椭圆的偏振光称为**椭圆偏振光**，如图 9-33(a)所示。光矢量末端的轨迹是圆的偏振光，称为**圆偏振光**，如图 9-33(b)所示。也就是说，圆偏振光的光矢量方向随时间变化，但大小不变，而椭圆偏振光的光矢量的大小、方向均随时间而变化。根据相互垂直的简谐振动的合成规律，椭圆偏振光和圆偏振光都可以分解为两个相互垂直的、频率相同、有确定相位差的光振动。

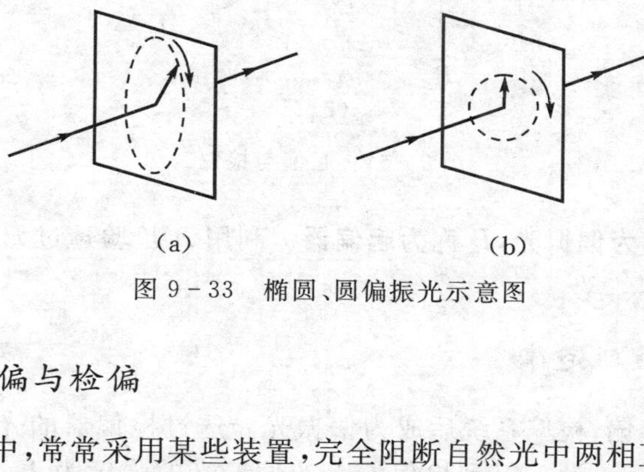

图 9-33　椭圆、圆偏振光示意图

9.4.2　起偏与检偏

在光学实验中，常常采用某些装置，完全阻断自然光中两相互垂直的分振动之一而获得偏振光，或阻断分振动的一部分而获得部分偏振光。

选择性地吸收某一方向的光振动，而允许与之相垂直方向上的光振动通过的光学元件称为**偏振片**(polarizer)。允许光振动通过的方向称为偏振片的偏振化方向。利用偏振片，可以从自然光获得偏振光。

设光强为 I_0 的自然光入射到偏振片 P 上，由于垂直于偏振片的偏振化方向的光被吸收，透射光为与偏振片的偏振化方向一致的偏振光。由于自然光的光矢量在垂直于传播方向的各个方向上均匀分布，因此，无论 P 的偏振化方向如何，通过 P 的光强总是入射光强的一半，即透过偏振片 P 的光强为

$$I_1 = \frac{I_0}{2}$$

透过偏振片 P 的光是不是偏振光呢？在 P 后再放一块偏振片 A。显然，当 A 的偏振化方向与 P 的偏振化方向一致，即与入射偏振光的振动方向一致时，偏振光完全通过 A，透射光强最强，即透射光强 $I_2=I_1$，如图 9-34(a)所示；当 A 的偏振化方向与 P 的偏振化方向垂直，即与入射偏振光的振动方向垂直时，偏振光被 A 完全吸收，透射光强为零，即 $I_2=0$，如图 9-34(b)所示。当以入射光的传播方向为轴，旋转偏振片 A 时，会看到透过 A 的光强经历由亮变暗，再由暗变亮的变化过程。可见，利用偏振片 A 可以检验透射光是不是偏振光。因为如果是自然光，则在旋转 A 的过程中透射光的光强不会变化。

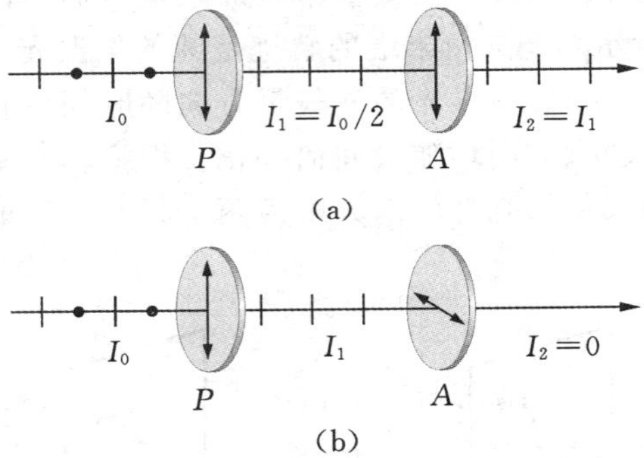

图 9-34　起偏与检偏

P 使自然光成为偏振光，P 称为**起偏器**。利用 A 检验透过 P 的光是不是偏振光，A 称为**检偏器**。

9.4.3　马吕斯定律

自然光通过起偏、检偏系统后成为偏振光。透过检偏器的光强是怎样变化的呢？如图 9-35 所示，设入射到检偏器上的偏振光的强度为 I_1、光振动的振幅为 E_1，振动方向与检偏器的偏振化方向的夹角为 α(锐角)。将其沿平行和垂直于偏振片的偏振化方向分解。由于垂直于偏振化方向的分量被吸收，只有平行于偏振化方向的分量 E_2 通过偏振片，而光强正比于光振动振幅的平方，所以有

$$\frac{I_2}{I_1} = \frac{E_2^2}{E_1^2}$$

将 $E_2=E_1\cos\alpha$ 代入，整理可得透射光的光强

$$I_2 = I_1\cos^2\alpha \tag{9-29}$$

式(9-29)称为**马吕斯定律**。

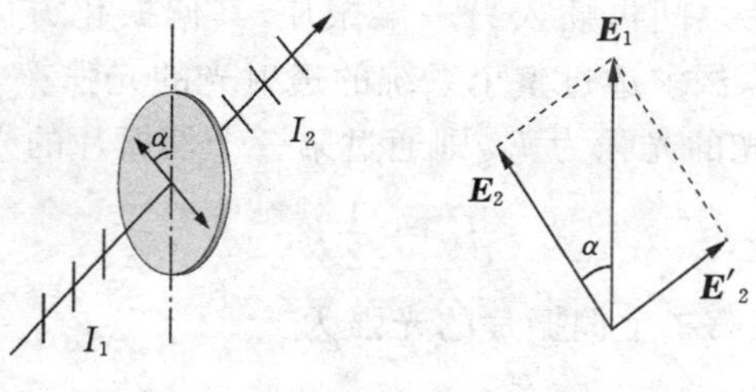

图 9－35　马吕斯定律

由马吕斯定律可知，当 $\alpha=0$ 或 $\alpha=180°$ 时，透射光强最大，$I_2=I_1$；当 $\alpha=90°$ 或 $\alpha=270°$ 时，透射光强最小，$I_2=0$；α 为其他值时，光强介于最强与最小，即 $I_1\sim0$ 之间。因此，从偏振片透射出来的光强随检偏器的偏振化方向而变化。

例 9－11　一束偏振光垂直入射到两块相互平行放置的偏振片上，若第一块偏振片的偏振化方向与入射光的振动方向成 α 角，第二块偏振片的偏振化方向与入射光的振动方向垂直，试求当透射光光强为入射光强的 $\frac{1}{10}$ 时的 α 角。

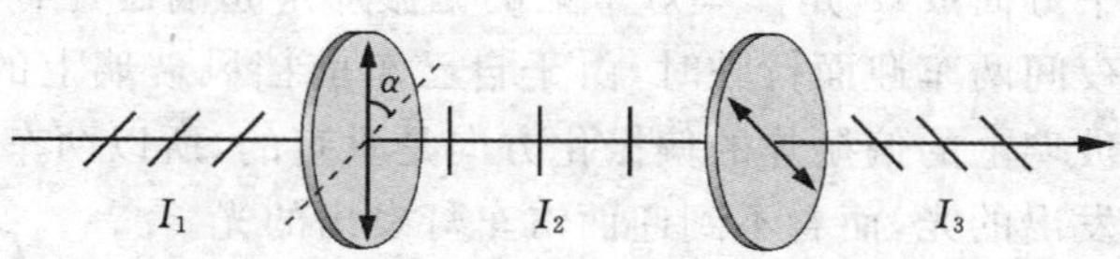

图 9－36　例 9－11 图

解　如图 9－36 所示，设入射光强为 I_1，透过第一块偏振片的光强为 I_2，透过第二块偏振片的光强为 I_3。根据马吕斯定律，分别有

$$I_2=I_1\cos^2\alpha,\quad I_3=I_2\cos^2(90°-\alpha)=I_1\sin^2\alpha\cos^2\alpha$$

依题意，$\frac{I_3}{I_1}=\frac{1}{10}$，可得

$$\sin\alpha\cos\alpha=\sqrt{\frac{I_3}{I_1}}=\sqrt{\frac{1}{10}}$$

而 $\sin\alpha\cos\alpha=\frac{1}{2}\sin2\alpha$，因此有

$$\sin2\alpha=\frac{2}{\sqrt{10}}=0.632\,5$$

解得当 $\alpha=19.6°$ 时，透射光的强度为入射光强的 $\frac{1}{10}$。

例 9－12　自然光通过两个偏振化方向成 60°角的偏振片，透射光的光强为

I'。今在这两个偏振片之间再插入另一偏振片,其偏振化方向与前两个偏振片的偏振化方向均为30°角,试求透过整个系统的透射光的光强。

解　设入射自然光的光强为 I_0,则通过第一个偏振片的光强为

$$I_1 = \frac{1}{2}I_0$$

由马吕斯定律知,通过第二个偏振片的光强为

$$I' = I_1 \cos^2 60° = \frac{1}{2}I_0 \cos^2 60°$$

则入射自然光的光强

$$I_0 = \frac{2I'}{\cos^2 60°} = 8I'$$

当第三个偏振片插在原来两偏振片之间时,透过整个系统的透射光的光强为

$$I = \frac{1}{2}I_0 \cos^2 30° \cos^2 30° = \frac{1}{2} \times 8I' \times \left(\frac{\sqrt{3}}{2}\right)^2 \times \left(\frac{\sqrt{3}}{2}\right)^2 = \frac{9}{4}I'$$

偏振片在实际中有很多应用。例如,为了使汽车司机不受迎面驶来的汽车灯耀眼光的影响,可在挡风玻璃和车灯玻璃罩上贴上薄膜式偏振片,并使偏振片的偏振化方向均与水平方向成45°角。车灯罩上的偏振片是起偏器,挡风玻璃上的偏振片为检偏器。在夜间两车迎面行驶时,由于自己车前挡风玻璃上的偏振片与迎面驶来的汽车灯罩玻璃上的偏振片的偏振化方向是垂直的,所以两车上的司机,都只能看到自己车灯发出的光,而看不到迎面汽车灯发出的光。

9.4.4　布儒斯特定律

早在19世纪初期,人们就在实验中发现当一束自然光以任意入射角 i 入射到两种介质的分界面上时,反射光和折射光一般都是部分偏振光。如图9-37所示,反射光是以垂直于入射面的光振动占优势的部分偏振光,而折射光是以平行于入射面的光振动占优势的部分偏振光。

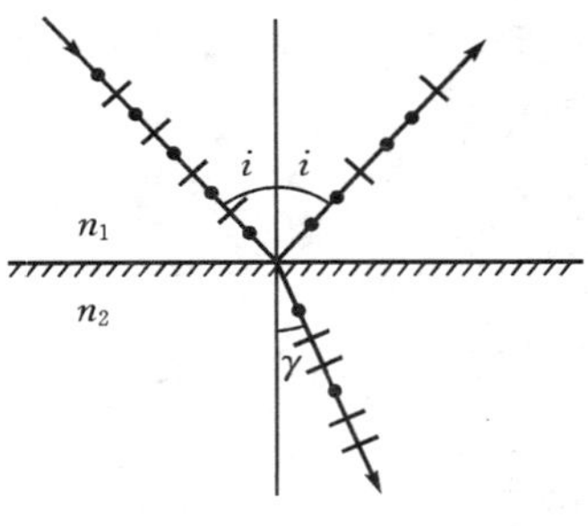

图9-37　自然光反射折射

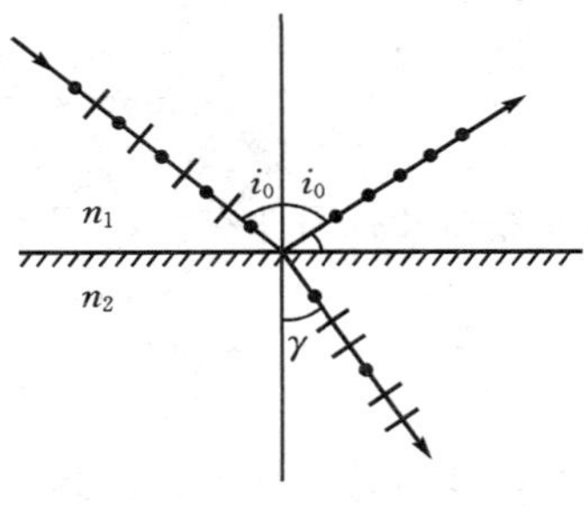

图9-38　反射光起偏条件

1815 年,布儒斯特通过实验发现,反射光的偏振化程度随着入射角 i 的变化而变化。如图 9 - 38 所示,当入射角与折射角 γ 之和等于 90°,即反射光与折射光相互垂直时,反射光为光矢量的振动方向与入射面垂直的完全偏振光,而折射光仍为部分偏振光。以 i_0 表示此时的入射角,则有

$$i_0+\gamma=90^\circ$$

即 $\gamma=90^\circ-i_0$,由折射定律

$$n_1\sin i_0=n_2\sin\gamma=n_2\sin(90-i_0)=n_2\cos i_0$$

可得

$$\tan i_0=\frac{n_2}{n_1} \tag{9-30}$$

式中,n_1 和 n_2 分别为上、下两种介质的折射率;i_0 称为**布儒斯特角**或**起偏角**。式(9 - 30)称为**布儒斯特定律**。例如,当光线由空气($n_1=1$)入射到折射率 $n_2=1.5$ 的玻璃上时,起偏角 $i_0=56.3^\circ$。

反射光的偏振现象在生活中随处可见,例如,当汽车在马路上迎着太阳行驶时,司机会因路面的反射光而感到眩目,但如果司机戴上偏振太阳镜,就可以滤去大部分的反射光而清晰地看到路面,以确保行车安全。

利用反射和折射从自然光获得的偏振光,通常采用玻璃片堆装置。如图 9 - 39 所示,当自然光以布儒斯特角 i_0 入射到由许多平行玻璃片组成的玻璃片堆时,垂直于入射面的光振动在各层玻璃片上多次反射,使反射光成为强度加强的线偏振光,同时使折射光中的垂直于入射面的光振动成分越来越少,最后成为近似地平行于入射面振动的偏振光。注意,装置中所使用的玻璃片的质量要好,表面平整,光洁度好,以减少杂散光。

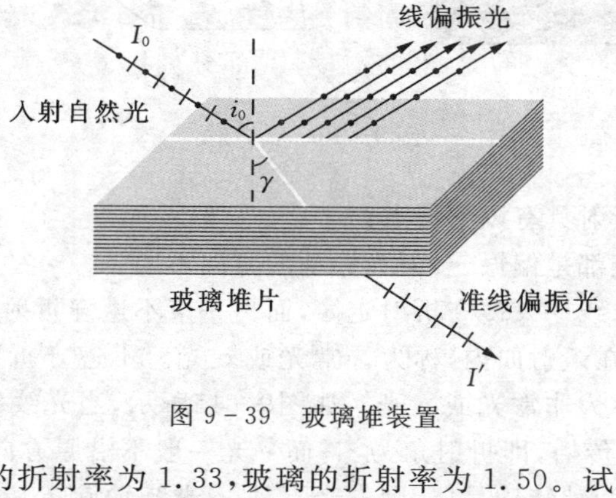

图 9 - 39　玻璃堆装置

例 9 - 13　水的折射率为 1.33,玻璃的折射率为 1.50。试求当光由水中射向玻璃而反射时,起偏角 α_1 为多少?当光由玻璃射向水中而反射时,起偏角 α_2 又为

多少?这两个起偏角之间有什么关系?

解 由布儒斯特定律,当光自水中射向玻璃时,有

$$\tan\alpha_1 = \frac{n_{玻}}{n_{水}} = \frac{1.50}{1.33} = 1.128$$

于是可得

$$\alpha_1 = 48.4^\circ$$

当光自玻璃射向水中时,有

$$\tan\alpha_2 = \frac{n_{水}}{n_{玻}} = \frac{1.33}{1.50} = 0.887$$

故有

$$\alpha_2 = 41.6^\circ$$

由此可见,α_1 与 α_2 互为余角,即 $\alpha_1+\alpha_2=90^\circ$。

9.4.5 双折射

将一块普通玻璃片放在有字的纸上,由于光的折射,通过玻璃片看到的是字的单一像。若以方解石晶片替换普通玻璃片放在纸上,通过方解石晶片看到的却是字的双重像,如图 9-40(a)所示。这一现象表明光进入方解石后分成了两束,如图 9-40(b)所示。这种一束光入射到各向异性的介质上时,介质中出现两束折射光的现象称为**双折射**(double refraction)。

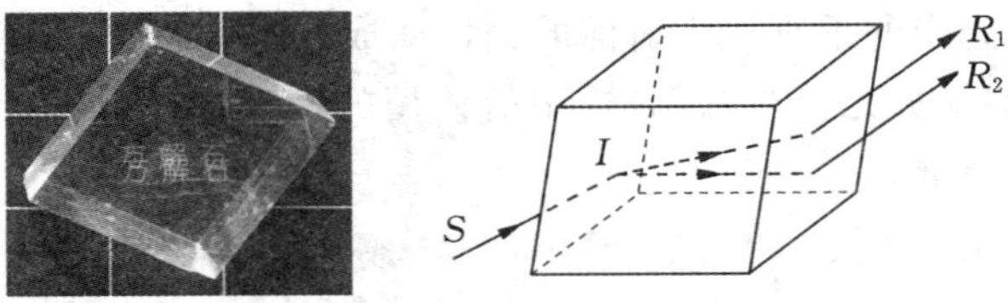

(a) (b)

图 9-40 双折射

实验发现,双折射具有以下特点:

(1)两束折射光都是偏振光,但光振动的方向不同。

(2)两束折射光线一束遵守折射定律,而另一束不遵守折射定律。遵守折射定律的折射光线始终在入射面内,称为寻常光或 o 光。不遵守折射定律的折射光一般不在入射面内,称为非常光或 e 光。如图9-41所示,当光线垂直于晶体表面入射时,o 光沿原方向传播,即折射角为零;而 e 光一般不沿原方向传播,即折射角不为零。如以入射光为轴转动晶体,则 o 光不动,e 光绕轴旋转。必须注意,o 光和 e 光的划分只在晶体内部才有意义。

(3)当光沿晶体的光轴方向入射时不发生双折射现象。晶体中存在着一个特殊方向，当光沿该方向入射时，o 光和 e 光不分开，即不发生双折射现象。这个特殊方向称为晶体的**光轴**。注意，光轴仅标志了一个特殊的方向，任何平行于该方向的直线都是晶体的光轴。例如各棱长度相等的方解石晶体，AD 连线方向是它的光轴方向，如图 9-42 所示。只有一个光轴方向的晶体称为**单轴晶体**，有两个光轴方向的晶体称为**双轴晶体**。例如，方解石、石英以及红宝石等为单轴晶体，云母、硫磺等为双轴晶体。

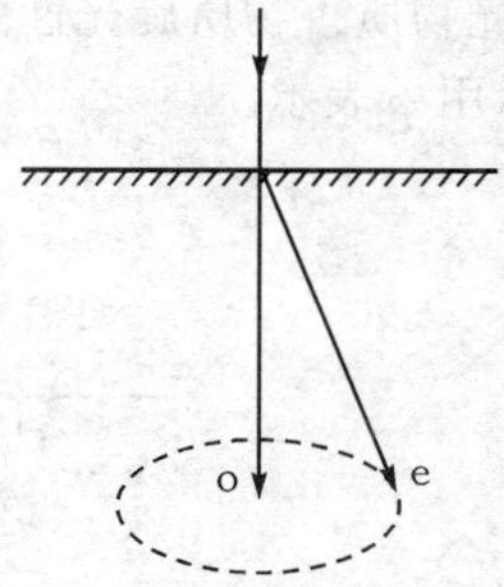

图 9-41　寻常光与非常光

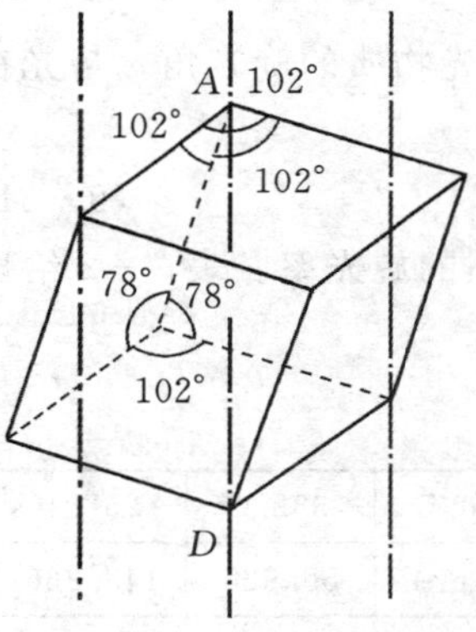

图 9-42　方解石晶体的光轴

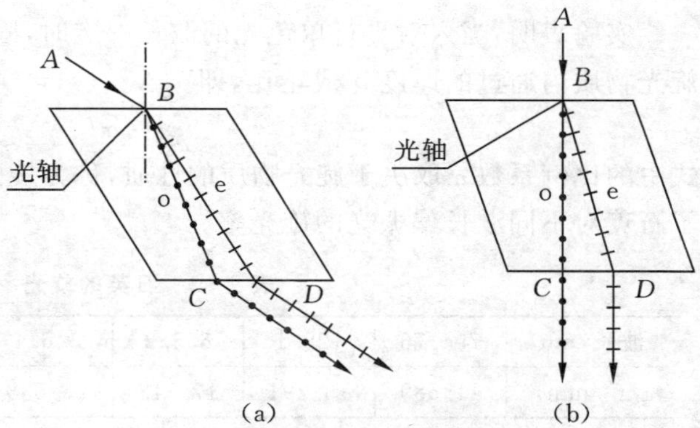

图 9-43　o 光与 e 光的光振动方向

(4)o 光和 e 光的光振动方向相互垂直。折射光线与晶体光轴构成的平面称为该光线的主平面。o 光的光振动垂直于 o 光的主平面，而 e 光的光振动平行于 e 光的主平面。一般情况下，o 光和 e 光的主平面并不重合，只有当光轴位于入射面内时，两折射线才都在入射面内，o 光和 e 光的主平面才重合。但在一般情况下，这两个主平面的夹角也很小，因此可以认为 o 光和 e 光的光振动的方向相互垂直，如图 9-43 所示。

9.4.6　物质的旋光性

某些晶体，例如石英，当偏振光沿晶体的光轴方向传播时，出射光仍为偏振光，但光的振动面相对于原入射偏振光的振动面旋转了一个角度，如图 9-44 所示。物质使偏振光的振动面旋转的性质称为物质的**旋光性**(optic rotation)。具有旋光性的物质称为**旋光物质**。白糖、松节油、石油、酒石酸等许多有机液体及溶液都是旋光物质。物质旋光性的强弱用物质使偏振光振动面旋转的角度表示,称为**旋光角**,用 φ 表示。

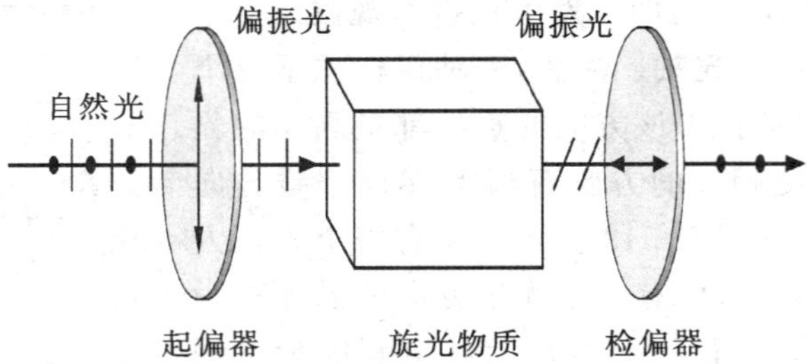

图 9-44 旋光性实验示意图

实验表明,当入射平行单色光的波长一定时,固体旋光物质的旋光角 φ 与光在旋光物质内通过的厚度 d 成正比,即

$$\varphi = \alpha d \tag{9-31}$$

式中的比例系数 α 取决于旋光物质的性质,称为旋光物质的**旋光率**。表 9-2 给出了石英对不同波长偏振光的旋光率。

表 9-2 石英的旋光率

波长/nm	794.76	728.1	656.2	546.1	430.7	382.0	257.1
α/(°/mm)	11.589	13.294	17.318	25.538	42.604	55.625	143.266

当入射平行单色光的波长一定时,旋光溶液的旋光角与溶液的浓度 c 和光在溶液内通过的厚度 d 成正比,即

$$\varphi = \alpha c d$$

式中的比例系数 α 称为旋光溶液的**旋光率**。实际上,旋光溶液的旋光率不仅取决于旋光溶液的性质,还与旋光溶液的温度以及入射光的波长有关。因此,通常用 $[\alpha]_\lambda^t$ 表示温度为 t、入射光的波长为 λ 时,旋光溶液的旋光率。于是,旋光溶液的旋光角为

$$\varphi = [\alpha]_\lambda^t c d \tag{9-32}$$

旋光物质使偏振光的振动面旋转具有方向性。迎着光的传播方向看,有的旋光物质使偏振光的振动面沿着顺时针的方向旋转,而有的旋光物质使偏振光的振动面沿着逆时针的方向旋转。因此,可以将旋光物质分为两类:振动面沿顺时针方向旋转的旋光物质称为**右旋物质**,而振动面沿逆时针方向旋转的旋光物质称为**左旋物质**。一般规定,右旋物质的旋光率为正;左旋物质的旋光率为负。物质的旋光

性是左旋还是右旋，取决于物质微观结构构型。例如，天然蔗糖都是右旋物质，组成生物体蛋白质的 20 多种氨基酸除了甘氨酸外都是左旋物质，石英晶体有左旋和右旋两种异构体。一些旋光性药物也有左旋和右旋之分。例如，降压药施慧达的成分苯磺酸氨氯地平是左旋的，而降粘药低分子糖浆是右旋的；天然氯霉素是左旋的，而人工合成的氯霉素则有左旋和右旋两种。表 9-3 给出了入射光的波长为 589.3 nm 的钠黄光在温度为 20℃时，几种旋光药物的旋光率。波长为 589.3 nm 的钠黄光相当于太阳光谱的 D 线，因此，旋光率用 $[\alpha]_D^{20}$ 表示。

表 9-3　药物的旋光率

物质	旋光率 $[\alpha]_D^{20}$	物质	旋光率 $[\alpha]_D^{20}$
蔗糖	$+65.9°$	维生素 C	$+21°\sim+22°$
葡萄糖	$+52.5°\sim+53.0°$	桂皮油	$-1.0°\sim+1.0°$
蓖麻油	$>+50°$	氯霉素	$-17°\sim-20°$
樟脑	$+41°\sim+43°$	薄荷油	$-49°\sim-50°$

实验还表明，在其他条件不变时，旋光角随入射光的波长而变，这一现象称为**旋光色散**。不同的旋光物质，旋光色散现象可能很不相同，而且旋光色散现象对分子结构的变化、分子内部和分子间相互作用反映特别灵敏。因此，旋光现象的研究不仅在物理学中，而且在医学、药物学、化学、以及生物学中都有着重要的意义。

旋光现象有着广泛的应用，式(9-33)常用于测定旋光溶液的浓度，用于药物分析、商品检验以及制糖工业中。

习　题

9-1　用折射率 $n=1.58$ 的很薄的云母片覆盖在双缝实验中的一条缝上，如图 9-45 所示，这时屏上的第七级亮条纹移到原来的零级亮条纹的位置上。如果入射光波长为 550 nm，试问此云母片的厚度是多少？

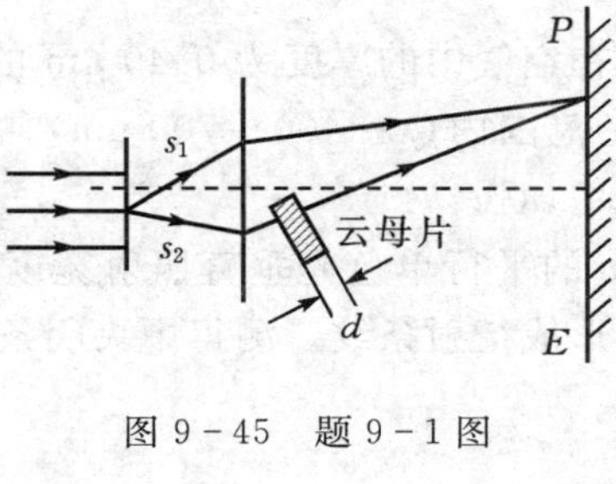

图 9-45　题 9-1 图

9-2　汞弧灯发出的光通过一绿色滤光片后射到相距 0.60 mm 的双缝上，在距双缝 2.5 m 处的屏幕上出现干涉条纹。测得两相邻明纹中心的距离为 2.27 mm，试计算入射光的波长。

9-3　平行单色光垂直照射在相距为 0.2 mm 的双缝上，双缝与像屏的间距为 0.8 m。

(1)若从第一级明条纹到同侧第四级明条纹间的距离为 7.5 mm，试求入射光的波长；

(2)若入射光的波长为 600 mm，试求相邻两明条纹中心的间距。

9-4　利用等厚干涉可以测量微小的角度。如图 9-46 所示，折射率 $n=1.4$ 的劈尖状板，在某单色光的垂直照射下，量出两相邻明条纹间距 $l=0.25$ cm。已知单色光在空气中的波长 $\lambda=700$ nm，求劈尖顶角 θ。

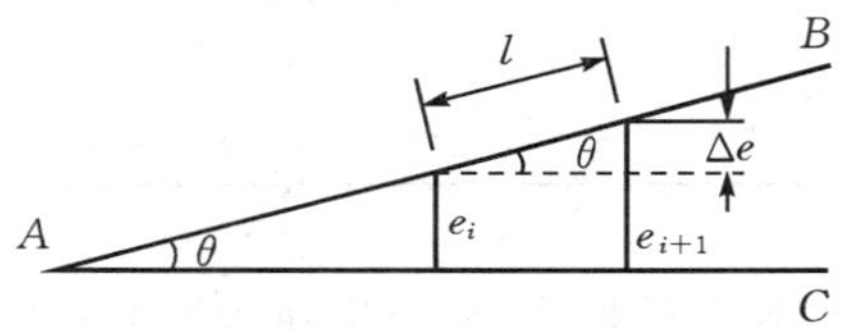

图 9-46　题 9-4 图

9-5　氦氖激光器发出波长为 632.8 nm 的单色光，垂直照射在两块平面玻璃片上，两玻璃片一边互相接触，另一边夹着一云母片，形成一空气劈尖。测得 50 条暗条纹间距离为 6.351×10^{-3} m，劈尖边到云母片的距离为 30.313×10^{-3} m，求云母片的厚度。

9-6　当牛顿环装置中的玻璃透镜与玻璃片间充以某种液体时，观测到第十级暗环的直径由空气中的 1.40 cm 变为 1.27 cm，试求液体的折射率。

9-7　在玻璃平板表面上镀一层硫化锌介质膜，如适当选取膜层厚度，则可使在硫化锌薄膜上下表面发生的反射光干涉加强，从而使反射光增强。已知玻璃的折射率为 1.50，硫化锌的折射率为 2.37，垂直入射的红光的波长为 633.0 nm，试求硫化锌膜层的最小厚度。

9-8　白光垂直照射在空气中的厚度为 0.40 μm 的玻璃片上，玻璃片的折射率为 1.50。试问在可见光范围内($\lambda=400\sim700$ nm)，哪些波长的光在反射中加强？哪些波长的光在透射中加强？

9-9　波长为 600 nm 的平行单色光垂直照射宽度为 0.30 mm 的单缝，在缝后透镜焦平面上的像屏上形成衍射条纹。测得中央明条纹两侧第 2 级暗条纹相距 1.20 cm，试求透镜的焦距。

9-10 月球距地面的距离为 3.86×10^{5} km，月光波长以 550 nm 计。月球表面距离为多远的两点能被地面上直径为 500 cm 的天文望远镜分辨？

9-11 波长为 500 nm 和 520 nm 的平行单色光，同时垂直照射在光栅常数为 2.0×10^{-5} m 的衍射光栅上，在光栅后面用焦距为 2.0 m 的透镜把光线聚在像屏上。试求这两种平行单色光的第一级光谱线之间的距离。

9-12 自然光照射到互相重叠的四块偏振片上，每块偏振片的偏振化方向相对前面一块偏振片沿顺时针方向(迎着透射光观察)转过 30°。不考虑偏振片对光的吸收，试求透过这组偏振片的透射光强与入射光强之比。

9-13 自然光以 58°的入射角射到空气中的平面玻璃上时，反射光恰好是线偏振光，试求玻璃的折射率及光线的折射角。

9-14 维生素 C 溶液的旋光率$[\alpha]_{589.3\,\text{nm}}^{25℃}=21.5°$。实验测得 25℃时 20 cm 厚的维生素 C 溶液将偏振光的振动面旋转了53.75°，试求该溶液的浓度。

第 10 章　几何光学

10.1　球面折射

10.1.1　单球面系统折射成像

光传播到两种不同折射率的透明媒质的分界面时，会发生反射和折射现象。当分界面为球面的一部分时，该分界面为单球面，所产生的光的折射现象称为**单球面折射**。

单球面折射的成像规律是研究透镜、眼睛和各种光学仪器的基础。

1. 近轴条件下球面折射物像公式

如图 10－1 所示，折射率分别为 n_1 和 n_2 的交界面是两种透明媒质，曲率半径为 r 的球面。C 是球面的曲率中心，通过曲率中心和球面顶点 P 的直线是折射面的主光轴。点光源 O 位于主光轴上，它到折射面顶点 P 的距离为物距，用符号 u 来表示。点光源所发出的光线 OA 经球面折射后成像于主光轴上的点 Q，从折射面顶点到像点的距离为像距，用符号 v 来表示。下面仅讨论那些与主光轴成微小角度的光线，即 $\sin\alpha=\tan\alpha=\alpha$（以弧度为单位）。把满足这一条件的光线称为**近轴光线**。以后所讨论的都是近轴光线。

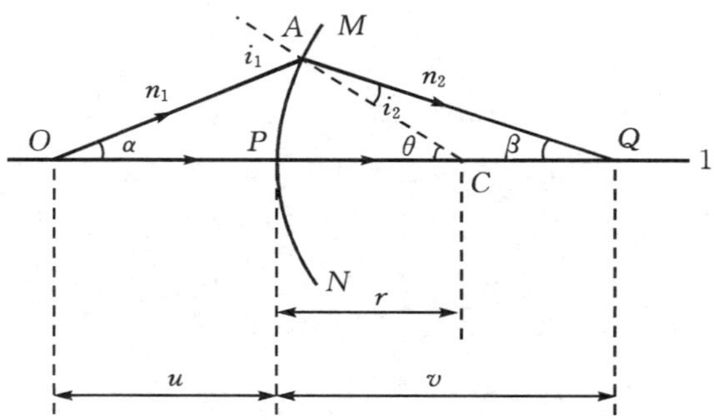

图 10－1　单球面折射

从点 O 发出的两条光线，一条沿主光轴方向行进，经折射球面后不改变方向；

另一条光线经球面折射后与主光轴交于点 Q。入射线和折射线应满足折射定律，即

$$n_1 \sin i_1 = n_2 \sin i_2$$

因为是近轴光线，i_1，i_2 都很小，所以 $\sin i_1 = i_1$，$\sin i_2 = i_2$，上式可写成

$$n_1 i_1 = n_2 i_2$$

由图 10-1 可知，$i_1 = \alpha + \theta$，$i_2 = \theta - \beta$，代入上式并整理可得

$$n_1 \alpha + n_2 \beta = (n_2 - n_1)\theta$$

对于近轴光线，α，β，θ 都很小，它们的正切值可以用它们的角度弧度值来代替，故

$$\alpha = \frac{AP}{u}, \quad \beta = \frac{AP}{v}, \quad \theta = \frac{AP}{r}$$

将它们代入上式，整理可得

$$\frac{n_1}{u} + \frac{n_2}{v} = \frac{n_2 - n_1}{r} \tag{10-1}$$

式(10-1)就是**单球面成像公式**。

它虽是由凸球面导出的，但适用于一切凸、凹球面成像，使用时要用统一的符号规则：

(1)实物、实像的物距、像距都取正值；

(2)虚物、虚像的物距、像距都取负值；

(3)光线由凸面入射 r 取正值，反之取负值。

2. 球面镜的焦点、焦距与放大率

如图 10-2 所示，位于主光轴上的点光源 F_1 所发出的光束经球面折射后变成了平行光束，点 F_1 称为此折射面的**物方焦点**，也叫第一焦点。焦点 F_1 到折射面顶点的距离称为**物方焦距** f_1。将物距 f_1、像距∞代入式(10-1)，可得

$$f_1 = \frac{n_1}{n_2 - n_1} r \tag{10-2}$$

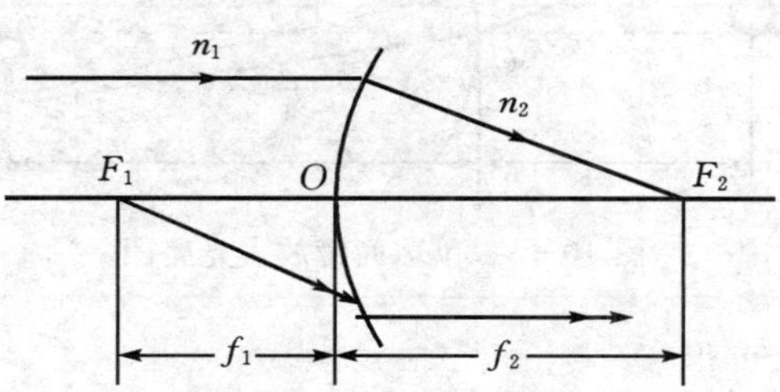

图 10-2　单球面镜的焦点和焦距

同理,入射的平行光束经球面折射后会聚于主光轴上点 F_2,则点 F_2 称为该折射面的**像方焦点**,也叫第二焦点,从点 F_2 到折射面顶点的距离称为**像方焦距** f_2。将 $u=\infty$,$v=f_2$,代入式(10-1),可得

$$f_2=\frac{n_2}{n_2-n_1}r \tag{10-3}$$

将式(10-2)和(10-3)代入式(10-1),可得

$$\frac{f_1}{u}+\frac{f_2}{v}=1 \tag{10-4}$$

式(10-4)为近轴光线入射时**球面折射的成像公式**,称为**高斯物像公式**。由式(10-2)和式(10-3)可见,物方焦距与像方焦距并不相等,二者的比值为$\frac{f_1}{f_2}$,也可写成

$$\Phi=\frac{n_1}{f_1}=\frac{n_2}{f_2}=\frac{n_2-n_1}{r} \tag{10-5}$$

Φ 称为折射面的**光焦度**(focal power)。式中焦距单位为 m,焦度的单位为 D(屈光度)。屈光度——以米为单位的焦距的倒数,单位为 m^{-1}。

式(10-5)表明,光焦度与折射球面两侧的媒质折射率之差成正比,与折射球面的曲率半径成反比。

光焦度表征光学系统对入射平行光束的屈折本领。Φ 的数值越大,平行光束折得越厉害;$\Phi>0$ 时,屈折是会聚性的;$\Phi<0$ 时,屈折是发散性的。$\Phi=0$ 时,对应于 $r=\infty$,即为平面折射。这时,沿轴平行光束经折射后仍是沿轴平行光束,不出现屈折现象。

如图 10-3 所示,一物体 y 置于球面镜前 P 处,经过球面镜折射后在 P' 处成像,像距为 v,像的高度为 y',像为倒立时,取像高为负值。像高与物高之比为**横向放大率**,即 $\beta=\frac{y'}{y}$。

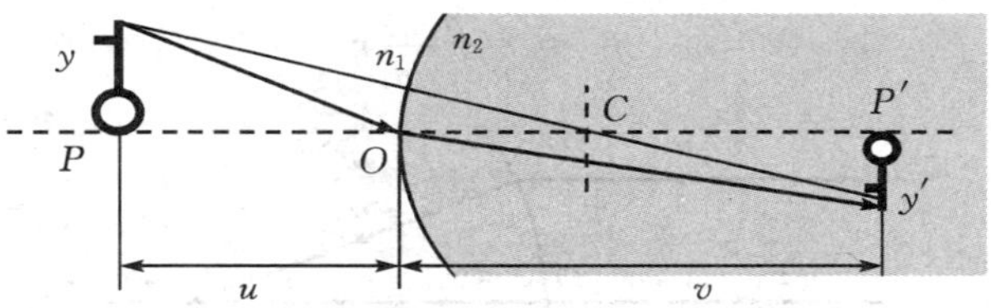

图 10-3　单球面镜放大光路图

根据式(10-1),可得

$$\frac{n_1}{u}+\frac{n_1}{r}=\frac{n_2}{r}-\frac{n_2}{v}$$

$$n_1 \frac{u+r}{u} = n_2 \frac{v-r}{v}$$

$$\beta = \frac{y'}{y} = -\frac{v-r}{u+r} = -\frac{n_1 v}{n_2 u}$$

由此可见，折射面的横向放大率取决于介质的折射率和物体的位置，与物体的大小没有关系。

10.1.2　共轴球面系统折射成像

如果折射球面不止一个，且各折射球面主光轴重合，这些折射面就组成一个共轴球面系统。通过各曲率中心的直线称为系统的主光轴。

用作图法或公式法求物体通过共轴球面系统所成的像时，可先求出物体通过第一折射球面所成的像，再将其作为第二折射球面的物，求它通过第二折射球面所成的像，依次下去，直至求出最后一个折射球面所成像为止。

例 10－1　有一玻璃球，折射率为 1.52，半径为 10 cm，一点光源放在玻璃球顶点前 40 cm 处，求近轴光线通过玻璃球后所成的像。

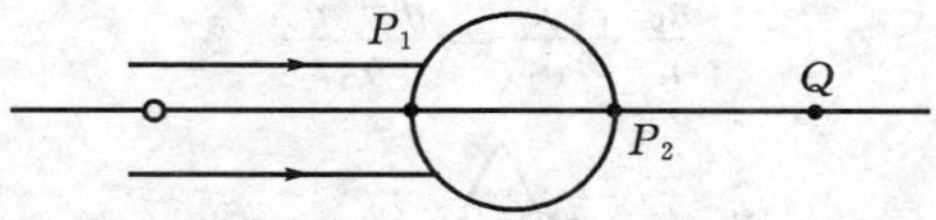

图 10－4　光线经过玻璃球后的成像

解　如图 10－4 所示，对第一折射球面来说，$n_1=1.0$，$n_2=1.52$，$u=40$，$r=10$，代入式(10－1)得

$$\frac{1}{40} + \frac{1.52}{v_1} = \frac{1.52-1.0}{10}$$

$$v_1 = 56.3 \text{ cm}$$

由上式求得，即物体通过第一折射球面所成的像 Q 在点 P_1 后 56.3 cm 处。由于存在第二折射球面，P_1 后 56.3 cm 处并不存在 Q，但可把位置看成是第二折射球面的虚物。物距 $u_2=-(56.3-20)=-36.3$ cm，因此对第二折射球面来说，$n_1=1.52$，$n_2=1.0$，$r=-10$ cm，代入式(10－1)得

$$-\frac{1.52}{36.3} + \frac{1.0}{v_2} = \frac{1.0-1.52}{-10}$$

$$v_2 = 10.6 \text{ cm}$$

即最后成像于玻璃球后 10.6 cm 处。

10.2　透镜成像

10.2.1　薄透镜

在光学中,透镜是一种最简单的共轴球面系统,它由两个共轴折射球面(其中一个可以是平面)组成。组成透镜的两个球面顶点之间的距离为透镜的厚度。透镜的厚度与物距、像距以及两折射球面的曲率半径比较时可以被忽略不计的透镜就是薄透镜,反之,称为厚透镜。

1. 近轴情况下薄透镜的物像公式

为导出在近轴情况下薄透镜的物像公式,仍然用逐次成像法。

如图 10－5 所示,折射率为 n 的薄透镜放在折射率为 n_0 的透明介质中,薄透镜两边的曲率半径分别为 r_1 和 r_2。光轴上一物点 O,对第一折射球面来说,设物距为 u,像距为 v_1。对第一球面用式(10－1),有

$$\frac{n_0}{u}+\frac{n}{v_1}=\frac{n-n_0}{r_1}$$

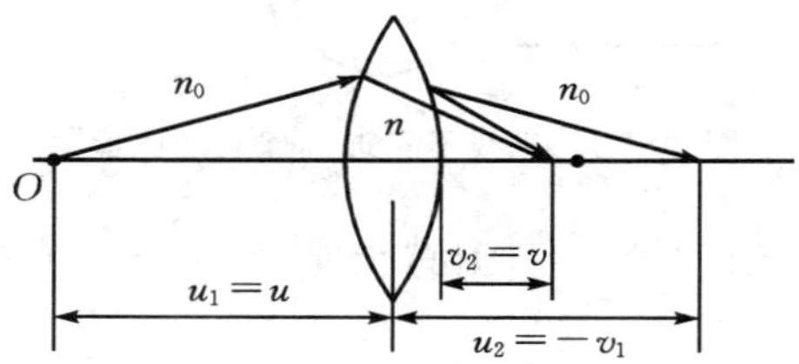

图 10－5　薄透镜成像光路图

同理,对于第二折射球面,第一次折射后的像距将作为物距且取负值,为$-v_1$,设像距为 v。由于光线从折射球面凹面入射,所以曲率半径取负值。应用式(10－1),有

$$\frac{n}{-v_1}+\frac{n_0}{v}=\frac{n_0-n}{r_2}$$

将上面两式相加得

$$\frac{1}{u}+\frac{1}{v}=\frac{n-n_0}{n_0}\left(\frac{1}{r_1}-\frac{1}{r_2}\right) \tag{10-6}$$

这就是近轴情况下薄透镜物像公式的一般形式。

第一折射球面的横向放大率为

$$\beta_1=-\frac{n_0 v_1}{nu}$$

第二折射球面的横向放大率为

$$\beta_2=-\frac{nv}{n_0(-v_1)}=\frac{nv}{n_0v_1}$$

薄透镜的横向放大率为两个折射球面横向放大率的乘积，即

$$\beta=\beta_1\cdot\beta_2=-\frac{v}{u} \tag{10-7}$$

从式(10－7)可以看出，实物经薄透镜成倒立的实像或正立的虚像。

2. 薄透镜的焦点、焦距

如图 10－6 所示，折射率为 n 的薄透镜处在折射率为 n_0 的透明介质中，一束平行于主光轴的近轴平行光线，经薄透镜折射后会聚点或折射光线的反向延长线的会聚点 F 称为**像方焦点**，焦点位于主光轴上；光心到焦点的距离称为**像方焦距**；经过焦点，且与主光轴垂直的平面称为**像方焦平面**。

若凸透镜左方光轴上 F 点发出的近轴发散光线，经透镜折射后成为透镜右方的近轴平行光线；凹透镜左方光线会聚于其右方 F 点的会聚光线，经透镜折射后成为透镜右方的近轴平行光线，则 F 点称为**物方焦点**；光心到焦点的距离称为物方焦距；经过焦点，且与主光轴垂直的平面称为**物方焦平面**。

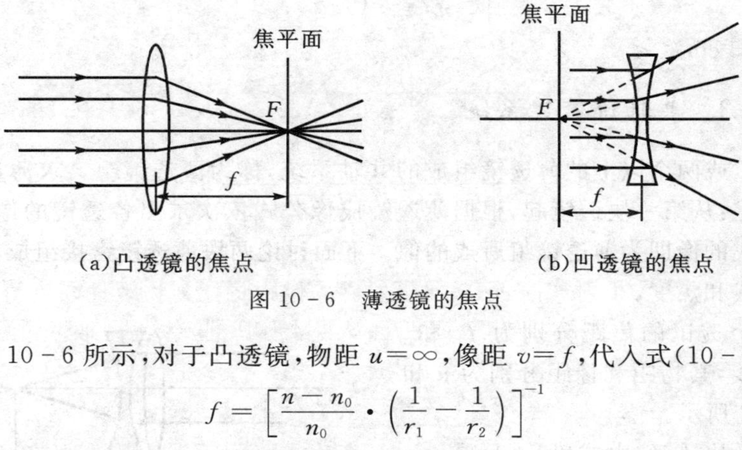

(a)凸透镜的焦点　　(b)凹透镜的焦点

图 10－6　薄透镜的焦点

如图 10－6 所示，对于凸透镜，物距 $u=\infty$，像距 $v=f$，代入式(10－6)得

$$f=\left[\frac{n-n_0}{n_0}\cdot\left(\frac{1}{r_1}-\frac{1}{r_2}\right)\right]^{-1} \tag{10-8}$$

对于凹透镜，物距 $u=\infty$，像距 $v=f$，代入式(10－6)得

$$f=\left[\frac{n-n_0}{n_0}\cdot\left(\frac{1}{r_1}-\frac{1}{r_2}\right)\right]^{-1}$$

$$\frac{1}{u}+\frac{1}{v}=\frac{1}{f} \tag{10-9}$$

在 $n>n_0$ 的情况下，对于凸透镜，$r_1>0$，$r_2<0$，所以 $f>0$；对于凹透镜，情况正好与凸透镜相反，$r_1<0$，$r_2>0$，所以 $f<0$。

可见，薄透镜的焦距由其折射率和折射面的曲率半径以及两侧介质的折射率共同决定。

如图 10－7 所示，若入射的平行光线不平行于光轴，则经薄透镜后会聚于像方焦平面上一点。从物方焦平面上一点发出的所有光线，经薄透镜折射后成为平行光束，但它们不平行于光轴，而平行于过焦平面上该点与光心的连线。

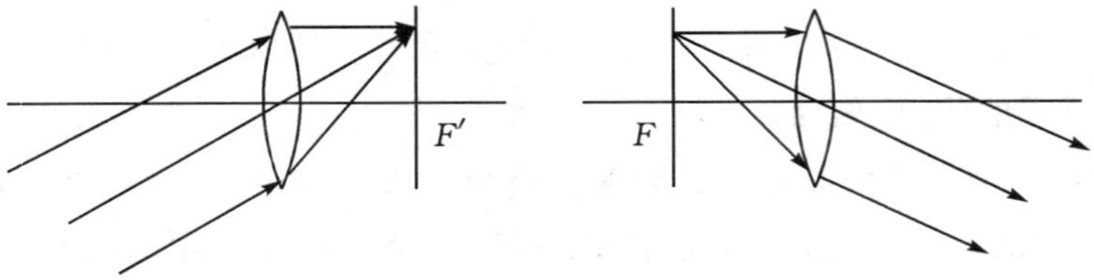

图 10－7　非平行于光轴的平行光经过透镜的光路图

例 10－2　折射率为 1.5 的平凸透镜，在空气中的焦距为 50 cm，求凸面的曲率半径。

解　$n=1.5$，$n_0=1$，$f=50\ \text{cm}$，$r_1=\infty$

代入公式

$$f=\left[\frac{n-n_0}{n_0}\cdot\left(\frac{1}{r_1}-\frac{1}{r_2}\right)\right]^{-1}$$

求得 $r_2=25\ \text{cm}$。

10.2.2　共轴薄透镜系统

由两个或两个以上的薄透镜组成的共轴系统，称为薄透镜组。求薄透镜组成像的方法是：从第一块透镜起，根据薄透镜成像公式依次求出各透镜的像，最后一块透镜所成的像即为薄透镜组所成的像。下面讨论两块薄透镜密接组成的透镜组的成像公式和焦度。

设两个透镜的焦距分别为 f_1 和 f_2，两透镜密接，其物距和像距分别为 u 和 v，如图 10－8 所示。

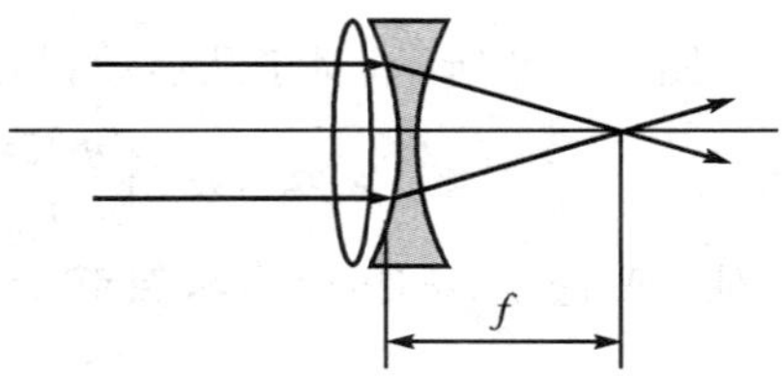

图 10－8　薄透镜组

对第一块透镜，由式(10－9)得

$$\frac{1}{u}+\frac{1}{v_1}=\frac{1}{f_1}$$

对第二块透镜，$u_2=-v_1$（虚物），像距为 v，则有

$$\frac{1}{-v_1}+\frac{1}{v}=\frac{1}{f_2}$$

两式相加并整理得

$$\frac{1}{u}+\frac{1}{v}=\frac{1}{f_1}+\frac{1}{f_2}=\frac{1}{f} \tag{10-10}$$

此为薄透镜组的成像公式。式中 f 表示透镜组的等效焦距。若用 Φ_1，Φ_2 和 Φ 分别表示第一透镜、第二透镜和透镜组的焦度，由于 $\frac{1}{f_1}+\frac{1}{f_2}=\frac{1}{f}$，则有

$$\Phi=\Phi_1+\Phi_2 \tag{10-11}$$

这一关系常被用来测量透镜的焦度。由此得出，密接透镜组合的总焦度为各透镜焦度之和。若多个透镜组合，则可推导出

$$\Phi=\Phi_1+\Phi_2+\cdots$$

例如要测定一近视眼镜片（凹透镜）的焦度时，可依次用一个已知焦度大小不同的凸透镜与它密接，一旦密接后的焦度为零，即光线通过透镜组后既不发散也不会聚，此时

$$\Phi_1+\Phi_2=0$$

即凹透镜的焦度在数值上与密接的凸透镜相同。

例 10-3　使焦距为 20 cm 的凸透镜与焦距为 40 cm 的凹透镜密接，求密接后的焦度。

解　(1)

$$\frac{1}{\infty}+\frac{1}{v_1}=\frac{1}{20}$$

所以

$$v_1=f_1=20$$
$$u_2=-20\ \text{cm}$$

所以

$$\frac{1}{-20}+\frac{1}{v}=\frac{1}{-40}$$

则

$$v=f=40\ \text{cm}$$

(2)

$$f_1=20\ \text{cm},\ f_2=-40\ \text{cm}$$

由于

$$\frac{1}{f_1}+\frac{1}{f_2}=\frac{1}{f}$$

所以

$$\frac{1}{f}=\frac{1}{f_1}+\frac{1}{f_2}=\frac{1}{20}+\frac{1}{-40}=\frac{1}{40}$$

$$f=40\ \text{cm},\quad \Phi=2.5\ \text{D}$$

10.2.3　厚透镜

厚透镜是它的厚度在计算物距、像距、放大率等时要考虑。将厚透镜看成有两个折射面包含有一定厚度的光学透明体,如图 10-9 所示。薄透镜的间隔是空气,$n=1$。如果间隔是镜片的厚度,则镜片对应的光程应为镜片厚度除以该镜片折射率,即 d/n。

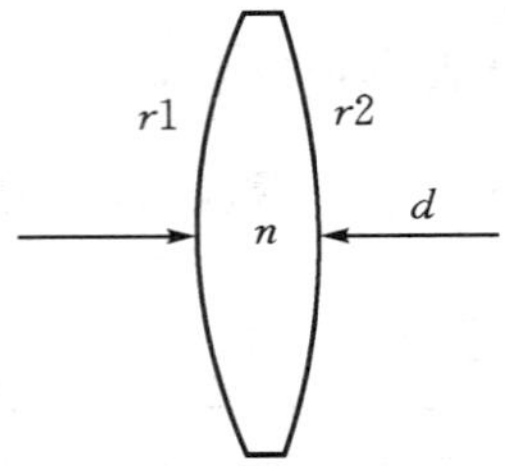

图 10-9　厚透镜

假设厚透镜的两个折射面均为球面,其半径分别为 $r_1(r_1>0)$ 和 $r_2(r_2<0)$,透镜厚度为 d,折射率为 n。

由单球面折射公式可得

$$f_1=-\frac{r_1}{n-1},\quad f'_1=\frac{nr_1}{n-1},\quad \Phi_1=\frac{n_1}{f_1}=\frac{n-1}{r_1}$$

Φ_1 为第一折射球面的光焦度。同理

$$f_2=\frac{nr_2}{n-1},\quad f'_2=-\frac{r_2}{n-1},\quad \Phi_2=\frac{1}{f_2}=-\frac{n-1}{r_2}$$

根据 $\Phi=\Phi_1+\Phi_2-\frac{d}{n}\Phi_1\Phi_2$,代入得

$$\Phi=\frac{n-1}{r_1}-\frac{n-1}{r_2}+\frac{d}{n}\cdot\frac{n-1}{r_1}\cdot\frac{n-1}{r_2}=(n-1)\left(\frac{1}{r_1}-\frac{1}{r_2}+\frac{d}{n}\frac{n-1}{r_1r_2}\right)$$

$$f'=\frac{nr_1r_2}{(n-1)[n(r_2-r_1)+(n-1)d]}$$

10.3　人的眼睛

人眼是一个理想的光学系统,它能使远、近不同的物体清晰地成像在视网膜上。本节主要介绍眼的光学性质、成像原理、屈光不正及其矫正方法。

10.3.1　眼的光学性质

人眼的结构如图 10-10 所示。外界物体发出的光线依次经过角膜、房水、晶状体和玻璃状液的折射,最后成像在视网膜上,所以眼是一个相当复杂的共轴光学系统。

生理学上常把眼睛简化为一个单球面折射系统,称为**简约眼**,其曲率中心为 C。它的特征参数是代表角膜这个凸球面的曲率半径为 5 mm,整个简约眼内媒质的折射率为 1.33,由此可得其焦距为 $f_1=15$ mm,$f_2=20$ mm,如图 10-11 所示。

$$f_1=\frac{n_1r}{n_2-n_1}=15\text{ mm},\quad f_2=\frac{n_2r}{n_2-n_1}=20\text{ mm}$$

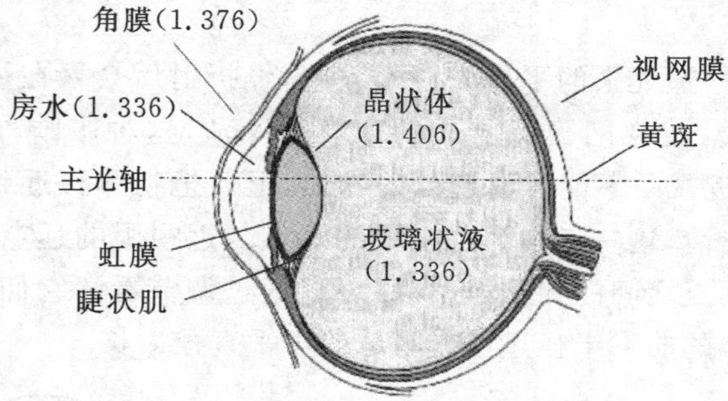

图10-10 人眼的构造

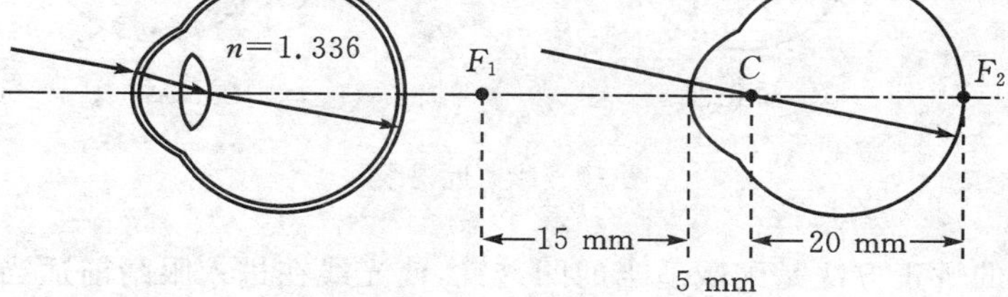

图10-11 简约眼

眼睛还是一个变焦度的光学系统。它的焦度在一定范围内是可以改变的,以使远、近不同的物体都能在视网膜上成一清晰的像。眼睛的这种能改变自身焦度的本领称为眼睛的调节。调节是通过改变晶状体表面曲率来完成的。眼的这种调节是有一定限度的,当物体距离眼睛太近,虽经调节也不能使光线在视网膜上成清晰的像。人们把眼睛通过调节能看清物体的最近位置称为**近点**,视力正常的人的近点为10~12 cm。眼在完全不调节的情况下,能看清最远物体的位置称为**远点**。视力正常的人的远点在无穷远处。近视眼的远点不在无穷远处,所以他看不清远处的物体。

生活中,观察太近的物体时,眼睛需要高度调节,容易产生疲劳。不至于引起眼睛过分疲劳的最适合距离约为25 cm,这个距离称为**明视距离**。

10.3.2 眼睛的屈光不正及矫正

眼睛不调节时,平行光线(来自远处的光线)射入人眼之后,正好在视网膜上形成一清晰的像。这就是屈光正常的眼睛,称为**正视眼**,否则称为**非正视眼**。屈光不正常的眼睛包括近视眼、远视眼和散光眼三种。

1. 近视眼

眼睛不调节时,远处来的平行光射入眼睛,经折射后会聚在视网膜前,然后散开投射到视网膜上,使视网膜上所成的像模糊不清,这种眼睛称为**近视眼**,如图10－12(a)所示。近视眼不能看清远处的物体,但若把物体移近到眼前某一点时,眼睛不调节也能看清,这一点称为近视眼的远点。近视眼的远点和近点都比正视眼近。在近点和远点之间的物体,近视眼可以通过调节看清它们。造成近视的原因是角膜或晶状体的曲率半径过小或眼球的水平直径太长。

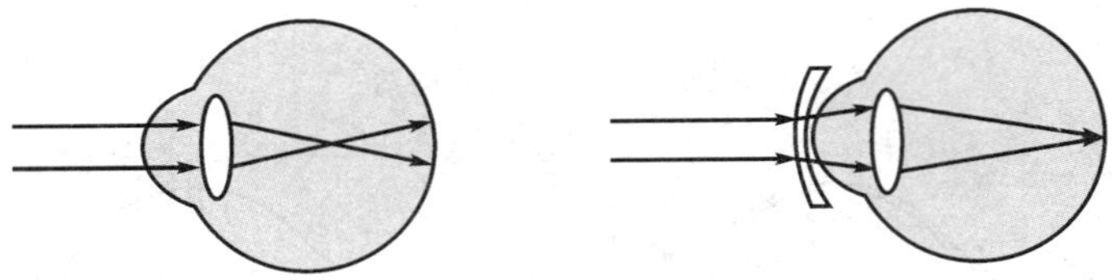

(a)矫正前　　(b)矫正后

图 10－12　近视眼

近视眼的矫正方法是配戴适当的凹透镜,使光线在进入眼睛前适当地发散,再经眼睛折射后成像于视网膜上,如图10－12(b)所示。从光学原理上说,就是配戴这样的凹透镜,在眼睛不调节的情况下,使来自无穷远处的光线正好能成像于近视眼的远点。

例 10－4　一近视眼的远点在眼前0.5 m处,欲使其能看清无穷远处的物体,问应配戴什么样的眼镜?

解　要配戴的眼镜应能将无限远处的物体成像于眼睛的远点处,所以物距为$u=\infty$,像距为远点处。因物、像在眼镜的同侧,故像为虚像,$v=-0.5$ m。代入薄透镜成像公式

$$\frac{1}{u}+\frac{1}{v}=\frac{1}{f},\quad \frac{1}{\infty}+\frac{1}{-0.5}=\frac{1}{f},\quad \Phi=\frac{1}{f}=-2$$

得

$$D=-200\text{ 度}$$

所以应配戴200度的凹透镜。

2. 远视眼

眼睛不调节时,来自远处的平行光进入眼后,会聚于视网膜的后面,即光线在抵达视网膜时还没有会聚,因此在视网膜上得不到清晰的像,这种眼称为**远视眼**,如图10－13(a)所示。远视眼看远处物体时,必须进行调节才能看清楚,物体越近调节越甚。眼睛的调节能力是有限的,物体太近,远视眼即使调节到最大程度,仍

不能成像在视网膜上，必须把近物放远些才能看清，故远视眼的近点比正视眼的远。远视眼多是由于眼球的水平直径太短造成的，也可能是由于晶状体曲率半径太大造成的。

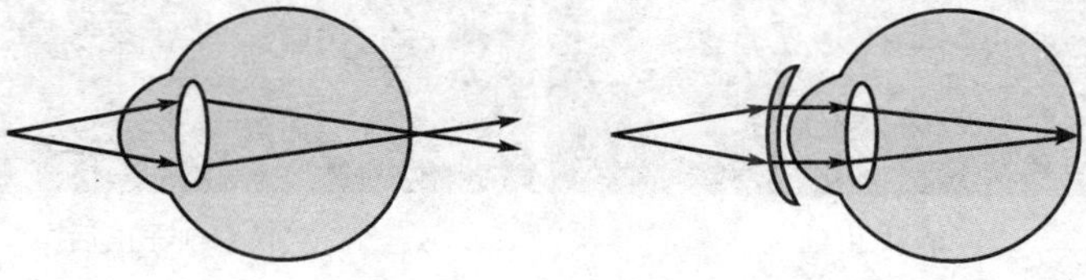

(a)矫正前　(b)矫正后

图 10 - 13　远视眼

远视眼的矫正方法是配戴一副适当焦度的凸透镜，以增大眼睛的焦度，使戴镜后眼睛的近点在正视眼的近点上或明视距离(25 cm)处，如图 10 - 13(b)所示。戴上这样的眼镜后，眼睛不需要调节，就可以看清远处的物体。当眼睛调节到曲率最大时，就可以看清正视眼近点上的物体。

例 10 - 5　某人看不清 2.0 m 以内的物体，欲使其能看清眼前 25 cm 处的物体，问应配戴怎样的眼镜？

解　此患者要配戴的眼镜应使物距 $u=25$ cm 处的物体成像在近点 2.0 m 处。物与像在眼镜的同侧，故 $u=0.25$ m，$v=-2$ m，代入透镜公式得

$$\Phi = \frac{1}{f} = \frac{1}{u} + \frac{1}{v} = \frac{1}{0.25} + \frac{1}{-2} = 3.5$$

$$D = 350 \text{ 度}$$

所以应配戴 350 度的凸透镜。

3. 散光眼

通过眼球光轴的平面称为子午面，子午面与角膜的交线称为子午线。近视眼和远视眼的任何子午线的曲率半径都是相等的，即角膜的表面是球面的一部分，所以它们能成一清晰的像，只是不能落在视网膜上而已。散光眼则不同，它的角膜不再是球面，角膜在各个方向上的子午线的曲率半径不完全相同。由点光源发出的光线，经折射后不能会聚于一点，也就不能得到清晰的像，如图 10 - 14 所示。散光眼的矫正就是使各子午线的曲率半径都相等，下面介绍三种情况：

(1)单纯性远视散光通过眼球某一子午面的平行光线会聚于视网膜上(正视)，而通过另一子午面上的平行光线会聚在视网膜后(远视)，可以通过配戴适当的凸柱面透镜增强这个子午面的折光本领，使经过这个子午面的平行光线会聚于视网膜上而得以矫正。

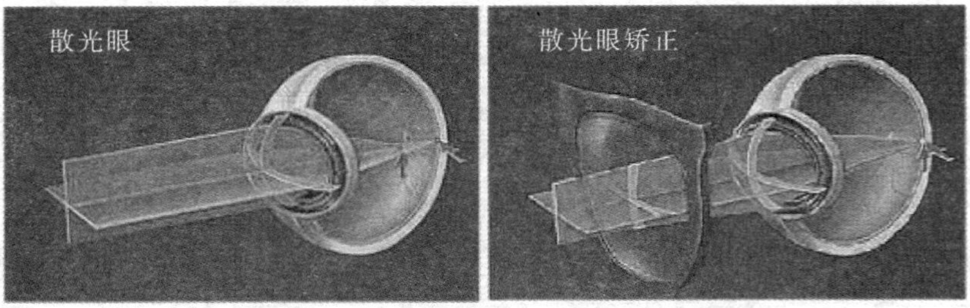

(a)矫正前　　(b)矫正后

图 10－14　散光眼

(2)单纯性近视散光与上种情况相似,某一子午面正视,而另一子午面近视,可通过配戴适当的凹柱面透镜以减弱这个子午面的折光本领,使经过这个子午面的平行光线会聚于视网膜上而得以矫正。

(3)复性远视散光这种情况比较复杂,有多个子午面上的光线会聚于视网膜后面,且会聚的远近也不同,可通过配戴凸透镜和凸的柱面透镜组合起来的透镜来加以矫正。比如,某眼的垂直子午面的焦度大于水平子午面的焦度,这时就须在配戴远视镜的同时再戴一垂直放置的凸柱面透镜,即两镜的组合,以增加水平方向上的会聚能力。

10.4　显微镜

10.4.1　放大镜

为看清楚微小的物体或物体的细节,需要把物体移近眼睛,这样可以增大视角,使在视网膜上形成一个较大的实像。视角愈大,像也愈大,愈能分辨物的细节。但当物体离眼的距离太近时,眼睛经过调节,依然无法看清楚。也就是说,要想看清细小物体,不但应使物体对眼有足够大的张角,而且还应取合适的距离。显然对眼睛来说,这两个要求是相互制约的,若在眼睛前面配置一个凸透镜,便能解决这一问题。凸透镜是一个最简单的放大镜,是帮助眼睛观察微小物体或细节的简单的光学仪器。使用放大镜,令其紧靠眼睛,并把物放在它的焦点以内,成一正立虚像。放大镜的作用是放大视角。

如图 10－15 所示,把物体放在明视距离处用眼睛直接进行观察时,对眼睛所张得视角为 β。在眼睛前面置一放大镜来观察,此时物体距离眼睛很近,在放大镜焦距稍内侧,它对人眼所张得视角为 $\gamma(\gamma>\beta)$,那么 γ/β 称为放大镜的角放大率,

用 α 表示。由于物体很小，因此

$$\alpha=\frac{\gamma}{\beta}\approx\frac{\tan\gamma}{\tan\beta}=\frac{y/f}{y/25}=\frac{25}{f}\tag{10-12}$$

其中，y 和 f 分别是物体的长度和放大镜的焦距。式(10－12)表明放大镜的角放大率与其焦距成反比。

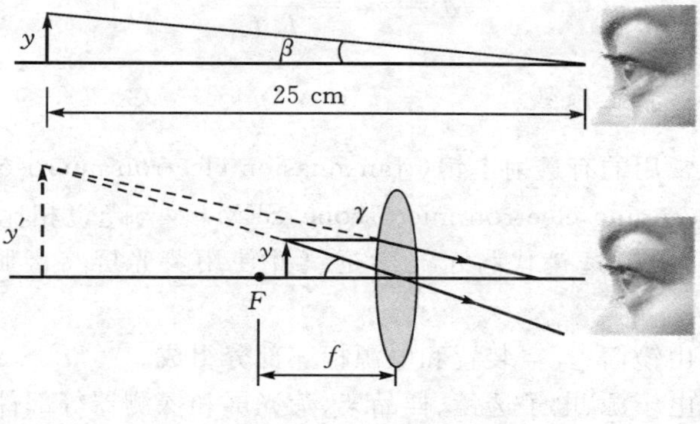

图 10－15　放大镜

10.4.2　显微镜

显微镜是由一个物镜和一个目镜组合构成的一种光学仪器，将微小物体进一步放大的光学仪器，也就是用于放大微小物体成为人的肉眼所能看到的仪器。显微镜的特点就是物镜焦距很小。

显微镜的放大原理如图 10－16 所示，将物体 y 置于物镜焦距稍外侧，经物镜后成一放大的像 y'，而放大的像 y' 置于目镜焦距内侧，经过目镜再次放大后成像 y''，从而达到增大视角的效果。

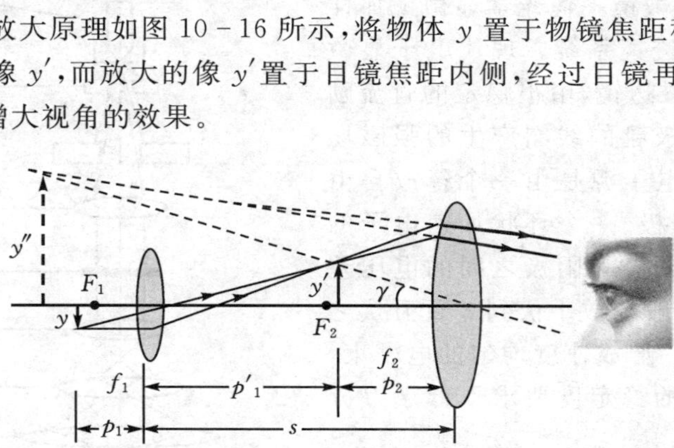

图 10－16　光学显微镜

显微镜的放大率为

$$M=\frac{\gamma}{\beta}\approx\frac{\tan\gamma}{\tan\beta}=\frac{y'/f_2}{y/25}=\frac{y'}{y}\cdot\frac{25}{f_2}=m\alpha \qquad (10-13)$$

其中，m 为物镜的线放大率，$m=\frac{y'}{y}=\frac{p'_1}{p_1}\approx\frac{s}{f_1}$；$\alpha$ 为目镜的角放大率，$\alpha=\frac{25}{f_2}$。

$$M=m\alpha=\frac{25s}{f_1f_2}$$

10.4.3　电子显微镜

电子显微镜常用的有透射电镜(transmission electron microscope，TEM)和扫描电子显微镜(scanning electron microscope，SEM)。与光镜相比，电镜用电子束代替了可见光，用电磁透镜代替了光学透镜并使用荧光屏将肉眼不可见电子束成像。

电子显微镜由镜筒、真空装置和电源柜三部分组成。

镜筒主要有电子源、电子透镜、样品架、荧光屏和探测器等部件，这些部件通常是自上而下地装配成一个柱体。

电子透镜用来聚焦电子，是电子显微镜镜筒中最重要的部件。一般使用的是磁透镜，有时也有使用静电透镜的。它用一个对称于镜筒轴线的空间电场或磁场使电子轨迹向轴线弯曲形成聚焦，其作用与光学显微镜中的光学透镜(凸透镜)使光束聚焦的作用是一样的，所以称为**电子透镜**，如图 10-17 所示。光学透镜的焦点是固定的，而电子透镜的焦点可以被调节，因此电子显微镜不像光学显微镜那样有可以移动的透镜系统。现代电子显微镜大多采用电磁透镜，由很稳定的直流励磁电流通过带极靴的线圈产生的强磁场使电子聚焦。电子源是由一个释放自由电子的阴极、栅极、一个环状加速电子的阳极构成的。阴极和阳极之间的电压差必须非常高，一般在数千伏到 3 百万伏之间。它能发射并形成速度均匀的电子束，所以加速电压的稳定度要求不低于万分之一。

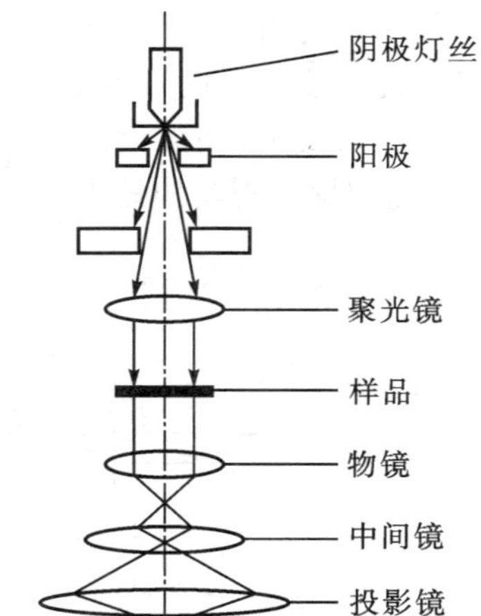

图 10-17　透射电子显微镜光路原理图

样品可以稳定地放在样品架上。此外，往往还有可以用来改变样品(如移动、转动、加热、降温、拉长等)的装置。

探测器用来收集电子的信号或次级信号。

真空装置用以保障显微镜内的真空状态，这样电子在其路径上不会被吸收或偏向。真空装置由机械真空泵、扩散泵和真空阀门等构成，并通过抽气管道与镜筒相连接。

电源柜由高压发生器、励磁电流稳流器和各种调节控制单元组成。

10.5　光学仪器成像的质量

1. 人眼的分辨本领

当空间平面上两个黑点相互靠拢到一定程度时，离开黑点一定距离的观察者就无法区分它们，这意味着人眼分辨景物细节的能力是有限的，这个极限值就是分辨率。研究表明人眼的分辨率有如下一些特点：①当照度太强、太弱时或当背景亮度太强时，人眼分辨率降低。②当视觉目标运动速度加快时，人眼分辨率降低。③人眼对彩色细节的分辨率比对亮度细节的分辨率要差，如果黑白分辨率为 1，则黑红为 0.4，绿蓝为 0.19。

目前科学界公认的数据表明，观看物体时，人能清晰看清视场区域对应的分辨率为 2169×1213。再算上上下左右比较模糊的区域，人眼分辨率是 6000×4000。那么，2169×1213 是怎么计算出来的呢？

人观看物体时，能清晰看清视场区域对应的双眼视角大约是 35°（横向）× 20°（纵向）。同时，人眼在中等亮度、中等对比度的分辨力（d）为 0.2 mm，对应的最佳距离（L）为 0.688 m，d 与 L 满足

$$\tan(\theta/2) = d/2L$$

θ 为分辨角，一般取值为 $1.5'$，是一个很小的角。

将视场近似地模拟为地面为长方形的正锥体，其中锥体的高为 $h=L=0.688$ m，$\theta_1=35°$（水平视角），$\theta_2=20°$（垂直视角）。以 0.0002 m 为一个点，可以得知底面长方形为 2169×1213 的分辨率。

2. 显微镜的分辨本领

光学显微镜的分辨率是指成像物体上能分辨出来的两个物点间的最小距离。光学显微镜的分辨本领由于所用光波的波长而受到限制。小于光波波长的物体因衍射而不能成像。可见光的波长为 390～770 nm，因此光学显微镜的放大倍数一般为 500～1000 倍，分辨极限约为 200 nm。从几何光学上来说，主要是通过透镜的设计、材料的应用来消除色差以及像的畸变；从物理光学上来说，就是增大数值孔径、扩大入瞳口径等来获得清晰的物象。

电子显微镜是以电子束来代替可见光束,观察物体时,分辨率就没有波长要在可见光谱之内的限制,波长短,且能聚焦,不过电子透镜无法作得像光学透镜那样完美。因此理论上,电子显微镜所具有的分辨率并不可靠。目前,电子显微镜的分辨率可达 10^{-7} cm(约为原子直径的两倍)。通常电子显微镜的放大率是 200~200 000倍,再经照相放大可达 1000 000 倍。电子显微镜的分辨率约为 0.2 nm。电子显微镜可以观察的范围由细胞器结构一直到分子水平。

习 题

10-1 将一物置于长柱形玻璃的凸球面前 25 cm 处,设这个凸球面曲率半径为 5 cm,玻璃前的折射率 $n=1.5$,玻璃前的媒质是空气。试求:

(1)像的位置,是实像还是虚像?

(2)该折射面的焦距。

10-2 有一厚度为 3 cm,折射率为 1.5 的共轴球面系统,其第一折射面是半径为 2 cm 的球面,第二折射面是平面。若在该共轴球面系统前面对第一折射面 8 cm处放一物,像在何处?

10-3 一个双凸透镜,放在空气中,两面的曲率半径分别为 15 cm 和 30 cm。如玻璃折射率为 1.5,物距为 100 cm,求像的位置和大小,并作图验证之。

10-4 一对称的双凸透镜折射率为 1.5,它在空气中的焦距为 12 cm,其曲率半径为多大?另一双凸薄透镜置下列介质中,其左边为折射率为 $n_1=4/3$ 的水,右边为空气,且右侧球面的半径与上一透镜的相同。如果要保持焦距为 12 cm,求和水接触的球面曲率半径应该为多大。

10-5 一折射率为 1.5 的月牙形薄透镜,凸面的曲率半径为 15 cm,凹面的曲率半径为 30 cm。如果平行光束沿光轴对着凹面入射,试求:

(1)折射光线的相交点;

(2)如果将此透镜放在水中,折射光线的交点在何处?

10-6 一个半径为 R 的薄壁玻璃球盛满水。若把一物体放置于离其表面 $3R$ 的距离处,求最后的像的位置,玻璃壁的影响可忽略不计。

10-7 一段 40 cm 长的透明玻璃棒,一端切平,另一端做成半径为 12 cm 的半球凸面,把一物放置于棒轴上离半球端点 10 cm 处。试求:

(1)最后的像的位置;

(2)放大率,设玻璃折射率为 1.5。

10-8 将折射率为 1.50,直径为 10 cm 的玻璃棒的两端磨成凸的半球面,左端的半径为 5 cm,而右端的半径为 10 cm。两顶点间的棒长为 60 cm。在第一个顶点左方 20 cm 处有一长为 1 mm 且与轴垂直的箭头，作为第一个面的物。问：

(1)作为第二个面的物是什么？

(2)第二个面的物距为多少？

(3)此物是实的还是虚的？

(4)第二个面所成的像的位置在何处？

(5)最后的像的高度为多少？

10－9　简单放大镜的焦距为 10 cm，试求：

(1)欲在明视距离处观察到像，物体应放在放大镜前面多远处？

(2)若此物体高 1 mm，则放大后的像高为多少？

10－10　显微镜物镜的焦距为 2 cm 的薄凸透镜 L_1，在它后面 10 cm 处有一焦距为 5 cm 的薄凹透镜(目镜)L_2，试确定一距物镜为 3 cm 处物体像的位置并计算显微镜线放大率和角放大率，画出光路图。

10－11　一台显微镜，物镜焦距为 4 mm，中间像成在物镜像方 160 mm 处。如果目镜的放大倍数是 20，显微镜总放大率是多少？

第 11 章　量子力学基础

自 1900 年由普朗克首次提出量子化概念解释黑体辐射模型开始，到薛定谔方程的建立，物理学完成了经典到量子的思维转变，到 20 世纪 30 年代量子力学终于建立起了一套完整独立的体系。作为研究微观世界运动规律的理论之一，量子理论以其独特的思维方式和表述方法，成为近代物理学中的一个重要理论分支。而今无论是高能物理、凝聚态物理、表面物理、统计物理、天体物理、原子核物理以及量子光学，都以量子力学作为理论参考，它已渗透到物理学中的各个领域中，得到了科学界广泛的认同与运用。

本章共分为六小节，每一节的选择均以当时困扰经典解释多时的物理难题为依据开篇，解决方案作结，简要而系统地介绍了量子力学理论中最基本的一些概念、定律、原理和方法。

11.1　热辐射

世纪之交，光的电磁理论作为物理学基础理论之一已经确立了其牢固地位。然而，物理学家们渐渐意识到，麦克斯韦方程组带给他们的是真理，但并非是真理的全部；电磁场确实具有能量、质量和动量，但是如果把场仅仅看成像流体一样的连续流，就与一些已经发现的光的认知相矛盾。而黑体的热辐射问题作为量子论对经典物理的首次冲击。普朗克结合维恩公式和瑞利-金斯公式的理论而建立起来的普适公式首次成功驱散了这片困扰多时的认知乌云①，后被视为量子力学的开端。

11.1.1　热辐射 黑体辐射规律

1. 热辐射现象

任何物体其温度只要高于绝对零度，都会以电磁波的方式向外辐射能量。这

---

① 1900 年，英国物理学家开尔文男爵在名为《在热和光动力理论上空的 19 世纪乌云》中曾提到“在物理学晴朗天空的远处，还有两朵小小的令人不安的乌云”。这两朵乌云指的就是当时物理学无法解释的两个实验。第一朵乌云，即迈克尔逊一莫雷实验，导致了相对论革命的爆发；第二朵，黑体辐射实验和理论的不一致，最终导致了量子论革命的爆发。

种因物体中的分子、原子受到热激发而发射电磁辐射的现象称为**热辐射**(thermal radiation)。

物理学中常用**单色辐射出射度**来描述物体的热辐射本领,简称**单色辐出度**。

单色辐出度 $M(\lambda,T)$是指物体在单位面积上,单位时间内,波长在 λ 附近,单位波长间隔内辐射的电磁能量,单位是 W/m^2。单色辐出度 $M(\lambda,T)$与波长 λ 和温度 T 有关。

若只考虑温度 T 对辐出度的影响,可利用式

$$M(T)=\int_0^\infty M(\lambda,T)\mathrm{d}\lambda \tag{11-1}$$

来计算综合各种波长热辐射的**总辐出度**。

2. 绝对黑体

一般来说,入射到物体上的电磁波,一部分被吸收,一部分被反射。如果是透明物体,还有一部分要透射。物体吸收能量与入射能量之比称为吸收比 $\alpha(T)$,物体反射能量与入射能量之比称为反射比 $r(T)$。当入射能量的波长范围在 $\lambda\sim\lambda+\mathrm{d}\lambda$ 内时,则 $\alpha(\lambda,T)$,$r(\lambda,T)$分别称为单色吸收比和单色反射比。

对于不透明的物体,$\alpha(\lambda,T)+r(\lambda,T)=1$。

设想有一种物体,它吸收一切外来的电磁辐射,而不发生反射,这种物体称为**绝对黑体**,简称**黑体**(blackbody),它的吸收比 $\alpha_B(\lambda,T)=1$,反射比 $r_B(\lambda,T)=0$。事实上,入射到物体上的电磁辐射或多或少地要被反射掉一部分。因此,在自然界,真正的黑体实际上是不存在的,它只是一种理想模型。

然而,用下述方法可以获得近似的黑体,在任意不透明材料(如钢、铜、陶瓷等)制成的空腔壁上,开一小孔(如图 11-1 所示),小孔的表面就可以看成黑体。当光线射入小孔后,要被内壁多次反射,每反射一次,空腔内壁就要吸收一部分能量,这样有效地阻止射入小孔的光线再从小孔中逃逸出来。所以,空腔上的小孔的表面具有理想黑体的性质,能把入射的一切电磁辐射吸收掉。

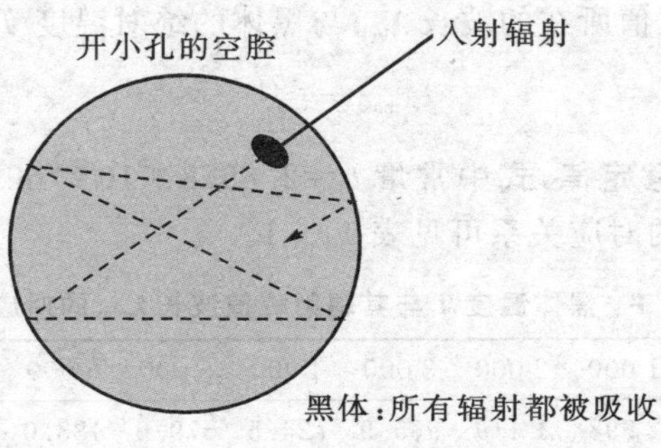

图 11-1　用空腔上的小孔近似地代替黑体

在研究物体的热辐射规律时,黑体辐射的研究占有重要地位。黑体辐射的重要性可由基尔霍夫热辐射定律看出。

3. 基尔霍夫热辐射定律

基尔霍夫热辐射定律表述为:**任何物体在同一温度 T 下的单色辐出度 $M(\lambda,T)$ 与单色吸收比 $\alpha(\lambda,T)$ 成正比,并等于该温度下黑体对同一波长的单色辐出度**,即

$$\frac{M(\lambda,T)}{\alpha(\lambda,T)}=\frac{M_B(\lambda,T)}{\alpha_B(\lambda,T)}=M_B(\lambda,T) \tag{11-2}$$

式中,$M_B(\lambda,T)$为黑体单色辐出度,黑体单色吸收比如前文所述 $\alpha_B(\lambda,T)=1$。

从基尔霍夫热辐射定律可以看出:①不同的物体在某一频率范围内发射和吸收电磁辐射的能力是不同的,如深色物体就比浅色物体吸收和发射电磁辐射的能力强;②物体的辐射能力与吸收能力有密切的关系,辐射能力强者,吸收能力也强,反之亦然。黑体的热辐射本领最强。

11.1.2 黑体辐射规律

1. 斯忒藩-玻尔兹曼定律

1879 年,斯忒藩(Stefan)发现一个黑体表面单位面积在单位时间内辐射出的总能量,即黑体的总辐出度 $M_B(T)$和黑体本身的热力学温度 T 的 4 次方成正比。几年后,玻尔兹曼(Boltzmann)应用麦克斯韦理论和热力学理论推导出了这个关系,即

$$M_B(T)=\sigma T^4 \tag{11-3}$$

上述结论称为**斯忒藩-玻尔兹曼定律**。式中常量 $\sigma=5.670\times10^{-8}\ \mathrm{W\cdot m^{-2}\cdot K^{-4}}$,称为斯忒藩-玻尔兹曼常数或斯忒藩常量。

2. 维恩位移定律

1893 年,维恩(Wien)证明,在一定温度下,黑体的单色辐出度 $M(\lambda,T)$都存在一个极大值,这个极大值所在的波长 λ_{max}与黑体的绝对温度 T 成反比,即

$$\lambda_{max}=\frac{b}{T} \tag{11-4}$$

上述结论称为**维恩位移定律**,式中常量 $b=2.8978\times10^{-3}\ \mathrm{m\cdot K}$。黑体温度 T 与其辐射峰值波长 λ_{max}的对应关系可见表 11-1。

表 11-1 黑体温度 T 与其辐射峰值波长 λ_{max} 的对应关系

T/K	500	1 000	2 000	3 000	4 000	5 000	6 000	7 000	8 000	9 000
λ_{max}/nm	5 796	2 898	1 449	965.9	724.5	579.6	483.0	414.0	362.2	322.0

维恩位移定律解释了辐射体发光颜色与温度的关系。在低温区，热辐射的绝大部分能量是肉眼看不见的红外线。当温度接近 4 000 K 时，峰值波长 λ_{max} 接近可见光的红光；当温度在 5 500 K 左右时，峰值波长 λ_{max} 在可见光的中段，各种颜色的可见光都比较强，人眼的感觉是白光。太阳光谱中连续部分的峰值波长 $\lambda_{max}=465$ nm，这相当于温度 6 232 K 的黑体辐射，所以日光是白光，这个温度比实际值高出大约 400 K。通常的白炽灯，灯丝温度不到 3 000 K，颜色发黄，用白炽灯产生接近日光的热辐射几乎是不可能的。低压水银荧光灯（日光灯）发光是非热平衡辐射，发光原理是低气压的汞蒸气和惰性气体组成的混合气体受电子碰撞放电，产生波长为 253.7 nm 的紫外光，激活灯管内壁的荧光粉，发射可见光，这是区别于热辐射的一种光致发光过程。

3. 普朗克公式

1896 年，维恩假设黑体辐射是由一些服从麦克斯韦速率分布的分子发射出来的，分子辐射频率只与其速率有关，从而得到维恩公式。然而这个公式只在波长较短、温度较低时与实验结果相符，在长波区域则系统地低于实验值。1900 年，瑞利(Rayleigh)由振子模型出发，依据能量均分定理，推导了另一个公式，后被金斯(Jeans)修正。瑞利-金斯公式给出的结果与实验数据比较，长波部分符合较好，短波波段能量迅速单调上升，在紫外端辐射本领趋于无穷，历史上曾称之为“紫外灾难”。

由图 11-2 可以看出，以上两公式与实验不符，说明经典物理学的解释存在缺陷，而如何解决横亘在经典物理之上的“紫外灾难”，成为了推动辐射理论和近代物理学发展的关键所在。

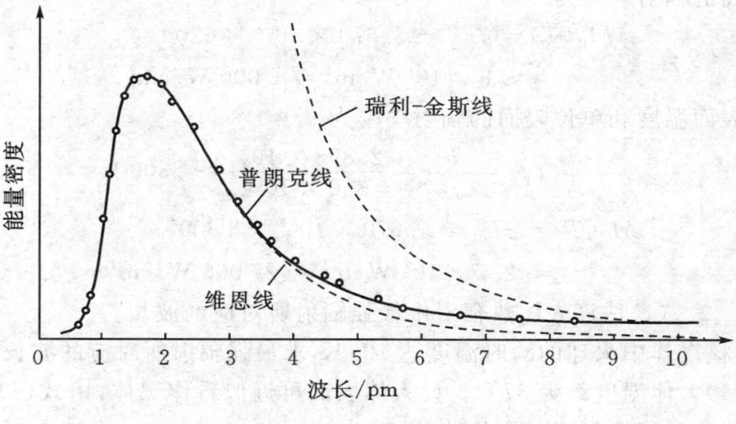

图 11-2　维恩公式、瑞利-金斯公式和普朗克公式的比较

1900 年，普朗克(Planck)首次提出了能量量子化的假设：①黑体的腔壁由无数个带电的谐振子组成，这些谐振子不断吸收和辐射电磁波，与腔内的辐射场交换能量；②一切振子频率 ν 都是可能的，然而这些谐振子所具有的能量却是分立的，它的能量与其振动频率 ν 成正比，只能是基本单元能量子 $\varepsilon_0=h\nu$ 的整数倍：

$$\varepsilon_n = n\varepsilon_0 = nh\nu \quad (n=0,1,2,\cdots) \tag{11-5}$$

式中，$h=6.626\times10^{-34}$ J·s，称为普朗克常量。谐振子与辐射场交换的能量只能是基本单元能量子 $\varepsilon_0=h\nu$ 的整数倍。

由于谐振子满足麦克斯韦-玻尔兹曼分布，普朗克给出的黑体辐射公式为

$$M_B(\lambda,T)=\frac{2\pi hc^2}{\lambda^5}\cdot\frac{1}{e^{\frac{hc}{kT\lambda}}-1} \tag{11-6}$$

普朗克的工作具有划时代的意义。然而，相当长一段时间没有得到广泛的理解，直到爱因斯坦提出光量子成功解释了光电效应，支持并推广了普朗克的量子假说。由于量子化概念与经典物理的巨大歧见，谨慎的普朗克曾经试图将量子假说纳入经典物理范畴，宣称只假设谐振子的能量是量子化的，而不必认为辐射场具有不连续性。但是，更多的实验事实将迫使人们接受，辐射场本身也是量子化的。在各种经典解释的尝试都碰壁后，人们才深刻理解到量子论的真正含义。

例 11-1 已知对于太阳，$\lambda_{smax}=510$ nm；对于北极星，$\lambda_{pmax}=350$ nm。假定恒星表面可看作黑体表面，求这些恒星的表面温度以及每平方厘米表面的辐射功率。

解 (1)由式(11-3)和式(11-4)两式可得，太阳的表面温度为

$$T_s=\frac{b}{\lambda_{smax}}=\frac{2.898\times10^{-3}}{510\times10^{-9}}\approx5700\text{ K}$$

而单位表面的辐射功率为

$$\begin{aligned}M_B(T)&=\sigma T^4=5.670\times10^{-8}\times5700^4\\&\approx6\times10^7\text{ W/m}^2=6\,000\text{ W/cm}^2\end{aligned}$$

北极星的表面温度和单位表面的辐射功率为

$$T_p=\frac{b}{\lambda_{pmax}}=\frac{2.898\times10^{-3}}{350\times10^{-9}}\approx8300\text{ K}$$

$$\begin{aligned}M_B(T)&=\sigma T^4=5.670\times10^{-8}\times8\,300^4\\&\approx2.7\times10^8\text{ W/m}^2=27\,000\text{ W/cm}^2\end{aligned}$$

例 11-2 (1)估算人体热辐射中最强辐射所对应的波长。

(2)热核爆炸中火球的瞬时温度达 10^7 K，求最强辐射所对应的波长。

解 (1)人体温度约为 37℃。设人体表面可近似看作黑体，由式(11-4)可得人体热辐射中最强辐射所对应的波长

$$\lambda_{max}=\frac{b}{T}=\frac{2.898\times10^{-3}}{310}=9.35\times10^{-6}\text{m}$$

(2)热核爆炸中火球的最强辐射所对应的波长

$$\lambda_{max} = \frac{b}{T} = \frac{2.898 \times 10^{-3}}{10^7} = 2.898 \times 10^{-10}\ \text{m}$$

11.2　光电效应

历史上,物理学家对光的本性一直有粒子说与波动说两种争论。17 世纪中叶,牛顿(Isaac Newton)根据长期研究的结果认为光由粒子组成,并用粒子说解释了著名的牛顿环和光的散射,而同期的胡克(Robert Hooke)、惠更斯(Christiaan Huygens)是波动说的捍卫者;1801 年,托马斯·杨(Thomas Young)的杨氏双缝和菲涅耳的衍射实验成为了光波动说的有力论据;1864 年,麦克斯韦(Clerk Maxwell)从理论上再次证明光是一种电磁波,赫兹(Hertz)于 1887 年成功地在实验中发现电磁波,将波动说推向高潮。至此,光的波动说成为了公论。然而,爱因斯坦关于光电效应的粒子解释成功逆转了这场战局,使论证光的本质的天平再度回归了平衡点。

11.2.1　光电效应的基本规律

光照射到某些物质上,引起物质的电性质发生变化。这类光致电变的现象统称为**光电效应**(photoelectric effect)。观察光电效应的实验原理及装置见图 11-3,高真空的石英管内,有阳极和阴极,两端加上电压。实验时用光照射石英管中的阴极金属,会使一些电子逃逸出金属表面,在阴极附近形成电子云。如果阴阳极两端所加电压适当,则可看到电路中形成电流。这说明阴极附近的电子云转移到了阳极。实验的目的是研究光照射金属表面形成电流的一般规律。光照所引起逸出的电子叫**光电子**,回路中形成的电流称为**光电流**。

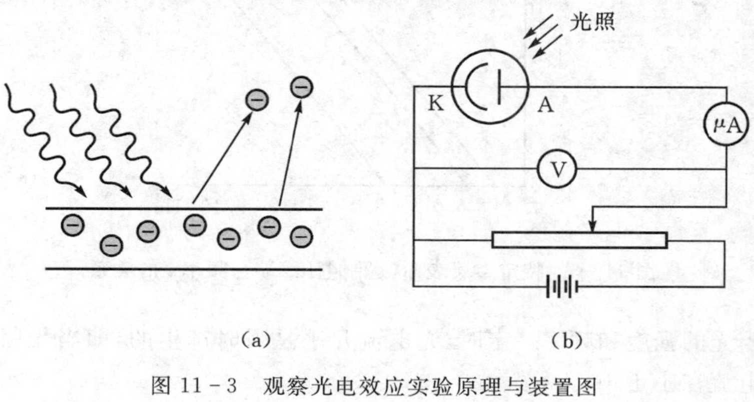

(a)　(b)

图 11-3　观察光电效应实验原理与装置图

光电效应实验规律可总结如下：

(1)当阴阳极间所加电压、入射光频率固定时，斯托列托夫(A. Stoletov)最早发现了光电流的大小与入射光的强度成正比，即单位时间逸出的电子的数目正比于入射光的强度。当入射光的频率、光强不变时，光电流随着阴阳极两端电压的增大而增大，但当电压增大到一定程度时，光电流达到饱和，如图 11－4 所示。

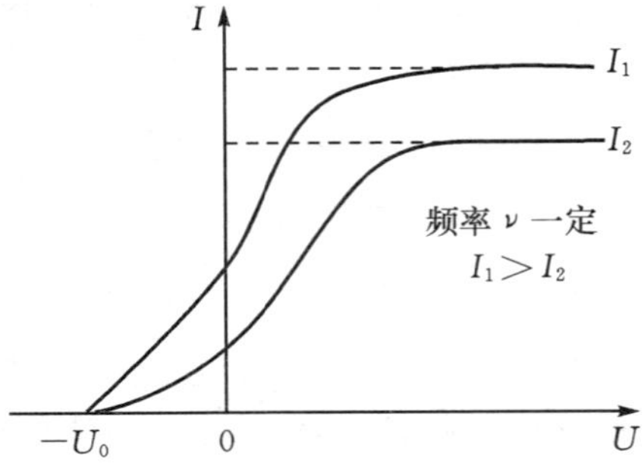

图 11－4　光电效应伏安特性曲线图

(2)当电压为零时电路中也有电流，这说明部分光电子有初动能，因而在没有外加电场的情况下也能从阴极转移到阳极形成电流。因这种原因所产生的电流甚至当在阴阳极间加反向电压时也存在，光电流完全截止时的反向电压称为**遏制电压**，对应于电子逸出的最大初动能：

$$\frac{1}{2}mv_{\mathrm{m}}^2 = eU_0 \tag{11-7}$$

遏制电压与入射光强度无关，只与入射光的频率 ν 有关。遏制电压与入射光频率存在线性关系(见图 11－5)，表明入射光的频率 ν 必须大于某个阈值频率 ν_0(ν_0 称为**红限频率**)，电子逸出的最大初动能$\frac{1}{2}mv_{\mathrm{m}}^2 \geqslant 0$，光电效应才会发生；如果入射光的频率低于 ν_0，则光电效应不会发生。

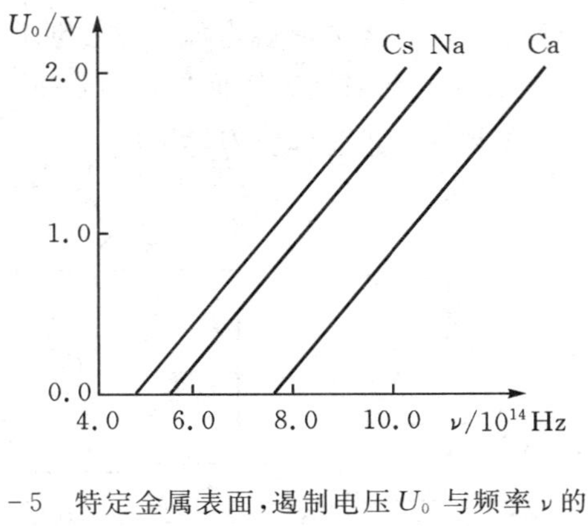

图 11－5　特定金属表面，遏制电压 U_0 与频率 ν 的关系

(3)当光的强度和频率一定时，光电流几乎是瞬时产生的，即当光照射到金属表面时，电流在小于 10^{-9} s 发生。

按照经典波动理论，光的强度指的是能流密度，即在单位时间内通过传播方向上单位截面的能量。依据这一点在解释光电效应上主要存在三点困难：①光电子初动能应正比于入射光强；②不应存在红限频率 ν_0，只要光强足够大，就有光电子产生；③辐射能连续分布在照射的空间并以光速传播，所以从光照射到有光电子产生，需要一段积累时间，且入射光越弱，时间越长。

11.2.2　爱因斯坦光电效应方程

为了解释光电效应，爱因斯坦(Albert Einstein)于 1905 年提出了光量子理论。理论认为光不仅在发出时是量子化的，而且在空间中传播时也是量子化的。他大胆假设，**光是由一个一个光子组成的，每个光子的能量为 $E=h\nu$，在光与物质相互作用时，光子只能整个地被吸收或者发射。**由狭义相对论能量动量关系 $E=\sqrt{p^2c^2+m_0^2c^4}$，令光子的静止质量 $m_0=0$，爱因斯坦还得到光子的动量

$$p=\frac{E}{c}=\frac{h\nu}{c}=\frac{h}{\lambda}$$

根据爱因斯坦的观点，当光入射到金属表面时，能量为 $h\nu$ 的光子被电子吸收，电子获得光子的能量，一部分用于克服金属表面对它的束缚，另一部分就是电子离开金属表面后的动能。爱因斯坦写出了它们之间的关系式

$$\frac{1}{2}mv_m^2=h\nu-A \tag{11-8}$$

式(11-8)就是**爱因斯坦光电效应方程**，式中 $\frac{1}{2}mv_m^2$ 是电子离开金属表面的最大初动能。实验中，$\frac{1}{2}mv_m^2=eU_0$，U_0 为**遏制电压**，$h\nu$ 为**光子能量**，A 为**金属逸出功**。实际上爱因斯坦光电效应方程就是包含光子、电子在金属表面的能量守恒的表达式。

借助于光电效应方程，爱因斯坦轻松地解释了光电效应的实验结果。当光子入射到金属表面时，光子能量被电子吸收，电子立刻离开金属表面，不需要能量积累，这个过程的时间小于 10^{-9} s。光的强度决定于光子数目 $I=Nh\nu$，N 表示在单位时间垂直到达单位面积的光子数，因此当频率一定时，光电流的大小与入射光的强度成正比。光电效应中饱和电流的现象是显而易见的，因为光强一定时，继续增大加速电压也不能使光电流继续增大。光电子最大初动能 $\frac{1}{2}mv_m^2$ 和遏制电压之间的关系是式(11-7)，爱因斯坦光电效应方程变为

$$U_0=\frac{h}{e}\left(\nu-\frac{A}{h}\right) \tag{11-9}$$

式(11.9)解释了遏制电压与频率之间的线性关系，以及电子的动能与频率有关，与

光的强度无关的实验事实。遏制电压 U_0 和入射光频率 ν 之间的函数关系如图 11-6所示,理论预测的 $U_0-\nu$ 关系和实验结果图 11-5 完全吻合,由图中还可以看到入射光的频率必须大于红限频率 ν_0 才能发生光电效应。

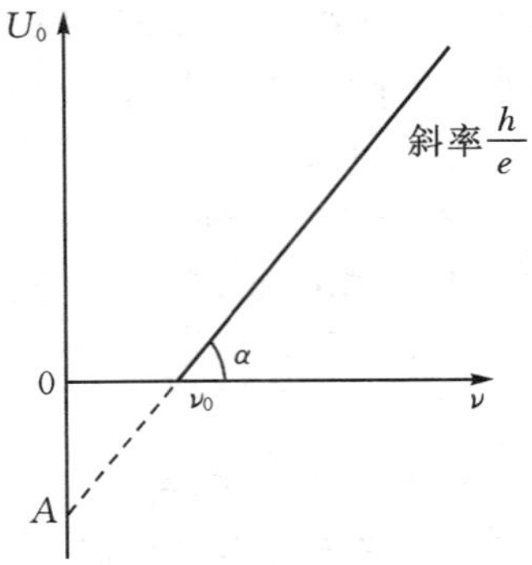

图 11-6 爱因斯坦方程解释光电效应实验

爱因斯坦光电效应方程除了解释光电效应实验结果外,还有一个独立方法验证其正确性。由图 11-6 可知,纵坐标是遏制电压,横坐标是入射光频率,做出来是一条直线,直线的斜率就是 h/e,截距就是金属的逸出功 A(见表 11-2)。由爱因斯坦光电效应方程可以测量出普朗克常量的大小。1916 年密立根(R. Millkan)从实验上对爱因斯坦方程做了仔细的验证,并由此实验得到了普朗克常量的值,测量的普朗克常量的值与普朗克根据黑体辐射拟合出来的结果符合得很好。这一方面说明了爱因斯坦光电效应方程是可靠测量普朗克常量的一种方法,另一方面也说明了基于光子概念的爱因斯坦光电效应方程的正确性。

表 11-2 几种金属逸出功和极限波长

金属	逸出功 A/eV	极限波长 $\lambda_{max}/\mu m$	原子电离能/eV
钾	2.25	0.551	4.318
钠	2.29	0.541	5.12
锂	2.69	0.461	5.363
铷	2.13	0.582	4.183
铯	1.94	0.639	3.9
铂	5.36	0.231	8.97
钙	3.20	0.387	6.09
镁	3.67	0.338	7.61
铬	4.37	0.284	6.74
钨	4.54	0.274	8.1
铜	4.36	0.284	7.68
银	4.63	0.268	7.542
金	4.80	0.258	9.18

事实上,爱因斯坦预言的光子是一个非常重要的概念,它使得人们对于光的本性的认识又深入一步。到了 20 世纪,由于爱因斯坦的工作,人们认识到光是波动

性和粒子性的统一,即光具有波粒二象性。光传播时具有波动性,在与物质发生相互作用时又显示出粒子性,波动性和粒子性不会同时显示出来。正如故乡的四季,彼此不相容却又表现出风景的每一侧面,波动性和粒子性相互排斥,但要全面描述光的性质,两者又缺一不可。

例 11-3　以波长为 200 nm,入射强度为 2 W/m^2 的光照射铝的表面。已知从铝中移去一个电子所需要的能量为 4.2 eV。试求:

(1)对于铝,发生光电效应的红限波长。

(2)入射光子的能量、光电子的最大初动能以及光电流的遏制电压。

(3)单位时间打到单位面积上的平均光子数。

(已知组合常量 $\hbar c=1973\ \text{eV}\cdot\text{Å}$,这里 $\hbar=h/2\pi$,是约化的普朗克常量。)

解　(1)逸出功 $A=4.2$ eV,红限波长

$$\lambda_0 = hc/A = 2\pi\times 1973/4.2 = 295\ \text{nm}$$

(2)入射光子的能量为

$$E = hc/\lambda = 2\pi\times 1973/2000 = 6.2\ \text{eV}$$

根据爱因斯坦光电效应方程,光电子的最大初动能为

$$E_\text{m} = 6.2 - 4.2 = 2.0\ \text{eV}$$

光电流的遏制电压为 2 V。

(3)因为入射光的强度,所以单位时间打到单位面积上的平均光子数为

$$n = I/E = \frac{2}{6.2\times 1.60\times 10^{-19}} = 2\times 10^{18}\ \text{m}^{-2}\cdot\text{s}^{-1}$$

例 11-4　在一实验中,以频率为 ν_1 的单色光照射某金属表面,光电流的遏制电压为 $U_{\text{a}1}$;改以频率为 ν_2 的单色光照射,遏制电压为 $U_{\text{a}2}$。已知电子的电荷为 e,试用实验数据和 e,求出该金属的逸出功和普朗克常量。

解　由爱因斯坦光电效应方程可得

$$\begin{cases} eU_{\text{a}1} = h\nu_1 - A \\ eU_{\text{a}2} = h\nu_2 - A \end{cases}$$

所以

$$h = \frac{e(U_{\text{a}1} - U_{\text{a}2})}{\nu_1 - \nu_2},\quad A = \frac{e(U_{\text{a}1}\nu_2 - U_{\text{a}2}\nu_1)}{\nu_1 - \nu_2}$$

11.3　玻尔的氢原子理论

“有一个致密的核处于原子的中心,而电子则绕核做圆周运行,类比围绕着太阳的行星”,卢瑟福(Rutherford)研究组利用 α 粒子轰击金箔原子得到的“原子行星模型”可谓闻名遐迩。然而,做圆周运动的电子有一个向心加速度,做加速运动。

由电磁理论可知,凡是做加速运动的带电粒子均会向外连续辐射电磁波。这样一来,行星模型将面临两个经典理论无法解释的困难:①电子连续辐射能量,能量下降,其轨道半径会减小,最终电子“坠毁”在原子核上;②原子光谱应是连续谱。

虽然行星模型面临诸多困难,但玻尔仍坚信其合理性,认为只需在这模型基础上引入量子假设就能很好地克服这一模型在经典理论下的困难。

11.3.1 氢原子光谱

任何元素在被激发时都会释放出含有特定波长的光波,光波是由原子内部运动的电子产生的,原子内部电子的运动情况不同,发射的光波也不同,将这些光波通过色散系统(如棱镜、光栅)投射到屏幕上,便得到光谱线。由原子内部发出的光波所形成的原子光谱,其必然携带有原子内部的各种信息,可用于原子理论的研究。比如氢原子谱线。在常温下,没有受到激发的氢原子不发光,当白光穿过氢原子气体时它能产生选择性吸收,检测透射光谱可以观察到白光背景下一系列分立的暗线,这是氢原子的吸收光谱。实验发现,吸收光谱中的暗线与发射光谱中的明线正好发生在相同波长处。在可见光区间内,这些光谱线依次为656,486,434,410,397,388,383,380 nm。这表明只在某些特定波长(频率)下,氢原子才是电磁辐射的发射体或吸收体。寻找氢原子光谱排列顺序上的规律性成为了解氢原子内部结构的重要途径。

1889年,里德伯(Rydberg)提出一个经验公式:

$$\nu_{nm}=\frac{1}{\lambda}=R_{\mathrm{H}}\left(\frac{1}{m^2}-\frac{1}{n^2}\right)=T(m)-T(n) \qquad (11-10)$$

使氢原子光谱得到了统一的描述。式中,ν_{nm}是谱线的波数;λ是谱线的波长;$R_{\mathrm{H}}=1.0\,967\,758\times10^{7}\ \mathrm{m}^{-1}$,称为里德伯常数;$T(m)=\frac{R_{\mathrm{H}}}{m^2}$;$T(n)=\frac{R_{\mathrm{H}}}{n^2}$,称为光谱项;$m,n$是自然数,$m=1,2,\cdots$,对于一个$m$,$n=m+1,m+2,\cdots$,构成一个谱线系。显然,随着$m$递增,谱线系向长波延伸。各谱线系名称见表11-3。

表11-3 氢原子光谱的谱线系

m	n	谱线系	所处区域
1	2,3,4,…	莱曼系	紫外区
2	3,4,5,…	巴耳末系	可见光区
3	4,5,6,…	帕邢系	红外区
4	5,6,7,…	布喇开系	红外区
5	6,7,8,…	普丰特系	红外区

氢光谱任一谱线都可以表示为两个光谱项之差,氢光谱是各种可能的光谱项差的综合。

里德伯公式定位了谱线系中各条谱线以及谱线系间的关系，但是里德伯公式是凭经验拼凑而成的，它为什么与事实符合如此之好，这个问题直至尼尔斯·玻尔(Niels Bohr)把量子论应用于卢瑟福的原子有核模型上才得以揭晓。

11.3.2　玻尔的氢原子理论

1. 玻尔理论的基本假设

1)定态假设

原子能够而且只能够稳定地存在于具体分立的能量的一系列状态中，这些状态称为**定态**(stationary states)。因此，体系能量的任何改变，包括发射或吸收电磁辐射，必须在两个定态之间以**跃迁**(transition)方式进行。

这里，玻尔对氢原子中电子的经典轨道作了一个硬性规定：电子只能在一些分立的轨道上绕核转动，不产生电磁辐射，电子不会损耗能量而落入核内。原子体系的能量是量子化的。虽然玻尔的这个定态假设很不符合经典的规律，但根据实验事实不妨把这个合理的假设上升为理论的出发点，这正是玻尔的过人之处。图 11－7表示氢原子定态能级与氢光谱系。

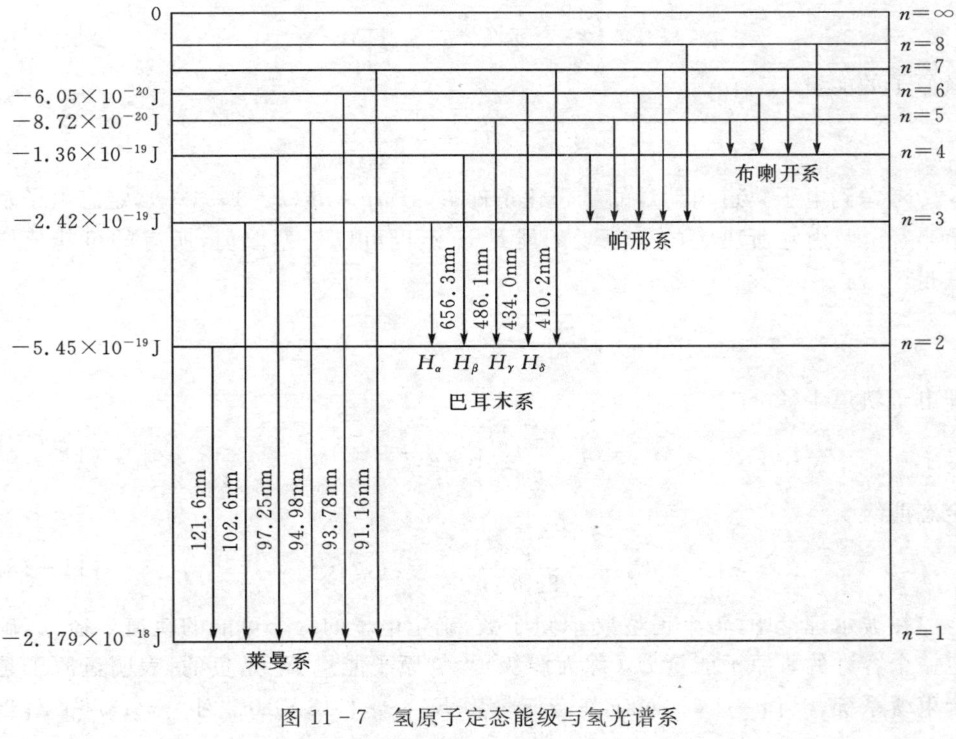

图 11－7　氢原子定态能级与氢光谱系

2)频率条件

在两个定态之间发生跃迁时发射(或吸收)的辐射频率 ν 由下式决定：

$$\nu = \frac{E_m - E_n}{h} \tag{11-11}$$

E_m 和 E_n 是所涉及的两个定态的能量。

频率条件既包含着能量守恒的观念,也引入了爱因斯坦对辐射的量子描述。

3)轨道角动量量子化条件

对于处于定态的电子绕核运动,轨道角动量(动量矩)也是量子化的,即

$$L = n\frac{h}{2\pi} = n\hbar$$

$n=1,2,\cdots$称为**量子数**。

2. 氢原子轨道半径和能量的计算

在上述三个假设基础上,玻尔从原子发光的角度成功地解释了氢原子光谱。

在氢原子中,设电子绕原子核做半径为 r、速率为 v 的圆周运动。

由$\frac{e^2}{4\pi\varepsilon_0 r^2}=m\frac{v^2}{r}$及氢原子的电势能$U=-\frac{e^2}{4\pi\varepsilon_0 r^2}$,解出电子动能

$$E_k = \frac{1}{2}mv^2 = \frac{e^2}{8\pi\varepsilon_0 r} \tag{11-12}$$

氢原子的能量

$$E = E_k + U = -\frac{e^2}{8\pi\varepsilon_0 r} \tag{11-13}$$

考虑到电子轨道角动量的量子化条件 $L=rmv=n\hbar(n=1,2,\cdots)$,定态电子轨道半径 r 及由它所决定的氢原子的能量 E 不再可以任意取值,所有的可能值应满足

$$rmv = \sqrt{\frac{me^2 r}{4\pi\varepsilon_0}} = n\hbar,\quad n = 1,2,\cdots$$

即电子轨道半径

$$r_n = n^2\frac{4\pi\varepsilon_0\hbar^2}{me^2},\quad n = 1,2,\cdots \tag{11-14}$$

定态能级

$$E_n = -\frac{me^4}{8\varepsilon_0^2 h^2}\frac{1}{n^2}, n = 1,2,\cdots \tag{11-15}$$

在玻尔理论中,每个正整数 n(量子数)确定电子的一个可能的轨道半径 r_n,确定一个容许的氢原子能量 E_n(称为**能级**)。氢原子能量 E_n 是负的,表明氢原子是个束缚系统。当 $n=1$ 时,对应基态能量为 $E_1=-2.18\times10^{-18}$ J$=-13.6$ eV;当

$n\to\infty$时，$E=0$，电子才完全脱离原子核的束缚。

按照玻尔的频率条件式(11－11)，氢原子光谱光谱线的频率满足一个完备的理论公式

$$\nu=\frac{E_m-E_n}{h}=\frac{me^4}{8\varepsilon_0^2h^3}\left(\frac{1}{n^2}-\frac{1}{m^2}\right)$$

在发射光谱中，m，n 分别表示电子跃迁初始与落入能级的量子数。

辐射的波数

$$\tilde{\nu}=\frac{1}{\lambda}=\frac{\nu}{c}=\frac{me^4}{8\varepsilon_0^2h^3c}\left(\frac{1}{n^2}-\frac{1}{m^2}\right)\tag{11-16}$$

式(11－16)表明，氢原子只有某些特定波长的辐射，形成的是线状光谱。谱线归入的线系与电子跃迁落入能级的量子数 n 有关，初态量子数 $m>n$。电子由高能态向低能态跃迁时，多余能量以光子的形式释放出来。式(11－16)的常数项为

$$\frac{me^4}{8\varepsilon_0^2h^3c}=\frac{9.11\times10^{-31}\times(1.602\times10^{-19})^4}{8\times(8.854\times10^{-12})^2\times2.998\times10^8\times(6.626\times10^{-34})^3}\approx1.097\times10^7\ \text{m}^{-1}\tag{11-17}$$

将该常数项与里德伯常数进行比较，大约有万分之几的偏差。

根据玻尔假设，在氢原子中电子沿半径确定的若干圆周轨道运动。我们已经知道这种十分确定的轨道图像是不完善的，但这并不妨碍我们谨慎地应用玻尔理论了解氢原子的线度和能量方面的一些数量特征。

例 11－5　求氢原子巴耳末系中最长的波长和最短的波长。

解　(1)巴耳末系中波长最长的谱线对应于 $n=3$ 的能级到 $n=2$ 的能级的跃迁。

由 $E_3=-13.6\ \text{eV}/3^2$，$E_2=-13.6\ \text{eV}/2^2$，得

$$\Delta E=E_3-E_2=1.89\ \text{eV}$$

这样，巴耳末系中波长最长的谱线为

$$\lambda=\frac{hc}{\Delta E}=\frac{2\pi\hbar c}{\Delta E}=\frac{2\pi\times197.3}{1.89}=656\ \text{nm}$$

式中，$\hbar c=197.3\ \text{eV}\cdot\text{nm}$。

(2)巴耳末系中波长最短的谱线对应于 $n\to\infty$的能级到 $n=2$ 的能级的跃迁。

由 $E_\infty=0$，$E_2=-13.6\ \text{eV}/2^2$，得

$$\Delta E=E_\infty-E_2=3.4\ \text{eV}$$

这样，巴耳末系中波长最短的谱线为

$$\lambda=\frac{hc}{\Delta E}=\frac{2\pi\hbar c}{\Delta E}=\frac{2\pi\times197.3}{3.4}=364\ \text{nm}$$

11.3.3 玻尔理论的成功和局限

玻尔的氢原子理论在处理氢原子及类氢原子的光谱问题上取得了成功,理论上能定量地解释氢原子光谱的实验规律。他首先指出经典物理学对原子内部现象不适用,提出了原子系统能量量子化的概念和角动量量子化的概念。玻尔创造性地提出了定态假设和能级跃迁决定谱线频率的假设。

玻尔理论也存在深刻的矛盾和严重的不足。首先,这一理论是经典理论加上量子条件的混合物,并不是微观体系的一种严密的物理推导。它一方面把微观粒子看作经典力学的质点,用牛顿定律来计算电子的轨道,另一方面又加上量子条件来限定稳定运动状态的轨道,还假设存在不连续的跃迁过程;它一方面认为氢原子中核与电子的静电作用满足库仑定律,另一方面又认为在定态时电子绕核运动不发射电磁波。玻尔理论缺乏统一的理论基础,存在着难以解决的内在矛盾。其次,玻尔理论不能解释有关中性的氦原子的实验事实,对复杂原子更是无能为力。即使对氢原子,用玻尔理论也无法计算观察到谱线强度、宽度、偏振等,更不用说解释谱线的精细结构了。因此,玻尔理论只是一个初步的、过渡性的理论,它的成功在于引进了量子概念,它的不足在于仍保留了经典物理的观念。

玻尔的创造性工作对现代量子力学的建立产生了深远的影响。在以后的岁月里,人们一直致力于发展新的概念和理论,以代替失效的经典体系,解释观察到的实验事实。这种普遍的理论应该适用于所有的系统(不论系统是宏观的还是微观的),而且能在宏观领域中转化为经典物理的定律。经过不懈的努力,这种探索在20世纪20年代中期终于有了重大的突破,这就是由薛定谔和海森伯等人创立的量子力学。

11.4 波粒二象性

20世纪20年代中期,当不少物理学家还在为光的波粒二象性感到困惑时,德布罗意把波粒二象性从光推广到所有的物质粒子,对物质世界的传统认识提出了挑战。而后1927年,戴维森、革末以及汤姆逊分别用电子衍射实验证实了电子波动性的存在,验证了德布罗意的物质波理论。

11.4.1 波粒二象性

在经典物理学中,粒子意味着定域的客体,具有一定的质量、电荷;每一时刻都有一定的位置和动量,运动时有确定的轨道;与其他粒子碰撞时,可以交换能量、动量,发生散射、碰撞过程遵守动量和能量守恒定律;粒子不发生干涉和衍射效应。

而波动是非定域的，意味着某种物理量时空分布的周期性；波和粒子的对立，还突出表现在有无广延性上，一个有准确频率和波长的波，它在空间中必然是无限扩展的，如果一个波局限于空间的有限区域，它就不能用单一频率和单一波长来表征；波动性的重要标志是遇到障碍物时发生子波相干叠加引起的干涉和衍射现象。经典波动与经典粒子是互相排斥、互不相容的两个概念。但是，无论粒子还是波，作为物质存在的一种形式，无疑应有各自统一的属性。

波动和粒子这两种经典概念在描述微观现象时是互斥的，波动性和粒子性不会在一种测量中同时出现。因此，它们不会在同一实验中直接冲突，但这两种概念在描述微观现象、解释实验时又都是不可缺少的，在这种意义上它们“互补”。被观察到的究竟是波动性还是粒子性，有赖于实验的测量。在显像管中电子沿着清晰的路径前进，以非常小的光辉表明它与荧光屏发生了碰撞，这个实验中粒子模型反映了电子的特征。在电子衍射实验中，电子显示了波动的性质，它像波一样传播，在空间扩展，不可能确定任何一个电子的位置，这时需要排除电子的粒子性。玻尔指出：一些经典概念的应用，将不可避免地排除另一些经典概念的同时应用，而这另一些经典概念在另一种条件下却又是描述现象所不可缺少的；必须而且只需将这些既互斥、又互补的概念汇集在一起，才能形成对现象的详尽描述。

11.4.2　实物粒子的波动性——德布罗意波

在光的波粒二象性的启示下，根据自然界具有对称性的考虑，德布罗意(de Broglie)于 1924 年大胆提出了**物质波**(matter wave)假说。他认为，波粒二象性并不是光和电磁辐射所独有的，实物粒子同样具有波粒二象性。正如电磁辐射的一个电子有一个波伴随着它的运动那样，一个实物粒子同样有相应的物质波伴随着它的运动。具有波动性的电磁辐射在某些情况下，会表现出粒子性，而习惯上被当作经典微粒处理的实物粒子在某些情况下也会表现出波动性。

在这一假设下，微观粒子的匀速直线运动既可看成是粒子的惯性运动，同时又可视为一列单色平面波。对质量为 m 的自由粒子以速度 v 运动时，从粒子性方面来看，具有能量 E 和动量 p；从波动性方面来看，具有波长 λ 和频率 ν。这些物理量之间的关系与光的情况类似，即

$$\begin{cases} E = mc^2 = h\nu \\ p = mv = \dfrac{h}{\lambda} \end{cases} \tag{11-18}$$

有时也表示成如下的对称关系：

$$\begin{cases} E = \hbar\omega \\ p = \hbar k \end{cases} \tag{11-19}$$

这个结论称为**德布罗意关系**(de Broglie relation)。物质波又称**德布罗意波**(de Broglie wave)。式中,ν 和 λ 分别为德布罗意波的频率和波长,$\omega=2\pi\nu$ 为德布罗意波的角频率,$k=2\pi/\lambda$ 为德布罗意波的波矢量。

例 11-6 (1)试估算质量为 1 000 kg,速度为 10 m/s 的汽车的德布罗意波长。

(2)试估算质量为 10^{-9} kg、速度为 10^{-2} m/s 的烟尘的德布罗意波长。

解 (1)

$$\lambda=\frac{h}{mv}=\frac{6.6\times10^{-34}}{1000\times10}=6.6\times10^{-38}\ \text{m}$$

(2)

$$\lambda=\frac{h}{mv}=\frac{6.6\times10^{-34}}{10^{-9}\times10^{-2}}=6.6\times10^{-23}\ \text{m}$$

由本题的结果可知,宏观物体的德布罗意波长远小于宏观物体的尺度。

例 11-7 试估算动能为 100 eV 的电子的德布罗意波长。

解 本题中电子的动能远小于其静能,因此它的运动是非相对论性的。

$$\lambda=\frac{h}{p}=\frac{h}{\sqrt{2m_{e}E_{k}}}=\frac{6.626\times10^{-34}}{\sqrt{2\times9.11\times10^{-31}\times100\times1.6\times10^{-19}}}=1.23\times10^{-10}\ \text{m}$$

从光的波动理论我们知道,当孔或屏的特征尺寸(如缝宽)变得与光的波长可以比拟或小于光的波长时,容易观察到光的干涉和衍射现象。同样,要观察物质的波动现象,就需要适当小的孔或屏,即孔或屏的特征长度应与粒子的德布罗意波长相当或小于粒子的德布罗意波长。从本题的估算可以看出,动能为 100 eV 的电子的德布罗意波长与 X 射线的波长相当。利用晶体中的点阵作为衍射光栅可以观察到 X 射线的衍射现象。所以,德布罗意建议用电子在晶体上的衍射实验来验证电子的波动性。

11.4.3 电子的衍射实验

尽管德布罗意的理论看起来很有道理,而且也能对已有的事实作出合理的解释,但理论是否正确仍然需要实验来判决,最早证明德布罗意物质波假说的是 1927 年的戴维森(C. Davisson)和革末(L. Germer)完成的在镍单晶上的电子衍射实验。

戴维森-革末实验(Davisson-Germer experiment)的装置如图 11-8 所示。电子束被电压 U 加速,垂直投射到镍单晶表面,用探测器 D 在不同方向测量电子束的衍射强度。实验发现,当加速电压为 54 V 时,在散射角 $\varphi=50°$处出现强度极大值(见图 11-9)。

这个实验结果不能依据粒子运动来解释,但能用波的干涉来解释。如果认为电子具有波动性,那么按照衍射理论,当电子束以一定角度投射到晶体上时,只有

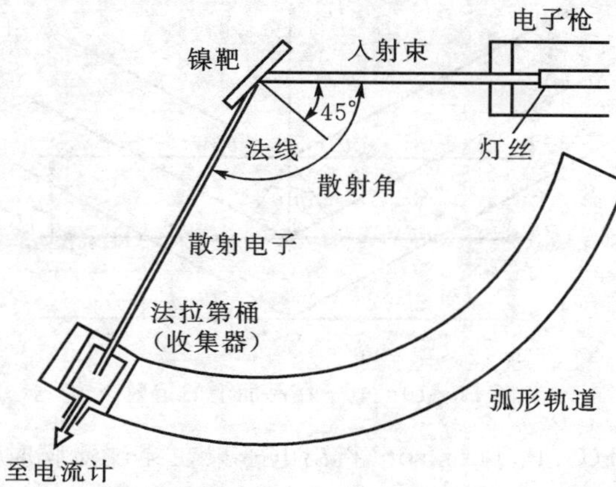

图 11-8　戴维森-革末实验装置示意图

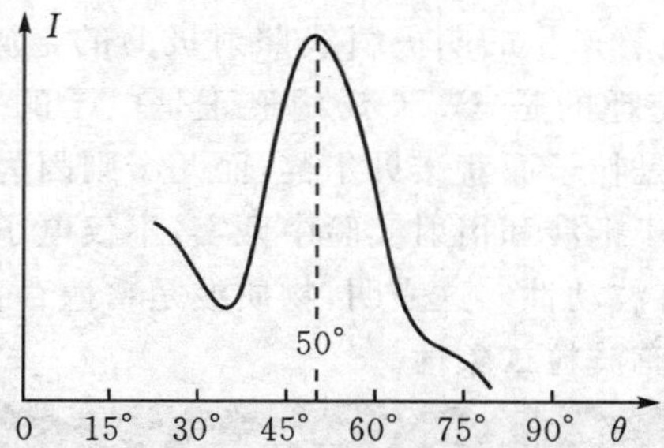

图 11-9　反射电子束强度与反射角之间的关系

在入射波的波长满足布拉格关系时，才能在反射方向上出现强度的极大值，即

$$2d\sin\theta = k\lambda\,(k = 1,2,3,\cdots) \tag{11-20}$$

这里 d 为晶面间距，θ 为掠射角(见图 11-10)。有效的晶面间距可以用 X 射线分析法得到，实验测得 $d=0.091$ nm；因为散射角 $\varphi=50°$，所以掠射角 $\theta=90°-\varphi/2=65°$。取 $k=1$，根据布拉格关系可以得到波长的实验值 $\lambda=0.165$ nm。另一方面，与动能为 54 eV 的电子相对应的物质波的波长可以用德布罗意关系计算：

$$\lambda = \frac{h}{p} = \frac{h}{\sqrt{2m_e E_k}} = \frac{6.626\times10^{-34}}{\sqrt{2\times9.11\times10^{-31}\times54\times1.6\times10^{-19}}} = 0.167\ \text{nm}$$

可见，理论计算的结果与实验值十分接近。戴维森还通过改变加速电压来改变电子束的波长，观察到对应于 $k>1$ 的更高级强度极大，实验结果均与理论预言一致。

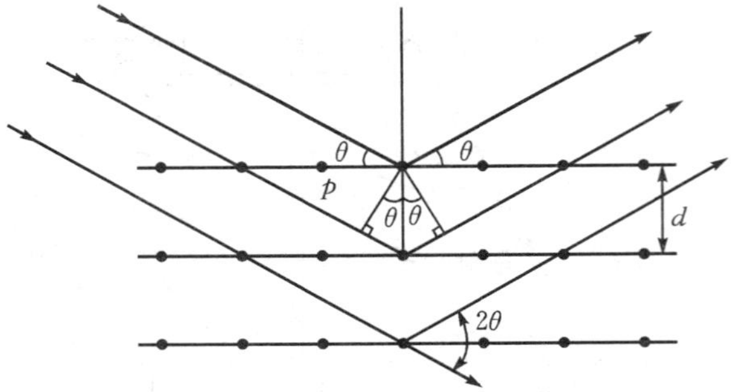

图 11-10 电子在晶面上的衍射

1927 年,汤姆逊(G. P. Thomson)指出电子束在穿过薄膜时会产生衍射,并独立地详细验证了德布罗意关系。戴维森-革末实验类似于 X 射线实验中的劳厄实验(连续谱中的特殊波长从一大块单晶中的晶面族反射),而汤姆逊实验则类似于德拜的 X 射线粉末衍射法(固定的波长透过大量无规则排列的极小晶体)。汤姆逊在实验中用气体放电管产生的阴极射线照射极薄的金属箔,在屏上得到了衍射图样(见图 11-11)。有趣的是,G. P. 汤姆逊正是电子的发现者 J. J. 汤姆逊的儿子,父亲因为证实电子是粒子而获诺贝尔奖,而儿子则因为证实电子是波而获诺贝尔奖。此后,人们陆续于干涉和衍射实验中证实,不仅电子,而且质子、中子、原子、分子等实物粒子都具有波动性。这表明,物质波是普遍存在的,微观粒子不论其静止质量是否为零,都具有波粒二象性。

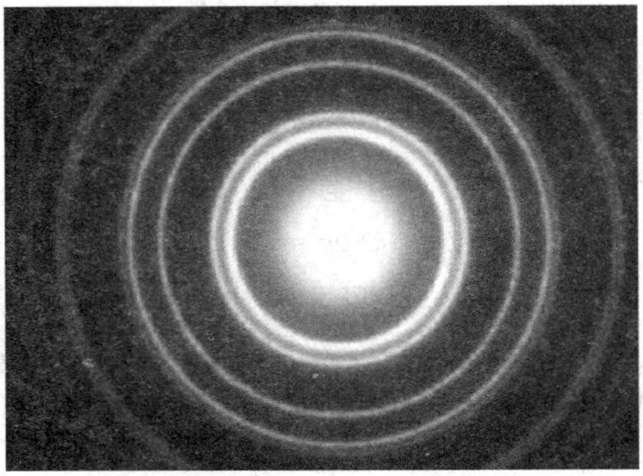

图 11-11 电子晶面衍射实验图

11.4.4 德布罗意波的统计解释

为了理解实物粒子的波动性,不妨回顾一下光的衍射。对于光的衍射图样来说,根据光是一种电磁波的观点,在衍射图样的亮处,波的强度大,暗处波的强度小。而波的强度与波幅的二次方成正比，所以图样亮处的波幅的二次方比图样暗处的波幅的二次方要大。同时，根据光子的观点，某处光的强度大，表示单位时间内到达该处的光子数多；某处光的强度小，则表示单位时间内到达该处的光子数少。而从统计的观点，光子到达亮处的概率要远大于光子到达暗处的概率。因此可以说，粒子在某处附近出现的概率与该处波的强度成正比。

应用上述观点来分析电子的衍射图样，从粒子的观点来看，衍射图样的出现，是由于电子射到各处的概率不同而引起的，电子密集的地方概率很大，电子稀疏的地方概率则很小；而从波动的观点来看，电子密集的地方表示波的强度大，电子稀疏的地方表示波的强度小。所以，某处附近电子出现的概率就反映了该处德布罗意波的强度。对于电子是如此，对其他微观粒子也是如此。普遍地说：在某处德布罗意波的强度与该处出现的概率成正比，这就是**德布罗意波的统计解释**(statistical interpretation)。

在量子力学的概念中，实物粒子波与经典波是有明显区别的。实物粒子波不代表描述粒子的某一物理量在时空中周期性地变化。如前所述，它是一种概率波，是粒子在空间各处出现的概率分布呈现的波动表现。概率波只是保留了波具有叠加性这一特征，因此它不是经典波，它是量子波。实物粒子也不是经典粒子，经典粒子在运动过程中有确定的轨道，而实物粒子具有波动性，在同一时刻，它出现在空间不同的位置具有不同的概率——不可能确切地知道它到底出现在哪里，只知道它出现在那里的概率！它没有轨道的概念，因此它只能是一颗量子粒子。量子粒子的统计行为遵循一种可以预言的波动图样，因此，量子粒子与量子波是统一的。

11.5　不确定原理

不确定原理(uncertainty principle)，或称**不确定关系**(uncertainty relation)、测不准原理、测不准关系，是 1927 年海森伯(Heisenberg)从量子力学普遍定律出发导出的，它揭示了微观粒子运动的基本规律，是微观粒子波粒二象性的形象而定量的描述。常见的不确定关系有如下的关系式：

$$\Delta x \cdot \Delta p_x \geqslant \frac{\hbar}{2} \tag{11-21}$$

$$\Delta E \cdot \Delta t \geqslant \frac{\hbar}{2} \tag{11-22}$$

11.5.1　位置和动量的不确定关系式

在经典力学中粒子(质点)的运动状态是用位置坐标和动量来描述的，而且这两个量都可以同时准确地予以测定，这就是牛顿力学的确定性。因此，可以说同时准确地测定粒子(质点)在任意时刻的坐标和动量是经典力学赖以保持有效的关键。然而,对于具有二象性的微观粒子来说,不能同时确定坐标和动量,而只能说出其可能性或者概率。

以电子通过单缝衍射为例。设有一束电子沿 Oy 轴射向屏 AB 上缝宽为 a 的狭缝。于是,在照相底片 CD 上,可以观察到如图 11 - 12 所示的衍射图样。仍用坐标和动量来描述电子的运动状态,入射电子 x 方向无动量,电子从狭缝的何处通过是不确定的,只知是在宽为 a 的狭缝中通过。显然,电子在 Ox 轴上的坐标的不确定范围是 $\Delta x=a$。

在同一瞬时,由于衍射的缘故,电子动量的大小虽未变化,但动量的方向有了改变。由图 11 - 12 可以看到,如果只考虑一级($k=1$)衍射图样,则电子被限制在一级最小的衍射角范围内,有

$$\sin\theta = \frac{\lambda}{a} = \frac{\lambda}{\Delta x}$$

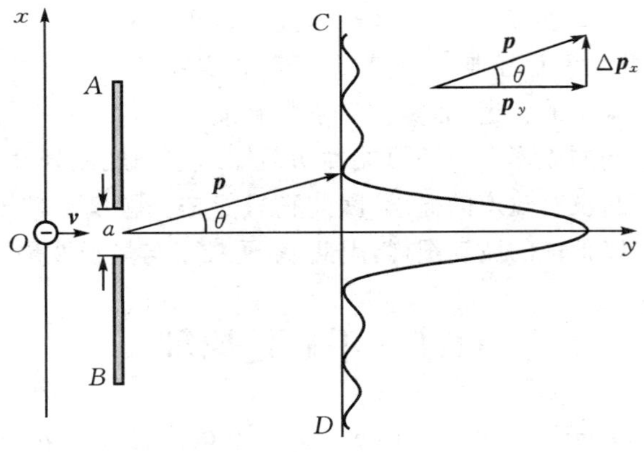

图 11 - 12　电子的单缝衍射强度曲线

根据动量 p 的分解,可知电子在 x 方向上动量分量 p_x 的大小将被限制在

$$0 \leqslant p_x \leqslant p\sin\theta$$

的范围内,即电子动量沿 Ox 轴方向的分量的不确定范围是

$$\Delta p_x = p\sin\theta = \frac{h}{\lambda} \cdot \frac{\lambda}{\Delta x} = \frac{h}{\Delta x}$$

即

$$\Delta x \cdot \Delta p_x = h$$

考虑到衍射次极大 Δp_x 还要大一些,即 $\Delta p_x \geqslant p\sin\theta$,因此一般地有

$$\Delta x \cdot \Delta p_x \geqslant h$$

上式推导略显简略，但包含不确定原理最本质的内容，即同时测量通过狭缝电子的位置和动量，它们的不确定度满足上式所给出的不确定关系。换言之，测量粒子位置的精度越高（Δx 越小），测量粒子动量的精确度就越低（Δp_x 越大）。而加大缝宽，减弱衍射，使粒子穿过狭缝而不偏离入射方向的同时，必然放弃了粒子位置的确定性。存在两种极端情况：如果粒子的位置 x 完全确定（$\Delta x=0$），那么粒子动量分量 p_x 的数值就完全不确定（$\Delta p_x \to \infty$）；如果粒子动量分量 p_x 完全确定（$\Delta p_x=0$），那么粒子位置的 x 坐标就完全不确定（$\Delta x \to \infty$）。这个关系不是对测量粒子位置 x 和粒子动量分量 p_x 的精确度加以约束，而是在同时测量两者时对乘积 $\Delta x \cdot \Delta p_x$ 施加限制。由量子力学基本原理可以更严格地导出式(11-21)。

11.5.2　能量和时间的不确定关系式

微观粒子的行为在能量与时间上也体现出不确定关系。考虑对一个运动粒子能量进行测量所需的时间为 Δt，粒子的能量 E 与动量 p 的关系是 $c^2p^2=E^2-(m_0c^2)^2$，那么能量的不确定度 ΔE 与动量不确定度 Δp 满足 $c^2p\Delta p=E\Delta E=mc^2\Delta E$，而 Δt 时间粒子可能的位移正是这段时间粒子位置的不确定度 $\Delta x=p\Delta t/m$，由 $\Delta x \cdot \Delta p \geqslant \hbar/2$，得 $\Delta E \cdot \Delta t \geqslant \hbar/2$。

不确定关系除了在理论上具有重大意义之外，还有广泛的实际用途，特别是常常用来定性地估计体系的基本特征。在微观世界，一些物理量的不确定量常常与这些物理量自身相当，根据这个特点，还可以利用不确定关系来估算一些物理量。

例 11-8　试用不确定关系估算：

(1)原子中电子速度的不确定量（已知原子的线度的数量级为 10^{-10} m）。

(2)显像管中电子横向速度的不确定量（已知显像管中电子束的直径约为 10^{-4} m，电子的速度大约为 10^7 m/s）。

解　(1)电子位置的不确定量与原子线度相当，即 $\Delta x=10^{-10}$ m，由不确定关系，电子速度的不确定量

$$\Delta v_x=\frac{\Delta p_x}{m_e} \geqslant \frac{\hbar}{2m_e\Delta x}=\frac{6.626\times10^{-34}/2\pi}{2\times9.11\times10^{-31}\times10^{-10}} \approx 6\times10^5\ \mathrm{m/s}$$

根据玻尔理论，氢原子中电子的轨道运动速度约为 10^6 m/s，它与电子速度的不确定量在数量级上相当。可见，对原子范围内的电子，速度这一概念是没有什么实际意义的，为描述原子中电子的运动，必须抛弃轨道等经典概念，而代以描述电子在空间的概率分布的“电子云”图像。

(2)电子横向位置的不确定量与电子束的直径相当，即 $\Delta x=10^{-4}$ m，由不确定关系，电子横向速度的不确定量

$$\Delta v_x=\frac{\Delta p_x}{m_e} \geqslant \frac{\hbar}{2m_e\Delta x}=\frac{6.626\times10^{-34}/2\pi}{2\times9.11\times10^{-31}\times10^{-4}} \approx 0.6\ \mathrm{m/s}$$

Δv_x 远远小于显像管中电子运动的速度。可见,显像管中的电子速度是相当确定的,可以看作经典粒子,其运动规律仍然可以用牛顿定律处理。

例 11-9 试用不确定关系估算氢原子基态的能量和半径。

解:氢原子中电子位置的不确定量与原子半径相当,电子动量的不确定量与电子动量大小相当。根据不确定关系,近似地有 $\Delta r \cdot \Delta p \sim \hbar$,所以 $r \cdot p \sim \hbar$。将 $r = \hbar/p$ 代入氢原子总能量的表达式,可以得到

$$E = \frac{p^2}{2m_e} - \frac{e^2}{4\pi\varepsilon_0 r} = \frac{p^2}{2m_e} - \frac{e^2 p}{4\pi\varepsilon_0 \hbar}$$

E 的最小值对应基态能量。由 $\mathrm{d}E/\mathrm{d}p = 0$ 可以得到,当

$$p = \frac{m_e e^2}{4\pi\varepsilon_0 \hbar} = \frac{e^2}{4\pi\varepsilon_0 \hbar c} m_e c = \alpha m_e c$$

时,能量取最小值,其中 $\alpha = \dfrac{e^2}{4\pi\varepsilon_0 \hbar c} \approx \dfrac{1}{137}$,为精细结构常数,所以基态半径为

$$r_1 = \frac{\hbar}{p} = \frac{\hbar}{\alpha m_e c} = 0.0529\ \mathrm{nm}$$

基态能量为

$$E_1 = \frac{(\alpha m_e c)^2}{2m_e} - \frac{e^2}{4\pi\varepsilon_0 \hbar} \alpha m_e c = \frac{1}{2}\alpha^2 m_e c^2 - \frac{e^2}{4\pi\varepsilon_0 \hbar c} \alpha m_e c^2 = -\frac{1}{2}\alpha^2 m_e c^2 = -13.6\ \mathrm{eV}$$

实际上,以上估算得到的是氢原子半径和能量的准确值,这不能不说是一种巧合。

11.6 薛定谔方程

薛定谔(Erwin Schrödinger)认为,像电子、中子、质子等这样具有波粒二象性的微观粒子,也可像声波或光波那样用波函数来描述它们的波动性。电子波函数中的频率和能量的关系,应如同光的二象性关系那样,遵从德布罗意提出的物质波关系式。这就是说微观粒子的波动性与机械波(如声波)的波动性有本质的不同。

11.6.1 波函数的物理意义和性质

对于一维平面机械波的波函数

$$y(x,t) = A\cos 2\pi\left(\nu t - \frac{x}{\lambda}\right)$$

或写成复数形式

$$y(x,t) = A\mathrm{e}^{-\mathrm{i}2\pi\left(\nu t - \frac{x}{\lambda}\right)}$$

考察一个动量为 p、能量为 E 的自由粒子,与这个粒子运动所对应的德布罗意波应是一个波长为 λ 和频率为 ν 的单色平面波,且按德布罗意公式有

$$\lambda = \frac{h}{p}, \quad \nu = \frac{E}{h}$$

对一维自由粒子的德布罗意波，类似地可将波函数写出如下的复数形式：

$$\Psi(x,t) = \Psi_0 \mathrm{e}^{-\mathrm{i}2\pi(\nu t - \frac{x}{\lambda})}$$

上式也可以写成

$$\Psi(x,t) = \Psi_0 \mathrm{e}^{-\frac{\mathrm{i}}{\hbar}(Et - p_x x)} \tag{11-23}$$

这就是一维自由粒子的德布罗意波函数，以上德布罗意波函数可推广至三维中，即

$$\Psi(r,t) = \Psi(x,y,z,t) = \Psi_0 \mathrm{e}^{-\frac{\mathrm{i}}{\hbar}(Et - \boldsymbol{p}\cdot\boldsymbol{r})} = \Psi_0 \mathrm{e}^{-\frac{\mathrm{i}}{\hbar}[Et - (p_x x + p_y y + p_z z)]} \tag{11-24}$$

波函数有什么物理意义呢？可先来看看机械波和电磁波。在机械波中，波函数 y 表示位移，其平方与机械波的能量密度成正比，可表示机械波的强度；在电磁波中，y 表示场强，而其平方和电磁波的能量密度成正比，可表示电磁波的强度。类似地，波函数的平方亦表示德布罗意波的强度，只不过这一强度正比于粒子的概率密度，即在 t 时刻出现在 (x,y,z) 点附近体积元 $\mathrm{d}V$ 中粒子的概率。波函数 Ψ 因此就称为**概率波**。

按波函数的统计解释，在 t 时刻 (x,y,z) 点附近体积元 $\mathrm{d}V$ 中粒子出现的概率即**概率密度**(probabilitydensity)为

$$\rho(x,y,z,t) = \Psi^*(x,y,z,t)\Psi(x,y,z,t) = |\Psi(x,y,z,t)|^2 \tag{11-25}$$

而粒子出现的概率由下式来确定：

$$\mathrm{d}p = |\Psi(x,y,z,t)|^2 \mathrm{d}V \tag{11-26}$$

一维情况下，t 时刻，粒子位于 $x \sim x+\mathrm{d}x$ 内的概率可按下式计算：

$$\mathrm{d}p = |\Psi(x,t)|^2 \mathrm{d}x \tag{11-27}$$

由于粒子必存在于整个空间中，即某时刻在整个空间内发现粒子的概率应为1，因而

$$\int_V |\Psi|^2 \mathrm{d}V = 1 \tag{11-28}$$

这就是波函数的归一化条件。满足式(11-28)的波函数称为归一化波函数。

11.6.2　薛定谔方程

在经典力学中，如果知道质点的受力情况，以及质点在起始时刻的坐标和速度，那么由牛顿运动方程可求得质点在任何时刻的运动状态。在量子力学中，微观粒子的状态是由波函数描述的，如果知道它所遵循的运动方程，那么，由其起始状态和能量，就可以求解粒子的状态。

根据德布罗意假设，一个动量为 p、能量为 E 的自由粒子的运动状态应当用一

个平面波函数描述,其波函数为

$$\Psi(x,t)=\Psi_0 e^{-\frac{i}{\hbar}(Et-p_x x)} \tag{11-29}$$

将 $\Psi(x,t)$ 对 x 求二阶偏微分,得

$$\frac{\partial^2 \Psi}{\partial x^2}=-\frac{p_x^2}{\hbar^2}\Psi \tag{11-30}$$

再将 $\Psi(x,t)$ 对时间 t 求一阶偏微分,得

$$\frac{\partial \Psi}{\partial t}=-\frac{i}{\hbar}E\Psi \tag{11-31}$$

在低速($v\ll c$)非相对论条件下,粒子的能量和动量之间的关系为

$$E=\frac{p_x^2}{2m}+V \tag{11-32}$$

由式(11-30)、式(11-31)、式(11-32)三式可得

$$-\frac{\hbar^2}{2m}\frac{\partial^2}{\partial x^2}\Psi(x,t)+V\Psi(x,t)=i\hbar\frac{\partial}{\partial t}\Psi(x,t) \tag{11-33}$$

式(11-33)便是一维波函数要满足的微分方程,称为**一维薛定谔方程**。可由式(11-33)推广到三维情形,可得三维薛定谔方程

$$-\frac{\hbar^2}{2m}\nabla^2\Psi(\boldsymbol{r},t)+\boldsymbol{V}\Psi(\boldsymbol{r},t)=i\hbar\frac{\partial}{\partial t}\Psi(\boldsymbol{r},t) \tag{11-34}$$

式中,$\nabla^2=\frac{\partial^2}{\partial x^2}+\frac{\partial^2}{\partial y^2}+\frac{\partial^2}{\partial z^2}$是拉普拉斯算符。

习　题

11-1　远离恒星的宇宙空间充满了温度 $T=3$ K 的热辐射(称为宇宙背景辐射),这是宇宙发展早期“大爆炸”的遗迹。

(1)此辐射的单色辐射本领在什么波长下有极大值?

(2)地球表面接收的热辐射功率是多大(地球半径 $R_E=6.37\times10^3$ km)?

11-2　钾的光电效应红限波长是 550 nm。求:

(1)钾电子的逸出功;

(2)当用波长 $\lambda=300$ nm 的紫外光照射时,钾的遏制电压。

11-3　波长为 200 nm 的紫外光照射到铝表面,铝的逸出功为 4.2 eV。试求:

(1)出射的最快光电子的能量;

(2)遏制电压;

(3)铝的红限波长;

(4)如果入射光强度为 2.0 W/m²,单位时间内打到单位面积上的平均光子数。

11-4　用单色光照射某一金属产生光电效应，如果入射光的波长从 λ_1 减小到 λ_2（λ_1 和 λ_2 均小于该金属的红限波长），求：

(1)光电子的遏制电压改变量；

(2)当 $\lambda_1=295\ \mathrm{nm}$，$\lambda_2=265\ \mathrm{nm}$ 时，遏制电压的改变量。

11-5　计算氢原子光谱莱曼系的最短和最长波长，并指出是否为可见光；能使处于基态的氢原子电离的最大波长是多少？

11-6　用能量为 12.5 eV 的电子去激发基态氢原子，问受激发的氢原子向低能级跃迁时，会出现哪些波长的光谱线？

11-7　已知氢原子基态的能量为 −13.6 eV，根据波尔理论，要把氢原子由基态激发到第一激发态，所需的能量是多少电子伏特？

11-8　如果电子的总能量恰好等于其静止能量的两倍，求电子的德布罗意波的频率及波长。

11-9　求下列情况中实物粒子的德布罗意波长。

(1)$E_k=100\ \mathrm{eV}$ 的自由电子；

(2)$E_k=0.1\ \mathrm{eV}$ 的自由中子；

(3)$E_k=0.1\ \mathrm{eV}$，质量为 1 g 的质点；

(4)温度 $T=1.0\ \mathrm{K}$，$E_k=\dfrac{3}{2}kT$ 的氦原子。

11-10　电子被 100 kV 的电场加速，如果考虑相对论效应，其德布罗意波长多大？若不用相对论计算，相对误差是多少？

11-11　证明：一个电荷为 e、静质量为 m_0 的粒子，以高速运动（考虑相对论效应）时的德布罗意波长与加速电压 U 的函数关系为

$$\lambda=\frac{h}{\sqrt{2m_0eU}}\left(1+\frac{eU}{2m_0c^2}\right)^{-1/2}$$

11-12　一光子的波长与一电子的德布罗意波长皆为 0.5 nm，试求此光子与电子动量之比 p_0/p_e 以及动能之比 E_{k0}/E_{ke}。

11-13　光子的波长 $\lambda=300\ \mathrm{nm}$，如果确定此波长的精确度 $\Delta\lambda/\lambda=10^{-6}$，试求此光子位置的不确定量。

11-14　试求下列两种情况下，电子速度的不确定量：

(1)电视显像管中电子的加速电压为 9 kV，电子枪枪口直径取 0.10 mm；

(2)原子中的电子，原子的线度为 10^{-10} m。

11-15　若一个电子处于原子某能态的时间为 10^{-8} s，回答下列问题：

(1)这个原子能态的能量的最小不确定量是多少？

(2)如果原子从上述能态跃迁到基态所辐射的能量为 3.39 eV，计算所辐射的光子波长并讨论波长的最小不确定量。

第 12 章　激　光

光的受激辐射光放大(light amplification by stimulated emission of radiation)简称**激光**(laser)。本章主要介绍激光产生的原理、激光特性、激光器的结构及常用激光器、激光的生物效应与应用。

12.1　激光产生的原理

12.1.1　原子能级的正常态分布

物质是由原子组成的,而原子又是由原子核及电子构成的。电子围绕着原子核运动,而电子在原子中的能量不是任意的。描述微观世界的量子力学告诉我们,这些电子会处于一些固定的能级,不同的能级对应于不同的电子能量,离原子核越远的能级能量越高,离原子核越近的能级能量越低。基态能量最低,离原子核越远的激发态能量越高。

在物质处于热平衡状态时,各能级上的原子数(或称集居数)服从玻尔兹曼分布:

$$\frac{n_2}{n_1}=\frac{f_2}{f_1}e^{-\frac{(E_2-E_1)}{kT}}=\frac{f_2}{f_1}e^{-\frac{h\nu}{kT}}$$

f_1,f_2 分别为上、下能级的统计权重,**统计权重也称为简并度,在量子力学中把能级可能有的微观状态数称为该能级的统计权重。**n_1,n_2 分别为单位体积内 E_1,E_2 能级的原子数,因为 $E_2-E_1=h\nu>0$,$T>0$,在通常热平衡条件下,处于高能级 E_2 上的原子数密度 n_2 远比处于低能级 E_1 的原子数密度 n_1 低,这是因为处于能级 E 的原子数密度 n 的大小随能级 E 的增加而指数减小。

12.1.2　自发辐射 受激吸收和受激辐射

粒子发射光和吸收光的过程总是和粒子能级间的跃迁相联系着。光与粒子系统的相互作用一般说来有三种基本过程,即自发辐射、受激吸收和受激辐射。下面对这三种过程分别予以介绍。为简单期间,只考虑粒子间的两个能级 E_1 和 E_2 ($E_1<E_2$),并设在时刻 t,处于这两个能级上的粒子数分别为 n_1 和 n_2,粒子从能级 E_2 跃迁到能级 E_1 （辐射过程）和能级从 E_1 跃迁到能级 E_2 （吸收过程）,都

应满足频率条件

$$\nu=\frac{E_2-E_1}{h}$$

1. 自发辐射

我们知道，处于高能级的粒子一般是不稳定的，它将通过辐射或无辐射跃迁（例如碰撞过程）回到低能级。原子在没有外界干预的情况下，处于高能级 E_2 的一个原子自发地向低能级 E_1 跃迁，并发出一个能量为 $h\nu=E_2-E_1$ 的光子，这种过程称为自发跃迁，由自发跃迁发出的光波称为**自发辐射**。自发辐射过程如图12－1所示。

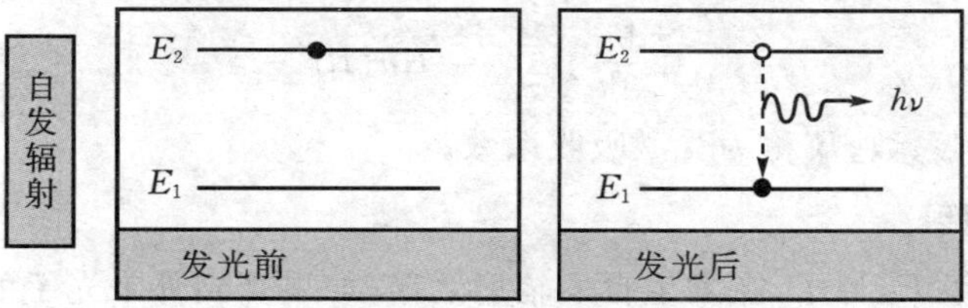

图 12－1　原子的自发辐射

单位时间内自发辐射粒子数只与高能级粒子数 n_2 成正比，可写成

$$\left(\frac{\mathrm{d}n_{21}}{\mathrm{d}t}\right)_{\text{自发}}=A_{21}n_2$$

A_{21} 称为自发辐射系数，对给定粒子的两个确定能级，A_{21} 为常数。自发辐射是一个随机辐射的过程，发生辐射的各个粒子间互不相关，它们所发出的光波波列的频率、相位、偏振态、传播方向之间都没有关系，所以自发辐射的光波是非相干的。自发辐射只决定原子本身的性质，与外界作用无关。

由于激发态粒子，总是要通过各种途径返回较低能级的，所以粒子在激发态只能停留有限的时间。粒子在某激发态停留时间的平均值称为该激发态的平均寿命，用 τ 表示。一般 τ 为 10^{-8} s 数量级。也有一些能级寿命很长，可达 10^{-3} s 或更长，这样的激发态称为亚稳态。亚稳态在激光形成过程中有着重要的意义。

2. 受激吸收

处在低能级 E_1 原子，受到一个能量为 $h\nu=E_2-E_1$ 外来光子的激励，使它完全吸收该光子的能量，原子从低能级 E_1 跃迁到高能级 E_2，这种过程叫受激吸收。受激吸收跃迁不仅与原子性质有关，还与辐射场有关。受激吸收过程如图 12－2所示。

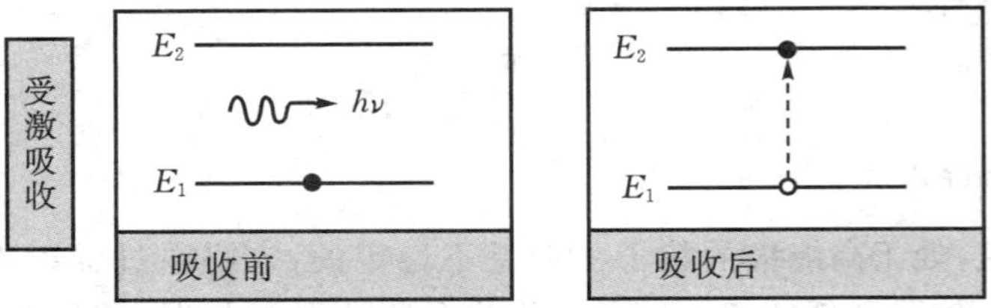

图 12-2 原子的受激吸收

单位时间内受激吸收粒子数,应与低能级 E_1 上粒子数 n_1 及入射单色光强 I 成正比,可写成

$$\left(\frac{\mathrm{d}n_{12}}{\mathrm{d}t}\right)_{\text{吸收}} = Kn_1 IB'$$

式中,K 为比例系数;B' 称为受激吸收系数。

3. 受激辐射

处在高能级 E_2 原子,在发生自发辐射之前,如果受到外来光子的激励,光子的能量恰好满足 $h\nu=E_2-E_1$,则原子就会因感应而发生从高能级 E_2 向低能级 E_1 跃迁,同时辐射一个与外来光子量子态全同(即频率、位相、偏振状态和传播方向完全相同)的光子,这种过程叫受激辐射。受激辐射具有与自发辐射完全不同的特点,它不是自发的,必须有外来光子的诱导才能发生,同时,只有外来光子能量满足 $h\nu=E_2-E_1$ 时才能发生,而且受激辐射的光子与外来光子的量子态全同。输入 1 个光子,可以得到 2 个量子态全同的光子,这两个光子再激历其他原子产生受激辐射,就可以得到 4 个量子态全同的光子。依此类推,在一个外来光子作用下,利用受激辐射可以获得大量量子态全同的光子,最终实现受激辐射光放大。由受激辐射得到的放大了的光是相干光,称之为激光。受激辐射过程和受激辐射放大示意图如图 12-3 所示。

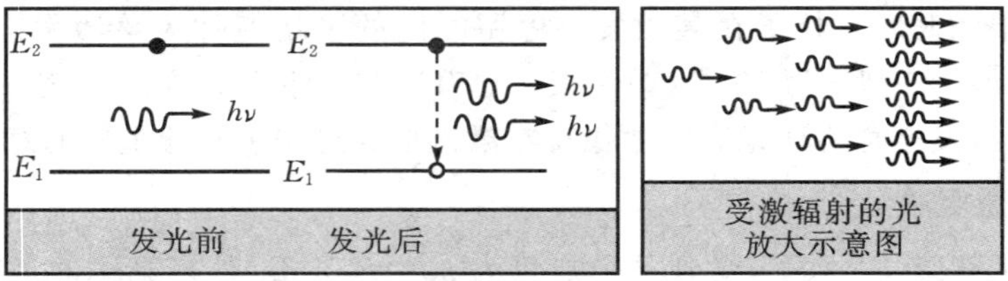

图 12-3 原子的受激辐射过程和受激辐射放大示意图

显然,单位时间内受激辐射粒子数,应与高能级 E_2 上粒子数 n_2 及入射单色光强 I 成正比,可写成

$$\left(\frac{\mathrm{d}n_{21}}{\mathrm{d}t}\right)_{受激} = Kn_2IB$$

式中，K 为比例系数；B 称为受激辐射系数，对给定粒子的两个确定能级，B 为常数。当 E_1 和 E_2 两能级的简并度相同时，受激辐射系数和受激吸收系数相等，即$B=B'$。

12.1.3　粒子数反转

在物质处于热平衡状态时，各能级上的原子数（或称集居数）服从玻尔兹曼分布规律，即

$$\frac{n_2}{n_1} = \frac{f_2}{f_1}\mathrm{e}^{-\frac{(E_2-E_1)}{kT}} = \frac{f_2}{f_1}\mathrm{e}^{-\frac{h\nu}{kT}}$$

为简单期间，取上、下能级的简并度 f_1，f_2 相等，上式简化为

$$\frac{n_2}{n_1} = \mathrm{e}^{-\frac{(E_2-E_1)}{kT}}$$

在热平衡状态下，高能级上集居数总是小于低能级上的集居数，即 $n_1>n_2$，粒子数的这种分布称为正常分布，处于热平衡状态下，吸收大于辐射，光通过介质后将减弱。反之，介质在外界能源激励下，破坏了热平衡，则有可能 $n_2>n_1$，**这种状态称为粒子数反转态，即高能级集居数大于低能级上集居数**。在这种状态下，吸收小于辐射，光通过介质后得到放大，这种情况称为光增益，此时的介质称为光增益介质。在工作物质中建立粒子数反转分布状态是形成激光的必要条件。要达到粒子数反转分布，需要一个机构将低能级粒子抽运到高能态，这种机构称为泵浦源。

12.1.4　光学谐振腔

光波在其中来回反射，从而提供光能反馈的空腔称为光学谐振腔(optical resonant cavity)。光学谐振腔是激光器的必要组成部分，通常由两块与工作介质轴线垂直的平面或凹球面反射镜构成，其中一个镜子反射率 100%（对于谐振波长），另一个镜子的对谐振波长的透射率根据谐振腔的要求而定，如图 12－4 所示。

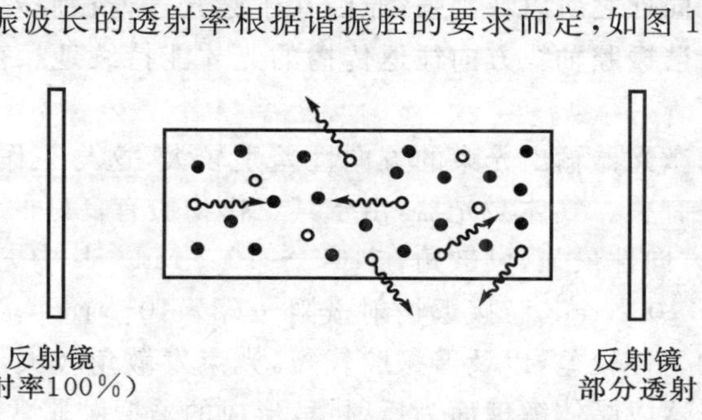

图 12－4　光学谐振腔示意图

想要得到方向性好、单色性好的激光,仅有激光介质和泵浦源是不够的。这是因为:第一,在反转能级间的受激发射可以沿各个方向,且传播一定距离后就射出工作物质,难以形成极强的光束。第二,激发出的光可以有很多频率,对应很多模式,每一模式的光都携带能量,难以形成单色亮度很强的激光。欲使光束进一步加强,就必须使光束来回往返地通过激活介质,使之不断地沿某一方向得到放大,并减少振荡模式数目。光学谐振腔就具有这样的功能。光学谐振腔的作用:①提供正反馈,使光放大能在腔中稳定振荡,为产生大量相同量子态受激发射光子提供保证;②保证激光的单色性和方向性,即选模;③还可以将腔中一部分激光耦合输出。

12.2 激光的特性

12.2.1 单色性好

光是一种电磁波。光的颜色取决于它的波长。普通光源发出的光通常包含着各种波长,是各种颜色光的混合。太阳光包含红、橙、黄、绿、青、蓝、紫七种颜色的可见光及红外光、紫外光等不可见光。而某种激光的波长,只集中在十分窄的光谱波段或频率范围内。如氦氖激光的波长为 632.8 nm,其波长变化范围不到万分之一纳米。由于激光的单色性好,为精密度仪器测量和激励某些化学反应等科学实验提供了极为有利的手段。

12.2.2 方向性好

光束的方向性反映光波能量在空间集中的特性,通常以发散角来衡量它。普通光源,即便使用了定向会聚装置,其发散角也只能缩小到几度到十几度范围内。这根本无法与激光束相比。激光束的发散角一般都在百分之几到万分之几弧度的数量级。它的方向性之所以特别强,原因在于激光器谐振腔对光束方向的严格限制作用。只有沿谐振腔轴线方向往返传播的光才能持续地振荡放大,并从部分反射镜一端输出。

不同种类的激光器输出光束的方向性差别较大,这与工作物质的种类和光学谐振腔的形式等有关。气体激光器,由于其工作物质有良好的均匀性,而且谐振腔较长,因而光束方向性最强,发散角在 $10^{-3}\sim10^{-4}$ rad。其中尤以氦氖激光束发散角最小,仅有 3×10^{-4} rad,已接近衍射极限角(2×10^{-4} rad)。固体和液体激光器因其工作物质均匀性较差,以及谐振腔较短,光束发散角较大,一般在 10^{-2} rad 范围。半导体激光器以晶体解理面为反射镜,形成的谐振腔非常短,所以它的光束方向性最差,发散角为$(5\sim10)\times10^{-2}$ rad。

普通光源(太阳、白炽灯或荧光灯)向四面八方发光,而激光的发光方向可以限制在小于几个毫弧度立体角内,这就使得在照射方向上的照度提高千万倍。激光准直、导向和测距就是利用方向性好这一特性。

12.2.3 激光亮度高

激光是当代最亮的光源,只有氢弹爆炸瞬间强烈的闪光才能与它相比拟。太阳光亮度大约是 10^3 W/(cm^2 · sr),而一台大功率激光器的输出光亮度比太阳光高出 7~14 个数量级。这样,尽管激光的总能量并不一定很大,但由于能量高度集中,很容易在某一微小点处产生高压和几万摄氏度甚至几百万摄氏度高温。激光打孔、切割、焊接和激光外科手术就是利用了这一特性——激光的高强度和高亮度。

气体激光器(CO_2)能产生最大连续功率,固体激光器能够产生最高脉冲功率,尤其采用光腔 Q 调制技术和激光放大器后,可使激光振荡时间压缩到极小数值(10^{-9} s 量级),从而获得极高的脉冲功率。采用锁模技术和脉宽压缩技术,还可进一步将激光脉宽压缩到 10^{-15} s。尤其重要的是激光功率(能量)可以集中在单一(或少数)激光模式中,具有极高的光子简并度。这是激光区别于普通光源的重要特点。

12.2.4 相干性好

光源的相干性是一个很重要的问题,所谓相干性,也就是指空间任意两点光振动之间相互关联的程度。普通光源发光都是自发辐射过程,每个发光原子都是一个独立的发光体,相互之间没有关系,光子发射杂乱无章,其频率、振动方向、相位不一致,所以普通光源发出的光,称为**非相干光**。激光就是通过受激辐射放大得到的一束光量子态全同(即频率、位相、偏振状态和传播方向完全相同)的光子,所以激光具有强的时间相干性和空间相干性。

在同一光源形成的光场中不同的地点同一时刻的光之间的相干性称为空间相干性。可用相干面积定量评价。同一模式内光波场是空间相干的,不同模式的光波场是不相干的,激光方向性越好,它的空间相干性越高。如激光 TEM_{00} 单横模,激光束接近于沿腔轴传播的平面波,即接近于完全空间相干,并具有最小光束发散角。如果激光是多横模结构,多横模就意味着方向性变差,所以空间相干性变小。

在同一光源形成的光场中同一地点不同时刻的光之间的相干性称为时间相干性。可用相干长度来定量评价。激光的相干时间 τ_c 和单色性 $\Delta\nu$ 存在简单关系:

$$\tau_c = \frac{1}{\Delta\nu}$$

即单色性越高,相干时间越长。对于单横模(TEM_{00})激光器,其单色性决定于它的纵模结构和模式的频带宽度,单色性较好,故其时间相干性较强。若激光多纵模振荡,则激光由多个相隔 $\Delta\nu_q$(纵模间隔)的不同频率的光组成,单色性较差,故其时间相干性较弱。激光具有单色性、方向性、高亮度和相干性四大特点。实际上这四性本质上可归结为一性,即激光具有很高的光子简并度。

12.2.5 激光偏振性

偏振性主要取决于激光工作物质,各向同性激光工作物质在应力及热效应作用下导致应力双折射,激光输出具有部分偏振特性,此时,如果在谐振腔中加入偏振元件,激光也可以达到偏振输出。激光工作物质是各向异性,激光可以达到偏振输出。

12.3 常用激光器

不同种类的激光器结构和原理差别很大,但激光器基本构成有三部分:泵浦源、激光工作物质和光学谐振腔(增益大于损耗)。泵浦源提供形成激光能量激励体系,是使激光工作物质发生粒子数反转的必要条件;激光工作物质提供形成激光的能级结构体系,是激光产生的内因;光学谐振腔(增益大于损耗)为激光器提供反馈放大机构,使受激发射的强度、方向性、单色性进一步提高。激光工作物质可以是气体、液体、固体或半导体,根据激光工作物质的不同特点,可以把激光器分为固体激光器、气体激光器、半导体激光器、液体激光器和准分子激光器。下面介绍几种常用激光器。

12.3.1 固体激光器

1. 光泵激励

激光工作物质是固体的激光器称为**固体激光器**,固体工作物质是通过把能够产生受激辐射作用的少量掺杂离子(金属离子)掺入晶体或玻璃基质中构成发光中心而制成的。其中,固体工作物质的物理性能由基质材料体现,而其光谱特性则由掺杂离子决定。基质材料有绝缘晶体和玻璃两大类。固体激光器普遍采用光激励的方式将处于基态的粒子抽运到激发态。以形成集居数反转状态。光激励又分为气体放电灯激励和半导体激光器激励两种方式。

1)气体放电灯激励

气体放电灯的发射光谱由连续谱和线状谱组成,覆盖很宽的波长范围,其中只有与激光工作物质吸收波长相匹配的波段的光可有效地用于光激励。灯泵浦激光器必须有聚光装置,通常采用椭圆和紧包聚光腔。椭圆柱腔,内壁有高反射材料,灯和激光棒分别置于两个焦轴上。紧包腔,平行放置灯和激光棒贴近,其外紧包圆柱腔,其内壁有反射层。此类激光器效率低。

2)半导体激光二极管激励

半导体激光二极管激励是采用波长与激光工作物质的吸收波长相匹配的半导体激光器作为泵浦光源。与灯泵相比较,有很大优势。灯泵时,钕吸收带的吸收只是灯辐射能量的一小部分。而激光二极管的输出波长是可以选择的,在特定固体激光器中,可以使其全部处于吸收带中。与灯泵相比较,半导体激光二极管激励提高了系统的效率,改善了光束质量,延长了元件的寿命。

半导体激光二极管泵浦分端面和侧面两种泵浦方式。端面泵浦是指泵浦光经由会聚光学系统将泵浦光耦合到激光晶体上。端面泵浦功率无法做得很大,一般用于中小功率场合。但装置简单,泵浦光束与谐振腔模匹配良好,激光输出易实现 TEM_{00} 模。阈值泵浦功率低,斜效率高。侧面泵浦是在工作板条的侧面用激光二极管阵列,另一侧面是全反器,使泵浦光尽量集中在工作物质中。它可以依靠增加泵浦二极管数量及排列方式增加泵浦功率,从而达到大功率激光输出。侧面泵浦结构比较简单,甚至可以不用耦合光学系统直接泵浦,但其转换效率比端面泵浦低,且一般为多模输出。

2. 红宝石激光器

红宝石激光器是人们最早研制成功而至今仍被经常采用的一种固体激光器。其工作物质为掺有少量 Cr_2O_3 的 Al_2O_3 晶体,其中 Cr^{3+} 能级图如图 12-5 所示。

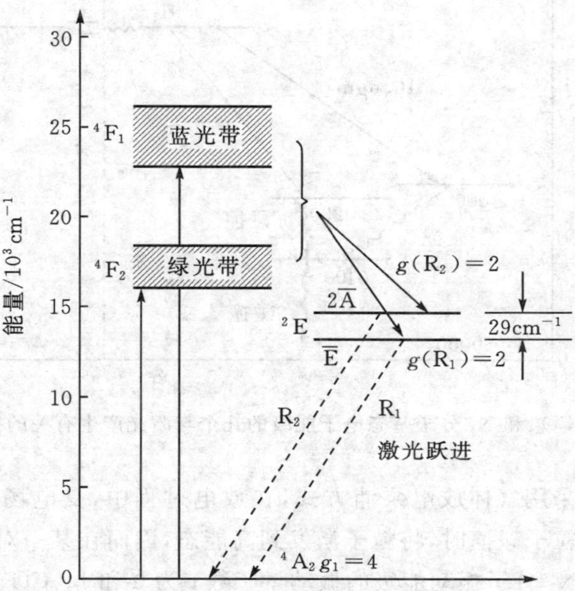

图 12-5　红宝石中 Cr^{3+} 能级图

由图 12-5 可知有两个吸收带,分别为 360～450 nm 和 510～600 nm。^2E 能级寿命较长,它由 $2\overline{A}$ 和 $\overline{E}$ 构成,为激光上能级,基态能级 $^4A_2$ 是激光下能级。红宝石激光器是三能级系统,阈值较高,跃迁时分别产生 694.3 nm 和 692.9 nm 的荧光谱线。$2\overline{A}$ 和 $\overline{E}$ 集居数分布服从玻尔兹曼分布,$\overline{E}$ 上集居数比 $2\overline{A}$ 多,$\overline{E}$ 和 $^4A_2$ 易于达到阈值,而 $2\overline{A}$ 和 $^4A_2$ 难于达到阈值,所以红宝石激光器通常只产生 694.3 nm 激光。其工作方式既可是连续的,也可是脉冲的。

12.3.2 气体激光器

气体激光器是以气体或蒸气为工作物质的激光器。由于气态工作物质不仅光学均匀性好,而且谱线宽度比固体小,因而气体激光器方向性和单色性好,但体积庞大。由于气态工作物质吸收谱线宽度小,不宜采用光泵浦,通常采用气体放电泵浦方式。

CO_2 激光器的工作物质是 CO_2,N_2 和 He 的混合气体。N_2 的作用是提高激光上能级的激励效率,He 则有助于激光下能级的抽空。激光跃迁发生在 CO_2 分子的电子基态的两个振动一转动能级之间,图 12-6 为 CO_2 和 N_2 分子基态电子能级的几个与激光产生有关的振动子能级。

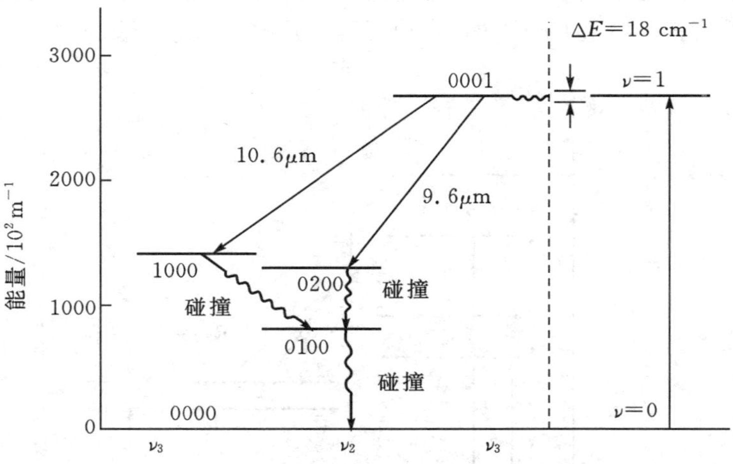

图 12-6 CO_2 和 N_2 分子基态电子能级的几个与激光产生有关的振动子能级

CO_2 激光器采用气体放电泵浦方式,在放电过程中,受电场加速而获得了足够动能的电子与粒子碰撞时,将粒子激发到高能态,因而在某一对能级之间形成集居数反转分布。N_2 分子振动能级的振动量子数 ν 为 0 和 1。CO_2 的三个原子以对称振动、弯曲振动和反对称振动三种方式相对振动,振动能级以 $\nu_1\nu_2^l\nu_3$ 符号表示。

0001→1000 跃迁产生 10.6 μm 波长的激光，0001→0200 跃迁产生 9.6 μm 波长的激光。以上跃迁具有同一上能级，0001→1000 跃迁概率相对较大，所以 CO_2 激光器通常输出 10.6 μm 的激光。CO_2 激光器放电电流有最佳值，约有 60% 以上的能量转换为气体的热能，温度升高，粒子数反转减小，谱线加宽增益系数下降。其连续或脉冲工作均可；输出功率大，效率高；正好处于大气窗口，且对人的眼睛的危害比可见光和红外线小得多。

12.3.3　准分子激光器

准分子激光器的工作物质多由稀有气体构成，在通常情况下，这些气体都以原子的形式存在，在受到诸如电激发之类的能量激发时，会在很短的时间内形成准分子。图 12－7 是准分子的能级图。跃迁发生在束缚的激发态和排斥的基态之间，跃迁是宽带，准分子激光器可以调谐运转。准分子跃迁到基态后立即解离为原子。

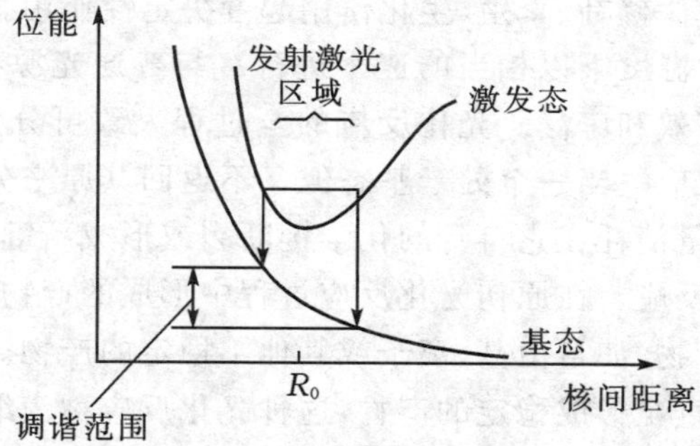

图 12－7　准分子能级图

准分子气体大体可分为三类：即惰性气体准分子（如 Xe_2，Ar_2 等），惰性气体原子与卤素气体原子结合而成的准分子（如 XeF，KrF，XeCl 等），以及金属原子与卤素原子结合而成的准分子（如 HgCl，CUF 等）。这种激光器采用快放电激励或脉冲电子束注入激励；输出多条激光谱线且主要分布在光谱波段的近紫外区和真空紫外区。

12.4　激光的生物效应与应用

激光作用于生物体，主要引起热效应、光化效应、机械效应、电磁场效应和刺激效应五种效应，基于这些效应，激光在医药学方面有广泛应用。以下介绍激光的生物效应及其在医药学方面的应用。

12.4.1 激光的热作用

激光对生物体的热作用主要通过两种途径实现:一种是碰撞生热。生物体吸收可见和紫外激光后,受激的生物分子可能将其获得的光能,通过多次碰撞转移为邻近分子的平动动能、振动能和转动能,使受照体温度升高。另一种是吸收生热,生物体吸收红外光后,光能转变成生物分子的振动能和转动能,使温度升高。生物组织的红外吸收区主要在 2.8～6.3 μm。

热效应的强弱与激光的功率密度、照射面积和照射时间有密切的关系,也与生物组织对光的吸收率、比热、热导率有关系。

12.4.2 激光的光化作用

生物光化效应是指在光的作用下产生的生物化学反应。生命物质之所以能够活动、生长、复制、发育、修补、繁殖,生化作用起着决定性作用。光的作用是使某些生物化学反应在生物温度下以相当的速率进行。与普通光源相比,激光可使光化反应更方便、易控、有效和广泛。光化反应的全过程大致可分为两个阶段:原初光化反应和继发光化反应。当一个处于基态但又不返回其原来分子能量状态的弛豫过程中,多出来的能量消耗在它自身的化学键断裂或形成新键上,发生了一个化学反应,即为原初光化反应。在原初光化反应过程中形成的产物中,大多数是具有高度化学活性的中间产物,如自由基、离子或其他不稳定的产物。这些不稳定的产物继续进行化学反应,直至形成稳定的产物,这种光化反应称为继发光化反应。光化反应的实例有光合作用、光敏化作用、视觉作用等。

12.4.3 激光的机械作用

激光生物机械效应是指当生物组织吸收激光能量时,如果能量密度超过某一确定阈值时,就会产生气化并伴有机械波;若能量密度低于该阈值,就只会产生机械波。光不仅具有波动性,还具有粒子性,即光子有质量有动量,因而光子撞击物体时必然会给受照处施以压力,即光压。激光是高强度光源,它对生物体可产生一次压力和二次压力,辐射压强为一次压力,热膨胀压强、声波和蒸发压强、电致伸缩压强为二次压力。

12.4.4 激光的电磁场作用

激光是电磁波,而生物体作为介质具有电导和电容,在激光电场作用下会发生一些变化,如电致伸缩、受激布里渊散射、受激拉曼散射等。激光作用于生物体组织引发生物组织变化称之为激光生物电磁场效应。

12.4.5 激光刺激效应

当激光照射生物组织时，不是对生物组织直接造成不可逆性的损伤，而只是产生某种与超声波、针刺、针灸和热的物理因子所获得的与生物刺激作用相类似的效应，称为激光生物刺激效应。这种生物效应是低功率激光作用的结果，无法用前述的作用来解释。我们把产生生物刺激效应的激光叫做弱激光。当用弱激光照射生物体时，激光是一种刺激源。生物体对这种刺激的应答反应可能是兴奋，也可能是抑制。目前已知弱激光照射可以影响机体的免疫功能，对神经组织和人体功能有刺激作用，还可以引起生物机体内一系列其他的生物效应，对某些疾病有一定的防治效果。

12.4.6 激光在医药学方面的应用

激光是物质受激辐射产生的一种相干光，具有单色性好，高亮度，辐射方向性强等特点。这些特点使激光非常适合于疾病的诊断、监测和高精度定位治疗。随着各种新型激光器的研制与开发，激光技术在医疗领域的应用越来越广，形成了别具特色的激光疗法。激光疗法具有非接触、无侵袭等传统方法无可比拟的优点。激光用来治疗疾病时，就是利用激光高能量密度辐射对人体组织所产生的生物效应，这些生物效应主要包括光热效应、光压效应、光化效应、生物刺激效应、强电磁场效应等。目前已应用医学的有激光治疗肿瘤、治疗眼疾病、治疗动脉血栓、血管成形、激光吻合术、激光美容，激光诱导荧光光谱诊断、激光换肤、激光针灸、激光外科整形等。以下主要从激光的生物效应机理以及临床应用方面阐述激光技术在医学上的若干应用。

1. 激光在医疗学方面的应用

1)皮肤病治疗和美容上的临床应用

多年来，Ar^+ 和 CO_2 激光被广泛应用于治疗各种皮肤病。激光治疗皮肤病是利用激光照射人体组织产生的选择性光热作用，它不仅与激光的波长、能量密度有关，还与人体组织的吸收系数有关，决定人体组织的吸收系数的因素则是色素(包括黑色素、肌红素、血红素)和水。

氧合血红蛋白在波长 542 和 578 nm 处有两个吸收峰，还原血红蛋白在波长 560 nm 处有一吸收峰，用峰值波长凝固血管来治疗皮肤血管性疾病最佳。用 520～585 nm波段的绿、黄光也都很有效。因此，可用倍频 Nd：YAG(532 nm)或 Ar^+ 激光有效凝固血红蛋白来治疗皮肤血管性疾病。在激光出现前，对真皮毛细血管不正常集聚形成的鲜红斑痣的治疗疗效甚微。现在只要用 1～2 W Ar^+ 激光或1.06 μm激光器的倍频光照射病变(靶)组织,就可得到有效的治疗。这种波长的激光可穿透表皮,被血管中的血红蛋白吸收,使血管凝固。起先由于血管的去除,皮肤会变得苍白,当新的毛细血管生成后皮肤恢复正常颜色,达到了美容效果。

水的吸收主峰为 2.95 μm 和 5.4 μm。激光磨皮去皱是汽化表皮而不损伤真皮组织,当选用 2.95 μm 和 5.4 μm 的波长时,由于水对 CO_2 激光吸收能力也很强,所以常选用超短脉冲 CO_2 激光(10.6 μm)进行去皱治疗。脉冲激光器的出现使美容的治疗得以实现,就是当使用高流量(200～500 mJ/cm^2)、长脉宽(小于1.4 ms),而且对水具有高吸收率的激光对皮肤进行美容治疗时,能使表皮吸热汽化但不伤其真皮,同时刺激真皮层胶原蛋白,使之增生和聚集令真皮恢复弹性。这种激光已有效地应用于去皱、去毛、头发移植,并且已取得了可喜的治疗效果,高能超短脉冲 CO_2 激光(10.6 μm)更因其对水吸收率高和穿透深度浅而成为除皱美容的理想疗法。总之,利用靶组织(病灶)和正常组织吸收率的差别,使激光在损伤靶组织的同时避免正常的损伤(即选择性光热作用)是激光治疗的重要原则。

2)激光切割

激光切割的最大优点是切口出血少,手术视野清晰。目前使用的是超脉冲激光。将激光器发出的能量聚集,并通过特殊开关使能量在瞬间释放,强大的能量将组织迅速汽化,不仅切割快捷,同时也使切口周围的热传导减少到最小,对切口周围组织的损伤程度极小。激光切割用于重睑术、眼袋整形、面部除皱等方面,取得了良好的效果。

3)激光诊断

近年来,激光诱导荧光技术在诊断恶性肿瘤方面的应用价值,已引起国内外肿瘤专家的关注。这种方法有利于在肿瘤早期找出其存在的部位,实现肿瘤的早期诊断与治疗。目前,人们利用激光诱导荧光法诊断肿瘤组织主要有两种方法:

(1)外加光敏物质诊断。根据荧光物质与肿瘤组织有比较强的亲和力的原理,在病人静脉注射或口服光敏剂后一段时间(一般为 48～72 h)接受激光照射,根据记录数据诊断。

(2)自体荧光光谱诊断。该方法不用外源性荧光物质,利用人体组织在激光激励下产生的荧光,进行光谱特征分析,可以将肿瘤组织与正常组织区分开来。以荧光强度比为参数诊断胃癌在实验和临床上已获得成功。根据荧光光谱特性曲线,便可以确定肿瘤的部位。

4)光动力学疗法(PDT)在治疗癌症方面的临床应用

光动力学疗法(PDT)是一种新颖的治疗癌症的手段,这种技术是利用被肿瘤细胞吸收储留在人体病变(靶)组织上的光敏剂,用特定波长激光照射下的光化反应来选择性杀伤癌细胞。血卟啉衍生物(HPD)是目前常用的用来治疗癌症的光敏剂。在激光辐照前48 h,静脉注射HPD,刚开始所有细胞都会吸收,但正常细胞随后将其释放,肿瘤细胞则将其储留。而后用特定波长的激光辐照,HPD将产生光化作用,释放出单原子氧,杀死储留HPD的肿瘤细胞,而周围正常细胞在激光辐照下产生周边衍射。光动力还能促进病变区位去除后细胞的生成代谢,选择性杀伤癌细胞的特定波长是治疗肿瘤病变的关键。波长为630 nm和532 nm的激光都能有效地激活血卟啉衍生物,红色激光(630 nm)对大多数组织的穿透深度大于绿色激光(532 nm),但532 nm的激光对于治疗浅表性的、多中心的肿瘤,如膀胱肿瘤等取得明显疗效,我国在以光动力学治疗肿瘤方面已取得了突破性进展。

5)准分子激光用于屈光不正的治疗

准分子激光属于冷激光,无热效应,是方向性强、波长纯度高、输出功率大的脉冲激光。准分子激光波长短,穿透力弱,每个脉冲只能切削0.25 μm的深度,是在细胞下水平切削,切削极精确。最常见的波长有157 nm,193 nm,248 nm,308 nm,351～353 nm。准分子激光与生物组织作用时发生的不是热效应,而是光化反应。所谓光化反应,是指组织受到远紫外激光作用时,会断裂分子之间的结合键,将组织直接分离成挥发性的碎片而消散无踪,对周围组织则没有影响,达到对角膜的重塑目的,能精确消融人眼角膜,预计去除的部分空间,精确度达细胞水平,不损伤周围组织。它的波长短,不会穿透人的眼角膜,因此对于眼球内部的组织没有任何不良的作用。准分子激光在医学上主要用于屈光不正的治疗。

2. 激光在医学科研方面的应用

目前已应用医学的有激光治疗肿瘤、治疗眼疾病、治疗动脉血栓、血管成形、激光吻合术、激光美容,激光诱导荧光光谱诊断、激光换肤、激光针灸、激光外科整形等。在诊断方面,各种激光分析、诊断仪器(如激光肿瘤诊断分析仪、激光全息显微镜、激光CT等)能迅速、客观地得出结果。在治疗方面,激光治疗技术(如激光刀、激光治疗机、激光微光束技术、内窥镜激光、光动力学疗法等)几乎在临床各科都得到应用。我国将激光与中医针灸结合应用于临床,这在国际上是领先的。

12.4.7　激光的防护

来自激光装置的危害大致可分为辐射危害、电气危害、化学危害和机械危害四类,通常只考虑辐射危害。激光辐射能对人眼和皮肤造成伤害,其中以前者的后果最为严重。使用激光器,应该采取以下防护措施:①重视高电压的操作规则以防电击,激光器使用后即终止光路,开启激光器时严格遵守水电操作规程;②激光器应可能地封闭起来,激光束除接近目标处外不应外漏。③激光束不应和眼在同一水平位置。④激光束应止于无反射及防火物质。⑤脉冲激光应有安全闸以防止激光爆炸。⑥对每一应用,都应该使用能达到目的最低辐射水平。⑦激光室的墙壁不可涂黑,应用浅色而漫射的涂料,以减少镜式反射和提高光亮。⑧所有室内人员应戴相应的防护眼镜,切忌一镜多用。工作人员应穿工作服和戴手套。要像对待枪支那样对待激光,严禁直视激光束,尽可能远离激光束。

习 题

12-1 试计算连续功率均为 1 W 的两光源,分别发射 $\lambda=0.5000\ \mu m$,$\nu=3000$ MHz的光,每秒从上能级跃迁到下能级的粒子数各为多少??

12-2 阐述激光产生原理。

12-3 简述激光的空间相干性和时间相干性。

12-4 简述激光器结构、特点及激光产生条件。

12-5 激光在生物医学中有哪些应用?

12-6 准分子激光器有哪些特点?它在治疗近视中为什么不会伤害眼睛?

第 13 章　X 射线

X 射线又称伦琴射线，是 1895 年由伦琴(W. K. Rontgen)研究稀薄气体放电时发现的。X 射线的发现，对物质的微观结构理论的深入研究和技术上的应用以及医学的发展都具有重要意义。目前，利用 X 射线检查和治疗疾病已经成为近代临床医学中的一种主要手段。本章将讨论 X 射线的产生及性质，X 射线谱，X 射线的吸收规律，X 射线的生物效应以及它在临床上的应用。

13.1　X 射线的产生

13.1.1　X 射线的发生装置

产生 X 射线的装置称为 X **光机**，其结构如图 13－1(b)所示。它的核心部件是 X 射线管，结构如图 13－1(a)所示。

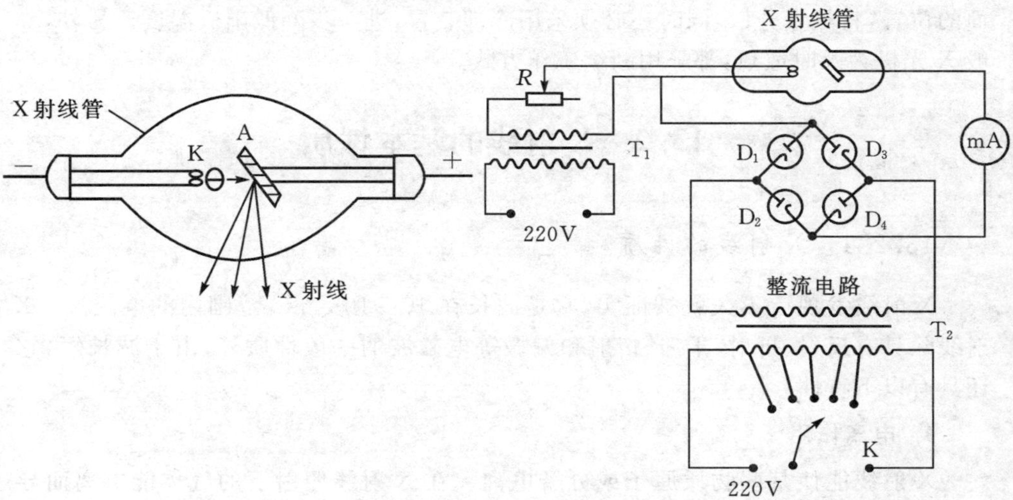

(a)X 射线管　　(b)X 射线发生装置示意图

图 13－1　X 射线管和 X 射线发生装置

现代 X 射线管都是热阴极式的。将球形硬质玻璃管内部抽成高真空，管内封有阴、阳两个电极，阴极(又叫灯丝)由熔点高、不易蒸发且坚固的钨丝绕制成螺旋形,阳极是一铜制圆柱体,与阴极正对,在柱端斜嵌有小块钨板作为靶。

T_1 是一降压变压器,把 220 V 的市电降到 5～10 V 的低压,供阴极加热用。通过变阻器 R 调节灯丝电流控制阴极单位时间发出的电子数量。T_2 为升压变压器,将市电升到几十至几百千伏,并通过 D_1,D_2,D_3,D_4 共 4 个二极管构成的桥式整流电路变为直流高压,加在 X 射线管的阴、阳两极间,该直流高压称为**管电压**。

13.1.2 X 射线的产生

实验证实,凡高速运动的电子受到物体阻挡时都能产生 X 射线,因此要产生 X 射线应具备两个基本条件:一是有高速运动的电子流;二是有称为靶的阻挡物,以阻止电子的运动,将电子的动能转变为 X 射线能量。

阴极通电加热后发射热电子,热电子在阴、阳两极间强电场作用下高速奔向阳极,形成电流,该电流称为**管电流**。而高速运动的电子到达阳极,受阳极靶阻挡就产生 X 射线并向四周辐射。管电压和管电流分别由千伏计和毫安计测量。

当高速电子轰击靶时,只有不到 1%的电子动能转变为 X 射线的能量,其余 99%以上的能量均转变为热能,使阳极温度升得很高,因此阳极必须选择耐高温、导热好和利于产生 X 射线的材料,通常采用导热好的铜作阳极,用原子序数大且熔点高的钨、钼作靶面。大功率 X 射线管多采用旋转阳极,不断改变电子撞击靶面的位置,将热量分散,同时还必须采用冷却装置,进一步降低阳极温度。另外,一般 X 光机为及时散热,都采用断续工作方式。

13.2 X 射线的基本性质

13.2.1 X 射线的性质

X 射线发现后不久就被证实,它是波长在 $10 \sim 10^{-3}$ nm 范围内的电磁波。X 射线除具有反射、折射、干涉、衍射和偏振等电磁波的一般性质外,由于波长短,它还具有以下特性:

1. 电离作用

X 射线能使某些物质原子或分子电离。在 X 射线照射下的气体能电离而导电,并可利用这种电离现象测量 X 射线的强度。

2. 荧光作用

经 X 射线照射能使某些物质的原子或分子处于激发态,当它们跃迁到基态时发出荧光或磷光。医学中的 X 射线透视就是利用荧光和磷光作用来观察 X 射线透过人体后所形成的影像。

3. 生物作用

X 射线在生物组织内可发生电离或激发，由此产生一系列生物作用，改变机体的生理生化过程，会对组织造成损伤。这种作用是放射治疗的基础，也是医务工作者应当对 X 射线注意防护的原因。

4. 光化作用

X 射线能使很多物质发生光化反应，例如使照相底片感光。在医学上利用这种照相底片记录 X 射线照射情况。

5. 贯穿本领

由于 X 射线波长很短，能量很大，因而能进入物体深部甚至穿透物体，即是说 X 射线具有贯穿本领。X 射线对物质的贯穿本领与 X 射线的波长以及物质的性质有关，原子序数大的物质吸收本领强，X 射线不易透过，如铅、钙等。X 射线对人体组织的贯穿情况分 3 类：可透过性组织，如气体、脂肪、组织；中等透过性组织，如肌肉、血液、软骨和结缔组织；不易透过性组织，如骨骼、盐类。医学上就是利用人体中这种对 X 射线可透性的差别诊断疾病的。

13.2.2　X 射线的强度和硬度

1. X 射线的强度

X 射线的**强度**(intensity)是指单位时间内通过与射线方向垂直的单位面积的辐射能量，通常用 I 表示。

设组成 X 射线的光子的频率分别为 $\nu_1, \nu_2, \cdots, \nu_n$，单位时间内垂直通过 X 射线传播方向上单位面积具有相应频率的光子数分别为 $N_1, N_2, \cdots, N_n$，则 X 射线的强度为

$$I = N_1 h\nu_1 + N_2 h\nu_2 + \cdots + N_n h\nu_n = \sum_{i=1}^{n} N_i h\nu_i \qquad (13-1)$$

在国际单位制中，X 射线强度的单位为瓦特每平方米(W/m^2)。

由式(13-1)可知，X 射线强度与光子数 N_i 有关，而 N_i 又依赖于阴极发射的热电子数。单位时间内打到靶上的电子数越多，转变为光子的数也越多，X 射线强度就越大，即 X 射线强度与管电流(高速奔向阳极的电子流)成正比。所以在一定管电压下，医学上一般是用管电流的毫安数(mA)表示 X 射线的强度。同时，每个光子能量大小也会影响射线强度。由此看，增加 X 射线强度可采用两种方法：一是增大管电流，使轰击阳极靶的电子数增加，产生的光子数增加(N_i 增大)；二是增高管电压，使每个光子能量($h\nu_i$)增大，从而增加 X 射线强度。

2. X 射线的硬度

X 射线的**硬度**(hardness)是指 X 射线对物质贯穿本领的强弱,它取决于 X 射线光子的能量,与光子数目无关。由于 X 射线光子的能量又与管电压成正比,管电压越高,X 光子能量越大,X 射线波长越短,对物质贯穿本领就越强,则 X 射线的硬度越大,因此医学上一般用管电压的千伏数(kV)表示 X 射线的硬度。

在临床上,为适应不同目的和要求,常把 X 射线按硬度分为极软、软、硬和极硬 4 个等级,相应的管电压、波长及用途见表 13-1。

表 13-1 X 射线硬度等级

硬度	管电压/kV	最短波长/nm	用 途
极软	5～20	0.25～0.062	软组织摄影和表皮治疗
软	20～100	0.062～0.012	透视和摄影
硬	100～250	0.012～0.005	较深部组织治疗
极硬	250 以上	0.005 以下	深部组织治疗

从式(13-1)可知,升高管电压,可使每个光子能量($h\nu_i$)增大,进而增大 X 射线硬度,但同时也增大了 X 射线的强度,所以在临床应用时应合理选择 X 射线的管电压和管电流。

X 射线的强度和硬度是两个非常重要的物理量。X 射线的强度表征 X 射线的量,它决定影像的明亮程度;X 射线硬度则衡量了 X 射线的质,它决定影像的清晰度和治疗时 X 射线进入人体的深度。因此,利用 X 射线治疗和诊断疾病时,应选择适当的质和量。

13.3 X 射线谱

X 射线管产生的 X 射线并非是单一波长的。因为由阴极发出的各高速电子的动能转换成 X 光子的能量大小不同,所以阳极靶发出的 X 射线包含着各种不同频率(或波长)成分。按照射线强度随频率(或波长)的大小排列分布的图谱,称为 **X 射线谱**。由于 X 射线波长很短,贯穿本领很强,在介质中的色散很小,因此不能用一般光学分光仪器研究 X 射线。X 射线谱一般常用 X 射线摄谱仪来获得,其原理如图13-2所示。X 射线管发出的 X 射线束投射到晶体上,转动晶体,改变掠射角 θ,就能使不同波长的 X 射线在不同方向上加强,波长越短的射线,掠射角 θ 越小。在适当距离放一圆弧形底片,当晶体往复转动时,射线就在底片上从一端到另一端反复感光。取下底片冲洗后就可获得 X 射线谱。图13－3所示是钨靶 X 射线管产生的 X 射线谱。

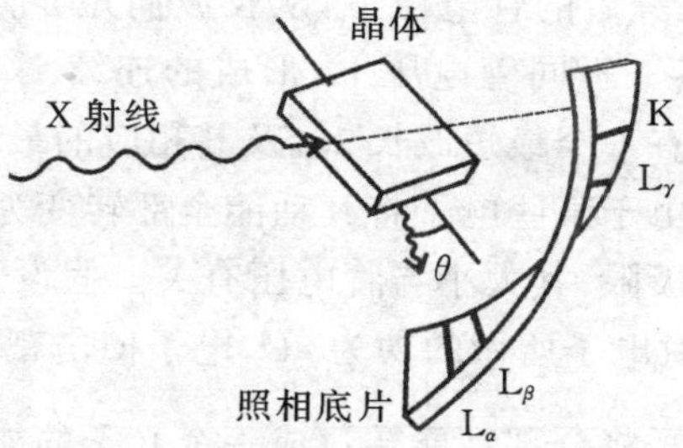

图 13－2　X 射线射谱仪原理图

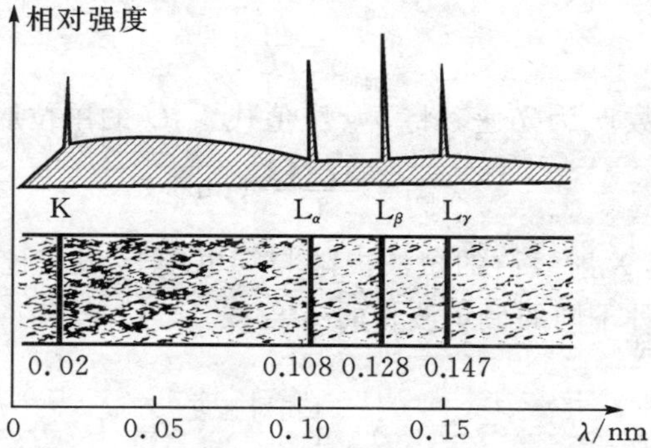

图 13－3　X 射线谱示意图

图 13－3 中下方是拍摄在底片上的 X 射线谱，上方是谱的强度与波长的关系曲线。从图中可看出，X 射线谱由两部分组成：曲线下画斜线的部分（对应于底片上的背景），它包括各种不同波长的 X 射线，称为**连续 X 射线**（continuous X-ray）；另一部分是叠加在曲线上凸出的几个尖端部分，它的强度很大（对应于底片上的明显谱线），称为**标识 X 射线**（characteristic X-ray）。

13.3.1　连续 X 射线谱

实验指出，当 X 射线管管电压较低时，它只发射连续 X 射线谱。产生连续谱的原因是：当高速电子流撞击阳极靶时，某些接近靶原子核附近的电子，在原子核强电场作用下急剧减速，电子失去的部分动能转化为光子的能量辐射出来，这种辐射称为**韧致辐射**（bremsstrahlung）。由于各电子在原子核电场中受阻情况不同，每个电子速度变化就不同，它所失去的（也是电子转变为光子的）能量有多有少，所以 X 光子能量就具有各种各样的数值,因而形成了具有各种波长的连续谱。图 13-4是钨靶 X 射线管在较低管电压下的 X 射线谱。

由图 13-4 可见,在一定的管电压下,从长波向短波方向,谱强度逐渐增大到最大值,之后快速降为零。不同管电压下,形成的连续 X 射线谱位置不相同。每个管电压下的连续谱都有一个最短波长 λ_{min} 及其相应的最高频率 ν_{max},这种最短波长或最高频率的光子是由于某些电子将其动能全部转变为光子的能量形成的。这种最短波长又称为短波极限,其大小与管电压有关。假设管电压为 U,电子质量为 m_e、电量为 e,加速电场对电子所做的功为 eU,电子撞击靶时的速度为 v,则电子获得的动能为 $\frac{1}{2}m_e v^2$。电子将全部动能转化成一个光子的能量,故有

$$eU = \frac{1}{2}m_e v^2 = h\nu_{max}$$

或

$$\lambda_{min} = \frac{hc}{eU}$$

式中 h 为普朗克常数;c 为光速。将 h,c,e 值代入,U 的单位取 kV,则

$$\lambda_{min} = \frac{1.242}{U}\ (\text{nm}) \tag{13-2}$$

式(13-2)表明连续 X 射线谱的短波极限与管电压 U 成正比。因此,选取适当的管电压就可获得各种不同的最短波长的 X 射线。

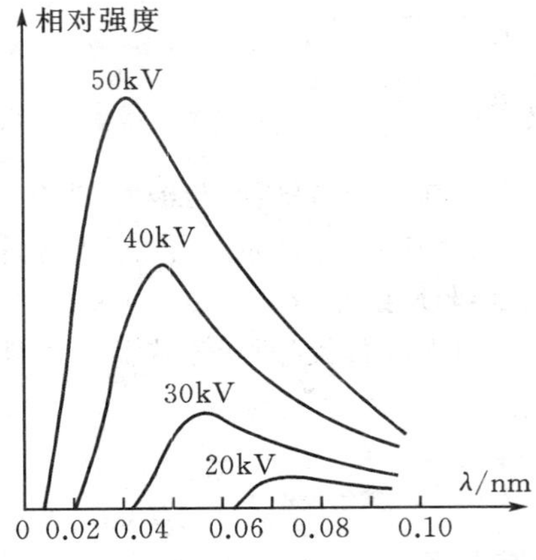

图 13-4　钨靶的连续 X 射线谱

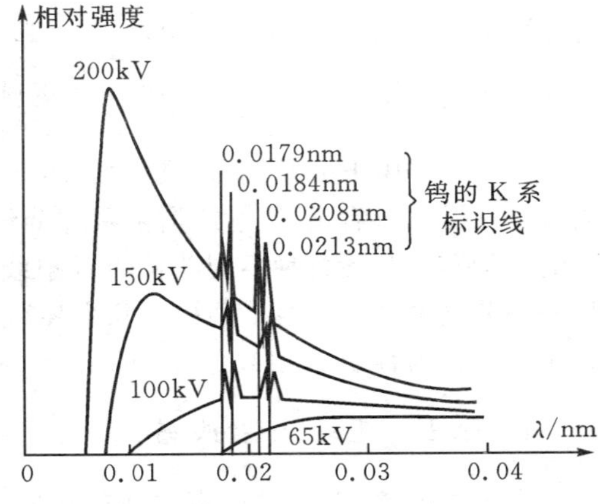

图 13-5　钨靶较高管电压下的 X 射线谱

13.3.2　标识 X 射线谱

以上讨论的是钨靶 X 射线管的管电压在 50 kV 以下产生的 X 射线。当管电

压升高到 70 kV 以上时，在波长为 0.02 nm 的连续谱附近叠加了 4 条谱线，即出现了 4 个线状谱。当管电压连续升高时，虽然连续谱有很大改变，但这 4 条谱线的位置却始终不变，即波长不变，如图 13－5 所示。实验表明，这些谱线的波长与靶材料有关。不同材料的靶，具有不同的线状谱，因此这些谱线可以作为确定靶材料元素的标志，这就是“标识 X 射线”名称的由来。

标识 X 射线谱形成的原因是原子内层电子跃迁的结果。随着管电压升高，高速电子流轰击靶时，电子动能增大到一定值，就有可能穿过原子外层而与某一内层电子相撞，使该内层电子获得部分动能从原子内逸出(或进入其他较高的电子壳层)，原子处于受激状态，空出的位置被高能级上的电子填充。在此过程中，原子由高能级跃迁到低能级，将多余能量以光子的形式辐射出来而形成标识 X 射线谱。X 光子的能量等于两能级间的差值。

如被撞出的是 K 层电子，则空出的位置就会被 L、M 壳层或更外层上的电子填充，这时发射的谱线构成 K 线系，如在 L 壳层出现空位，该空位就可能被 M，N 和 O 壳层上的电子填充，这时发射的谱线就是 L 线系。由于离核越远的电子，能级间的差值越小，发出的谱线的波长越长，所以 L 线系谱线的波长要长于 K 线系谱线的波长。图 13－5 画出的是钨的 K 线系标识 X 射线。而 L 线系的波长超出了图中画出的波长范围，所以它们没有在图 13－5 中出现。图 13－6 是在原子壳层图上画出的这类跃迁的示意图。应当注意，这些跃迁并不是同时在同一个原子内发生的。

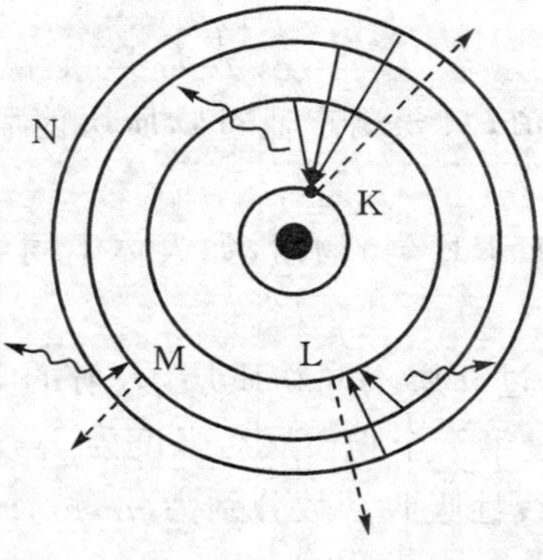

图 13－6　标识 X 射线产生原理示意图

原子内各内层轨道间能量之差是随着原子序数的增大而增加的，因此，原子序数越大的元素，相应标识 X 射线的波长越短。

标识 X 射线谱反映了靶物质原子内层结构的情况，对研究原子结构、物质性质具有重要意义。由于医用 X 射线管发出的标识 X 射线在全部 X 射线中所占比例很小,所以临床上所用 X 射线主要是连续 X 射线。

13.4 物质对 X 射线的吸收

当 X 射线通过物质时,其强度会减弱,该过程称为 X 射线被物质吸收。强度减弱的原因有两方面:一是 X 射线通过物质时,由于光子与物质原子的相互作用,一部分光子被吸收,其能量转化为其他形式的能量;还有一部分是光子被散射而改变原来的行进方向,同时也损失一部分能量。沿原方向行进的光子数不断减少,从而使 X 射线的强度随着进入物质的深度而减弱。

13.4.1 物质对 X 射线的吸收规律

实验表明,强度为 I_0 的单一波长 X 射线,通过厚度为 x 的某种物质层后强度变为 I,即

$$I = I_0 e^{-\mu x} \tag{13-3}$$

这就是物质对 X 射线的吸收规律。式中 μ 称为物质的**线性吸收系数**(linear absorption coefficient),其值与 X 射线的波长及物质性质有关。若物质厚度的单位用 m,则 μ 的单位为 m^{-1}。由式(13-3)知,μ 越大,X 射线在物质中被吸收的越多,强度衰减越快,反之强度衰减越慢,因此有时 μ 也称为物质的**线性衰减系数**。

将式(13-3)取对数,可得

$$\mu x = \ln \frac{I_0}{I}$$

式中,μx 称为物质的吸收值,只要测定通过物质层前后的 X 射线强度,就可求出物质吸收值。

当 X 射线通过不同(即不均匀)物质,如人体不同组织时,X 射线被物质吸收的情况如何呢?

设单色 X 射线连续通过 n 层不同物质层,入射的 X 射线强度为 I_0,通过第 1 个物质层后强度为 I_1,通过第 2 个物质层后强度为 I_2,…,每个物质层厚度分别为 x_1, x_2, …,每个物质层的线性吸收系数分别为 μ_1, μ_2,…,由吸收规律得

$$I_1 = I_0 e^{-\mu_1 x_1}, I_2 = I_1 e^{-\mu_2 x_2} = I_0 e^{-(\mu_1 x_1 + \mu_2 x_2)}, \cdots$$

所以

$$I = I_n = I_0 e^{-(\mu_1 x_1 + \mu_2 x_2 + \cdots + \mu_n x_n)}$$

n 层物质总吸收值

$$\sum_{i=1}^{n} \mu_i x_i = \ln \frac{I_0}{I}$$

结果表明，X 射线通过吸收系数和厚度各不相同的多层物质后，总吸收值等于各层物质吸收值之和，而与中间层 X 射线强度无关。

若将 X 线通过的物质分成许多足够薄、厚度均为 x 的薄层，则总的吸收系数为

$$\mu = \sum_{i=1}^{n}\mu_i = \mu_1 + \mu_2 + \cdots + \mu_n = \frac{1}{x}\ln\frac{I_0}{I} \tag{13-4}$$

式中，x，I_0 为已知，I 可测，由此可求出 X 射线通过物质的吸收系数之和，这就是 X－CT 成像技术的物理基础。

对同一物质来说，线性吸收系数 μ 与物质的密度 ρ 成正比，因为物质的 ρ 越大，则单位体积中与 X 射线发生作用的原子越多，X 射线在单位路程上被吸收的概率越大。物质的线性吸收系数与物质的密度之比称为物质的**质量吸收系数**(mass absorption coefficient)，用 μ_m 表示，即

$$\mu_m = \mu/\rho \tag{13-5}$$

质量吸收系数与物质的密度无关。例如一种物质由液态或固态转变为气态时，虽然密度变化很大，但 μ_m 不会改变。所以，它更便于用来比较各种物质对 X 射线的吸收本领。引入 μ_m 后，物质对 X 射线的吸收规律变为

$$I = I_0 e^{-\mu_m x_m} \tag{13-6}$$

式中，$x_m = \rho x$ 称为**质量厚度**(mass thickness)，它等于单位面积中，厚度为 x 的吸收层的质量。x_m 的常用单位是 g/cm^2，则 μ_m 的相应单位为 cm^2/g。

X 射线通过物质时，其强度不断减小。当 X 射线强度在物质中衰减为入射强度的一半时，相应的厚度(或质量厚度)称为该物质的**半价层**(half valu layer)。由式(13－3)和式(13－6)可得到半价层与吸收系数的关系为

$$x_{1/2} = \frac{\ln 2}{\mu} = \frac{0.639}{\mu} \tag{13-7}$$

$$x_{m1/2} = \frac{\ln 2}{\mu_m} = \frac{0.639}{\mu_m} \tag{13-8}$$

应该注意的是，各种物质的吸收系数都与 X 射线的波长有关，所以，以上各式只适用于单波长 X 射线束。对于临床上常用的低能 X 射线，各种元素的质量吸收系数近似地可用下列经验公式表示：

$$\mu_m = kZ^{\alpha}\lambda^3 \tag{13-9}$$

式中，k 为常数；Z 是物质的原子序数；λ 为 X 射线的波长；指数 α 通常在 3～4 之间，与吸收物质和射线波长有关，在医学上应用的 X 射线，α 取 3.5。若物质由多种元素组成，则质量吸收系数大约等于组成物质的各元素的质量吸收系数按物质中所含质量比例计算的平均值。由式(13－9)可知，Z 越大的物质，μ_m 越大，吸收本领越强，则贯穿本领越弱，这是临床上利用 X 射线诊断疾病的物理基础；λ 越长的

X射线,μ_m越大,越易被物质吸收,即X射线的波长越短,它对物质贯穿本领越强,硬度越大。由于管电压越高,产生的X射线越硬,穿透能力越强,所以,在浅部组织治疗时应使用较低管电压,在深部组织治疗时则使用较高管电压。

13.4.2 物质对X射线的吸收机理

X射线是由高能光子组成的,它和物质中的粒子可发生多种相互作用,这些作用不但导致X射线束在物质中不断衰减,同时也是X射线在物质中引起各种效应的根本原因。物质对X射线的吸收过程主要以下列3种方式进行:

(1)光电吸收。X光子与物质中的原子相互作用时,将其全部能量传给原子中的内层电子,使之脱离原子,同时X光子消失,即被物质吸收了。这种作用过程叫做光电吸收或**光电效应**(photoeletric effect)。脱离原子的电子叫做光电子。当X光子的能量接近于该电子的结合能时,发生这种过程的概率最大。

(2)散射吸收。X光子和物质作用时,会出现两种不同散射:经典散射和康普顿散射。如果光子与原子中束缚较紧的电子碰撞,将会导致X光子改变行进方向,但它的能量没有损失,这种现象叫经典散射;如X光子能量较高,它与自由电子或原子中束缚不太紧的电子碰撞,就会把部分能量传给电子,光子能量减小,且改变行进方向,并使被碰撞电子脱离原子成为反冲电子,这种散射称为**康普顿散射**(compton scatter)。

(3)电子对生成。X光子在物质原子核场作用下转化成一对正负电子,同时光子消失,这个过程称为电子对生成。正电子在物质中不可能长时间存在,它将与其他电子发生电子对湮没,同时产生一对行进方向相反、能量各为X光子能量一半的光子。电子对生成常发生在X光子能量大于1 MeV时。

一般医学上诊断和治疗用X射线,常为低能X射线,由于能量低,生成电子对的概率很小;而在原子序数较高的物质中,光电效应占主要地位。

13.5 X射线的生物效应及其医学应用

13.5.1 X射线的生物效应

生物组织吸收X射线可发生电离,由此引起组织损伤,细胞死亡,或通过遗传变异影响下一代。X射线的生物效应较复杂,它既与能量的吸收量有关,也与受照物质本身吸收率有关,并能在体内积蓄。X射线对生物的损伤体现在以下方面:

(1)X射线对细胞的损伤。细胞包括细胞核、细胞浆和细胞膜。一般剂量的X射线对细胞膜没什么影响,但会影响细胞浆内空泡的形成,细胞核内的生物作用最为显著，细胞各部分变化的结果，促使细胞死亡。

(2)X 射线对血液的作用。血液主要成分是红细胞、白细胞和血小板等，受 X 射线照射后它们都会发生变化，但各自的反应不同，敏感度也有差别，不过恢复能力也较强。

只有多形核白细胞恢复能力差，过量的照射可引起永久性伤害。若对全身照射过量，先是淋巴细胞很快减少，随后白细胞减少，量再大些可引起白血病或再生障碍性贫血。

(3)X 射线对皮肤的损伤。用 X 射线治疗时，射线首先通过皮肤，所以首先受到损伤的也是皮肤。在照射量为红斑量时，人体皮肤发红，几天后可逐渐恢复。当 X 射线量超过红斑量时，不是在皮肤表面，而是在皮下产生大量电离，自感症状为烧灼和刺激感，红斑颜色变暗红后又变黑，出现脱屑。若照射量很大，将出现严重皮炎，称此为二度反应，继而高度充血，形成水肿、水泡和糜粒，还有渗出液，成为湿性皮炎，最后，可发生浅表溃疡，纤维组织增生，4～6 周后才能完全恢复，但留有痕迹。如照射量更大，反应更强烈叫三度反应，皮肤出现坏死，恢复很困难。因此，X 射线用于医学诊断和治疗时，对生物体的照射量应适度，同时还应注意防护。

13.5.2　X 射线的医学应用

X 射线在医学中的应用包括两个方面，以下作简单介绍。

1. 治疗

X 射线用于治疗的依据是它的生物效应。X 射线对组织细胞有破坏作用，尤其是对分裂活动旺盛和生长能力强的细胞破坏作用更大。细胞分裂旺盛是癌细胞的特点，因此 X 射线照射主要用于治疗各种癌症，当然有时也用于治疗其他疾病，但由于 X 射线有诱发癌症的可能，所以其他疾病的治疗还是采用其他方法为好。

不同恶性肿瘤对 X 射线敏感性差别很大，一般分 3 类：第一类是对 X 射线敏感性高的肿瘤，如恶性淋巴瘤、白血病和胚胎病等；第二类是对 X 射线敏感性中等的肿瘤，如皮肤和粘膜的鳞状细胞瘤、腺癌等；第三类为对 X 射线不敏感的肿瘤，如肉瘤、神经胶质瘤等。

X 射线照射治疗对 X 射线敏感性高的肿瘤的效果较好或至少限制它的生长，不过肿瘤对 X 射线的敏感性与治愈程度并不完全一致。X 射线治愈率高的一般是那些敏感性中等的肿瘤。敏感性不高或实际对 X 射线不敏感的肿瘤，一般不宜用 X 射线治疗。

2. 诊断

X 射线应用于疾病诊断较早，已成为医学常用方法。该方法是利用人体内各不同组织或器官对 X 射线的吸收程度不同,从而造成阴影,以检查身体情况。目前,常用有常规 X 光透视和 X 光摄影。X 光透视是利用 X 射线透过人体内各不同器官或组织被吸收后强度不同,投影到荧光屏,产生明暗不同的荧光屏影像,分析异常阴影来诊断疾病。X 光摄影则是利用感光胶片代替荧光屏把影像拍成底片,它可把病情直接记录下来,供永久观察、日后病情对比和保存。

当人体内有些器官或病灶与周围组织间对 X 射线的吸收差别不大时,在荧光屏或底片上都不能获得明显的影像,这时须用人工造影法。人工造影是给被查器官或组织加入原子序数较大或较小的物质,以增大它和周围组织吸收差别,得到界线清晰的影像,注入的物质叫造影剂。造影剂要根据造影部位来选择,例如检查消化道,受检者要吞服钡盐;显示动脉造影,要向血管注射有机碘;气管造影,要向肺部喷射含碘油雾;关节检查,向关节腔内注入空气等。然后,再用 X 射线进行透视或照相,即可显示各器官或组织的图像。

对原子序数差别小的软组织之间的显像,除利用人工造影外,近年来还采用软 X 射线摄影。这种方法是根据物质对 X 射线的吸收强弱除了与原子序数有关外,还与 X 射线波长的三次方成正比的关系,使软组织对 X 射线吸收量随波长增加而显著增大,使它们之间差别较易显露出来。例如,临床上用钼(标识 K_α 线波长约为 0.07 nm)为阳极靶的特制 X 射线管产生的软 X 射线专供拍摄乳腺显像用,为乳腺疾病的早期诊断提供了良好条件。

以上方法所得的影像是把人体某部位全部投射在同一屏上或同一胶片上,所以深度不同的各组织的影像全部重叠在一起,使需要观察的病灶模糊不清。为了消除这种影像重叠现象,人们创造了 X 射线断层摄影术。X 射线断层摄影是利用 X 射线管和底片以人体所需摄影部位所在位置为轴,做相对相反方向的匀速运动,结果凡和轴心在一平面上的组织有清晰影像,而和轴心不在一平面的组织的影像在胶片上的位置,随 X 射线管与底片的不断移动而连续变动,结果影像连成一片模糊不清,从而使需观察部位的影像不会因重叠而模糊。

习　题

13-1　已知 X 光机的管电压为 150 kV,求 X 射线的最短波长和此时 X 射线光子的动能。这种射线能用来做什么治疗?

13-2　如果某物质在 1 cm 内吸收了 X 射线的 99%,则该物质的线性吸收系数为多少?

13-3　X 射线经过物质时,要经过多少个半价层强度减为原来的 1%?

13-4　求 50 kV 的 X 射线通过 5 cm 的肌肉层后的强度为原强度的百分数。

肌肉的线性吸收系数为 0.2 cm^{-1}。

13-5　设密度为 3 g/cm^3 的物质对于某种 X 射线束的质量吸收系数为 0.03 cm^2/g,求这种射线穿过厚度为 1 mm 和 1 cm 的吸收层后的强度分别为原来强度的百分数。

13-6　用 1 mm 厚度的铅板吸收波长为 0.154 nm 的 X 射线,若改用铝板作为吸收体,求铝板的厚度。已知铅和铝的吸收系数分别为 2610 cm^{-1}和 132 cm^{-1}。

第 14 章　原子核与放射性

在现代科技中，无论是人类对微观物质的认识，还是对自然能源的利用，原子核物理学都占有极其重要的位置。1896 年，贝可勒尔(Becguerel)发现天然放射性现象，这一重大发现是核物理学的开端。研究原子核的结构，性质和相互转变等问题的学科就是**核物理学**(nuclear physics)。在医学中，原子核物理学是核医学的理论基础，原子核技术和医学相结合，已经建立了一门新兴学科——核医学(nuclear medicine)。核医学技术检查已成为医学实践和研究的重要手段。近三十年来，人们又从原子核的研究进而深入到物质结构的新层次——基本粒子。粒子物理学是当前人类探索物质世界的一个重要前沿阵地。本章将介绍原子核的结构和基本性质，重点讨论核衰变的规律，核磁共振的原理及其应用。

14.1　原子核的基本性质

14.1.1　原子核的组成

自 1932 年查德威克(J. Chadwick)在实验中发现中子(neutron)以后，海森伯(W. Heisenberg)和伊凡宁柯(д. д. NBaHeHkO)随即创立了原子核(atomic nucleus)的质子-中子结构学说，指出原子核是由**质子**(proton)和**中子**(neutron)组成的。组成原子核的质子和中子统称为**核子**(nucleon)。中子不带电，质子带一个单位正电荷。这一学说与大量的实验事实相符合，现举世公认。

不同的原子核由数目不同的质子和中子组成，原子核中的质子数也称为电荷数，即元素的原子序数，用 Z 表示。与核的质量最接近的整数称为**核的质量数**(mass number)，用 A 表示。核的质量数等于核中的质子数与中子数之和。例如，原子核用${}^{A}_{Z}X$ 表示，X 为相应原子的元素符号，有 Z 个质子，有 $A-Z$ 个中子。在原子核物理中，对电子、中子等粒子也常采用这种方法表示，电子用${}^{0}_{-1}e$，中子用${}^{1}_{0}n$来表示等。在自然界中最轻的原子核是${}^{1}H$，只有 1 个质子无中子；最重的原子核是${}^{238}_{92}U$，由 92 个质子和 146 个中子组成。

同一种元素可以有几种不同的原子核，它们虽然有相同的质子数，其中子数不同，因而质量数 A 也不同。这种同一元素的不同原子核称为该元素的**同位素**(isotope)。如${}^{1}_{1}H$，${}^{2}_{1}H$，${}^{3}_{1}H$ 表示氢的 3 种同位素，${}^{235}_{92}U$，${}^{238}_{92}U$ 表示铀(U)的两种同位素。

由于同位素仅是对某种元素而言，不能概括各种原子形式，因此常用**核素**(nuclide)这一名词来泛指具有确定的电荷数和质量数的原子核对应的原子集合。由于核素概括了各种原子形态，所以它的概念要比同位素更广泛。对于质量数相同而电荷数不同的核素，如$^{3}_{1}H$与$^{3}_{2}He$称作**同量异位素**(cisobar)。

核素可分为两大类：放射性核素和稳定性核素。放射性核素又分为天然放射性核素和人工放射性核素。人工放射性核素一般由核反应堆和带电粒子加速器制备。目前已发现的核素共2600种以上，稳定核素约占280种，其他都为放射性核素，天然放射性核素仅有50种左右，临床上常用的放射性核素几乎都是人工放射性核素。

14.1.2　原子核的性质

1. 原子核的质量

原子质量与核外电子质量之差就是原子核的质量。核的质量不易直接测量，故一般用原子的质量来作为原子核的质量。这样一方面由于电子的质量非常小，另一方面原子核变化前后其核外电子数目不变，电子质量可以相互抵消。

利用现代科学技术，可以精确地测量质子、中子、电子以及原子核的质量。质子(p)即氢核的质量是$m_p=1.007276u$，中子(n)的质量是$m_n=1.008\,665u$。其中，u是原子的质量单位(atomic mass unit)，规定为：把自然界中含量最丰富的碳的同位素^{12}C的原子质量规定为12个单位，每个单位等于$1.660\,565\,5\times10^{-27}$ kg。

各种原子的质量几乎是1.66×10^{-27} kg的整数倍，而核外每个电子的质量仅是9.1×10^{-31} kg，可见原子质量中的绝大部分是原子核的质量。表14-1列出了用原子质量单位表示的9种核素的质量。

表14-1　9种核素的质量

核素	质量数	核素质量/u
$^{1}_{1}H$	1	1.007825
$^{2}_{1}H$	2	2.014102
$^{3}_{1}H$	3	3.016050
$^{12}_{6}C$	12	12.000000
$^{13}_{6}C$	13	13.003354
$^{14}_{7}N$	14	14.003074
$^{15}_{7}N$	15	15.000108
$^{16}_{8}O$	16	15.994915
$^{17}_{8}O$	17	16.999133

2. 原子核大小和形状

卢瑟福(Rutherford)α 粒子散射实验证明,原子核的形状近似球形。如果将原子核看成球形,各种散射实验测定,不同原子核的核的半径均在 1.5×10^{-15} ～ 9.0×10^{-15} m之间。随着核的质量数 A 的增加,核半径近似地与质量数 A 的开立方成正比,即

$$R = R_0 A^{\frac{1}{3}} \tag{14-1}$$

式中,比例常量 $R_0=1.2\times10^{-15}$ m。由此得到一个非常重要的结论:原子核的体积与核子数 A 成正比;在一切原子核中,核物质的密度是一常量,与核子数的多少无关。

14.1.3 原子核的质量亏损与结合能

1. 原子核的质量亏损

原子核既然由质子和中子组成,似乎原子核的质量应该等于核内所有质子和中子质量的总和,但实验测定,原子核的质量总比核内所有质子和中子的质量总和小一些。比如,铍(^{9}Be)的原子核质量是 9.012 185 8u,氢原子质量(即质子质量)是 1.007 825 2u,中子的质量是 1.008 665 4u,^{9}Be 由 4 个质子,5 个中子构成,它的质量和为

$$1.007\,825\,2\times4+1.008\,665\,4\times5=9.074\,63\text{u}$$

^{9}Be 的这些质子与中子的质量之和与^{9}Be 的原子核质量相差 Δm,其大小为

$$\Delta m = 9.074\,63\text{u}-9.012\,19\text{u}=0.062\,4\text{u}$$

核子在组成原子核时,减少的这部分质量 Δm 称为原子核的**质量亏损**(mass defect),即

$$\Delta m = Zm_{\text{p}}+(A-Z)m_{\text{n}}-m_A \tag{14-2}$$

式中,m_{p},m_{n} 分别表示一个质子、中子的质量;m_A 表示质量数为 A 的原子核的质量。

2. 原子核的结合能

按相对论质能关系,系统的质量改变 Δm 时,一定伴有能量改变 $\Delta E=\Delta mc^2$,将式(14-2)代入,则有

$$\Delta E = [Zm_{\text{p}}+(A-Z)m_{\text{n}}-m_A]c^2 \tag{14-3}$$

由此可知,质子和中子组成核的过程中必有大量能量放出,能量 ΔE 称为**原子核的结合能**(binding energy)。结合能通常以兆电子伏特(MeV)为单位。质量为一个原子质量单位的能量,即

$$1\text{u}\cdot c^2=1.660\,566\times10^{-27}\times(2.997\,92\times10^8)^2=1.492\,44\times10^{-10}\text{J}=931.5\text{ MeV}$$

同样，如果要使一个原子核分裂为单个的质子和中子，就必须供给与结合能等值的能量。

不同的核素稳定程度不同，大多数稳定核的结合能约为几十到几百 MeV。由于结合能非常大，所以一般原子核是非常稳定的系统。为了比较各种原子核的稳定性，引入核子的平均结合能 $\bar{\varepsilon}$，即

$$\bar{\varepsilon} = \frac{\Delta E}{A} = \frac{\Delta mc^2}{A} \tag{14-4}$$

式(14－4)称为核子的**平均结合能公式**。平均结合能 $\bar{\varepsilon}$ 越大，核就越稳定。

实验表明，在天然存在的原子核中，质量数较小的轻核和质量数较大的重核，其平均结合能比质量数中等的核要小。由此可见，使重核分裂为中等质量的核，或使轻核聚变为中等质量的核，即重核裂变及轻核聚变是核能的两种重要途径。核电站及核武器正是根据这两种途径获得核能。

中等质量的各种原子核的平均结合能近似相等，都在 8 MeV 左右。表 14－2 列出某些原子核的结合能和核子的平均结合能。

表 14－2　原子核的结合能和核子的平均结合能

核	结合能 ΔE/MeV	核子的平均结合能/MeV	核	结合能 ΔE/MeV	核子的平均结合能/MeV
$^{2}_{1}H$	2.83	1.11	$^{15}_{7}N$	115.47	7.70
$^{3}_{1}H$	8.47	2.83	$^{16}_{8}O$	127.50	7.97
$^{3}_{2}He$	7.72	2.57	$^{17}_{5}F$	128.22	7.54
$^{4}_{2}He$	28.28	7.07	$^{19}_{9}F$	147.75	7.78
$^{6}_{3}Li$	31.98	5.33	$^{20}_{10}Ne$	160.60	8.03
$^{7}_{3}Li$	39.23	5.60	$^{23}_{11}Na$	186.49	8.11
$^{9}_{4}Be$	57.88	6.42	$^{24}_{12}Mg$	198.21	8.26
$^{10}_{5}B$	64.73	6.47	$^{56}_{26}Fe$	492.20	8.79
$^{11}_{5}B$	76.19	6.93	$^{63}_{29}Cu$	552	8.75
$^{12}_{6}C$	92.16	7.68	$^{107}_{47}Ag$	915.2	8.55
$^{13}_{6}C$	93.09	7.47	$^{120}_{50}Sn$	1020	8.50
$^{14}_{7}N$	104.13	7.47	$^{238}_{92}U$	1802.6	7.57

以质量数为横坐标,以平均结合能为纵坐标绘制成的曲线称为平均结合能曲线,如图 14－1 所示。从曲线上可以看出这样一些规律:

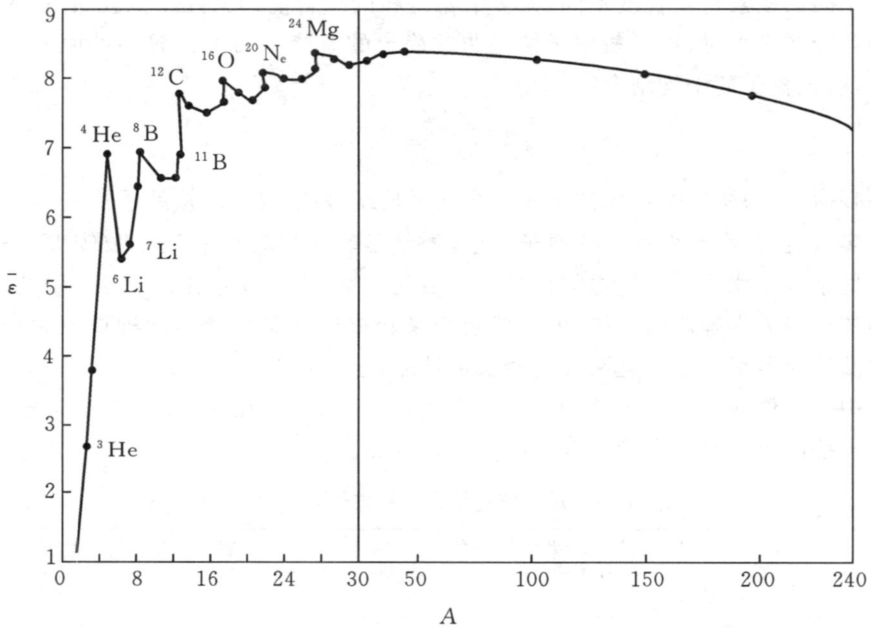

图 14－1　原子的平均结合能曲线

(1)当 $A<30$ 时,曲线的趋势是上升的,但是有明显的起伏,峰值的位置都在 A 为 4 的整数倍的地方,如 ^{4}He,^{8}Be,^{12}C,^{16}O,^{20}Ne 等。这显示出 4 个核子(2 个质子和 2 个中子)可构成一个核子集团。

(2)当 $A>30$ 时,$\bar{\varepsilon}=8$ MeV,近似为常数,表明原子核平均结合能粗略地与核子数成正比。由此说明,核子之间的相互作用力具有饱和性。

(3)曲线中间高,两端低,说明 A 为 40～120 的中等质量的核结合得比较紧密,很轻($A<30$)和很重($A>200$)的核结合得比较松。当核的质量数大于 209 时,原子核都是不稳定的。

例 14－1　计算质量为 m,体积为 V 的原子核的密度。

解　因为原子核可近似为密度均匀的球体,所以密度为

$$\rho=\frac{m}{V}=\frac{m}{\frac{4}{3}\pi R^{3}}$$

又
$$R=R_0A^{\frac{1}{3}}=(1.20\times10^{-15})A^{\frac{1}{3}}$$

$m \approx 1.66 \times 10^{-27} A$(各原子质量约是 1.66×10^{-27} kg 的整数倍)

所以

$$\rho = \frac{m}{\frac{4}{3}\pi R_0{}^3 A} = \frac{1.66 \times 10^{-27} A}{\frac{4}{3}\pi (1.20 \times 10^{-15})^3 A} = 2.3 \times 10^{17}\ \text{kg} \cdot \text{m}^{-3}$$

可见,体积为 1 cm^3 的核物质,其质量可达 2 亿 3 千万吨,密度很大,是水密度的 10^{14} 倍。

例 14-2　氦 $^4_2$He 的原子质量为 4.002 603u,计算 He 核的结合能和平均结合能。

解　对于氦核 $A=4, Z=2, m_A=4.002\ 603\text{u}$,又因为

$$m_p = 1.007\ 276\text{u}, m_n = 1.008\ 665\text{u}$$

所以

$$\Delta E = [Zm_p + (A-Z)m_n - m_A]c^2$$
$$= [2 \times 1.007\ 276 + (4-2) \times 1.008\ 665 - 4.002\ 603]c^2\text{u}$$

为简化计算,可应用换算关系 $1\text{u} \times c^2 = 931$ MeV,所以

$$\Delta E = (2 \times 1.007\ 276 + 2 \times 1.008\ 665 - 4.002\ 603) \times 931 = 28.28\ \text{MeV}$$

$$\bar{\varepsilon} = \frac{\Delta E}{A} = \frac{28.28}{4} = 7.07\ \text{MeV}$$

因此,聚合 1 mol 氦核时,放出的能量

$$E = 6.022 \times 10^{23} \times 28.28 = 1.70 \times 10^{25}\ \text{MeV} = 2.73 \times 10^{12}\ \text{J}$$

这相当于燃烧 100 t 煤所发出的热量。

14.1.4　核力

原子核由中子和质子组成,尽管中子不带电,而质子之间却存在着很大的库仑斥力,究竟是什么力的作用使这些核子能紧密地束缚在一起组成稳定的原子核呢?显然它不可能是电磁力,也不可能是万有引力,因为这种万有引力非常小,不足以说明问题。因此,在核子之间一定存在着一种更强的相互吸引力,研究指出存在于核子之间的这种强相互作用力称为**核力**(nuclear force)。

理论表明,核力有以下主要性质:

1. 核力是短程力

实验证明,核力虽然很强,但作用距离只有 10^{-15} m 的数量级,当小于这一距离时具有强相互作用。在核力的作用范围内,核力比电力大得多,否则克服不了核子间的静电斥力,组成稳定的原子核。当大于这一距离时,核力很快减小到零。所以,核力是短程力。

2. 核力与电荷无关

无论核子带电与否,在原子核中,质子和质子之间,中子和中子之间以及质子和中子之间都具有相同的核力。

3. 核力具有饱和性

一个核子只同紧邻的几个核子有作用,而不是和原子核中所有核子相互起作用,这与电力的行为不同。就电力而言,原子核中的每个质子与其他各个质子都相互排斥。一个核子所能相互作用的其他核子的最大数目是有限制的,这种限制叫做核力的**饱和性**。

核力与带电粒子之间的电磁力相似,也是一种交换力,通过某种粒子的交换来实现相互作用。日本物理学家汤川秀树指出,核子间的相互作用是通过一种特殊粒子的交换而实现的,这种粒子称为 π **介子**(meson)。后来,在宇宙射线中发现了 π 介子。它的静质量约为电子质量的 270 倍,与理论十分相符。π 介子有三种电荷状态,即 π^+ 介子(带正电)、π^- 介子(带负电)及 π^0 介子(不带电)。

14.2 原子核的放射性衰变

放射性的原子核可以自发地放射出粒子,从一种核转变成另一种核,这种过程称为核的**放射性衰变**(radioactive decay),对于具有放射性的各种原子形式统称为**放射性核素**(radioactive nuclide)。

原子核在衰变过程中严格遵守质量和能量守恒定律、核子数守恒定律、动量守恒定律和电荷数守恒定律。原子核的放射性衰变主要有 α 衰变、β 衰变和 γ 衰变。下面讨论这几种主要的核衰变类型。

1. α 衰变

放射性原子核放射出 α 粒子,衰变而转变成为质量数较小的核,而趋于稳定的过程称为 α **衰变**(α decay),α 粒子就是氦核 ${}_2^4\text{He}$。这种衰变过程可表示为

$$ {}_Z^AX \to {}_{Z-2}^{A-4}Y + {}_2^4\text{He} + Q \qquad (14-5)$$

式中,X 称为**母核**;Y 称为**子核**。子核与母核比较,其质量数减少 4,电荷数减少 2,在元素周期表中的位置比母核的向前移两位。Q 是衰变前后静质量亏损转变而来的能量,称为**衰变能**(decay energy),主要由 α 粒子携带。子核所获得的反冲动能约占衰变能的 2%。式(14-5)称为 α **衰变的位移定则**。在天然放射性核素中,作 α 衰变的绝大多数是质量数超过 209 的重原子核。

原子核具有一系列不连续的能量状态,称为**核能级**。能量最低的状态称为**基态**,比基态高的能量状态称为激发态,激发态有第一激发态、第二激发态等。原子

核发生 α 衰变后，子核可以处于基态，也可以处于某激发态，因而，一种核素发出的 α 粒子可以分为能量不同的几群，每群 α 粒子对应一定的能量，子核对应于一定的状态。能量较高的粒子称为**长射程 α 粒子**，能量较低的粒子称为**短射程 α 粒子**。如图 14－2 所示是 $^{238}_{92}U$ 到 $^{234}_{90}Th$，以及 $^{226}_{88}Ra$ 到 $^{222}_{86}Rn$ 的 α 衰变图。图中的斜线表示衰变过程。各有三群不同能量的 α 粒子。显然，长射程 α 粒子是母核直接衰变成子核的基态时所发射出的，短射程 α 粒子则是母核衰变成子核的某个激发态时发射出来的。同时，α 衰变往往伴随 γ 射线，也伴随内转换电子、俄歇电子的发生。图中标出了各种 α 粒子的能量和占衰变总数的百分比，母核靠右侧，子核画在母核的左侧，这表示衰变后的原子序数减少了。

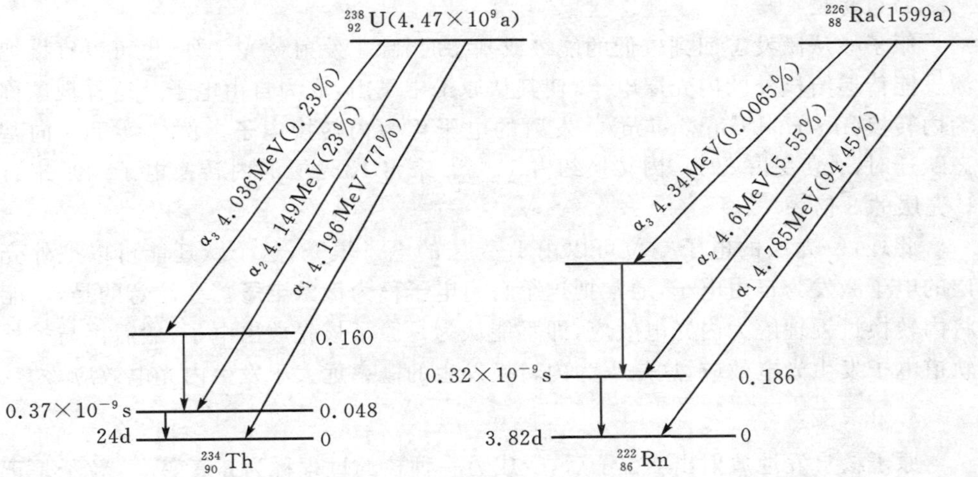

图 14－2　α 衰变图

2. γ 衰变和内转换

1) γ 衰变

经过 α 衰变的原子核（子核），可以处于不同的能量状态，即不同的能级。核子在核内不是静止不动的，而是处于一定的运动状态中，运动状态不同，相应地能量也不同。微观粒子的运动其能量状态的变化不是连续变化的，而是跳跃式变化的，即量子化的。核的能量状态也具有这样的变化特性。当原子核从较高能级向较低能级跃迁时，多余的能量会以电磁波的形式释放，按爱因斯坦的光量子理论，这个电磁波的能量是集中于光量子上的。这种发自原子核内部的光子流就是 **γ 射线**，上述过程就是 **γ 衰变**（γdecay）。原子核的能级是分立的，所以 γ 射线的能量是单一的。如图 14－5 所示 β^+ 衰变中，定性地给出了 $^{57}_{26}Fe$ 伴随的 γ 衰变对应的能级跃迁(能级间的距离没有按比例画出)。原子核处于激发态的时间通常是非常短的。但有些核的激发态存在的时间较长。例如^{99}Tc的能量为0.142 6 MeV,激发能级的寿命长达6 h。处于长寿命激发能级的核素称为**同质异能素**。一般在其符号的右上角加m表示。例如,$^{60}_{27}Co^{m}$,$^{99}_{48}Tc^{m}$等就是^{60}Co,^{99}Tc的同质异能素。

经γ衰变的核素其质量A和原子序数Z都将保持不变,只是能量状态发生了变化,故γ衰变是同质异能跃迁。这样$^{A}_{Z^m}X$的γ衰变方程式可表示为

$$^{A}_{Z^m}X \rightarrow ^{A}_{Z}X + \gamma$$

γ衰变通常是伴随α衰变和β衰变而产生的。有时一次核衰变要经过两次或多次联级跃迁才回到基态,因此就有两组或多组能量不同的γ射线。

2)内转换

原子核从激发态回到较低的能级或基态时,除了发射γ光子外,也可以直接把激发能传递给核外的内壳层电子,使其从原子中飞出,成为自由电子。这种现象称为**内转换**(internal conversion)。发射的电子称为**内转换电子**。例如,$^{99}_{48}Tc^{m}$向基态跃迁时,γ衰变占89%,内转换约占11%。来自K壳层的内转换电子约是来自L壳层的8倍。

此外,K壳层的电子空位可以由L壳层的电子填充,这个跃迁能可以把外壳层的电子激发为自由电子,通常把这个自由电子称为**俄歇电子**。要注意的是,不能将内转换过程理解为内光电效应,即不能认为是原子核先放出电子,然后再与核外轨道电子发生光电效应,这是因为内转换发生的概率远大于发生内光电效应。

3. β衰变

原子核自发地放射出β粒子后,变成另一种核的过程称为**β衰变**。β粒子是正电子和负电子(电子)的统称。β衰变有β^-衰变、β^+衰变及电子俘获三种情况。

1)β^-衰变

β^-衰变通常简称为β衰变。原子核是由中子和质子所组成,核内不存在电子,但在中子数过多的原子核中,在一定的条件下,核内的一个中子可以转变为质子并放出一个电子和一个反中微子$\bar{v}$。用下式表示:

$$^{1}_{0}n \rightarrow ^{1}_{1}p + ^{0}_{-1}e + \bar{v} + Q \qquad (14-6)$$

这个电子$^{0}_{-1}e$就称为β^-粒子或β粒子。原子核在此过程中的转变过程为

$$^{A}_{Z}X \rightarrow ^{A}_{Z+1}Y + \beta^- + \bar{v} + Q \qquad (14-7)$$

即原子核发射一个电子和一个反中微子$\bar{v}$,核子总数不变,但增加了一个质子,减少了一个中子,从而改变了中子数与质子数的比例。母核与子核的质量数相同,但子核的原子序数增加1,在元素周期表中的位置向后移一位。把这个过程称为**β^-衰变**,式(14-7)称为**β^-衰变的位移定则**。由图14-3画出了$^{60}_{27}Co$和$^{32}_{15}P$的β^-衰

变图。子核画在母核的右侧，这表示衰变后的原子序数增加了。

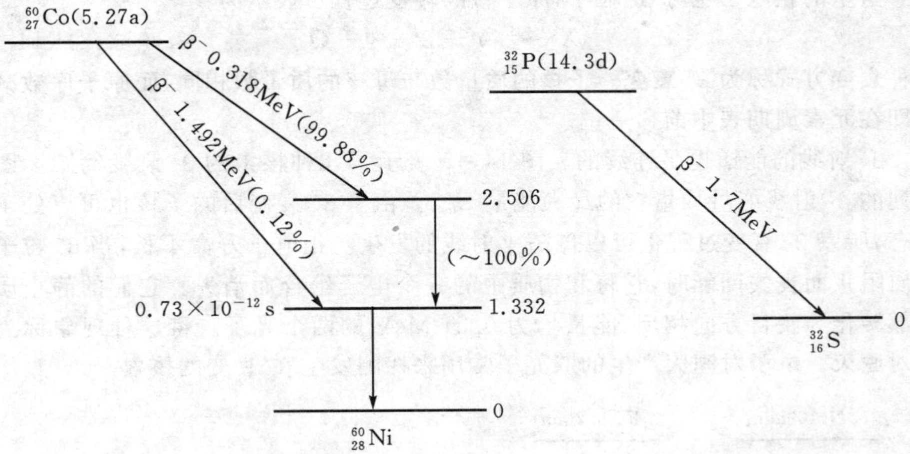

图 14－3　β 衰变图

中微子和反中微子都是不带电的粒子，它们的静止质量几乎等于零，与物质的相互作用非常微弱，因而不容易探测。

实验测得的 β^- 粒子的能谱不像 α 粒子的能级一样是分立的，而是连续的，如图 14－4所示。

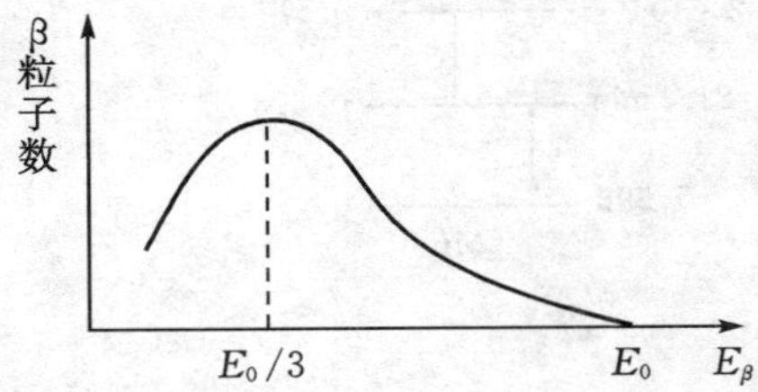

图 14－4　β 射线能谱

这是由于子核的质量远大于电子和中微子的质量，衰变能放出的能量为 β^- 粒子和中微子所共有，但它们之间能量分配不是固定的。因此，同一放射源所放出的 β^- 粒子的动能不是单值的，而是具有各种不同的能量，且有一个最大值 E_{max}（一般图表上所表示的 β^- 粒子的能量都是指 β^- 粒子的这个最高能量）。它们形成连续的能谱。各种核素发出的 β^- 射线能谱 E_{max} 是不同的，但能谱的形状大致相似，能谱中能量是 $E_{max}/3$ 的 β^- 粒子居多。很多 β^- 衰变过程中，同时伴随 γ 射线的产生。这是因为子核也可处于不同的激发态上，它回到基态时就发射 γ 射线。

2）β^+ 衰变

在中子数过少的原子核中，当基态能量较高时，核中的一个质子可发射一个正电子（positron）和一个中微子而转变为一个中子。用下式表示：

$$p \rightarrow n + {}^{0}_{+1}e + \bar{v} + Q \qquad (14-8)$$

这里的正电子也称 β^+ **粒子**,原子核的转变过程可表示为

$${}^{Z}_{A}X \rightarrow {}^{A}_{Z-1}Y + \beta^+ + \bar{v} + Q \qquad (14-9)$$

这种衰变方式称为 β^+ **衰变**。子核的质量数与母核的质量数相同,而原子序数减少1,即在元素周期表中前移一位。

β^+ 射线的能谱也是连续的。图 14-5 表示了几种核素的 β^+ 衰变简图。图中所列的 β^+ 射线能量均指它的最大能量 E_{max}。由于 β^+ 衰变后的子核也可以处于激发态,所以 β^+ 衰变过程也可以伴随 γ 射线的发生。正电子寿命不长,当 β^+ 粒子被物质阻止而丧失动能时,它将和物质中的一个电子给合而消失。它们的静止质量全部转化为飞行方向相反、能量均为 0.51 MeV 的两个光子。将这种现象称为**电子对湮灭**。电子对湮灭产生的双光子常用来探测发生 β^+ 衰变的核素。

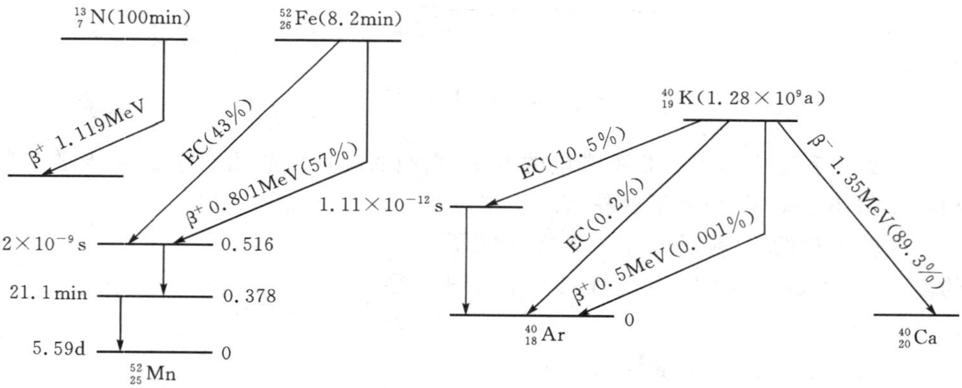

图 14-5 几种核素的 β^+ 衰变图

3)电子俘获

自由质子并不能转变为中子,因为其质量比中子质量小。在中子数过少的原子核内部可以发生质子向中子的转变。质子可以俘获核外的一个电子,发射一个中微子后而转变成中子。把这个过程称为**电子俘获**(electron capture),用 EC 表示。其过程为

$${}^{A}_{Z}X + {}^{0}_{-1}e \rightarrow {}^{A}_{Z-1}Y + v + Q \qquad (14-10)$$

子核的质量数与母核相同,但原子序数减 1,在元素周期表中前移一位。图 14-6 是 ${}^{113}_{50}$Sn 和 ${}^{71}_{32}$Ge 两种核素的电子俘获衰变简图。图中子核画在母核的左侧,表示在元素周期表中前移一位。${}^{113}_{50}$Sn 在发生电子俘获时,伴随着 γ 射线的发射。

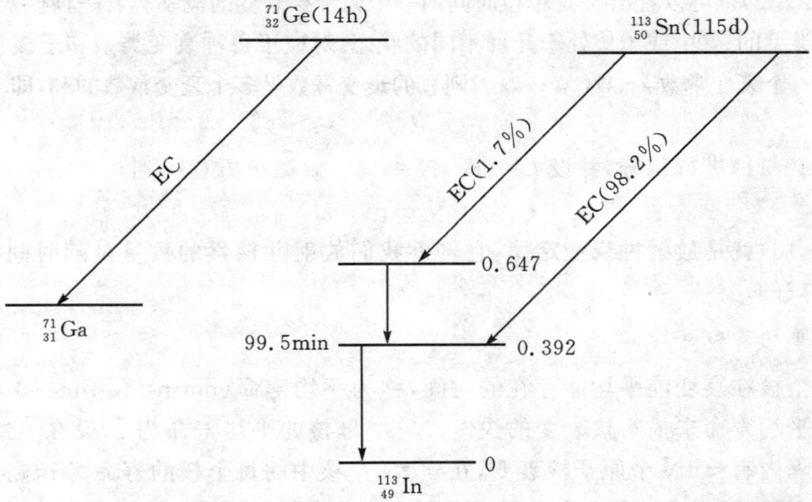

图 14-6　电子俘获衰变图

原子核俘获的电子主要来自 K 壳层，也称为 K 俘获，也有少量的电子来自 L 壳层或 M 壳层。原子核发生电子俘获后，该壳层产生一个电子空位，外壳层的电子可向此空位跃迁，来填充这个空位，从而形成标识 X 射线。实验中往往通过探测这种标识 X 射线来推断是否有电子俘获的发生。

4. 放射性衰变规律

1）衰变定律

放射性原子核不稳定，会自发地放射出射线而发生衰变。放射性原子核会随时间而变得越来越少。对于某个原子核来说，什么时候发生衰变是随机的。但大量原子核组成的放射性物质，其衰变服从统计规律。设 t 时刻原子核的数目为 N，经过 $\mathrm{d}t$ 时间后，其中有 $\mathrm{d}N$ 个核衰变了，则 $\frac{\mathrm{d}N}{\mathrm{d}t}$ 就是 t 时刻单位时间内发生衰变的核数目，即 t 时刻的衰变率。实验和理论都证明，放射性原子核的衰变率与放射性核素的原子核个数 N 成正比，即

$$\frac{\mathrm{d}N}{\mathrm{d}t}=-\lambda N \tag{14-11}$$

式中，等号右边的负号表示衰变率是负值。λ 称为**衰变常数**(decay constant)，物理意义是：λ 越大，核衰变得越快。将式(14-11)表示为

$$\lambda=-\frac{\mathrm{d}N}{N\mathrm{d}t} \tag{14-12}$$

由式(14－12)也可以看出,λ 是单位时间内一个原子核衰变的概率。若一种核素能够进行几种类型的衰变,或子核处于几种不同的状态,对应于每种衰变类型和子核状态,各自都有一个衰变常数 $\lambda_1,\lambda_2,\lambda_3,\cdots,\lambda_N$,则总的衰变常数是多个衰变常数的和,即

$$\lambda = \lambda_1 + \lambda_2 + \lambda_3 + \cdots + \lambda_N$$

对式(14－11)进行积分,并设 $t=0$ 时,$N=N_0$。解微分方程得到

$$N = N_0 \exp(-\lambda t) \tag{14-13}$$

式(14－13)就是**放射性衰变定律**,它告诉我们放射性核素的数量是随时间按指数规律衰减的。

2)平均寿命

每个核在衰变前平均能存在的时间,称为**平均寿命**(mean life time)。核医学中常用平均寿命来描写核衰变的快慢,N_0 个母核的平均寿命为 τ,设在 t 到 $t+\mathrm{d}t$ 时间间隔内有 $-\mathrm{d}N$ 个原子核衰变,在 $-\mathrm{d}N$ 个核中的每个核的寿命为 t,则总寿命为 $t(-\mathrm{d}N)$,那么 N_0 个母核的平均寿命为

$$\tau = \frac{1}{N_0}\int_{N_0}^{0} t(-\mathrm{d}N) = \frac{1}{N_0}\int_{0}^{\infty} t(\lambda N)\mathrm{d}t = \int_{0}^{\infty} t\lambda \exp(-\lambda t)\mathrm{d}t = \frac{1}{\lambda} \tag{14-14}$$

显然,平均寿命等于衰变常数的倒数。平均寿命越短,核衰变越快。

3)半衰期

放射性核素的数量因衰减而减少到原来的一半所经历的时间就定义为**物理半衰期** T,简称**半衰期**(half life period)。则有

$$\frac{N_0}{2} = N_0 \exp(-\lambda T)$$

$$\mathrm{e}^{-\lambda T} = \frac{1}{2}$$

方程两边取对数,得

$$T = \frac{\ln 2}{\lambda} = \frac{0.693}{\lambda} = 0.693\tau \tag{14-15}$$

可见,放射性核素的半衰期 T 与衰变常数 λ 成反比。所以可以用半衰期表示放射性核素衰变的快慢。衰变得快,半衰期短,衰变得慢,半衰期长。

将半衰期 T 代入式(14－13),可以把衰变定律的形式写成

$$N = N_0 \exp\left(-\frac{\ln 2}{T}t\right) = N_0 \left(\frac{1}{2}\right)^{t/T} \tag{14-16}$$

这是衰变定律的又一表达式。如果衰变时间是半衰期 T 的整数倍,用式(14－16),计算就很方便。

放射性核素的半衰期有的长达几年甚至上千年，而有的只是几天，甚至几分钟，所以也有长寿命同位素之称。一些常见的放射性核素的衰变类型、半衰期列在表 14－3 中。

表 14－3　一些放射性核素

核素	衰变类型	半衰期	核素	衰变类型	半衰期
${}^{3}_{1}H$	β^-	12.33a	${}^{85}_{36}kr^m$	β^-(79%) γ(27%)	4.48h
${}^{11}_{6}C$	β^+(99.76%) EC(0.24%)	20.4min	${}^{90}_{38}Sr$	β^-	28.8a
${}^{14}_{6}C$	β^-	5730a	${}^{90}_{42}M_0$	β^-,γ	66h
${}^{18}_{9}F$	β^+(96.9%) EC(3.1%)	15h	${}^{99}_{43}Tc^m$	γ	6h
${}^{24}_{11}Na$	β^-,γ	15h	${}^{113}_{49}In^m$	γ	99.5min
${}^{28}_{12}Mg$	β^-,γ	21h	${}^{113}_{50}Sn$	EC,γ	115d
${}^{32}_{14}Si$	β^-	650a	${}^{125}_{53}I$	EC,γ	60d
${}^{32}_{14}P$	β^-	14.3d	${}^{131}_{53}I$	β^-,γ	8.04d
${}^{38}_{17}Cl$	β^-,γ	37.3min	${}^{137}_{55}Cs$	β^-,γ	30a
${}^{40}_{19}K$	β^-(89.33%) EC(10.67) β^+(0.001%),γ	1.28×10^9a	${}^{189}_{70}Yb$	EC,γ	32d
${}^{51}_{23}Cr$	EC,γ	27.7d	${}^{198}_{79}Au$	β^-,γ	2.7d
${}^{59}_{26}Fe$	β^-,γ	44.6d	${}^{203}_{80}Hg$	β^-,γ	46.8d
${}^{57}_{27}Co$	EC,γ	271d	${}^{201}_{86}Tl$	EC,γ	73h
${}^{60}_{27}Co$	β^-,γ	5.27a	${}^{210}_{86}Rn$	α(96%) EC(4%),γ	8.3h
${}^{67}_{31}Ga$	EC,γ	78h	${}^{222}_{86}Rn$	α,γ	3.8d
${}^{68}_{31}Ga$	β^+(90%) EC(10%)	68min	${}^{226}_{88}Ra$	α,γ	1600a
${}^{68}_{32}Ge$	EC,γ	288d	${}^{233}_{92}U$	α,γ 自发裂变 (1.3×10^{-12})	1.59×10^5a
${}^{71}_{32}Ge$	EC	11d	${}^{235}_{92}U$	α,γ 自发裂变 (2×10^{-9})	7.04×10^8a
${}^{75}_{34}Se$	EC,γ	114d	${}^{236}_{92}U$	α,γ 自发裂变 (10^{-9})	2.34×10^7a

4)放射性活度

实验证明放射源的强度不能用原子核数目 N 来表示。这是因为一个放射源即使有大量放射性的原子核,但如果它衰变很慢,单位时间内衰变的原子核数量很少,则从放射源内放射出的射线也很少。反之,即使放射性原子核数量不多,但如果衰变很快,则单位时间内衰变的原子核数量就多,放射出的射线就多。因此,放射源的放射强度要用单位时间内发生衰变的原子核的数量 A 来表示,称为**放射性活度**(radioactivity)。

$$A = -\frac{\mathrm{d}N}{\mathrm{d}t} = \lambda N \tag{14-17}$$

将衰变定律代入得

$$A = \lambda N_0 \exp(-\lambda t) = A_0 \exp(-\lambda t) \tag{14-18}$$

其中,$A_0 = \lambda N_0$ 表示 $t=0$ 时刻的放射性活度。A 的国际单位为贝可(Bq),1 次核衰变/秒=1Bq,而通常用的单位是居里(Ci),贝可与居里的关系是

$$1\ \mathrm{Ci} = 3.7 \times 10^{10}\ \mathrm{Bq}$$

一般用毫居里和微居里表示放射性活度

$$1\ \mathrm{mCi} = 10^{-3}\ \mathrm{Ci} = 3.7 \times 10^{7}\ \mathrm{Bq}$$

$$1\ \mu\mathrm{Ci} = 10^{-6}\ \mathrm{Ci} = 3.7 \times 10^{4}\ \mathrm{Bq}$$

需要指出,由式(14-15)及式(14-17)得 $A = \frac{\ln 2}{T} \cdot N$ 关系可看出,在放射性活度相等的情况下,半衰期 T 越短,或平均寿命越短,其放射性核素的原子核数量就越少,这是很有临床意义的。引入人体内的放射性核素对人体会带来附加的伤害,而且具有累积作用。为了减少或避免这种不必要的伤害,我们希望引入人体内的放射性核素越少越好。但是,如果要达到诊断及治疗的目的,总要有一定的活度。为了同时满足上述两个条件,显然 λ 大、寿命短的核素最为理想,所以,在生物医学上短寿命的核素应用地越来越多。

例 14-3　^{32}P 半衰期为 14.3d,计算它的衰变常数。1 mg 的纯 ^{32}P 的放射性活度为多少?

解　由 $T = \frac{0.693}{\lambda}$,则

$$\lambda = \frac{0.693}{T} = \frac{0.693}{14.3 \times 24 \times 3600} = \frac{0.693}{0.12355 \times 10^{7}} = 5.61 \times 10^{-7}\ \mathrm{s}^{-1}$$

1 mg ^{32}P 中的原子核数量为

$$N = \frac{1 \times 10^{-3}}{32} \times 6.022 \times 10^{23} = 1.88 \times 10^{19}$$

所以由放射性活度的定义得

$$A = \lambda N = 5.61 \times 10^{-7} \times 1.88 \times 10^{19} = 1.05 \times 10^{13}\ \mathrm{Bq}$$

例 14-4　已知某放射性核素在 5 min 内衰减了 43.2%，求它的衰变常数、半衰期和平均寿命。

解　由衰变定律知

$$N = N_0 e^{-\lambda t}$$

将已知条件 $t=5\ \mathrm{min}=300\ \mathrm{s}$，$N=(1-43.2\%)N_0$ 代入，则有

$$(1-43.2\%)N_0 = N_0 e^{-\lambda t}$$

所以

$$e^{-300\lambda} = 0.568$$

得

$$\lambda = 0.00188\ \mathrm{s}^{-1}$$

又据 $T=\dfrac{0.693}{\lambda}$，得半衰期

$$T = \frac{0.693}{0.00188} = 368\ \mathrm{s}$$

平均寿命

$$\tau = \frac{1}{\lambda} = 532\ \mathrm{s}$$

14.3　核磁共振

泡利在 1924 年指出，有些原子核具有自旋和磁矩，它们的能级在外磁场中会发生分裂。伯塞尔(E. Purcell)用吸收法，布洛赫(F. Bloch)用感应法在 1946 年几乎同时发现了物质的**核磁共振**(nuclear magnetic resonance，NMR)现象，为此，他们分享了 1952 年诺贝尔物理学奖。经过 40 多年的发展，核磁共振成为物理学的一种重要新技术，是测定原子的核磁矩和研究核结构的直接而又准确的方法而且广泛地应用于生物学、化学、医学和药学中。Lauterbur 于 1973 年提出了利用核磁共振信号成像的方法使核磁共振不仅用于物理学和化学，也应用于临床医学领域。为了和放射性核素成像相区别，医学上称为**磁共振成像**(megnetic resonance imaging，MRI)。核磁共振成像是 20 世纪 80 年代发展起来的一种生物磁学核自旋成像技术，它的信息来自组成物质的分子和原子。因此，它不但能获得人体器官和组织的解剖学图像，还可以显示器官和组织的化学结构及其变化，从而获得功能方面的信息，把医学影像学临床诊断的准确性推向了更高的水平。利用核磁共振技术有助于早期癌症的诊断，同时它还有许多突出的优点，是无损的，穿透骨骼时是不衰减的，也没有电离辐射的那些危害。因此，核磁共振有广阔的发展前途，和

其他成像技术相比，磁共振成像有独特的应用价值。

14.3.1　原子核的自旋

生物和其他物质一样，都是由原子和分子构成。组成原子的原子核是带正电的粒子。电荷均匀分布在原子核的表面，通过对量子力学和核物理的学习知道，原子核具有自旋的特性，它自旋时就相当于电荷作圆周运动，相当一个环形电流，从而产生磁场。它是一种微观粒子的固有属性。这种磁场可以用核磁矩 $\boldsymbol{\mu}$ 来描述，$\boldsymbol{\mu}$ 的方向与核自旋方向的关系可以用右手螺旋法则来确定。

如图 14-7 所示，把具有核磁矩的原子核放在外磁场 $\boldsymbol{B}$ 中，由于核具有自旋，很像小陀螺。如果核的自旋方向轴与 $\boldsymbol{B}$ 方向成一角度，核磁矩 $\boldsymbol{\mu}$ 便受到一个要把它转到平行于 $\boldsymbol{B}$ 方向的力矩。在这个力矩的作用下，核的自旋轴又绕着以 $\boldsymbol{B}$ 方向为轴的锥面转动，把这种转动称为**进动**，进动角速度 ω_0 由**拉摩尔**(larmor)公式来确定：

$$\omega_0 = \gamma B \tag{14-19}$$

这是拉摩尔用经典力学的方法推证出来的。γ 称为原子核的磁旋比(magnetogyric ratio)，不同的原子核有不同的**磁旋比**。

式(14-19)除以 2π，则进动频率为

$$\nu_0 = \frac{\gamma}{2\pi} B \tag{14-20}$$

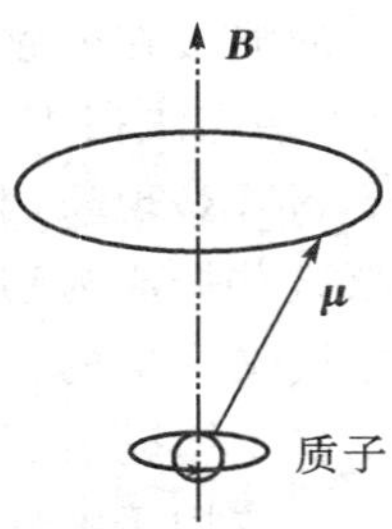

图 14-7　在磁场 $\boldsymbol{B}$ 中质子磁场的进动

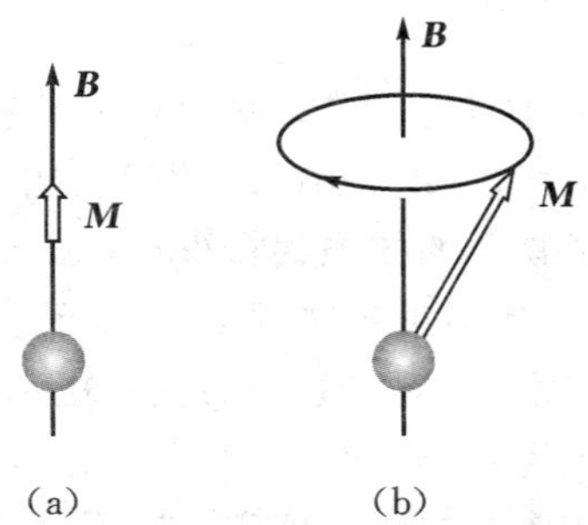

图 14-8　沿 $\boldsymbol{B}$ 产生一个核磁化强度矢量 $\boldsymbol{M}$
(a)系统被磁化；(b)$\boldsymbol{M}$ 围绕 $\boldsymbol{B}$ 作进动

实际研究的对象并不是单个的原子核，而是由大量原子核所组成的系统。反映系统在外磁场中被磁化的程度用**核磁化强度矢量 $\boldsymbol{M}$** 这样的宏观物理量来描述。单位体积中各个核磁矩的方向都是随机分布而无规则的，所以系统的核磁化强度矢量和为零，即 $\boldsymbol{M}=\boldsymbol{0}$。当加上外磁场 $\boldsymbol{B}$ 时，核磁矩受到外磁场的作用，力图取平

行于 $\boldsymbol{B}$ 的方向，系统的核磁化强度矢量不为零，系统被磁化，沿 $\boldsymbol{B}$ 的方向产生一个合成的 $\boldsymbol{M}$，如图 14－8(a)所示。可见，$\boldsymbol{M}$ 是度量原子核系统被磁化程度的物理量。

如图 14－8(b)所示，若使 $\boldsymbol{M}$ 偏离 $\boldsymbol{B}$ 的方向，则它产生围绕 $\boldsymbol{B}$ 的进动，经过一段时间后，核磁矩趋向于沿 $\boldsymbol{B}_0$ 方向有规则地排列，此时称为**平衡态**。

大多数原子核有自旋现象，由于微观粒子的固有角动量和轨道角动量是自旋存在的原因，角动量是度量转动的重要物理量，所以可用角动量表述自旋。其自旋角动量 L_1 的方向与自旋轴重合。据量子力学理论，原子核自旋角动量 L_1 是量子化的，只能取一系列不连续的值，即

$$L_1 = \sqrt{I+(I+1)}\,\frac{h}{2\pi} \qquad (14-21)$$

式中，h 为普朗克常数；I 为核自旋量子数，表示原子核的固有特性，只能取整数和半整数，不同的原子核由其质子数和中子数决定 I 值。质子数和中子数都是偶数的原子核，称为偶偶核，自旋量子数都是零，即 $I=0$，如${}^{16}_{8}O$，${}^{12}_{6}C$ 等；质子数或中子数当中有一个是奇数的原子核，另一个为偶数的核称为奇偶核，这样的核自旋量子数都是半整数，即 $I=n/2(n=0,1,2,\cdots)$，如 ${}^{1}_{1}H$，${}^{15}_{7}N$，${}^{31}_{15}P$ 等；质子数和中子数都是奇数的核，称为奇奇核，这样的核自旋量子数都是整数，即 $I=n(n=0,1,2,3,\cdots)$，例如${}^{6}Li$，${}^{14}N$ 等。原子核的自旋可以通过原子光谱的超精细结构来测得。目前用于成像的原子核主要是${}^{1}H$，${}^{31}P$ 等，其自旋量子数 $I=1/2$。

14.3.2　原子核的磁矩

原子核是一个带电的系统，而且具有自旋，有自旋的核可以看作环形电流，环形电流会产生磁矩，叫做**原子核的磁矩**，简称**核磁矩**。环形电流与角速度或角动量有关，所以，核磁矩 μ 肯定与自旋角动量 L_I 有关。通过理论计算得出，对于 $I\neq 0$ 的核，有

$$\mu_I = g\,\frac{e}{2M_p}L_I \qquad (14-22)$$

式中，e 为电子电量的绝对值，C；M_p 为质子的质量，kg；g 称为核的朗德因子或 g 因子，是无量钢的值，其大小与核种类有关。由实验测得，$\gamma = g\,\frac{e}{2M_p}$ 就是前述的磁旋比。将 L_I 的表达式(14－21)代入式(14－22)中，可写成

$$\mu_I = g\mu_N\sqrt{I(I+1)} \qquad (14-23)$$

式中，$\mu_N = \frac{eh}{4\pi M_p} = 5.050\,8\times 10^{-27}$ J/T，是核磁矩的基本单位，称为**核磁子**(nuclear magneton)。

由于核磁矩在外磁场中的能量是

$$E = -\mu B\cos\varphi \tag{14-24}$$

φ 是 μ 与 B 的夹角，核磁矩在空间的取向是量子化的，所以 φ 只能取一些特定的数值，因而能量也是量子化的。

一个自旋量子数为 I 的原子核，它的总角动量和总磁矩在外磁场 Z 方向上的投影分量只能取下面的数值：

$$L_Z = m_I \frac{h}{2\pi} \tag{14-25}$$

$$\mu_Z = g\mu_N m_I \tag{14-26}$$

式中，$m_I = I, I-1, \cdots, 1-I, -I$，称为**磁量子数**，有 $2I+1$ 个值，表明原子核的总角动量和总磁矩沿外磁场方向分别有 $2I+1$ 个分量。

14.3.3　核磁共振及其应用

1. 核磁共振原理

原子核放在均匀磁场 B 中进动，其核磁矩与外磁场产生相互作用，分裂成 $2I+1$ 个能级，两相邻能级间的能量差为

$$\Delta E = g\mu_N B \tag{14-27}$$

只要测得 ΔE，由式(14－27)可求出 g 因子，进而可获得核的磁距。如果原子核同时又受到一个垂直于均匀磁场 B 的平面上旋转的电磁辐射的作用，当外加电磁辐射能量 $h\nu_0$ 满足

$$h\nu_0 = \Delta E \tag{14-28}$$

时，处于低能级的原子核就有可能吸收能量跃迁到高能级，原子核将对电磁辐射进行共振吸收，这个现象就称为**核磁共振**(NMR)。这时

$$h\nu_0 = \Delta E = g\mu_N B \tag{14-29}$$

得到

$$\nu_0 = \frac{g\mu_N B}{h} = \frac{\gamma}{2\pi}B \tag{14-30}$$

式中，γ 就是原子核的磁旋比。由式(14－30)通过 g 因子或磁旋比 γ 的测量，可以求得核磁矩。

各种磁核因其结构上差异，有不同的 g 因子或磁旋比，所以在同样的外磁场中，就有不同的能级差，产生核磁共振所需的射频也不同。当射频频率与外磁场满足式(14－30)时，原子核对射频能量发生共振吸收。产生共振吸收的方法一般有两种：一种是固定外磁场 B，连续改变射频频率，当 ν 满足式(14－29)时，发生共振吸收，这种方法称为**扫频法**。另外一种是，保持射频频率不变，连续改变外磁场，当 B 满足式(14－29)时才发生共振吸收，这种方法称为**扫场法**，核磁共振波谱仪一般

采用扫场法。

图 14－9 是核磁共振波谱仪的示意图。供给样品的外磁场是具有两个凸状磁极的磁铁，改变通入两个扫描线圈的直流电流，可以调节磁场的大小。通常磁场是自动地随时间作线性改变，与记录器的线性驱动装置同步。对于射频为 60 MHz 的波谱仪，扫描范围是 1 kHz 或小于 1 kHz。

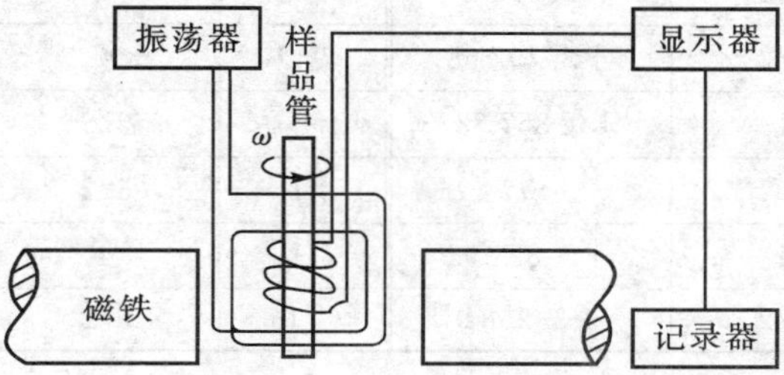

图 14－9　核磁共振仪原理图

样品管是外径为 5 mm 的玻璃管，管内盛约 0.4 cm^3 的液体（内含样品 20～30 mg，并加有微量的标准物质），外面绕着的线圈与射频接收器、检测器以及记录器相连接。测量时，样品池以每分钟几百转的转速旋转，以避免受局部磁场不均匀的影响。

具有线偏振性质的射频磁场由射频振荡器产生，常用频率是 60 MHz 和 100 MHz。作为辐射源的发送线圈、扫描线圈及接收线圈三者相互垂直，避免相互干扰。对于孤立的质子在 60 MHz 的射频磁场作用下，产生共振磁感应强度由式(14－30)算得为

$$B=\frac{h\upsilon}{g\mu_{\mathrm{N}}}=\frac{6.626\times10^{34}\times60\times10^{6}}{5.585\times5.0508\times10^{-27}}=1.4093\ \mathrm{T}$$

因此，当发送线圈发射出 60 MHz 的射频时，将磁场调节到 1.4093 T，孤立质子就可以发生能级的跃迁。由于射频磁场的能量部分地被质子吸收，在接收线圈中就感应出几毫伏的电压，经过放大 10^5 倍以后，被记录器记录下来，就得到质子的核磁共振波谱（见图 14－10）。对于不同的磁核，**波谱共振峰**（又称为**吸收峰**）的 B 值是不同的，由实验结果可以算出磁旋比 γ 或 g 因子，从而得出它是何种原子核。

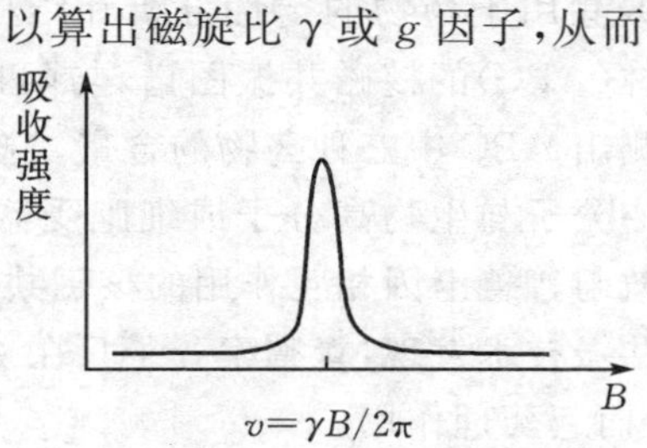

图 14－10　调节磁场 B 所得到的孤立质子共振波谱

顺便指出,原子核的磁矩有正有负,正号表示其方向与自旋同向,负号表示与自旋反向。表 14－7 列出了某些原子核的磁矩和自旋量子数。

表 14－7　原子核的自旋量子数和磁矩

原子核	自旋量子数	磁矩/μ_N	原子核	自旋量子数	磁矩/μ_N
$^{1}_{0}n$	1/2	－1.913 15	$^{14}_{7}N$	1	－0.404 7
$^{1}_{1}H$	1/2	＋2.792 68	$^{16}_{8}O$	0	0
$^{2}_{1}H$	1	＋0.857 387	$^{23}_{11}Na$	3/2	＋2.216 1
$^{4}_{2}He$	0	0	$^{39}_{19}K$	3/2	＋0.390 97
$^{6}_{3}Li$	1	＋0.821 92	$^{40}_{19}K$	4	－1.291
$^{7}_{3}Li$	3/2	＋3.256 0	$^{115}_{49}In$	9/2	＋5.496 0

2. 核磁共振的应用

在不破坏样品的作用下,可利用核磁共振研究物质的微观结构和相互作用。例如,有机化合物(包括有机药物)主要是由 C,H,O 三种元素组成的,由于$^{12}_{6}C$和$^{15}_{8}O$这两种核都不具有磁距,所以许多有机化合物的核磁共振就是单纯的质子共振。由化学位移的不同,可以证实分子中各种基团的存在,自旋耦合产生的多重峰,反映了各种集团在分子中的相对排列位置,因此,利用质子共振波谱并结合其他分析方法(例如元素分析、红外紫外光谱、质谱分析),可以研究化合物的分子结构和反应过程,从而阐明分子结构与性能、反应机制之间的关系。对于含有$^{11}_{5}B$,$^{13}_{6}C$,$^{14}_{7}N$,$^{17}_{8}O$,$^{19}_{9}F$,$^{29}_{16}S$,$^{31}_{15}P$ 和$^{33}_{16}S$ 等磁核的化合物,也可利用核磁共振进行研究。

目前,世界上商品化的核磁共振波谱仪中,90%以上是用于分析有机化合物的成分和结构的,并已制定了几万种有机化合物的标准图谱。对于一个样品,只要测出它的共振图谱,而后与标准图谱对照,就可以知道该样品的成分和结构。

在药学方面,核磁共振除用于药物的定性分析和结构分析外,还用于定量分析。例如,将复方阿司匹林(APC)的核磁共振图谱,与阿司匹林、非那西汀和咖啡因的图谱进行对照,可以测出 APC 中三种药物的含量。核磁共振也用于研究药物分子之间的相互作用,药物分子与生物高分子或细胞受器之间的作用机制等。例如,通过对神经中焦磷酸胺与普鲁卡因相互作用的核磁共振的研究,给神经麻醉假说提供了新证据;由核磁共振技术发现,青霉素分子只在一个部位通过芳香族侧链与细胞的蛋白质受器结合而起药理作用。

核磁共振在胰岛素、核糖核酸酶、血红蛋白等方面的研究,已取得很多成果。

在去氧核糖核酸方面的研究，为分子生物学和分子遗传学提供了许多有意义的资料。

近 20 多年来，核磁共振技术发展较快，核磁共振波谱仪的功能也日臻完善，研究对象也越来越广泛。例如，应用二维波谱技术进行样品分析，可以显示出某种磁核的样品中分布的立体图像，用以研究分子中各基团单独的弛豫时间以及各基团的排列和相互作用。这种方法在物质结构分析方面得到广泛的应用。

在医疗诊断中，通过用 X 射线摄像从外面检查人体内组织器官的情况，它的缺点是所成的像是许多组织、器官重叠在同一平面上，因而难于分辨。用 X－CT（计算机 X 射线断层摄像），虽克服了这一缺点，但它是单一物理参数的成像，所得的图像基本上仍然是解剖学性质的。它的缺点是人体受到较长时间的 X 射线照射会造成人体组织一定的生理性损伤。目前使用核磁共振成像技术，即 NMR－CT，既无射线损伤，又能显示组织特征和功能信息。NMR－CT 可产生两种图像：一种是利用自旋核的弛豫时间这个特征量作为成像参数，把弛豫时间 T_1 和 T_2 的分布以断层图像的形式显示出来；另一种是利用自旋密度作为成像参数，给出被观察组织层面的物理图像。由于各种组织、器官、软骨和骨骼所含水分和脂质类物质浓度不同，或浓度相同而弛豫时间不同，它们的核磁共振信号也不同，在图像上就可以将它们得以区分。例如，脂肪组织的信号最强，亮度最大；血管中血液信号最弱，图像显示为黑色。组织中质子弛豫时间越短，图像越亮；弛豫时间越长，图像越暗。NMR－CT 不仅可以研究解剖学和组织学的变化，也可以研究生化和生理的变化。例如，人脑的脑灰质和脑白质的密度大致相同，用 X 射线照像方法不易区别。由于脑灰质中的氢几乎存在于水中，而脑白质的氢是存在于脂肪中，弛豫时间相差很大，在 NMR－CT 中可以将它们区分开。又例如人的正常组织含水量低于癌组织，从而使正常组织的弛豫时间要比癌组织短，在图像上就可显示出来。核磁共振成像技术在临床上能对癌症和其他疑难病症作出早期诊断，是一种对人类健康有重大作用、很有前途的医学影像新工具。

习　题

14－1　^{14}C（半衰期为 5730 年）的活度可以用来确定一些考古发现的年代。假定某样品中含 2.8×10^{7} Bg 的 ^{14}C，试求：

(1) ^{14}C 的衰变常数；

(2) 样品中 ^{14}C 核的数目；

(3) 1000 年后和 4 倍半衰期后样品的活度。

14－2　核半径可按公式 $R=1.2\times10^{-15}A^{\frac{1}{3}}$ (m) 来确定，其中 A 为核的质量

数。试求核物质的单位体积内的粒子数。

14－3　$^{238}_{92}U$ 因放射性变成$^{206}_{82}Pb$,问需经过几次 α 衰变和几次 β 衰变?

14－4　$^{32}_{15}P$ 的半衰期 T 为 14.3 d,计算 1 μg 的同位素在一昼夜的衰变中放出多少粒子数。

14－5　^{226}Ra 的半衰期是 1600 年,求它的衰变常量和 1 g 镭的放射性活度。

14－6　已知放射性$^{55}_{27}Co$ 的活度在 1 h 内减少 3.8%,衰变产物是作放射性的,求核素衰变常量和半衰期。

14－7　一病人内服 600 mg 的 Na_2HPO_4,其中含有放射性活度为 5.55×10^7 Bg 的$^{32}_{15}P$,在第一昼夜排出的放射性物质活度有 2.0×10^7 Bg,而在第二昼夜排出 2.66×10^6 Bg(测量是在收集放射性物质后立即进行的)。试计算病人服用两昼夜后,尚存留在体内的$^{32}_{15}P$ 的百分数和 Na_2HPO_4 的克数。$^{32}_{15}P$ 半衰期是 14.3 d。

14－8　何谓原子核的自旋和磁距?通常用什么来表示核的自旋?试简述核磁共振的原理及大医药方面的应用。

14－9　$^{35}_{17}Cl$ 核的 $I=\dfrac{2}{3}$,在外磁声中分裂成若干能级。写出两邻能级之差的表达式。已知它的磁矩为 $0.8209\mu_N$,求朗德因子 g。

14－10　$^{23}_{11}Na$ 被中子照射后转变为$^{24}_{11}Na$。问在停止照射 24 h 后,还剩百分之几的$^{24}_{11}Na$($^{24}_{11}Na$ 的半衰期为 14.8 h)。

14－11　$^{238}_{90}Th$ 放出 α 粒子衰变成$^{228}_{88}Ra$,从含有 1 g $^{238}_{90}Th$ 的一片薄膜测得每秒放射 4100 个粒子,求其半衰期。

14－12　放射性活度为 3.7×10^9 Bq 的放射性$^{32}_{15}P$ 的制剂,在制剂后 10 d,20 d 和 30 d 的放射性活度各是多少?

第 15 章　狭义相对论基础

在描述宏观物体的低速运动规律的经典力学中，时间、空间以及物体的质量被认为是与运动无关的。但是，当历史进入 20 世纪，当物理学进入微观高速领域、当研究光、电磁场和微观粒子等一些物理现象时，人们发现，不能用经典理论解释高速运动物体所呈现出的实验事实，即时间、空间以及物体的质量与运动相关这些概念在这些领域已不再适用，物理学的一些最基本的概念需要做出根本的改变。于是，爱因斯坦提出新的假设和概念，建立了描述物体的高速运动规律的狭义相对论。

力学是研究物体机械运动的，因此离不开对时间和空间的测量，那么，在不同参照系中对同一事件的时间和空间的测量结果一样吗？对于这个物理学最基本问题的不同认识正是经典的牛顿力学和爱因斯坦相对论最重要的区别。

爱因斯坦的相对论分为狭义相对论和广义相对论，本章介绍狭义相对论基础知识，包括狭义相对论时空观及狭义相对论动力学的主要内容。

15.1　经典力学的时空观

为了更好地理解相对论是怎样在经典物理的基础上产生的，首先回顾一下在经典力学中已往建立起来的一些基本概念和基本原理。

15.1.1　经典力学的相对性原理

力学是研究物体机械运动规律的，物体的机械运动就是它的位置随时间的变化。为了研究这种变化，必须选定适当的参考系，力学概念，如速度、加速度等，以及力学规律都是对一定的参考系才有意义。因此，力学中一个最基本问题是：对于不同的参考系，基本力学定律的形式是完全一样吗？

对这个问题，经典力学认为：**对于不同的惯性系，力学的基本定律的形式都是相同的，或者说力学规律对于一切惯性系都是等价的，即具有不变性，这一结论称为经典力学的相对性原理。**由此可见，在彼此匀速直线运动的所有惯性系，物体运动所遵循的力学规律都是一样的，而且具有完全相同的数学表达形式。就像伽利略所描述的那样：在一个惯性系内所做的任何力学实验，都不能确定这个惯性系是静止的，还是做匀速直线运动的。

15.1.2 伽利略变换

在所有的惯性系中,力学规律具有相同的形式,因此,无论在哪一个惯性系中都能研究力学现象。然而,这并不意味着在不同的惯性系中所观察的力学量都相同。例如,同一物体的位矢、运动速度及加速度等,在不同的惯性系中所观察的结果是不同的。下面我们来建立经典力学的伽利略变换。

设想两个相对做匀速直线运动的参考系,分别以直角坐标系 S 和 S' 表示,两者的坐标轴相互平行,而且 x 轴和 x' 轴重合,如图 15-1 所示。设 S' 相对 S 沿 x 轴以恒定速度 u 运动,且以坐标原点 O 与 O' 重合时刻作为记时零点。

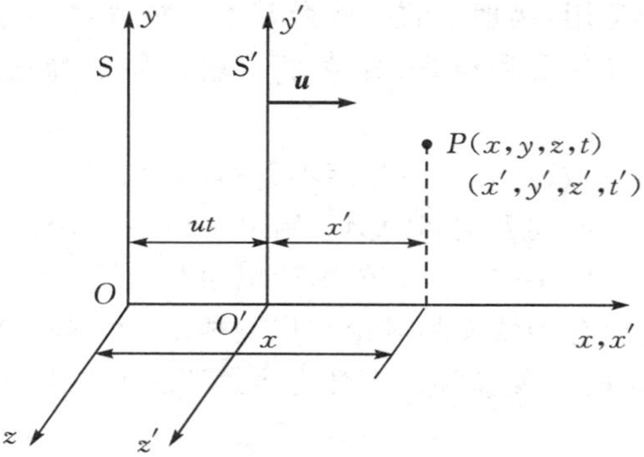

图 15-1 伽利略变换

设有两个观测者,分别在 S 系和 S' 系中观察一质点的运动情况。S 系中的观测者测得,t 时刻质点在 P 点,质点的位置坐标为 (x,y,z),则 S 系中的观测者测得质点在 P 点这一事件的时空坐标为 (x,y,z,t)。S' 系中的观测者测得,质点在 P 点这一事件的时空坐标为 (x',y',z',t')。

因为经典力学认为,两事件发生的时间间隔与观测者所在的参考系无关,所以在任何时刻都有

$$t = t' \tag{15-1}$$

经典力学同时认为,两事件发生的空间间隔与观测者所在的参考系也无关,所以,S' 系中的观测者测得质点在 P 点这一事件的空间位置与 S 系中的观测者测得的相同,即

$$x' = x - ut, \quad y' = y, \quad z' = z \tag{15-2}$$

式(15-1)、式(15-2)称为伽利略变换。

由式(15-2)可进一步求得速度变换式,考虑到 $t=t'$,可得

$$v'_x = \frac{\mathrm{d}x'}{\mathrm{d}t'} = \frac{\mathrm{d}x}{\mathrm{d}t} - u = v_x - u, \quad v'_y = \frac{\mathrm{d}y'}{\mathrm{d}t'} = \frac{\mathrm{d}y}{\mathrm{d}t} = v_y, \quad v'_z = \frac{\mathrm{d}z'}{\mathrm{d}t'} = \frac{\mathrm{d}z}{\mathrm{d}t} = v_z$$

此三式合并成一矢量式,即

$$\boldsymbol{v}' = \boldsymbol{v} - \boldsymbol{u} \tag{15-3}$$

这就是伽利略速度变换式。对式(15-3)求导,可得

$$\boldsymbol{a}' = \boldsymbol{a} \tag{15-4}$$

这说明同一质点的加速度在不同惯性系中测量的结果是一样的。

现在来看作为经典力学基础的牛顿运动定律是否满足相对性原理,即是否具有伽利略坐标变换的不变性。

在牛顿力学中,质量和运动无关,因而不受参考系影响,即 $m'=m$。同时,在牛顿力学中,力只与质点间的相对位置和相对速度有关,因而力与参考系是无关的,即 $\boldsymbol{F}'=\boldsymbol{F}$;根据伽利略变换 $\boldsymbol{a}'=\boldsymbol{a}$,因此在 S 系中,牛顿第二定律成立,即 $\boldsymbol{F}=m\boldsymbol{a}$,则在另一惯性系 S' 中,同样有 $\boldsymbol{F}'=m\boldsymbol{a}'$。牛顿定律对任何惯性系都是正确的,即具有伽利略变换的不变性,满足相对性原理。

15.1.3 经典力学的绝对时空观

事实上,伽利略变换是建立在经典力学的绝对时空观上的,因此根据伽利略变换,可得经典力学的绝对时空观。

1)时间的绝对性

考虑在两个惯性参考系 S' 和 S 中观测不同时发生的两事件。设在 S 系中的观测者测量于 t_1 和 t_2 时刻先后发生的两事件,时空坐标分别为(x_1,y_1,z_1,t_1)和(x_2,y_2,z_2,t_2);在 S' 系中的观测者测量时,两事件的时空坐标分别为(x'_1,y'_1,z'_1,t'_1)和(x'_2,y'_2,z'_2,t'_2)。根据伽利略变换,$t'_1=t_1$,$t'_2=t_2$,即 $t'_2-t'_1=t_2-t_1$。可见,在 S' 系中的观测者测量两事件发生的时间间隔与在 S 系中的观测者测量的相同。这表明时间的测量与参考系的选择无关,即时间是绝对的。

2)空间的绝对性

时间间隔的测量具有绝对性,空间间隔的测量是否也具有绝对性呢?考虑在两个惯性参考系 S' 和 S 中测量一物体,例如 x 轴放置的一根细棒,S 系中的观测者测得棒的两端点的坐标分别 x_1 和 x_2,则棒长为 x_2-x_1。S' 系中的观测者测得棒的两端点的坐标分别 x'_1 和 x'_2,则棒长为 $x'_2-x'_1$。根据伽利略变换,$x'_1=x_1-ut$,$x'_2=x_2-ut$,即 $x'_2-x'_1=x_2-x_1$。可见,在 S 系中的观测者测量同一空间间隔,与在 S' 系中的观测者测量的相同。这表明空间的测量与参考系的选择无关,即空间是绝对的。

经典力学认为时间和空间是绝对的,用牛顿的话说,"绝对的、真正的和数学的时间自身在流逝着","绝对空间就其本质而言是与任何外界事物无关,而且永远是相同的和不动的",即相对于不同参考系,长度和时间的测量结果是完全一样的。

这就是牛顿的绝对时空观。显然,绝对的时空观与人们日常经验是相符合的。

15.2 狭义相对论的基本原理

15.2.1 光速的伽利略变换未能被实验证实

19 世纪,已经形成了比较完整的电磁理论——麦克斯韦理论,它预言了光是一种电磁波,并且不久也被实验所证实。那么,描述宏观电磁规律的麦克斯韦方程是否满足力学相对性原理,即是否具有伽利略变换的不变性?在这个问题中,光速的数值起了特别重要的作用。

光是电磁波,由麦克斯韦方程知,光在真空中传播的速度为

$$c = \frac{1}{\sqrt{\varepsilon_0 \mu_0}} = 2.998 \times 10^8 \text{ m/s} \tag{15-5}$$

它是一个恒量,这说明光在真空中沿各个方向传播的速率与参考系的选择无关。于是,当时的人们认为,与传播机械波需要弹性媒质一样,光和电磁波的传播也需要一种充满包括真空在内的整个空间的弹性媒质,这种弹性媒质称为“以太”。只有在相对以太静止的参考系中,光在各个方向上的传播速率才是相同的。这个参考系称为以太参考系。但是根据伽利略变换,如光在参考系 S 中的传播速率为 c,则在 S' 参考系传播的速率就应为

$$c' = c \pm u$$

显然,麦克斯韦方程不具有伽利略变换的不变性,即如果用伽利略变换对电磁现象的基本规律进行变换,发现这些规律对不同惯性系具有不同的形式。

光速与参考系无关这一点与人们的预计是相反的,经验总是使人们确信伽利略变换的正确性。为了发现不同惯性系中各个方向上光速的差异,人们设计了许多实验,其中最著名的是迈克耳孙-莫雷实验。

1887 年,迈克耳孙和莫雷用迈克耳孙干涉仪测定运动参考系相对于以太的速度,其主要实验装置的原理如图 15-2 所示。光源发出的波长为 λ 的单色光照射在半透半反分光镜 P 上后分成两束光:光束①自 P 沿水平方向传播经反射镜 M_1 上反射回到 P,经过 P 后进入望远镜 T;光束②沿竖直方向传播经反射镜 M_2 反射也回到 P,经过 P 后进入望远镜 T。两束光重新相遇时,由于传播路径不同存在光程差,从而产生干涉现象,通过望远镜就可以观测到干涉条纹。如果光程差变化,干涉条纹就会移动。

这个实验构思巧妙,精确度很高,是近代物理学中重要实验之一。然而,在各种不同条件下多次反复进行测量,都未能发现在不同惯性系中各个方向上光速的差异。

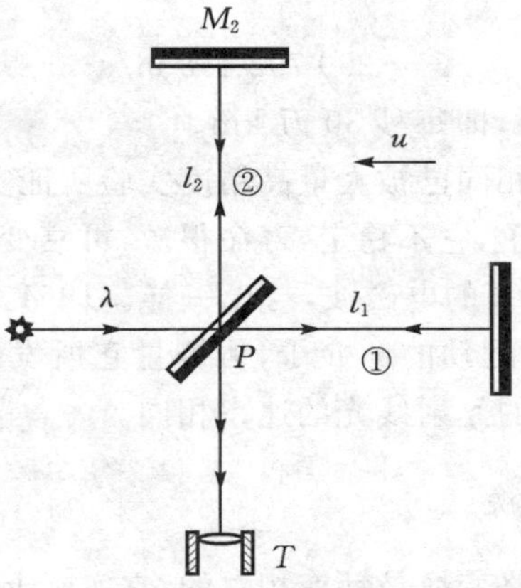

图 15－2　迈克耳孙干涉仪

伽利略变换和电磁规律的矛盾使人们面临如下问题：是伽利略变换正确，电磁理论的基本规律不符合相对性原理？还是已发现的电磁现象的基本规律符合相对性原理，而伽利略变换，实际上是绝对时空的概念应该修正了？

15.2.2　狭义相对论的基本原理

正当人们以各种各样的理论去修正电磁理论时，1905 年，26 岁的爱因斯坦另辟蹊径，从一个新的角度思考问题，提出了狭义相对论的两个基本假设，并在此基础上，建立了新的理论——狭义相对论。

狭义相对论的两个基本假设：

(1)**相对性原理：在所有惯性系中，一切物理学定律都具有相同的形式。**

伽利略假设力学规律在所有惯性系都是相同的，爱因斯坦把这一概念推广到所有物理规律，使相对性原理不仅适用于力学规律，而且适用所有物理规律，特别是电磁学和光学。需要说明的是，这一假设并非说物理量的测量对所有惯性系是相同的，相反，绝大多数是不同的。相对性原理是说与这些测量相互联系起来的物理定律是相同的。

(2)**光速不变原理：在所有惯性系中，光在真空中的传播速率都具有相同的值** c。

也可以说光速不变原理认为自然界有一极限速率 c，它在所有惯性系中及沿任何方向传播的速率相同，光就是以这一速率传播的。任何具有确定质量的粒子，不管它以多大加速度加速或加速多长时间，都不能超过这一极限。

1964 年 W. 贝托齐通过实验发现，随着对一个非常快的电子的力增大，测量到电子的动能增加得非常大，但电子的速率却不再明显地增大。电子的速率可被加速到光速的 99.999 999 995%，虽然已十分接近 c，但仍比 c 要小。这一极限速率

被精确定义为

$$c = 299\ 792\ 458\ \text{m/s}$$

其近似为 $c=3.0\times10^{8}$ m/s,即每秒 30 万 km。

光速在所有惯性系中相同已被大量高精度实验所证实。通过在粒子加速器的碰撞可产生 π(符号 π^0)介子,它不稳定,寿命很短,可衰变成两个 γ 射线,即 $\pi^0\rightarrow\gamma+\gamma$。γ 射线是一种频率很高的电磁波,与光一样。1964 年,物理学家制出一束相对实验室以速率 $0.99975c$ 运动的 π 介子,但测量它所发射的 γ 射线光,发现与 π 介子在实验室静止时发射的 γ 射线光的速率相同。

15.2.3　洛伦兹变换

光速不变原理与伽利略变换是针锋相对的,它实际上对不同惯性系之间坐标、速度变换关系提出了一个新的要求。爱因斯坦依据相对性原理和光速不变原理得到了狭义相对论的坐标变换式,即洛伦兹变换式。

如图 15-3 所示的两个惯性系 S 系和 S' 系,S 系和 S' 系的各对应轴彼此平行,x 轴与 x' 轴重合,S' 系相对 S 系沿 x 轴以恒定速度 $\boldsymbol{u}$ 运动,两者原点 O,O' 在 $t=t'=0$ 时重合。洛伦兹坐标变换式给出两个坐标系测出某时刻在 P 点的某个事件的时空坐标值的关系,即为

$$\left.\begin{aligned}
x' &= \frac{x-ut}{\sqrt{1-(u/c)^2}} = \frac{x-ut}{\sqrt{1-\beta^2}}\\
y' &= y\\
z' &= z\\
t' &= \frac{t-\dfrac{u}{c^2}x}{\sqrt{1-(u/c)^2}} = \frac{t-\dfrac{u}{c^2}x}{\sqrt{1-\beta^2}}
\end{aligned}\right\}\tag{15-6}$$

式中 $\beta=u/c$。式(15-6)就是满足两个基本假设的**洛伦兹变换式**。

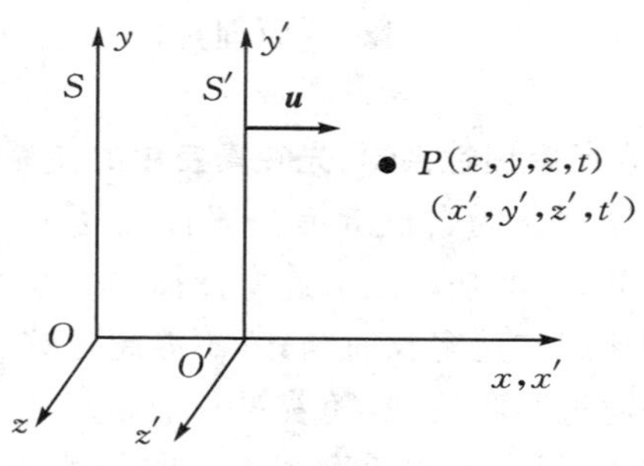

图 15-3　洛伦兹变换

洛伦兹变换式的逆变换式为

$$\left.\begin{aligned} x &= \frac{x' + ut'}{\sqrt{1-\beta^2}} \\ y &= y' \\ z &= z' \\ t &= \frac{t' + \frac{u}{c^2}x'}{\sqrt{1-\beta^2}} \end{aligned}\right\} \tag{15-7}$$

洛伦兹变换把时间和空间联系了起来，说明时空是紧密联系、不可分割的。在 $u \ll c, \beta = u/c \to 0$ 的情况下，洛伦兹变换又过渡到伽利略变换，也就是说，牛顿的绝对时空概念是相对论时空概念在速度远远小于光速情况下的近似。根据洛伦兹变换，为了使 x', t' 保持为实数，u 必须小于 c，这表明任何物体的速率均不能达到或超过光速，即真空中的光速 c 是一切物体运动速率的极限。

根据洛伦兹变换式，很容易得到两个事件在不同惯性系中的时间间隔和空间间隔之间的关系

$$\Delta t' = \frac{\Delta t - \frac{u}{c^2}\Delta x}{\sqrt{1-\beta^2}}, \quad \Delta x' = \frac{\Delta x - u\Delta t}{\sqrt{1-\beta^2}} \tag{15-8}$$

和

$$\Delta t = \frac{\Delta t' + \frac{u}{c^2}\Delta x'}{\sqrt{1-\beta^2}}, \quad \Delta x = \frac{\Delta x' + u\Delta t'}{\sqrt{1-\beta^2}} \tag{15-9}$$

式中，$\Delta t = t_2 - t_1, \Delta x = x_2 - x_1; \Delta t' = t'_2 - t'_1, \Delta x' = x'_2 - x'_1$ 分别代表在两个参考系中的时间间隔和空间间隔。不难看出，对于两个事件的时间间隔和空间间隔，在不同惯性系中观测，所得的结果一般是不同的。

例 15－1　地面参照系 S 中，在 $x = 1.0 \times 10^6$ m 处，于 $t = 0.02$ s 时刻爆炸了一颗炸弹。如果有一沿 x 轴正方向、以 $u = 0.75c$ 速率运动的飞船，试求在飞船参考系 S' 中的观察者测得这颗炸弹爆炸的空间和时间坐标。又若按伽利略变换，结果如何？

解　由洛伦兹变换式(15－6)，可求出在飞船系 S' 中测得炸弹爆炸的空间、时间坐标分别为

$$x' = \frac{x - ut}{\sqrt{1-\beta^2}} = \frac{1 \times 10^8 - 0.75 \times 3 \times 10^8 \times 0.02}{\sqrt{1-(0.75)^2}} = -5.29 \times 10^6 \text{ m}$$

$$t' = \frac{t - \frac{u}{c^2}x}{\sqrt{1-\beta^2}} = \frac{0.02 - \frac{0.75 \times 1 \times 10^6}{3 \times 10^8}}{\sqrt{1-(0.75)^2}} = 0.026\,5 \text{ s}$$

$x'<0$,说明在 S' 系中观测,炸弹爆炸地点在 x' 轴上原点 O' 的负侧;$t'\neq t$,说明在两惯性系中测得的爆炸时间不同。

若按伽利略变换式,则有

$$x' = x - ut = 1\times10^6 - 0.75\times3\times10^8\times0.02 = -3.50\times10^6\ \text{m}$$

$$t' = t = 0.02\ \text{s}$$

显然与洛伦兹变换所得结果不同。这说明在本题所述条件下($u=0.75c$),用伽利略变换计算误差太大,必须用洛伦兹变换计算。更突出的,按洛伦兹变换 $t'\neq t$,这和伽利略变换完全不同。

例 15-2 地面观测者测得地面上甲、乙两地相距 8.0×10^6 m,设测得作匀速直线运动的一列(假想)火车,由甲地到乙地历时 2.0 s。试求:在一与列车同方向相对地面运行、速率 $u=0.6c$ 的宇宙飞船中观测,该列车由甲地到乙地相对地面运行的路程、时间和速度。

解 取地面参考系为 S 系,飞船为 S' 系,飞船对地面运行的方向为 x 轴和 x' 轴的正方向。

设列车经过甲地为事件 1,经过乙地为事件 2,则由题意可知

$$\Delta x = x_2 - x_1 = 8.0\times10^6\ \text{m},\Delta t = t_2 - t_1 = 2.0\ \text{s}$$

列车相对地面的速度

$$v = \Delta x/\Delta t = 8.0\times10^6/2.0 = 4.0\times10^6\ \text{m/s}$$

由式(15-8)可求出在飞船系 S' 中观测,两事件的空间间隔和时间间隔为

$$\Delta x' = \frac{\Delta x - u\Delta t}{\sqrt{1-\beta^2}} = \frac{8\times10^6 - 0.6\times3\times10^8\times2.0}{\sqrt{1-(0.6)^2}} = -4.40\times10^8\ \text{m}$$

$$\Delta t' = \frac{\Delta t - \dfrac{u}{c^2}\Delta x}{\sqrt{1-\beta^2}} = \frac{2.0 - \dfrac{0.6\times8\times10^6}{3\times10^8}}{\sqrt{1-(0.6)^2}} = 2.48\ \text{s}$$

$\Delta x'$,$\Delta t'$ 也就是在飞船系 S' 中观测到的列车由甲地到乙地所经历的路程和时间,故列车的速度为

$$v' = \frac{\Delta x'}{\Delta t'} = \frac{-4.40\times10^8}{2.48} = -1.774\times10^8\ \text{m/s} \approx -0.59c$$

$\Delta x'<0$ 和 $v'<0$,表明在飞船系 S' 中观测,列车是沿 x' 轴负方向由甲地向乙地运动的,经历路程为 4.40×10^8 m,时间为 2.48 s,速率为 $0.59c$。

15.3 狭义相对论的时空观

建立在狭义相对论的两个基本假设基础上的洛伦兹变换蕴含着狭义相对论的

时空观。由洛伦兹变换可以得到许多与人们的日常经验相悖的奇异结论。例如，两事件发生的时间间隔和空间间隔随观测者所在的惯性系的不同而异，即时间和空间是相对的。下面根据洛伦兹变换来讨论同时性、时间间隔和长度测量的相对性。

15.3.1　同时性的相对性

所谓同时性的相对性也就是说在某一惯性系中不同地点同时发生的两个独立事件，在另一惯性系观测并不同时发生。

关于同时性的讨论，也就是关于时间的讨论。例如我们说火车7点到达车站，这里这个关于时间7点的问题也就意味着火车到达车站和车站的时钟指向7点这两个独立事件同时发生，因此，同时性的相对性也就是时间的相对性。下面先通过洛伦兹变换来讨论同时性的相对性。

设事件1和事件2在S系的时空坐标分别为(x_1,t_1)和(x_2,t_2)，在S'系的时空坐标分别为(x'_1,t'_1)和(x'_2,t'_2)，$\Delta t=t_2-t_1$，$\Delta t'=t'_2-t'_1$，$\Delta x'=x'_2-x'_1$，由式(15-9)得

$$\Delta t=\frac{\Delta t'+\frac{u}{c^2}\Delta x'}{\sqrt{1-\beta^2}}$$

可以看出，在S'系中不同地点($x'_1\neq x'_2$，即$\Delta x'\neq 0$)同时发生($t'_1=t'_2$，即$\Delta t'=0$)的两个事件，在S系中观测并不同时($t_1\neq t_2$即$\Delta t\neq 0$)发生，这就是同时性的相对性。

为了更好地理解同时性的相对性，我们再通过下面的实验将上面由洛伦兹变换讨论的同时性的相对性形象地展示出来。

对于两个如图15-4所示的参考系S和S'，设想S'系固结于一列沿地面(S系)x轴正方向匀速直线运动的火车上(暂且把S'系比作火车参照系，S系比作地面参照系)，火车S'系车头A'与车尾B'两点各放置一个接收器，在火车S'系的中点M'上有一闪光光源，如图15-4(a)所示。

设光源发出一闪光，在火车S'系，由于$M'A'=M'B'$，沿各个方向光速一样，所以闪光必将同时到达两个接收器，即在火车S'系中，光到达A'和B'这两个事件同时发生，这相当于式(15-9)中的$\Delta x'\neq 0$，$\Delta t'=0$。

对于同样的两个事件，在地面S系观察又如何呢？如图15-4(b)所示。在地面S系观察，当光从M'发出到A'这一段时间内，A'迎着光线走了一段距离，在光从M'发出到B'这一段时间内，B'却背着光线走了一段距离。显然，光线从M'发出到A'所走的距离比到达B'所走的距离要短。根据光速不变原理，在地面S系，

光速沿两个方向传播的速度依然为 c，这样，光必定先达到 A' 而后达到 B'，或者说，光到达 A' 和到 B' 这两个事件在地面 S 系中观察并不是同时发生的，这相当于式(15－9)中的 $\Delta t\neq 0$。同样的两个事件，在火车 S' 系观察同时发生，但在地面 S 系观察却并不是同时发生的。这就是说，同时性是相对的。

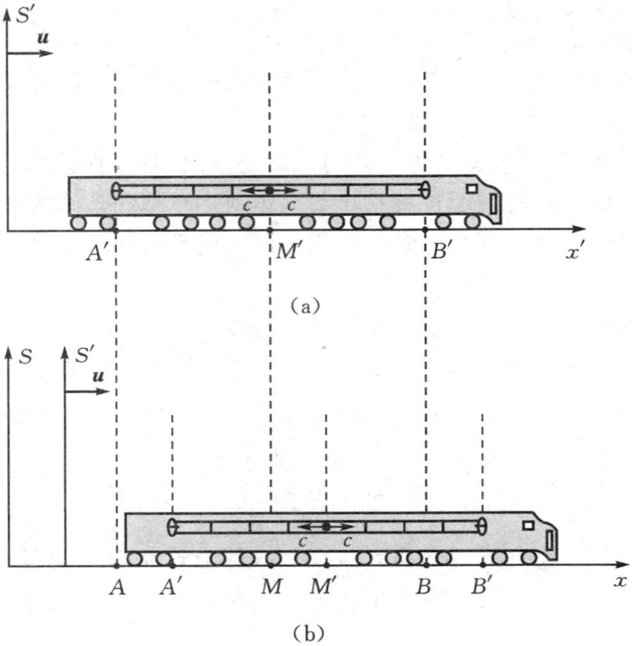

图 15－4　同时性的相对性

从上面的例子中可看到，同时性具有相对性其关键点在于光速不变，如果没有光速不变原理(例如伽利略变换)，同时性就不存在相对性，因而也就是绝对的了。

15.3.2　时间间隔的相对性(时间延缓)

同时性具有相对性，也就意味着时间的测量在不同惯性系具有不同的测量结果。即彼此相对运动的两个观察者测量两个同时发生的事件的时间间隔，他们一般将得到不同的结果。下面来讨论一个特殊的时间间隔测量问题，即对某一观察者而言，同一地点先后发生的两个事件的时间间隔，另一相对前者运动的观察者对同样两个事件时间间隔的测量会得到什么结果。这个问题的关键在于：对于两个观察者之一来说，两个事件发生在同一地点。

下面先通过洛伦兹变换来讨论时间间隔的相对性(时间延缓)。

某两个事件在 S 系中的时空坐标为(x_1,t_1)和(x_2,t_2)，在 S'系中为(x'_1,t'_1)和(x'_2,t'_2)。假设在 S'系中观测，这两个事件发生在同一地点，即 $x'_1=x'_2$，$\Delta x'=0$，则 $t'_2-t'_1$，即 $\Delta t'$称为它们之间的原时。根据式(15－9)，考虑到 $\Delta x'=0$，有

$$\Delta t=\frac{\Delta t'}{\sqrt{1-\beta^2}}$$

上式称为**时间延缓公式**。

关于时间延缓，我们通过下面的实验再来讨论一下

同样对两个如图 15－1 所示的参考系 S 和 S'，在火车 S'系上有如图 15－5 所示的实验装置。在火车 S'系的观察者小李观测到一个光信号从光源发出(事件1)，竖直向上传播，经反射镜反射，然后又在光源处被检测到(事件 2)。在火车上 S'系的小李观测到事件 1(发射光信号)、事件 2(接收光信号)发生在同一地点，其时间间隔为

$$\Delta t'=\frac{2d}{c} \tag{15-10}$$

这相当于上面的 $x'_1=x'_2$，$\Delta x'=0$，$t'_2-t'_1$，即 $\Delta t'$为原时。

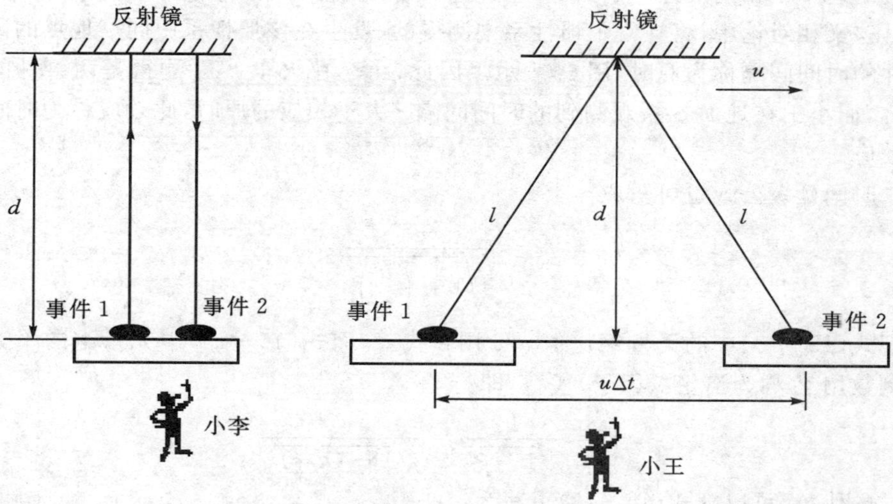

图 15－5　时间延缓

现在考虑在地面参照系的小王如何测量这同样的两个事件。在地面的小王看来，火车是运动的，由于在光传播时间内实验装置随火车一起运动，因此小王观测到光信号从光源发出(事件 1)，经反射镜反射到接收器接收光信号(事件 2)，这两个事件在小王看来已不是发生在同一地点了。小王观测到光是走了一个长度为

$2l$ 的一个折线，根据爱因斯坦光速不变原理，小王在地面上观测到同小李一样，光同样是以速率 c 传播。小王用两个同步的钟测得事件 1 和事件 2 之间的间隔是

$$\Delta t = \frac{2l}{c} \tag{15-11}$$

其中

$$l = \sqrt{\left(\frac{1}{2}u\Delta t\right)^2 + d^2} \tag{15-12}$$

结合式(15－10)、式(15－11)和式(15－12)消去 l，并解出 Δt 得

$$\Delta t = \frac{\Delta t'}{\sqrt{1-\left(\frac{u}{c}\right)^2}}$$

显然

$$\Delta t > \Delta t'$$

上式表明小王在地面参考系 S 测得两事件的时间间隔 Δt 要比小李在火车参考系 S' 测得同样两个事件的时间间隔要大。即在不同的参考系中，对同样两个事件时间间隔的测量具有不同的结果，时间是相对的。这个效应关键是对两个观察者光的速率是相同的这一事实。

狭义相对论中，将在一个惯性系中测得的、发生在该惯性系中同一地点的两个事件的时间间隔称为原时，用 τ_0 表示。因此，小李在火车 S' 系测得是两事件的原时 τ_0，而小王在地面 S 系观测到的时间间隔 τ 大于相应的原时，此效应称为时间延缓效应。

时间延缓公式也可写成

$$\tau = \frac{\tau_0}{\sqrt{1-\left(\frac{u}{c}\right)^2}} \tag{15-13}$$

常把式(15－13)中的无量纲比值 u/c 用 β 代替，而式(15－13)中无量纲的平方根的倒数用 γ（称为**洛伦兹因子**）代替，即

$$\gamma = \frac{1}{\sqrt{1-\beta^2}} = \frac{1}{\sqrt{1-(u/c)^2}}$$

这样的代替，可以把式(15－13)重写为

$$\tau = \gamma\tau_0 \tag{15-14}$$

因 $\gamma > 1$，故 $\tau > \tau_0$，此即**时间延缓效应**。

时间延缓效应还可陈述为，运动时钟走的速率比静止时钟走的速率要慢。实际上，对 S 系的观测者来说，静止在 S' 系中的时钟是运动的，他认为运动时钟较他所在惯性系中的时钟走的要慢。

应当注意，时间延缓效应是相对的，也就是说，对 S' 系的观测者来说，静止于 S

系中的时钟是运动的，因此相对于自己系中的时钟走的要慢。

时间延缓效应表明，时间间隔的测量具有相对性。

时间延缓效应还表明，事件发生地的空间距离将影响不同惯性系上的观测者对时间间隔的测量，也就是说，空间间隔和时间间隔是紧密联系着的。因此，它与时钟结构无关，是时空本身固有的性质，这也是狭义相对论时空观与经典时空观的区别所在。

还应注意，当 $u \ll c$ 时，$\gamma \approx 1$，$\tau = \tau_0$，这时，两个给定事件间的时间间隔的测量结果对不同的各惯性系相同，即时间间隔测量与参考系无关。这就回到了绝对时间概念。这表明，绝对时间概念只不过是狭义相对论的时间概念在低速情况下的近似。

例 15－3　带正电的 π 介子是一种不稳定的粒子，当它静止时，平均寿命为 2.5×10^{-8} s。今产生一束 π 介子，在实验室测得它的速率为 $u=0.99c$，并测得它在衰变前通过的平均距离为 52 m，试讨论这一结果。

解　用经典力学理论显然不能解释题给数据，因为根据经典力学理论，π 介子前进的距离 L 为

$$L = u\tau_0 = 0.99\times3\times10^8\times2.5\times10^{-8} = 7.4\ \text{m}$$

这是随 π 介子一起运动（S' 系）观测者测得的距离，与实验室测定结果相差甚远。

由于 π 介子运动速率接近光速，因此处理这一问题必须用相对论理论。在实验室中，π 介子运动，其寿命 τ 根据时间延缓效应应比 τ_0 长，即

$$\tau = \frac{\tau_0}{\sqrt{1-\beta^2}} = \frac{2.5\times10^{-8}}{\sqrt{1-0.99^2}} = 1.8\times10^{-7}\ \text{s}$$

在实验室测得它通过的平均距离应该是

$$\tau\cdot u = 0.99\times3\times10^8\times1.8\times10^{-7} = 53\ \text{m}$$

这一结果与实验符合得很好。虽然在日常生活中，我们感受不到相对论效应，但近代物理实验无时无刻不在检验着相对论的正确性。

15.3.3　长度的相对性（长度收缩）

首先讨论一下长度的测量。假如你测量一个相对你静止物体的长度，你可以随时测量一下此物体两端的坐标，其两端坐标之差即为此物体的长度。因为此物体相对你（测量者）静止，你测量的此物体的长度称为静长或固有长度。但是，当此物体运动时，你又如何测量它的长度呢？假如物体是运动的，你必须同时（在你的参考系中）测量物体两端坐标，此时两端坐标之差即为此物体的运动长度。

因为同时性是相对的，而运动物体长度测量涉及到两端坐标同时测量，因此长度也应该是一个相对量，即在不同参考系中对同一物体长度的测量是不一样的，即长度具有相对性。

我们下面先通过洛伦兹变换来讨论长度的相对性(长度收缩)。

设棒 AB 静止于惯性系 S',沿 x'轴放置,如图 15-6 所示。则棒随 S'系以速率 u 相对 S 系运动。若在 S'系测量棒的长度 l_0,棒是静止的,即 l_0 是棒的静止长度。那么,在 S 系测量,棒是运动的,其运动的长度是多少?

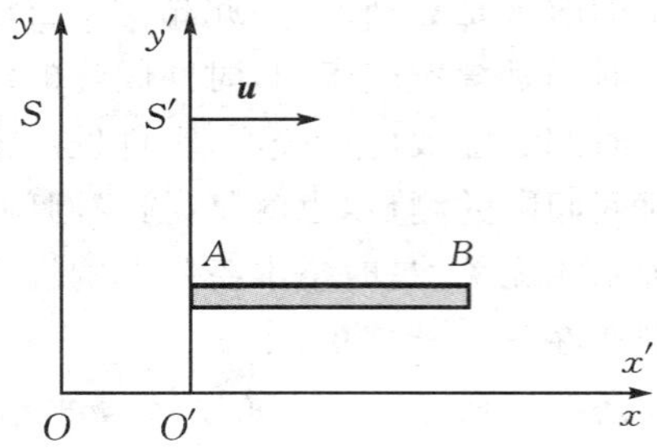

图 15-6　长度的相对性

把测量 A 端坐标和测量 B 端坐标分别记为事件 1 和事件 2,两事件在 S 系和 S'系中的时空坐标分别为(x_1,t_1)、(x_2,t_2)和(x'_1,t'_1)、(x'_2,t'_2)。测量运动物体的长度时,必须同时测量其两端的坐标,应有 $t_1=t_2$,则 $x_2-x_1=l$ 表示棒的运动长度。而棒是静止于 S'系中的,则 $x'_2-x'_1=l_0$。根据式(15-8),将 $t_1=t_2$ 代入,则

$$x'_2-x'_1=\frac{x_2-x_1}{\sqrt{1-\beta^2}}$$

即
$$l=l_0\sqrt{1-\beta^2} \tag{15-15}$$

这就是**长度收缩公式**。

根据上面的讨论,长度之所以具有相对性还是由于同时性的相对性问题,即时间的相对性问题。因此,下面也可以通过时间延缓公式来推导长度收缩公式。

同样考虑两个参考系,即地面参考系 S 和火车参考系 S',火车参考系 S'相对地面参考系以匀速率 u 运动。如图 15-7 所示,火车通过站台,火车上的小李和地面上的小王,两个人都要测量站台 AB 的长度。

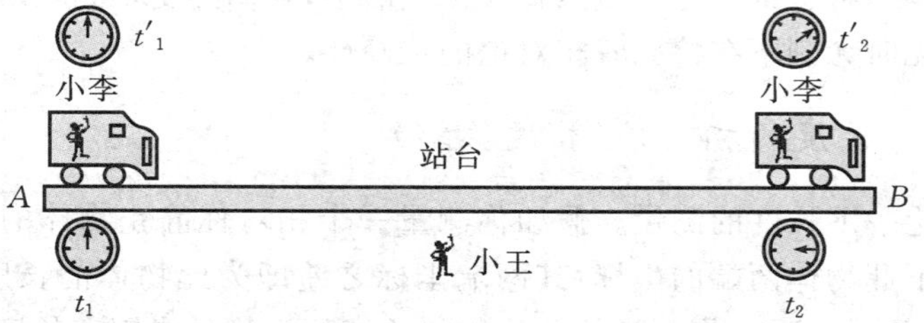

图 15-7　长度收缩

因为站台相对地面上的小王是静止的,小王测量站台的长度是 l_0,即静长(固有长度)。小王是这样测量站台的长度的,他测量到火车上的小李在时间 $\Delta t=\dfrac{l_0}{u}$ 通过站台,其中 u 是火车通过站台的速度,因此小王测量站台的长度为

$$l_0 = u\Delta t$$

这里注意,时间 Δt 不是原时,因为在地面上的小王看来,火车上的小李通过站台 AB 发生在不同的地点。然而,对于火车上的小李,站台以速度 u 运动着经过他,他发现小王测量的两个事件在他的参考系中发生在同一地点(小李本身处)。因此,火车上的小李测量的火车通过站台的时间间隔 Δt_0 发生在同一地点,对于小李,站台的运动长度 l 测量为

$$l = u\Delta t_0$$

考虑到时间延缓公式,则

$$l = l_0\sqrt{1-(u/c)^2}$$

同样得到长度收缩公式。即在某一参考系中,一个静止物体的长度为 l_0,则在另一参考系中测量同一物体的长度 l 总是要短些,即长度测量具有相对性。

物体静止时测量它的长度称为静长或原长,上式中 l_0 就是静长。长度收缩公式表明,运动物体的长度会收缩。

应该指出,长度收缩也是一种相对效应,当 $u \ll c$ 时,$l \approx l_0$,这时,又回到牛顿的绝对空间的概念。

例 15-4　原长为 5 m 的飞船以 $u=9\times10^3$ m/s 的速率相对于地面匀速飞行,从地面上测量,它的长度是多少?

解　由题意知

$$l_0 = 5\ \text{m},\quad u = 9\times10^3\ \text{m/s}$$

根据式(15-15)有

$$l = l_0\sqrt{1-\beta^2} = 5\sqrt{1-(9\times10^3/3\times10^8)^2} \approx 4.999999998\ \text{m}$$

对我们而言,此飞船的速度已经足够快了,但其长度收缩还是微不足道的,可见,相对论效应只有在接近光速的情况下才能明显地显现出来。

例 15-5　静止的 π^+ 介子的半衰期 $\tau_{1/2}=1.77\times10^{-8}$ s,已知 π^+ 介子束产生后以速率 $u=0.99c$ 离开 π^+ 介子源,在实验室系经 38 m 后,强度减小为原来的一半。试分别用时间延缓效应和长度收缩效应解释这一现象。

解法一　π^+ 介子参考系观测者测得的距离

$$L = u\tau_{1/2} = 0.99\times3\times10^8\times1.77\times10^{-8} = 5.3\ \text{m}$$

题给半衰期是原时,在实验室参考系运动 π^+ 介子的半衰期 $\tau'_{1/2}$ 为

$$\tau'_{1/2} = \frac{\tau_{1/2}}{\sqrt{1-\left(\frac{u}{c}\right)^2}} = \frac{1.77\times10^{-8}}{\sqrt{1-0.99^2}} = 1.25\times10^{-8}\ \text{s}$$

π^+ 介子在这一段时间在实验室参考系内前进的距离 L' 为

$$L' = u\tau'_{1/2} = 0.99\times3\times10^8\times12.5\times10^{-8} = 37.2\ \text{m}$$

这和实验结果已比较好地符合了。

解法二　现采用固定在 π^+ 介子上的 S' 系来研究这一问题。π^+ 介子的半衰期为 $\tau_{1/2}=1.77\times10^{-8}$ s(系原时)，题设定的在 π^+ 介子离开介子源衰减为原来强度一半时，在实验室 S 系经过的距离为 38 m，对 S' 系来说，实验室系 S 为运动参考系，因此在 S' 系量得的长度要收缩，设为 L，则有

$$L = L_0\sqrt{1-\left(\frac{u}{c}\right)^2} = 38\times\sqrt{1-(0.99)^2} = 5.4 \text{ m}$$

这与前面计算结果一致。

从上例可看到，时间延缓和长度收缩其本质是一样的，都是由于同时性的相对性，在相对论中，时间和空间是纠缠在一起的。

需要注意洛伦兹变换的应用与时间延缓公式、长度收缩公式的区别。洛伦兹变换给出了两个参考系中一般的时空坐标变换，而时间延缓公式和长度收缩公式给出的是两个参考系中的特殊变换。如时间延缓公式描述的是：某一参考系中同一地点先后发生的两个事件在另一个参考系中观测的时间间隔；长度收缩公式描述的是：某一参考系中不同地点同时发生的两个事件在另一个参考系中观测的空间间隔。

15.4　狭义相对论的速度变换

前面给出了建立在牛顿的绝对时空观上的伽利略速度变换，下面根据建立在相对论时空观的洛伦兹变换给出相对论的速度变换。

S 及 S' 参考系及它们间的相对运动情况仍如前面所给定的，则对洛伦兹变换式(15-6)两边微分，得

$$\mathrm{d}x' = \frac{\mathrm{d}x - u\mathrm{d}t}{\sqrt{1-\beta^2}}$$

$$\mathrm{d}y' = \mathrm{d}y$$

$$\mathrm{d}z' = \mathrm{d}z$$

$$\mathrm{d}t' = \frac{\mathrm{d}t - \frac{u}{c^2}\mathrm{d}x}{\sqrt{1-\beta^2}}$$

对 $\mathrm{d}x'$，$\mathrm{d}y'$，$\mathrm{d}z'$ 各除以 $\mathrm{d}t'$，得 S' 参考系中坐标为 x'，y'，z' 的运动质点的速度 $\boldsymbol{v}'$ 沿三个坐标轴的投影 v'_x，v'_y，v'_z，即

$$v'_x = \frac{\mathrm{d}x'}{\mathrm{d}t'} = \frac{\mathrm{d}x - u\mathrm{d}t}{\mathrm{d}t - \frac{u}{c^2}\mathrm{d}x}$$

$$v'_y = \frac{\mathrm{d}y'}{\mathrm{d}t'} = \frac{\mathrm{d}y\sqrt{1-\beta^2}}{\mathrm{d}t - \frac{u}{c^2}\mathrm{d}x}$$

$$v'_z = \frac{\mathrm{d}z'}{\mathrm{d}t'} = \frac{\mathrm{d}z\sqrt{1-\beta^2}}{\mathrm{d}t - \frac{u}{c^2}\mathrm{d}x}$$

再以 $\mathrm{d}t$ 除以上三式中第二个等号右边的分子分母，得

$$v'_x = \frac{v_x - u}{1 - \frac{u}{c^2}v_x} \tag{15-16a}$$

$$v'_y = \frac{v_y\sqrt{1-\beta^2}}{1 - \frac{u}{c^2}v_x} \tag{15-16b}$$

$$v'_z = \frac{v_z\sqrt{1-\beta^2}}{1 - \frac{u}{c^2}v_x} \tag{15-16c}$$

式中，v_x, v_y, v_z 系坐标为 x, y, z 的运动质点在 S 参考系中的速度 $\boldsymbol{v}$ 沿三个坐标轴的投影。式(15-16)就是洛伦兹速度变换公式。值得注意的是 v'_x, v'_y, v'_z 都与 v_x 有关！

由式(15-16)不难得到它们的逆变换公式。

从速度变换式(15-16)可以看出，当 u 和 v_x 都远小于 c 时，洛伦兹速度变换公式化为伽利略速度变换公式。

若在 S 参考系中有一光脉冲以速率 c 沿 Ox 方向传播，则此光脉冲在 S' 参考系中的速率，根据洛伦兹速度变换式(15-16)算得仍为 c。这表明在任何惯性系中，光的速率都是 c。这正是狭义相对论的一个基本假设。

15.5　狭义相对论的动力学基础

狭义相对论的时空观不同于经典力学的时空观，同样狭义相对论的动力学规律也不同于经典力学的动力学规律。在狭义相对论质点动力学中，描述质点运动的物理量，如质点的质量、动量和能量等也需要重新定义。在重新定义了物理量后，还必须建立新的动力学基本方程。当然，不论是重新定义的物理量还是重新建立的动力学基本方程，不仅应符合狭义相对论的相对性原理，即经洛伦兹变换其形式不变，还必须在质点低速运动时，与经典力学中相应的物理量或基本方程的形式相近似，同时还应保持基本守恒定律仍然成立。

15.5.1 相对论质量

经典力学中,牛顿运动定律的表达式如下:

$$\boldsymbol{a} = \frac{\boldsymbol{F}}{m}$$

其中 m 是不随物体的运动状态而改变的物理量。那么,在恒定的外力作用下,物体必产生恒定的加速度,当外力作用的时间足够长时,物体的速度将会越来越大,最后达到或超过光速,这是相对论所不容许的。由此可见,经典力学中质量不随物体运动改变这一思想需要改变。

在牛顿力学中,质点的动量定义为

$$\boldsymbol{p} = m\boldsymbol{v}$$

一条关于动量的基本定律是动量守恒定律。在相对论中,动量守恒仍然被认为是一条基本的物理定律,根据相对论相对性原理,它应该在不同的惯性系中具有相同的形式。为了保证相对性原理成立,在相对论的洛伦兹变换的基础上,则必须认为物体的质量和自己的速度有关。

在狭义相对论中,质点的质量与速率之间有什么关系呢?相对某一参考系静止的粒子,其质量称为静止质量,用 m_0 表示。相对某一参考系运动粒子的质量称为运动质量或相对论质量,用 m 表示。理论和实验都表明,静止质量为 m_0 的物体以速率 v 运动时的相对论质量为

$$m = \frac{m_0}{\sqrt{1 - v^2/c^2}} \tag{15-17}$$

这一质量 m 可以称为**相对论质量**。式(15-7)即给出一个物体的相对论质量和它的速率的关系。

利用二项式定理,有

$$\frac{1}{\sqrt{1 - v^2/c^2}} = 1 + \frac{1}{2}\frac{v^2}{c^2} + \frac{3}{8}\frac{v^4}{c^4} + \cdots$$

代入式(15-17),当 $v \ll c$ 时,近似有 $m = m_0$,即低速运动物体的相对论质量近似为其静止质量,这正是经典力学中质量的概念。可见,经典力学的质量是相对论力学质量在物体低速运动时的近似。

式(15-17)也称为质速关系。此式表明,在相对论中,质量是一个决定于速度的量,速度越大,质量越大,速度趋于光速时,质量趋于无限大,这样,不管外力作用时间多长,也不会使物体的速度增加到或超过光速。实验证明,在高能加速器中的粒子,随着能量大幅度增加,其速率只是越来越接近光速,而从来没有达到或超过真空中的光速 c。实验证实了式(15-17)是正确的。

15.5.2 相对论动量

由前述质点相对论动量的定义和质速关系式(15－17),可得质点的相对论动量 $\boldsymbol{p}$ 与其速度 $\boldsymbol{v}$ 的关系式为

$$\boldsymbol{p} = m\boldsymbol{v} = \frac{m_0}{\sqrt{1-\beta^2}}\boldsymbol{v} \tag{15-18}$$

式中 $\beta = v/c$。式(15－18)就是**相对论动量的表达式**。可以证明,式(15－18)表示的动量能使动量守恒定律具有洛伦兹变换的不变性。

还可以证明,对洛伦兹变换保持形式不变的相对论质点动力学方程为

$$\boldsymbol{F} = \frac{\mathrm{d}\boldsymbol{p}}{\mathrm{d}t} = \frac{\mathrm{d}}{\mathrm{d}t}\left(\frac{m_0}{\sqrt{1-\beta^2}}\boldsymbol{v}\right) \tag{15-19}$$

由于 $v \ll c$ 时,$m \to m_0$,即近似有 $\boldsymbol{F} = m_0\frac{\mathrm{d}\boldsymbol{v}}{\mathrm{d}t} = m_0\boldsymbol{a}$,这正是经典力学中牛顿第二定律的表达式。可见,经典力学中牛顿第二定律的表达式是相对论力学中牛顿第二定律表达式在物体低速运动时的近似。式(15－19)就是狭义相对论中质点动力学的基本方程。

式(15－19)表明,由于相对论质量随速率的增大而增大,物体在恒力作用下的加速度并不恒定,加速度的大小会逐渐减小。当物体的速率 $v \to c$ 时,物体的相对论质量 $m \to \infty$,这时无论物体受多大的力,加速度的大小 $a \to 0$,这就使得物体的速率不会因为外力的持续作用而增大,因此物体的速率不会超过光速。

例 15－6 一物体当以 $v = 10^4$ m/s 的速率运动时,求此物体的运动质量和静止质量相对的变化。

解 $$\frac{m-m_0}{m_0} = \frac{1}{\sqrt{1-\beta^2}} - 1 = 5.6 \times 10^{-10}$$

此题表明,当 $v \ll c$ 时,物体的质量变化如此之小,以至于可以忽略不记,相对论质量又回到经典质量上来了。

15.5.3 相对论能量

1. 相对论动能

在经典力学中,根据动能定理,质点动能的增量等于合力对物体做的功。质量为 m_0 的质点以速率 v 运动时的动能为 $E_{\mathrm{k}} = \frac{1}{2}m_0v^2$。在相对论力学中,质点质量随速率变化,因此,质点动能的表达式也应有相应的变化。

在相对论力学中,认为动能定理仍然成立,力 $\boldsymbol{F}$ 对粒子做功使它由速率零增

大到 $\boldsymbol{v}$ 时，力所做的功仍然定义为和粒子最后的动能相等，以 E_k 表示，则

$$E_k = \int \boldsymbol{F} \cdot \mathrm{d}\boldsymbol{r} = \int_0^v \frac{\mathrm{d}(m\boldsymbol{v})}{\mathrm{d}t} \cdot \mathrm{d}\boldsymbol{r} = \int_0^v \mathrm{d}(m\boldsymbol{v}) \cdot \boldsymbol{v} \tag{15-20}$$

其中

$$\mathrm{d}(m\boldsymbol{v}) \cdot \boldsymbol{v} = \mathrm{d}m\boldsymbol{v} \cdot \boldsymbol{v} + m\mathrm{d}\boldsymbol{v} \cdot \boldsymbol{v} = v^2 \mathrm{d}m + mv\mathrm{d}v$$

又由质速关系可得

$$m^2 v^2 = m^2 c^2 - m_0^2 c^2$$

对等式两边取微分，并整理得

$$v^2 \mathrm{d}m + mv\mathrm{d}v = c^2 \mathrm{d}m$$

将此结果代入式(15－20)，即得质点的相对论动能作为速率函数的表达式为

$$E_k = \int_{m_0}^{m} c^2 \mathrm{d}m = mc^2 - m_0 c^2 \tag{15-21}$$

当 $v \ll c$ 时，有

$$\frac{1}{\sqrt{1 - v^2/c^2}} = 1 + \frac{1}{2}\frac{v^2}{c^2} + \cdots \approx 1 + \frac{1}{2}\frac{v^2}{c^2}$$

$$E_k = \frac{m_0 c^2}{\sqrt{1 - v^2/c^2}} - m_0 c^2 \approx m_0 c^2 \left(1 + \frac{1}{2}\frac{v^2}{c^2}\right) - m_0 c^2 = \frac{1}{2} m_0 v^2$$

又回到牛顿力学动能公式。

2. 相对论能量

根据相对论动能公式(15－21)，有 $E_k = mc^2 - m_0 c^2$。爱因斯坦在进行更深入的研究之后，提出了一个重要的新概念。

爱因斯坦认为 $m_0 c^2$ 表示粒子静止时具有的能量，称为静止能量，而 mc^2 表示粒子以速率 v 运动时所具有的能量，这个能量是在相对论意义上的总能量，则

$$E_0 = m_0 c^2, \quad E = mc^2 \tag{15-22}$$

两者之差，即为质点由于其运动而增加的能量——动能。

式(15－22)称为质能关系式，它揭示质量和能量这两个物质基本属性之间的内在联系，即一定质量相应于一定的能量，二者的数值只相差一个恒定的因子 c^2。

由 $E = mc^2$ 可得

$$\Delta E = \Delta mc^2 \tag{15-23}$$

质能关系表明，物体吸收或放出能量时，必伴随以质量的增加或减少。

例 15－7 试计算一个质子和一个中子结合成一个氘核时，其所释放的能量。已知 $m_{op} = 1.672\,623\,1 \times 10^{-27}$ kg，$m_{on} = 1.674\,928\,6 \times 10^{-27}$ kg；$m_{od} = 3.343\,586\,0 \times 10^{-27}$ kg。

解　由题意知，质量亏损

$$\begin{aligned}\Delta m &= (m_{op} - m_{on}) - m_{od} \\ &= [(1.6726231 + 1.6749286) - 3.3435860] \times 10^{-27} \\ &= 3.9657 \times 10^{-30}\ \text{kg}\end{aligned}$$

则由式(15－23)有

$$E = \Delta mc^2 = 3.5642 \times 10^{-13}\ \text{J}$$

进一步计算表明，聚合 1 kg 氘核所释放出的能量为 1.07×10^{14} J/kg，此数值相当于 1 kg 汽油燃烧放出热量的 230 万倍。

15.5.4　相对论能量与动量的关系

在经典力学中，一个质点的动量是 mv，而它的动能是 $\frac{1}{2}mv^2$，动能和动量之间的关系是

$$E_k = \frac{1}{2}mv^2 = \frac{p^2}{2m}$$

在相对论中，由质速关系式可知

$$m^2\left(1 - \frac{v^2}{c^2}\right) = m_0^2$$

等式两边同时乘以 c^4，并整理可得

$$m^2c^4 = m^2v^2c^2 + m_0^2c^4$$

由于 $p = mv$，上式又可写成

$$E^2 = p^2c^2 + E_0^2 \tag{15-24}$$

这就是相对论中同一质点的能量和动量之间的关系式。

根据爱因斯坦光子假说，与频率为 ν 的光所对应的光子能量为 $E = h\nu$，利用质能关系式可求出光子质量为

$$m_\varphi = \frac{E}{c^2} = \frac{h\nu}{c^2} \tag{15-25}$$

再代入质速关系式，并注意到光子以光速 c 运动，即可知光子的静止质量 $m_0 = 0$。以光速运动的中微子的静止质量也等于零。在任何惯性系内，光子、中微子在真空中的速率都是 c，都不可能处于静止状态。

光子的静止质量为零，根据相对论能量和动量的关系式，则有 $E = p_\varphi c$，于是可知光子动量为

$$p_\varphi = \frac{h\nu}{c} = \frac{h}{\lambda}$$

习　题

15－1　为什么说伽利略变换是依据绝对时空观建立起来的?

15－2　狭义相对论的两个基本假设是什么?它们各是怎样表述的?

15－3　在洛伦兹变换式中,哪些物理量与惯性系的选择无关?哪些物理量与惯性系的选择有关?

15－4　在高速飞船舱的首尾分别向前和向后各发出一激光脉冲,飞船上和地面上观察者看来,这两个脉冲的速率各是多少?

15－5　洛伦兹变换式和伽利略变换式的主要区别是什么?在 $u \ll c$ 的情况下,两种变换趋于一致,这说明了什么?

15－6　宇宙飞船上,有一个立方体的货箱。当飞船以接近光速的速率远离地球飞行时,宇航员和地面观测者观测到货箱的形状还是立方体的吗?

15－7　在一惯性系中观测,两个事件同时不同地,则在其他惯性系中观测,它们:

(1)一定同时;　　(2)可能同时;

(3)不可能同时,但可能同地;　　(4)不可能同时,也不可能同地。

15－8　考虑到静能,在 $v \ll c$ 的情况下,静止质量为 m_0 的质点具有的总能量 $E=$________;根据质能关系式,质量 m 并不等于 m_0,m 作为速率 v 的函数式是 $m(v)=$________。

15－9　一均质细棒的静止长度为 l_0,静止质量为 m_0,当棒以速率 v 沿棒长方向相对观察者运动时,他测得棒的线密度 $\rho=$________;当棒沿着与棒垂直方向运动时,他测得棒的线密度 $\rho=$________。

15－10　静止质量为 m_0、速率为 v 的粒子的动能能否表示为 $\frac{1}{2}mv^2$?其中

$$m = m_0 \Big/ \sqrt{1-\left(\frac{v}{c}\right)^2}$$

15－11　怎样理解“质量亏损”?

15－12　已知惯性系 S' 相对于惯性系 S 以 $0.5c$ 的速度沿 x 轴的负方向运动,若从 S' 系的坐标原点 O' 沿 x 轴正方向发出一光波,则 S 系中测得此光波在真空中的波速为多少?

15－13　惯性参考系 S' 相对 S 系沿 x 轴正方向以速率 $0.6c$ 运动。在 S 系中观测,一事件发生在 $t=2\times10^{-4}$ s,$x=5\times10^{3}$ m 处,试求在 S' 系中观测该事件的时空坐标。

15－14　在一惯性系中，两个事件发生在同一地点，而时间相隔为 4 s，若在另一惯性系中测得此二事件时间间隔为 6 s，试问两惯性系之间的相对速度。

15－15　两个惯性系中的观察者 O 和 O' 以 $0.6c$ 的相对速度互相接近，如果 O 测得两者的初始距离是 20 m，求 O' 测得两者经过多长时间相遇。

15－16　一观察者测得一沿米尺长度方向匀速运动着的米尺的长度为 0.8 m。求此米尺的运动速度。

15－17　边长为 a 的正方形薄板静止于惯性系 S 的 Oxy 平面内，且两边分别与 x，y 轴平行。今有惯性系 S' 以 $0.8c$（c 为真空中光速）的速度相对于 S 系沿 x 轴正方向作匀速直线运动，求从 S' 系测得薄板的面积。

15－18　地面上 A，B 两点相距 100 m，一短跑选手由 A 跑到 B 历时 10 s，试问在与运动员同方向运动，飞行速率为 $0.6c$ 的飞船系 S' 中观测，这选手由 A 到 B 跑了多少距离？经历多长时间？速度的大小和方向如何？

15－19　粒子的静止质量为 m_0，当其动能等于其静能时，其质量等于多少？

15－20　观察者甲以 $0.8c$ 的速度相对静止的观察者乙运动，若甲携带一质量为 1 kg 的物体。求：

(1)甲测得此物体的总能量；

(2)乙测得此物体的总能量。

15－21　在惯性系 S 中，有两个静止质量都是 m_0 的粒子 A 和 B，分别以速度 v 沿同一直线相向运动，碰后合在一起成为一个粒子，求合成粒子静质量 M_0 的值。

15－22　已知电子的静止能量为 0.51 MeV，若电子的动能为 0.25 MeV，则它所增加的质量 Δm 与静止质量的比值近似为多少？

15－23　某核电站年发电量为 100 亿度，它等于 36×10^{15} J 的能量，如果这是由核材料的全部静止能转化产生的，求需消耗多少质量的核材料。

15－24　一粒子，相对论质量为静止质量的 100 倍时，粒子的运动速率多大？相对论能量为静止能量的多少倍？动能为静止能量的多少倍？

附　录

1. 常用物理常数(见附表1)

附表1　常用物理常数

物理量	符号	数值	单位
真空中光速	c	2.998	10^{8} m·s^{-1}
真空介电常量	ε_0	8.854	10^{-12} F·m^{-1}
牛顿引力常量	G	6.672	10^{-11} N·m^{2}·kg^{-2}
普朗克常量	h	6.626	10^{-34} J·s
基本电荷	e	1.602	10^{-19} C
标准大气压	atm	1.013 25	10^{5} Pa
原子质量单位	u	1.661	10^{-27} kg
电子质量	m_e	9.109	10^{-31} kg
中子质量	m_n	1.009	u
质子质量	m_p	1.007	u
氢电子质量	m_H	1.008	u
普适气体常数	R	8.314	J·mol^{-1}·K^{-1}
库伦定律常数	k	8.987	10^{9} N·m^{2}·C^{-2}
阿伏伽德罗常量	N_0	6.022	10^{23} mol^{-1}
玻耳兹曼常量	k	1.381	10^{-23} J·K^{-1}
圆周率	π	3.141 592 65	
自然对数底	e	2.718 281 83	

2. 希腊字母表(见附表 2)

附表 2　希腊字母表

序号	大写	小写	中文读音
1	Α	α	阿尔法
2	Β	β	贝塔
3	Γ	γ	伽马
4	Δ	δ	德尔塔
5	Ε	ε	伊普西龙
6	Ζ	ζ	截塔
7	Η	η	艾塔
8	Θ	θ	西塔
9	Ι	ι	约塔
10	Κ	κ	卡帕
11	Λ	λ	兰布达
12	Μ	μ	缪
13	Ν	ν	纽
14	Ξ	ξ	克西
15	Ο	ο	奥密克戎
16	Π	π	派
17	Ρ	ρ	肉
18	Σ	σ	西格马
19	Τ	τ	套
20	Υ	υ	宇普西龙
21	Φ	φ	佛爱
22	Χ	χ	西
23	Ψ	ψ	普西
24	Ω	ω	欧米伽

参考文献

[1] 邝华俊. 医用物理学[M]. 3 版. 北京:人民卫生出版社,1989.

[2] 胡纪湘. 医用物理学[M]. 4 版. 北京:人民卫生出版社,1995.

[3] 李宜贵,张益珍. 医学物理学[M]. 成都:四川大学出版社,2003.

[4] 王芝云. 医用物理学[M]. 北京:科学出版社,2010.

[5] 刘普和. 医用物理学[M]. 北京:人民卫生出版社,1989.

[6] 李宾中. 医用物理学[M]. 北京:科学出版社,2010.

[7] 武宏. 医用物理学[M]. 北京:科学出版社,2009.

[8] 吴百诗. 大学物理(上下卷)[M]. 西安:西安交通大学出版社,2008.

[9] 陆果. 基础物理学(上下卷)[M]. 北京:高等教育出版社,1998.

[10] 王鸿儒. 物理学[M].北京:人民卫生出版社,2000.

[11] 周炳琨,高以智,陈倜嵘,等. 激光原理[M]. 北京:国防工业出版社,2009.

[12] 朱京平.光电子技术基础 [M]. 2 版. 北京:科学出版社,2009.

[13] 吴百诗.大学物理[M].北京:科学出版社,2001.

[14] 倪忠强,刘海兰,武荷岚 .医用物理学[M].北京:清华大学出版社,2014.

[15] 缪毅强,黄昕.医用物理学[M]. 上海:上海交通大学出版社,2013.

[16] 喀蔚波. 医用物理学[M].北京:北京大学医学出版社,2013.

[17] 赵凯华,钟锡华. 光学[M]. 北京:北京大学出版社,2008.

[18] 李晓彤,岑兆丰. 几何光学[M]. 杭州:浙江大学出版社,2003.

[19] 梁路光.医用物理学 [M]. 北京 :高等教育出版社, 2009.

[20] 喀蔚波.医用物理学 [M].北京 :高等教育出版社, 2008.

[21] 胡新珉.医学物理学 [M].北京 :人民卫生出版社, 2001.

[22] 哈里德.大学物理学 [M].北京:机械工业出版社 2011.1.

[23] 钱伯初.量子力学[M].北京:高等教育出版社,2006.

[24] 赵凯华,罗蔚茵.新概念物理教程量子物理[M]. 北京:高等教育出版社,2001.

[25] 王永昌.近代物理学[M].北京:高等教育出版社,2006.

[26] 陈治.大学物理[M]. 北京:清华大学出版社,2007.

[27] 杨晓雪.大学物理[M]. 武汉:华中科技大学出版社,2011.

[28] 饶瑞昌.大学物理学[M].武汉:华中科技大学出版社,2008.
[29] 陈代珣.大学物理学[M].北京:科学出版社,2009.
[31] 康颖.大学物理[M].北京:科学出版社,2010.
[32] 吴王杰.大学物理学[M].上海:上海科学技术出版社,2002.
[33] 林铁生.大学物理学[M].北京:高等教育出版社,2011.
[34] 常文利.大学物理教程[M].北京:科学出版社,2010.
[35] Sakurai. J J. Modern Quantum Mechanics Revised Edition[M]. 北京:世界图书出版公司北京公司,2006.